utb 4849

AF708054

Eine Arbeitsgemeinschaft der Verlage

Böhlau Verlag · Wien · Köln · Weimar
Verlag Barbara Budrich · Opladen · Toronto
facultas · Wien
Wilhelm Fink · Paderborn
Narr Francke Attempto Verlag · Tübingen
Haupt Verlag · Bern
Verlag Julius Klinkhardt · Bad Heilbrunn
Mohr Siebeck · Tübingen
Ernst Reinhardt Verlag · München
Ferdinand Schöningh · Paderborn
Eugen Ulmer Verlag · Stuttgart
UVK Verlag · München
Vandenhoeck & Ruprecht · Göttingen
Waxmann · Münster · New York
wbv Publikation · Bielefeld

Sascha Henninger · Stephan Weber

Stadtklima

Ferdinand Schöningh

Die Autoren:

Prof. Dr. Sascha Henninger, geb. 1977; Promotion 2005 (Dr. rer. nat.) zu einem stadtklimatologisch-lufthygienischen Thema an der Universität Duisburg-Essen. Wissenschaftlicher Mitarbeiter an der Universität Duisburg-Essen sowie an der Universität Koblenz-Landau. Seit 2009 Professor und Leiter der Fachgebietes Physische Geographie und Fachdidaktik an der Technischen Universität Kaiserslautern. Forschungsgebiete: Angewandte Stadtklimatologie, urbane Luftqualität, klimaangepasste Bauleitplanung, Human-Biometeorologie. Hauptautor der Kapitel 4 bis 7.

Prof. Dr. Stephan Weber, geb. 1974; Promotion 2004 (Dr. rer. nat) zu einem stadtklimatischen Thema an der Universität Duisburg-Essen. Danach wissenschaftlicher Assistent an der Universität Duisburg-Essen. Seit 2010 Professor für Klimatologie und Umweltmeteorologie an der Technischen Universität Braunschweig, Institut für Geoökologie. Forschungsgebiete: Grenzschicht- und Stadtklimatologie, Mikrometeorologie, urbane Luftqualität, Aerosolforschung. Hauptautor der Kapitel 1 bis 5.

Online-Angebote oder elektronische Ausgaben sind erhältlich unter **www.utb-shop.de**

Bibliografische Information der Deutschen Nationalbibliothek
Die Deutsche Nationalbibliothek verzeichnet diese Publikation in der Deutschen Nationalbibliografie; detaillierte bibliografische Daten sind im Internet über http://dnb.d-nb.de abrufbar.

© 2020 Verlag Ferdinand Schöningh, ein Imprint der Brill Gruppe
(Koninklijke Brill NV, Leiden, Niederlande; Brill USA Inc., Boston MA, USA;
Brill Asia Pte Ltd, Singapore; Brill Deutschland GmbH, Paderborn, Deutschland)

Internet: www.fink.de

Das Werk, einschließlich aller seiner Teile, ist urheberrechtlich geschützt. Jede Verwertung außerhalb der engen Grenzen des Urheberrechtsgesetzes ist ohne Zustimmung des Verlages unzulässig und strafbar. Das gilt insbesondere für Vervielfältigungen, Mikroverfilmungen und die Einspeicherung und Verarbeitung in elektronischen Systemen.

Printed in Germany.
Herstellung: Brill Deutschland GmbH, Paderborn
Einbandgestaltung: Atelier Reichert, Stuttgart

UTB-Band-Nr: 4849
ISBN 978-3-8252-4849-9

Inhalt

Vorwort

Zur Mitte dieses Jahrhunderts werden weltweit zwei von drei Menschen in Städten leben. Die zunehmende Urbanisierung und die prognostizierten Auswirkungen des Klimawandels stellen die Städte vor große Herausforderungen. Das Verständnis der Wechselwirkungen zwischen Klima, Luftqualität und Städtebau erlangt daher eine wachsende Bedeutung. Dieses Lehrbuch führt in die physikalischen Grundlagen und Prozesse des Stadtklimas und der städtischen Luftqualität ein (Teil I) und beleuchtet die verschiedenen Aspekte der angewandten Stadtklimatologie (Teil II). Letztere stellt das Bindeglied zwischen den physikalischen Grundlagen des Stadtklimas und der Stadtplanung dar. Stadtklimauntersuchungen und die daraus abgeleiteten synthetischen Klimafunktions- und Planungshinweiskarten ermöglichen es der Planung, sowohl klimatische als auch lufthygienische Aspekte innerhalb des kommunalen Handlungsrahmens aufzugreifen. Der vorliegende Text richtet sich daher nicht nur an Studierende und Lehrende aus den Bereichen der Klimatologie und Meteorologie, den Umweltwissenschaften und der Geographie, sondern ebenfalls an Leser und Leserinnen aus den Fachrichtungen Stadt-, Raum- und Umweltplanung sowie der Architektur. Da das Stadtklima definitionsgemäß ein durch den Stadtkörper modifiziertes Klima innerhalb der bodennahen Luftschicht, der sogenannten atmosphärischen Grenzschicht, darstellt, sind zum Verständnis des Textes grundlegende Kenntnisse der allgemeinen Klimatologie sowie der Prozesse in der atmosphärischen Grenzschicht hilfreich.

Wir danken allen Kolleginnen und Kollegen, die zum Gelingen des Buches durch kritische Anmerkungen und Kommentare beigetragen haben. Für die Bereitstellung von Luftqualitätsdaten möchten wir uns bei Dr. Andreas Hainsch (Lufthygienische Überwachung Niedersachsen, Staatliches Gewerbeaufsichtsamt Hildesheim, Abteilung 4), Jia Sun (Leibniz-Institut für Troposphärenforschung TROPOS, Leipzig) sowie Andrea Minkos (Umweltbundesamt, Dessau, Fachgebiet II 4.2 Beurteilung der Luftqualität) bedanken. Unser besonderer Dank gilt den Mitarbeiterinnen und Mitarbeitern der Arbeitsgruppe Klimatologie und Umweltmeteorologie, Institut für Geoökologie der Technischen Universität Braunschweig (insbesondere Laura Grunwald, Lars Gerling u. Sophia Dosch) sowie den Mitarbeiterinnen und Mitarbeitern des Lehr- und Forschungsgebietes Physische Geographie und Fachdidaktik, Fachbereich Raum- und Umweltplanung der Technischen Universität Kaiserslautern (insbesondere Dr. Martin Fabisch, Dr. Arne Leitte).

Sascha Henninger und Stephan Weber
Kaiserslautern/Braunschweig, Juni 2019

I. Physikalische Grundlagen des Stadtklimas

1 Grundzüge des Stadtklimas

Das Kapitel im Überblick:

- Das Stadtklima ist eine anthropogene Klimamodifikation innerhalb der atmosphärischen Grenzschicht.
- Das Stadtklima wird durch Wechselwirkungen der Atmosphäre mit der Bebauung sowie durch anthropogene Emission von Wärme und Spurenstoffen hervorgerufen.
- Die Zahl der Stadtbewohner nimmt stetig zu. Seit dem Jahr 2007 leben weltweit mehr als 50 % der Menschen in Städten.
- Die globale Urbanisierung entwickelt sich regional unterschiedlich. Neben einem ausgeprägten Stadtwachstum in Asien und Afrika, sind in den Altindustrieländern Stadtschrumpfungsprozesse zu beobachten.

1.1 Stadtklima – Ursachen, Eigenschaften und Nachweis

Eine der großen Herausforderungen der Menschheit im 21. Jahrhundert ist die rasante Zunahme der globalen Bevölkerungszahl mit daraus resultierenden Problemen, wie regionaler Nahrungsmittelknappheit, Übernutzung erneuerbarer und nicht erneuerbarer Ressourcen sowie zunehmender Landflucht. Während im Jahr 2019 knapp 7,6 Milliarden Menschen auf der Erde lebten, soll die Zahl laut einer Bevölkerungsprognose der Vereinten Nationen selbst bei einem moderaten Verlauf bis auf rund 11,2 Milliarden Menschen zum Jahr 2100 anwachsen (United Nations, 2014).

In dieser Entwicklung markierte das Jahr 2007 eine Zeitenwende. Erstmals lebte jeder zweite Mensch in einer Stadt (Seto et al., 2010). Die Prognosen der Bevölkerungsentwicklung deuten auf einen zunehmenden Trend zur globalen Urbanisierung im Verlauf dieses Jahrhunderts hin, welcher dazu führt, dass bereits im Jahr 2050 ein globaler Anteil der Stadtbevölkerung von 66 % zu erwarten ist (Abb. 1.1).

Der Urbanisierungsgrad, d. h. der Anteil der Stadtbevölkerung an der Gesamtbevölkerung eines Staates, hat in Ländern mit höherem Entwicklungsstandard bereits in der Vergangenheit auf einem relativ hohen Niveau von > 70 % gelegen. In den kommenden Jahren und Jahrzehnten wird der Verstädterungsanteil vornehmlich in den Regionen mit geringerem Entwicklungsstandard zunehmen. Die Vereinten Nationen gehen in ihren Prognosen davon aus, dass neben den derzeit 28 Megacities (Städte mit > 10 Mio. Einwohnern) weitere 13 Städte bis zum Jahr 2030 diesen Status erreichen werden (s. Tab. 1.1). Die neuen Megastädte werden sich vornehmlich in Afrika und Asien befinden, wo sich derzeit die größten Stadtbevölkerungszuwächse beobachten lassen (UN-Habitat, 2014, siehe dazu auch Kap. 1.3)

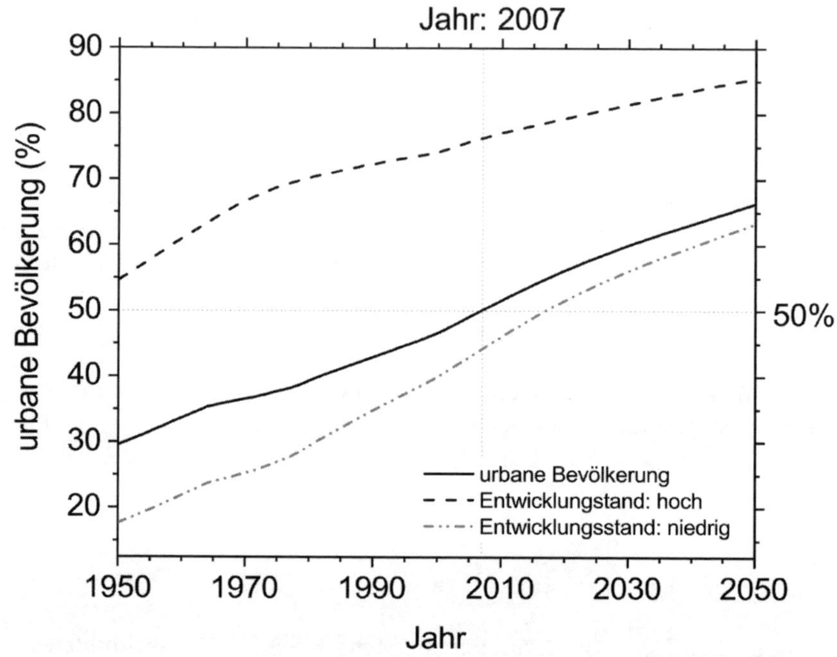

Abb. 1.1: Entwicklung und prognostizierter Verlauf der globalen, urbanen Bevölkerungszahl im Zeitraum von 1950 bis 2050. Neben dem Verlauf der Gesamtentwicklung ist die städtische Bevölkerung für Länder mit hohem und geringerem Entwicklungsstandard dargestellt (Quelle: United Nations, 2014).

Tab. 1.1: Rangfolge der zehn größten Megacities nach Bevölkerungszahl für die Jahre 1990, 2014 sowie die Prognose für das Jahr 2030. Die Zahlen in Klammern geben die Bevölkerungszahl in Mio. Einwohnern an (UN-Habitat, 2014).

Rang	1990	2014	2030
1	Tokio (32,5)	Tokio (37,8)	Tokio (37,2)
2	Osaka (18,4)	Delhi (25,0)	Delhi (36,1)
3	New York (16,0)	Shanghai (23,0)	Shanghai (30,8)
4	Mexiko-City 15,6)	Mexico-City (20,8)	Mumbai (27,8)
5	Sao Paulo (14,8)	Sao Paulo (20,8)	Beijing (27,7)
6	Mumbai (12,4)	Mumbai (20,7)	Dhaka (27,4)
7	Kalkutta (10,9)	Osaka (20,1)	Karachi (24,8)
8	Los Angeles (10,9)	Beijing (19,5)	Kairo (24,5)
9	Seoul (10,5)	New York (18,6)	Lagos (24,2)
10	Buenos Aires (10,5)	Kairo (18,4)	Mexico-City (23,9)

Die Urbanisierungsprozesse gehen mit deutlichen Auswirkungen auf die physische Umwelt einher, da ein wesentlicher Effekt der Verstädterung die Umwandlung von natürlicher, unversiegelter Landoberfläche in bebaute, städtisch überprägte Erdoberfläche darstellt. Die Konversion der Oberfläche sowie die dreidimensionale Struktur des Stadtkörpers führen zu einer veränderten Wechselwirkung zwischen Erdoberfläche und bodennaher Atmosphäre. Zudem werden durch anthropogene Beiträge Wärme und Spurenstoffe in die bodennahe Atmosphäre emittiert. Städte prägen demzufolge ein im Vergleich zur natürlichen, nicht-bebauten Landoberfläche modifiziertes Klima aus, welches als Stadtklima bezeichnet wird. Der Begriff „Stadt" ist in diesem Zusammenhang nicht eng an den statistisch-administrativen Begriff „Stadt" gebunden und nicht ausschließlich über die Einwohnerzahl definiert (vgl. Heineberg et al., 2017). Vielmehr wird ein „System Stadt" betrachtet, in welchem der dreidimensionale Baukörper mit dynamischen Prozessen in Beziehung steht. Dazu gehören u. a. die zunehmende Verdichtung des Stadtkörpers, der flächenhafte Zuwachs durch Ausweitung von Stadt- und Siedlungsstrukturen sowie Stadtschrumpfungsprozesse.

Die Phänomene des Stadtklimas sind, in Abhängigkeit der geographischen Lage einer Stadt, zwar in das jeweilige Groß- bzw. Makroklima (horizontale Skala > 100 – 200 km) eingebettet, sonst jedoch auf Bereiche innerhalb der Stadtfläche sowie das angrenzende Umland beschränkt. Stadtklimatische Effekte sind in Bezug auf die Skaleneinteilung atmosphärischer Prozesse somit als Phänomene der Mikro- und unteren Mesoskala (< 50 km) einzuordnen, die sich weltweit in unterschiedlicher Ausprägung in Städten nachweisen lassen.

Als wissenschaftliche Disziplin lässt sich die Stadtklimatologie als eine Teildisziplin der Umweltmeteorologie und damit der Atmosphärenwissenschaften einordnen. Aufgrund der in der historischen Entwicklung zunächst vornehmlich deskriptiven Beschreibung stadtklimatischer Effekte in verschiedenen Untersuchungsstädten (vgl. Kap. 1.2), liegen die Ursprünge der Stadtklimatologie im Bereich der klimageographischen Wissenschaften. Die zunehmende Betrachtung physikalisch-energetischer und prozessbasierter Aspekte der Stadtatmosphäre haben das Wissenschaftsgebiet jedoch auch in den Bereich einer Teildisziplin

Definition: Stadtklima

Das Stadtklima ist eine anthropogene Klimamodifikation der atmosphärischen Grenzschicht, die durch Wechselwirkung mit der Bebauung sowie durch anthropogene Emission von Wärme und Spurenstoffen hervorgerufen wird. Die in unterschiedlicher Intensität auftretenden Stadtklimaeffekte sind weltweit in urbanen Gebieten zu beobachten.
Die Definition des Begriffs „Stadtklima" geht im Kern auf den Vorschlag der Kommission für Klimatologie der Weltorganisation für Meteorologie (WMO) zurück (WMO, 1983).

der Meteorologie gerückt, sodass die synonyme Nutzung der Begriffe „Stadtklimatologie“ bzw. „Stadtmeteorologie“ (engl. *urban meteorology*) anzutreffen ist. In der deutschen Literatur hat sich die Bezeichnung „Stadtklimatologie“ jedoch weitestgehend durchgesetzt, auch wenn einer Vielzahl der Prozessstudien oder angewandten Forschungsfragestellungen (z. B. Energieaustausch zwischen Oberfläche und Atmosphäre, Mikroklimastudien, Human-Biometeorologische Bewertungen) kürzere Untersuchungszeiträume, z. B. von Tagen oder einzelnen Untersuchungsjahren, zugrunde liegen und somit im strengen Sinn nicht der zeitlichen Skala des Begriffs „Klima“, d. h. der 30-jährigen Klimanormalperiode entsprechen.

Die Forschungsdisziplin wird international durch unterschiedliche wissenschaftliche Vereinigungen repräsentiert, wie die *International Association for Urban Climate* (IAUC) oder das *Board on the Urban Environment* der Amerikanischen Meteorologischen Gesellschaft (AMS). In Deutschland werden stadtklimatologische Fragestellungen in universitärer Forschung und Lehre schwerpunktmäßig in den Fachbereichen Geographie (z. B. Berlin, Bochum), Raum- und Umweltplanung (Kaiserslautern), Meteorologie (Freiburg, Hamburg, Hannover), Ökologie (Berlin), Landschaftsökologie (Münster) oder Umweltnaturwissenschaften (Braunschweig) vertreten.

Der Nachweis eines stadtklimatischen Effekts lässt sich, anders als beispielsweise bei Luftschadstoffen, nicht durch die Überschreitung eines Schwellen- oder Grenzwertes beschreiben, sondern ist prinzipiell über den Vergleich zur Ausprägung eines entsprechenden Klimaelementes im nicht städtisch beeinflussten Umland möglich. Die Stärke des Unterschiedes bestimmt den Stadtklimaeffekt. In einer grundlegenden Arbeit hat Lowry (1977) den Nachweis eines Stadtklimaeffekts folgendermaßen gefasst:

$$M_{i,t,x} = C_{i,t,x} + L_{i,t,x} + E_{i,t,x} \qquad \text{(Gl. 1.1)}$$

In Gleichung 1.1 steht *M* für den gemessenen Wert eines Klimaelements, der sich als Summe dreier beeinflussender Faktoren ergibt. Diese setzen sich zusammen aus dem großräumigen Hintergrundwert des Klimas *C*, dem Lokalklimaeffekt der umgebenden Landschaft *L* sowie dem urbanen Beitrag *E*. Die Indexgrößen bezeichnen den Standort *x* der Messung, zu einem Zeitpunkt *t* während einer spezifischen Wetterlage *i*.

Lowrys Modell zeigt, dass die Intensität der Ausprägung eines städtischen Effektes auf das Klima durch die Einbettung des jeweiligen Standortes in das großräumige Klimageschehen, die geographische Lage sowie topographische Aspekte (u. a. Küsten- oder Kessellage) beeinflusst wird. Eine Stadt in Küstenlage kann so zum Beispiel durch ein ausgeprägtes Land-Seewind-System eine Verminderung des Hitzestresses für Menschen erfahren (Papanastasiou et al., 2010; Saaroni et al., 2015). Weiterhin wirken sich standörtliche Gegebenheiten im Umfeld des Bezugspunktes aus, die je nach vorherrschender Wetterlage und Zeitpunkt im Tages-

oder Jahresverlauf unterschiedlich ausgeprägt sind. Im Ergebnis ist der Einfluss der Stadt auf die verschiedenen Klimaelemente ein komplexes Wirkungsgefüge, das an jedem urbanen Standort zu jeder Zeit nachzuweisen ist, in Intensität und Ausprägung jedoch stark variabel sein kann. Typischerweise ist der Einfluss der mikro- und mesoskaligen Beiträge zum Stadtklima von größerer Bedeutung, als die Wirkung makroskaliger Effekte. Lowrys Ansatz ist als ein konzeptionelles Modell zu verstehen. In der praktischen Anwendung ist der Vergleich mit präurbanen Werten in der Regel nicht möglich, da keine Daten aus der Zeit vor der Stadtentstehung und -wachstum vorliegen. Methodisch lassen sich vergleichende Untersuchungen zwischen Stadt- und Umlandstandorten, mobile Messungen entlang unterschiedlicher städtischer und nicht-städtischer Flächennutzungen sowie Ansätze der statistischen oder numerischen Modellierung heranziehen, um den urbanen Effekt zu extrahieren. In Luftqualitätsstudien werden häufig Werktage, mit stärkerer anthropogener Aktivität und Emission von Luftschadstoffen, mit Tagen an Wochenenden verglichen, um den Einfluss der menschlichen Aktivität auf die Luftqualität in der bodennahen Luftschicht zu untersuchen.

Die wesentlichen Ursachen, die zur Herausprägung des Stadtklimas führen, lassen sich wie folgt zusammenfassen (Kuttler, 2013):

- **Makroskalige Aspekte:**
  - Geographische Breitenlage bzw. Klimazone
  - Oberflächenformen und -beschaffenheit
  - Entfernung zu großen Wasserkörpern
- **Meso-/ Mikroskalige Aspekte:**
  - Stadtgröße
  - Einwohnerzahl
  - Art und Anteile urbaner sowie ruraler Flächennutzungen (Versiegelungsgrade, Anteile grüner und blauer Infrastruktur)
  - Struktur des Stadtkörpers (Dreidimensionalität, Oberflächenvergrößerung, Materialien)
  - Stärke der Emission anthropogener Wärme und Spurenstoffe

Stadtklimaeffekte sind weltweit, jedoch in unterschiedlicher Ausprägung und Intensität zu beobachten (vgl. Definition des Stadtklimas S.15). Dies hängt vom komplexen Zusammenwirken der für das Stadtklima verantwortlichen Ursachen zusammen. Dennoch haben die Forschungsergebnisse der vergangenen Jahrzehnte Merkmalseigenschaften des Stadtklimas herausgearbeitet, die sich typischerweise von denen des Umlands unterscheiden. Tabelle 1.2 fasst die wesentlichen Beobachtungen der Phänomene des Stadtklimas exemplarisch zusammen und skizziert die dabei beobachteten Veränderungen der meteorologischen Größen im Vergleich zum angrenzenden Umland der Städte. Die genauere Quantifizierung und Beschreibung der grundlegenden Prozesse, die zur Modifikation der meteorologischen Größen innerhalb der städtischen Atmosphäre führen, erfolgt in den Kapiteln 2 bis 5.

Tab. 1.2: Exemplarische Übersicht urbaner Klimaklassifikationen anhand ausgewählter meteorologischer Größen. Es bedeuten + Zunahme, – Abnahme, o keine deutliche Änderun(zusammengestellt nach Christen u. Vogt, 2004; Kuttler, 2013; Wang et al., 2014).

Meteorologische Größe		Veränderung gegenüber dem Umland
Strahlung		
	Globalstrahlung	–/o
	Kurzwellige Reflexstrahlung	–/o
	Albedo	–/o
	Langwellige Ausstrahlung	+
	Atmosphärische Gegenstrahlung	+/o
	Strahlungsbilanz	o
Wärme		
	Sensibler Wärmefluss	+
	Latenter Wärmefluss	-
	Wärmespeicherung	+
	Lufttemperatur	+/o
	Nächtliche Lufttemperatur	+
Luftfeuchtigkeit		
	Dampfdruck	–/o
Wind		
	Windgeschwindigkeit	-
	Böigkeit, Turbulenz	+
Luftqualität		
	Gasförmige Spurenstoffe	+
	Partikel	+

Da Art und Struktur der urbanen Oberfläche bzw. des dreidimensionalen Stadtkörpers direkt mit Auswirkungen auf das Stadtklima verknüpft sind, werden sich zukünftige globale und regionale Herausforderungen, wie zunehmende Urbanisierung, Stadtschrumpfungsprozesse, Anpassungen an den Klima- und demographischen Wandel sowie Migrationsbewegungen, sehr dynamisch auf urbane Systeme auswirken. Die Art, in der sich Städte entwickeln, wird direkte Auswirkungen auf das Stadtklima haben. In Kapitel 1.3 wird deshalb exemplarisch auf aktuelle Erkenntnisse zur Stadtsystemforschung eingegangen.

1.2. Historische Entwicklung der Stadtklimaforschung

Die Stadtklimatologie wird häufig als eine recht junge Wissenschaftsdisziplin charakterisiert. Die historischen Anfänge der Beschäftigung mit stadtklimatischen Effekten lassen sich jedoch bis in die Zeit des antiken Roms zurückverfolgen (JANKOVIĆ, 2013). Die alten Stadtgesellschaften beschäftigen sich mit den Zusammenhängen von menschlicher Aktivität und deren Auswirkungen auf das Klima und die Luftqualität der Stadt. Frühe Abhandlungen über *„Stadtplanung und Klimabedingungen"* (VITRUVIUS, 75 – 26 v. Chr.) sowie die *„Luftverschmutzung in Rom"* (HORAZ, ca. 24 v. Chr.) dokumentieren erste Untersuchungen zum städtischen Effekt auf das Klima.

Mit zunehmender industrieller und wirtschaftlicher Entwicklung während des 18. und 19. Jahrhunderts, u. a. in Nordamerika und Europa, begannen frühe systematische Untersuchungen des Stadteffektes in der bodennahen Atmosphäre. Die Beobachtungen wurden durch den Umstand inspiriert, dass die durch den Stadtkörper hervorgebrachte Modifikation sprichwörtlich am eigenen Leibe der Stadtbewohner zu spüren war. Der amerikanische Arzt Charles Caldwell berichtete Ende des 18. Jahrhunderts, dass die *„Bewohner Philadelphias eine um bis zu 3 – 4°C höhere Lufttemperatur im Vergleich zu den Bewohnern des Umlandes erfahren"*, während der amerikanische Arzt William Currie befand, dass *"die Enge und irreguläre Form der Straßen New Yorks, die Höhe der Häuser und ihre gedrängte Bauweise, zu heißen, unerträglichen Bedingungen während des Sommers führt"* (JANKOVIĆ, 2013).

Die Beobachtungen eines städtischen Überwärmungseffektes wurden nachfolgend durch den englischen Apotheker Luke Howard erstmals mit kontinuierlichen Messungen untersucht (HOWARD, 1833). Howard analysierte die mittels Thermometermessungen beobachteten Lufttemperaturdifferenzen zwischen der Londoner City und dem Umland Londons. Er konnte daraus einen städtischen Überwärmungseffekt ableiten, der während des gesamten Jahresverlaufs auftrat. Howards Untersuchungen lieferten erste Anhaltspunkte für die urbane Wärmeinsel (engl. *urban heat island*, UHI), die nach wie vor das bekannteste Phänomen der Stadtklimatologie darstellt und weltweit an unterschiedlichsten Standorten untersucht und nachgewiesen wurde (s. dazu Kap. 4). Seine 1833 vorgelegte Publikation *„The Climate of London"* war somit die erste wissenschaftliche Untersuchung eines Stadtklimaeffektes. Howards Befunde inspirierten eine Reihe weiterer Forscher, die in der Folgezeit, auch aufgrund einer stetig wachsenden Zahl städtischer Wetterstationen und Temperaturaufzeichnungen, Beobachtungsergebnisse aus Städten wie Prag, Paris, Moskau, Köln, Tokio oder Boston vorlegten (JANKOVIĆ, 2013). Die wachsende Zahl von Messdaten führte zur Entdeckung weiterer städtischer Effekte innerhalb der bodennahen Luftschicht und trug insgesamt dazu bei, dass die wissenschaftliche Betrachtung des Stadtklimas und seiner Phänomene größere Aufmerksamkeit erlangte.

Während der städtische Effekt in den Untersuchungen des 19. Jahrhunderts zwar als Phänomen bereits erstaunlich detailliert untersucht, jedoch quasi als gegeben hingenommen wurde, begann im 20. Jahrhundert die stärkere Zuwendung zur Betrachtung der Eingriffsmöglichkeiten in das Stadtklima. In diesem Zusammenhang ist der deutsche Benediktinerpater Albert Kratzer hervorzuheben, der in seiner 1937 veröffentlichten Dissertation *„Das Stadtklima"* nicht nur eine umfassende Bestandsaufnahme stadtklimatischer Phänomene erarbeitete, sondern bereits auch Fragestellungen mit Bezug zu stadtplanerischen Verbesserungsmöglichkeiten berührte. Kratzer verstand das Stadtklima als ein anthropogenes Klima, das mit planerischen und baulichen Eingriffsmöglichkeiten zu verbessern sei (z. B. sein Kapitel zu Windströmung und Stadtplanung). Kratzer befasst sich in seiner Abhandlung, die 1956 als zweite Auflage publiziert wurde und lange als wichtiges Grundlagenwerk der Stadtklimaforschung galt, mit Themenfeldern wie dem urbanen Strahlungshaushalt, dem Windregime der Stadt sowie urbanen Niederschlagsmodifikation. Im Bereich der angewandten Fragestellungen behandelt Kratzer im Kapitel „Beziehung zwischen Stadtplanung und Windrichtung" beispielsweise die stadtklimatisch ungünstige Lage von Wohnvierteln in räumlicher Nähe zu Industriegebieten. Das Ansinnen Kratzers, das Stadtklima nicht nur als eine Zustandsänderung der bodennahen Atmosphäre zu betrachten, sondern aktiv den durch den Stadtkörper hervorgerufenen negativen Beeinträchtigungen gegenzusteuern, bildete eine wichtige Basis für die weitere Entwicklung der Stadtklimaforschung in Deutschland.

In der Zeit nach dem Zweiten Weltkrieg entwickelte sich eine aktive deutsche Stadtklimaforschung, die von Hochschulen, kommunalen Behörden sowie einer Reihe privater Planungsbüros vorangetrieben wurde. Die stadtklimatische Forschung hatte nicht nur grundlegende Forschungsfragen im Fokus, sondern bemühte sich ebenfalls intensiv um den Transfer der Erkenntnisse in die kommunale/regionale Planungspraxis. Zwei deutschsprachige Werke zur Stadtklimatologie wurden von Fezer (1995) und Helbig et al. (1999) vorgelegt. Als weitere wichtige treibende Kräfte der angewandten Stadtklimaforschung in Deutschland sind die Stadt Stuttgart sowie der Verein Deutscher Ingenieure (VDI) mit seiner „Kommission Reinhaltung der Luft" (KRdL) zu nennen.

Die Stadt Stuttgart gilt als Synonym einer durch topographische Aspekte in besonderer Weise stadtklimatisch beeinflussten Stadt. Die Kessellage Stuttgarts führt beispielsweise zur Ausbildung von schwachwindigen Inversions- und Stagnationswetterlegen, die mit einer Beeinflussung von Klima und Luftqualität einhergehen können. In der Stadtverwaltung Stuttgarts wurde der Umweltschutz vor dem Zweiten Weltkrieg durch entsprechend geschulte Mitarbeiter vertreten (schon im Jahr 1938 wurde ein Meteorologe zur Untersuchung der klimatischen Verhältnisse im Stadtgebiet angestellt). Im Jahr 1953 konnten im Klima-Atlas von Baden-Württemberg bereits Stadtklimaaspekte sowie lokale Klimafunktionen berücksichtigt und zu stadtplanerischen Empfehlungen genutzt werden. Die Bemühungen, aktuelle stadtklimatische Erkenntnisse in den planerischen Kontext einfließen zu lassen, wird in der Stadtverwaltung durch die Abteilung Stadtklimatologie im Amt für Umweltschutz auch weiterhin gewährleistet.

Die „Kommission Reinhaltung der Luft" im VDI ist für die Normung und die Aufstellung von Technischen Regeln, die sog. VDI-Richtlinien, zuständig. Im Fachbereich Umweltmeteorologie der KRdL werden im Rahmen der Richtlinienerstellung stadtklimatische Fragestellungen behandelt. Die Richtlinien dienen als Leitfaden für Untersuchungsmethoden und Untersuchungskonzepte sowie als Vorgaben zur Standardisierung bei der Darstellung von Ergebnissen stadtklimatischer Untersuchungen, z. B. in Form von Klimafunktions- oder Planungshinweiskarten. Als exemplarische Beispiele für VDI-Richtlinien im Stadtklimabereich seien die VDI 3787 Blatt 1 *„Umweltmeteorologie – Klima- und Lufthygienekarten für Städte und Regionen"*, VDI 3787 Blatt 9 *„Umweltmeteorologie – Berücksichtigung von Klima und Lufthygiene in räumlichen Planungen"* sowie die VDI 3787 Blatt 5 *„Umweltmeteorologie – Lokale Kaltluft"* genannt.

In vielen Städten hat sich ein reger Austausch zwischen Wissenschaft und kommunalen Behörden entwickelt, der dazu dient, aktuelle Erkenntnisse stadtklimatischer Forschung in den konkreten Planungsprozess zu überführen. In den vergangenen Jahren rückten stadtklimatische Aspekte auch unter dem Eindruck des Klimawandels und der Diskussion um Möglichkeiten urbaner Anpassungs- und Minderungsmaßnahmen an den Klimawandel verstärkt in den Fokus der Stadtplanung sowie der interessierten Öffentlichkeit. Exemplarisch sei das Bundesland Nordrhein-Westfalen aufgeführt, für das ein *„Handbuch Stadtklima"* als Leitfaden zur Unterstützung der Kommunen bei der Anpassung an den Klimawandel entwickelt wurde (MUNLV-NRW, 2011).

Parallel zur Entwicklung der Stadtklimatologie in Deutschland hat sich im Anschluss an den Zweiten Weltkrieg die wissenschaftliche Auseinandersetzung mit der urbanen Beeinflussung der bodennahen Luftschicht auch im internationalen Kontext intensiviert. In England führte Tony Chandler die Ideen von Howard fort. Er fokussiert die Untersuchungen für seine Monographie *„Londons Urban Climate"* im Vergleich zu Howard auf einem deutlich vergrößerten Stadtklima-Messnetz und einem auf mobilen Messungen beruhenden Datensatz, für die er Lufttemperatur- und Luftfeuchtigkeitsmessungen im Stadtgebiet Londons durchführte (Chandler, 1965). In Nordamerika fand das von Helmut Landsberg (1981) publizierte Lehrbuch *„The Urban Climate"* Anerkennung, da er einen interdisziplinären Ansatz verfolgte und die Aspekte der städtischen Luftqualität mit dem Stadtklima verknüpft betrachtete. Als eines der Standardwerke der Stadtklimaliteratur ist Okes *„Boundary Layer Climates"* zu erwähnen (Oke, 1987). Obwohl dieses Lehrbuch im Kern auf die Beschreibung der atmosphärischen Grenzschicht sowie unterschiedlicher Grenzschichtklimate zielt, gelten die Kapitel zur städtischen Grenzschicht als wichtige Grundlage und werden in einer Vielzahl von Veröffentlichungen zitiert. Oke hat sich in seiner Schaffenszeit wiederholt nicht nur dafür eingesetzt, die Gewinnung stadtklimatischer Erkenntnisse auf Basis der Kopplung von Messungen und Modellen zu intensivieren, sondern auch die Standardisierung und detaillierte Beschreibung von Messungen und Metadaten (z. B. Lage, Messhöhe über Grund, Umgebungseigenschaften) im städtischen Umfeld zu erhöhen (Oke, 2004; 2006). Im Jahr 2017 wurde mit dem englischsprachigen Lehrbuch „*Urban Climates*" ein aktuelles Lehrbuch aufgelegt, das sich mit den verschiedenen Facetten urbaner Mikroklimate auseinandersetzt und ausführlich auf die physikalischen Grundlagen des Stadtklimas eingeht (Oke et al., 2017).

Prinzipiell hat sich der Ansatz stadtklimatischer Forschung in den Dekaden nach dem Zweiten Weltkrieg von einer zunächst stark deskriptiven Beschreibung und Bestandsaufnahme der urbanen Auswirkung auf die meteorologischen Zustandsgrößen zu einer quantifizierenden Wissenschaft entwickelt, die die auftretenden Phänomene physikalisch-mathematisch beschreibt (vgl. Tab. 1.3).

Tab. 1.3: Zeitliche Entwicklung der wesentlichen Ansätze zur Untersuchung des Stadtklimas (verändert nach Mills, 2014).

Zeitperiode	Untersuchungsansatz
< 1960	• Beobachtung und Beschreibung urbaner Effekte mittels herkömmlicher meteorologischer Messgeräte (z. B. Thermometer)
> 1960	• vermehrte Messung von Prozessgrößen (Strahlungsflüsse, sensible und latente Wärmeflüsse) • Nutzung statistischer Methoden zur Charakterisierung und Generalisierung von Ergebnissen
> 1970	• Anwendung mikrometeorologischer Messtechnik und Theorie in der urbanen Grenzschicht (Beschreibung des urbanen Energiebudgets) • beginnende Nutzung numerischer Modellierung zur Beschreibung urbaner Effekte
> 1980	• stärkere Nutzung abstrahierter urbaner Strukturen zur Beschreibung des Stadtklimas (z. B. Straßenschluchten, Höhen- zu Breitenverhältnisse) • Untersuchungen an skalierten physikalischen Modellen, zunehmende Messung von Energiebilanzflüssen
> 1990	• vermehrte mathematische Beschreibung der Zusammenhänge von urbaner Struktur/ Morphologie und urbanem Effekt • Durchführung größerer städtischer Feldexperimente
> 2000	• Entwicklung verbesserter numerischer Stadtklimamodelle • (Weiter)Entwicklung verbesserter Messtechnik zur Untersuchung stadtklimatischer Effekte
> 2010	• zunehmende Verbesserung der Quantifizierung stadtklimatischer Effekte durch numerische Modelle und Prozessstudien, z. B. Messungen von Energie- und Treibhausgasflüssen • Nutzung von „Big Data" (z. B. Nutzung größerer Datenmengen durch Crowdsourcing und Sensornetze)

In den 1960er Jahren begann die intensivere Erforschung des urbanen Energiebudgets, d. h. die Prozessuntersuchung des Oberfläche-Atmosphären-Austauschs von Energie und Masse im urbanen Bereich.

Seitdem werden zunehmend mikrometeorologische Methoden eingesetzt, um Flüsse von Wärme und Wasserdampf zu messen und daraus die Veränderung des städtischen Energiehaushalts im Vergleich zum nicht-bebauten Umland zu untersuchen. Ein wichtiger Aspekt in der wissenschaftlichen Untersuchung des Stadtklimas ist die Generalisierbarkeit und Übertragbarkeit der Untersuchungsergebnisse. Die Stadtklimaforscher setzten dazu auf eine Abstrahierung der städtischen Strukturen, um beispielsweise über rückführbare und übertragbare Skalierungsmaße (Gebäudehöhen und -abstände, Himmelssichtfaktoren, Höhe-zu-Breite-Verhältnisse von Straßenschluchten, vgl. Kap. 2.2) die Ergebnisse an Datensätzen anderer Stadtgebiete zu überprüfen. Die intensive physikalisch-mathematische Beschreibung von Stadtklimaphänomenen führte, im Gleichklang mit der Vergrößerung von Computerleistungen, auch im Bereich der Stadtklimatologie zu einer intensiveren Entwicklung und Nutzung numerischer Modelle. Ein wesentlicher Aspekt dabei ist jedoch die Notwendigkeit von adäquaten Validierungsdatensätzen, die zur Überprüfung der Modellergebnisse herangezogen werden müssen. Während das amerikanische METROMEX-Projekt als Pionierstudie einer großangelegten urbanen Feldstudie gilt, wurden in den vergangenen Jahren sowie in jüngster Zeit weitere urbane Großprojekte durchgeführt (u. a. BUBBLE in Basel, Clearflo in London sowie 3DO in Berlin, Hamburg und Stuttgart, z. B. Rotach et al., 2005; Bohnenstengel et al., 2014; Scherer et al., 2019). Aufgrund der komplexen Wechselwirkungen in Städten sowie der Vielzahl unterschiedlicher Fragestellungen, werden auch in der Zukunft hochwertige Daten aus Feldmessungen zu Prozessstudien und als Modellvalidierung erforderlich sein. Das gilt vor allem für skalenübergreifende Fragestellungen, da numerische Modelle mittlerweile für unterschiedliche Skalen in der atmosphärischen Grenzschicht vorliegen.

Eine zusammenfassende historische Betrachtung der Stadtklimaforschung zeigt eine imposante Entwicklung dieses Forschungsfeldes. Stadtklimatische Forschung wird derzeit weltweit von einer großen Zahl von Wissenschaftlern und Wissenschaftlerinnen betrieben und die Ergebnisse in internationalen Zeitschriften publiziert sowie auf Konferenzen vorgestellt (s. Abb. 1.2). Die höchste Publikationsrate im Bereich Stadtklimatologie entfällt auf Autoren aus den USA (16,1 % aller Publikationen im Zeitraum 1965 – 2017) und China (12,3 %), gefolgt von Großbritannien (7,5 %) und Deutschland (6,9 %). Über die geographische Verteilung der untersuchten Städte und Regionen liegen bislang keine statistischen Auswertungen vor. Wie in vielen anderen geowissenschaftlichen Disziplinen ist die räumliche Abdeckung der Untersuchungsstandorte auch in der Erforschung des Stadtklimas stetig angewachsen, jedoch mit deutlichen räumlichen Schwerpunkten in Nordamerika, Europa und SE-Asien. Zur Überprüfung besonderer Prozesse oder der Übertragbarkeit in andere Klimabereiche ist eine höhere Zahl von Studien aus weiteren Regionen, wie z. B. Südamerika oder Afrika, wünschenswert.

Im selben Atemzug ist die Standardisierung und detaillierte Beschreibung der Metadaten bei stadtklimatischen Untersuchungen zu nennen. Die bessere Vergleich- und Übertragbarkeit von Mess- und Modellergebnissen unterschiedlicher

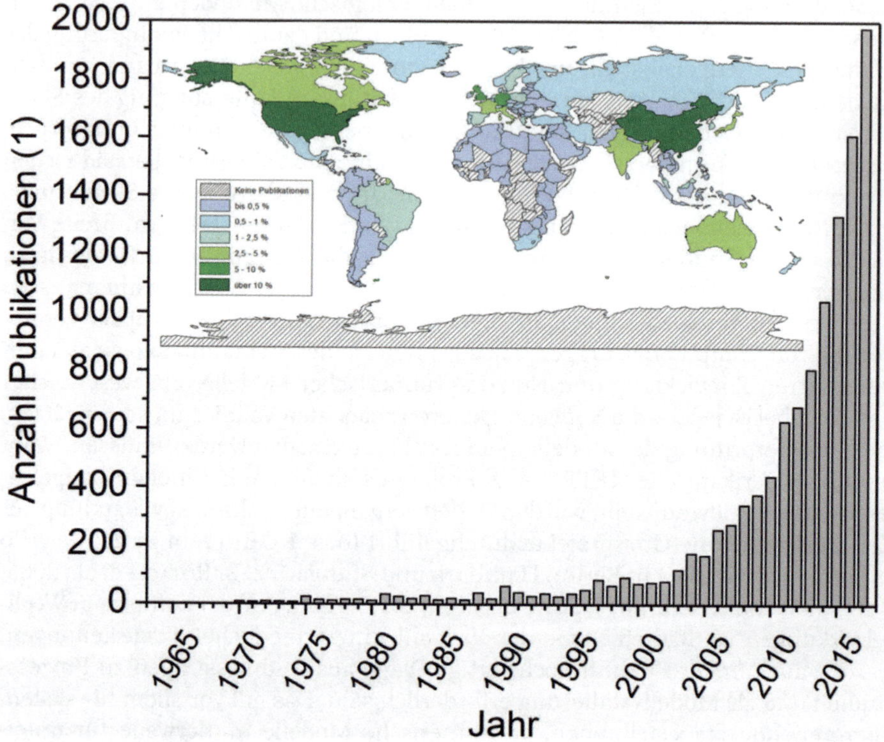

Abb. 1.2: Anzahl und geographische Verteilung stadtklimatischer Publikationen: Das Balkendiagramm zeigt die zeitliche Entwicklung der Publikationstätigkeit im Bereich Stadtklimatologie seit 1964 auf Basis einer Literaturrecherche der Peer-review-Literatur (Datenbankabfrage Scopus unter den Titelwörtern „*urban climate*", „*urban meteorology*" und „*Stadtklima*", insgesamt n = 11.337 Publikationen). Die Karte stellt die geographische Verteilung der Publikationen auf Basis der Institution/ Affiliation der Autoren der entsprechenden Publikation dar.

Standorte muss auf Basis rückführbarer Randbedingungen geschehen, z. B. Lage der Standorte, Messhöhen, Flächennutzung, Umfeld der Messstationen, Höhen der umliegenden Gebäude, etc. (vgl. Oke et al, 2017). Nicht zuletzt ist die Stadtklimatologie eine Wissenschaft, deren Erkenntnisse in die Lebenswelt der Stadtbewohner zurückgespiegelt werden und deren Befunde in Planungsprozesse und Stadtentwicklungstendenzen Einzug erhalten sollten, um ein für die Bewohner der Stadt möglichst ideales Stadtklima zu ermöglichen. Mayer (1989) fasst darunter einen räumlich und zeitlich variablen Zustand der Atmosphäre in urbanen Bereichen, bei dem sich möglichst keine anthropogenen Schadstoffe in der Luft befinden und den Stadtbewohnern in Gehnähe (charakteristische Länge: ca. 150 m, charakteristische Zeit: ca. 5 Minuten) eine möglichst große Vielfalt an

Atmosphärenzuständen (Vielfalt der urbanen Mikroklimate) unter Vermeidung von Extremen (z. B. extreme Wärmebelastung) geboten wird. Eine klimasensible Stadtplanung sollte sich der Herausforderung stellen, diesem Zustand möglichst nahe zu kommen (s. dazu Kap. 6 u. 7). In diesem Zusammenhang sollte die Zusammenarbeit sowie die gemeinsame Diskussion zwischen Stadtklimaforschern sowie Planern und Anwendern in Politik und Verwaltung weiter intensiviert werden.

Die Fragestellungen der Stadtklimatologie erlangen nicht nur vor dem Hintergrund des Klimawandels große Bedeutung, sondern stellen durch den Trend der globalen Urbanisierung einen komplexen und hochdynamischen Prozess dar. Das bezieht sich nicht nur auf die vielfältigen Fragestellungen der Auswirkungen des Stadtklimas – es sei daran erinnert, dass mittlerweile mehr als die Hälfte der Menschheit in Städten lebt – sondern auch auf die weitere Entwicklung des Systems Stadt. Die Stadtklimatologie ist demnach eine transdisziplinäre Wissenschaft und zukünftig enger als in der Vergangenheit auch als Bestandteil einer Stadtsystemforschung zu verstehen. Auf aktuelle Aspekte zur Entwicklung von Stadtsystemen, die mit dem Klima der Städte in enger Wechselwirkung stehen können, wird im folgenden Kapitel überblickend eingegangen.

1.3 Urbanisierung und Stadtsystemforschung

Der fortschreitende Urbanisierungsprozess wurde zu Beginn dieses Kapitels vornehmlich vor dem Hintergrund der global steigenden Zahl von Stadtbewohnern beleuchtet. Die gegenwärtigen Entwicklungen sind beachtlich, da Städte in der jüngeren Vergangenheit in einem rasanten Tempo gewachsen sind, auch wenn die prozentualen Wachstumsraten in letzter Zeit stagnieren. Zwischen 1950 und 1970 lag die globale prozentuale Bevölkerungszunahme im Mittel bei 2,6 % pro Jahr. Für den Zeitraum von 2007 bis 2025 wird ein globales Mittel von 1,8 % erwartet. Trotz des Rückgangs der prozentualen Wachstumsrate, nimmt die Urbanisierung aufgrund der hohen Zahl an Stadtbewohnern in den einzelnen Staaten im globalen Kontext weiter zu. Bei einer angenommenen jährlichen Wachstumsrate von 1,8 % würde sich die jetzige Zahl der globalen Stadtbevölkerung in rund 38 Jahren verdoppelt haben (Seto et al., 2011). Aus vielen Teilen der Welt liegen jedoch nicht nur Beobachtungen positiver städtischer Wachstumsraten vor, sondern es werden schrumpfende Städte (engl. *shrinking cities*) dokumentiert. Die rückläufige Entwicklung der urbanen Bevölkerungszahl macht sich vor allem in den sog. altindustrialisierten Regionen wie Nordamerika, Europa und Japan bemerkbar. Der Schrumpfungsprozess setzt dem globalen Urbansierungstrend zahlenmäßig nichts entgegen, kann für die weitere Entwicklung einzelner Städte und Regionen jedoch von Bedeutung sein. Zu einem späteren Zeitpunkt wird in diesem Kapitel näher auf den Stadtschrumpfungsprozess eingegangen.

Definition: Schrumpfende Städte

Schrumpfende Städte werden über den Rückgang der absoluten Bevölkerungszahl einer Kommune definiert. Das Phänomen schrumpfender Städte ist seit einigen Jahrzehnten v. a. in Europa (z. B. Manchester/ Liverpool) sowie in Nordamerika (z. B. Detroit) zu beobachten. In Deutschland kann die Entwicklung in den altindustriealisierten Städten Westdeutschlands (u. a. Essen, Gelsenkirchen), aber auch in den industriell geprägten Siedlungsschwerpunkten der ehemaligen DDR (Halle/ Leipzig) beobachtet werden. Auslöser dieser Schrumpfungsprozesse war zum einen der ökonomische Strukturwandel, der z. B. in den alten Bundesländern seit den 1970er Jahren aufgetreten ist und zu massiven Arbeitsplatzverlusten im produzierenden Gewerbe führte, zum anderen mit der Einführung der Marktwirtschaft durch die Privatisierung der staatseigenen Betriebe u. a. nach der deutschen Wiedervereinigung in den neuen Bundesländern.

Bei einer isolierten Betrachtung der Bevölkerungsentwicklung bleiben andere wichtige Aspekte der Verstädterung, so z. B. der damit einhergehende Flächenbedarf, unberücksichtigt. In einem Übersichtsartikel zu den gegenwärtigen Tendenzen der globalen Urbanisierung deklarieren Seto et al. (2010) das derzeitige Jahrhundert aufgrund der fortschreitenden globalen Urbanisierungstendenzen nicht nur als das „Jahrhundert der Stadt“, sondern sie benennen fünf Charaktermerkmale, die das gegenwärtige Stadtwachstum von früheren Epochen unterscheiden. Die Autoren stellen fest, dass

1) Städte hinsichtlich ihrer physikalischen Ausdehnung, ihrer Anzahl, der Einwohnerzahl und ökonomischen Bedeutung größer sind als jemals zuvor in der Vergangenheit,
2) die Wachstumsrate der globalen Stadtbevölkerung sowie der Stadtfläche höher ist, als je zuvor,
3) Verstädterungsprozesse in den 1950er bis 1970er Jahren ihre Schwerpunkte in Europa und Südamerika besaßen, Urbanisierung derzeit und zukünftig jedoch vor allem in Asien und Afrika stattfindet,
4) sich der Typus der Urbanisierung ändert und zwar von kompakten und räumlich konzentrierten Strukturen, hin zu expansiven, stärker peri-urbanen Strukturen, d. h. zwischenstädtische Übergangsbereiche mit urbanen und ruralen Strukturen,
5) die städtischen Funktionen spezialisierter sind, d. h. Arbeit, Wohnen, Erholung und Umwelterfahrung räumlich ausdifferenzierter sind als in der Vergangenheit.

Die zuvor genannten Punkte stehen dabei untereinander in Wechselwirkung und können so zu einer Verstärkung der Einzeleffekte beitragen (Seto et al., 2010).

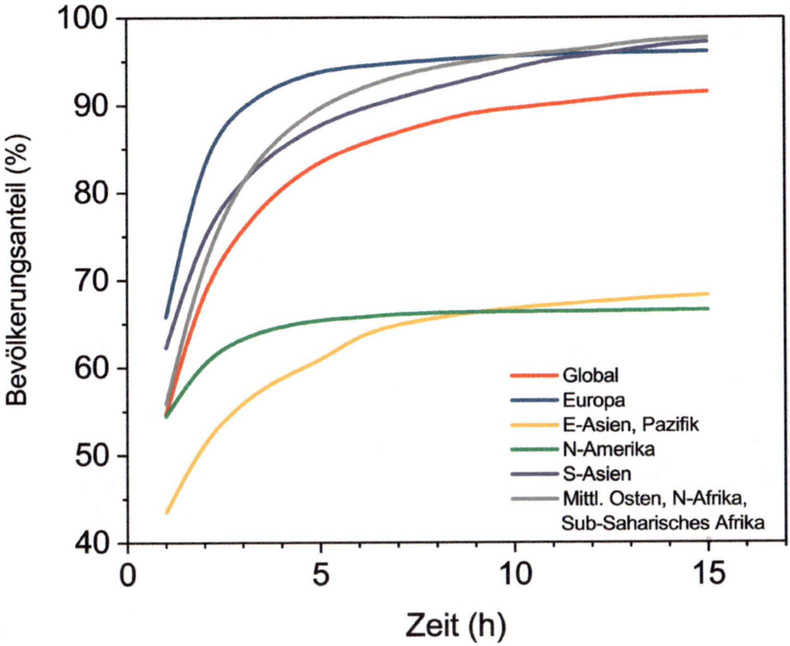

Abb. 1.3: Kumulierte Darstellung der Erreichbarkeit von Städten (Reisezeit in h) in verschiedenen Regionen der Welt für die dort lebende Bevölkerung (Daten aus WEISS et al., 2018).

Es ist offensichtlich, dass Städte und vor allem Großstädte in vielen Staaten die Zentren von Politik, Verwaltung und Handel bilden und die ökonomische Dynamik eines Landes wesentlich steuern. Die Erreichbarkeit von Städten ist wichtig, um die urbanen Ressourcen nutzen zu können. Diese Möglichkeit unterliegt jedoch großen regionalen Disparitäten (Abb. 1.3).

In der Regel reicht der Einfluss einer Stadt weit über die administrative Stadtgrenze in das Umland der Städte hinaus. In der wissenschaftlichen Literatur wird das als der urbane Fußabdruck (engl. *urban footprint*) bezeichnet. Das gilt neben den Prozessen in Politik, Verwaltung und Handel vor allem auch für umweltrelevante Aspekte, wie Stoffflüsse oder Ökosystemdienstleistungen. Im Gegensatz dazu, ist die tatsächliche Flächeninanspruchnahme von Städten vergleichsweise gering. Derzeit, so zeigen die Ergebnisse aktueller Satellitendatenanalysen, nehmen Städte global einen Anteil von nur rund 0,5 % der terrestrischen Landoberfläche ein (SCHNEIDER et al., 2009; YUYU et al., 2015). Aufgrund des im Zuge des Bevölkerungszuwachses notwendigen Ausbaus der urbanen Infrastruktur ist jedoch von einer weiterhin anhaltenden Flächenausdehnung der Städte auszugehen. Im Vergleich zur derzeitigen globalen Fläche von rund 0,7 Mio. km² wird für das Jahr 2030 ein städtischer Flächenzuwachs um weitere 1,5 Mio. km² prognostiziert (Seto et al, 2011). Dies stellt im Vergleich zum Jahr 2000 nahezu eine Verdreifachung der globalen stadtbedeckten Landoberfläche dar. Ferner nimmt die Anzahl der Städte weltweit zu. Während zu Beginn des 20. Jahrhunderts nur 16 Städte mit einer Einwohnerzahl von über 1 Mio. Einwohner existierten, stieg diese Zahl auf 378 im Jahr 2000 und soll im Jahr 2025 eine Größenordnung von bis zu 600 Städten erreichen (Seto et al., 2010).

Eine für unterschiedliche Standorte weltweit durchgeführte Studie zum städtischen Flächenwachstum belegt, dass Städte durch Zuwachs an städtischer Infrastruktur, z. B. durch die Ausweisung neuer Bau- und Siedlungsgebiete, vor allem horizontales Flächenwachstum erfahren. Auf der Basis einer Auswertung von Satellitenbilddaten zeigte sich für die vergangenen vier Dekaden ein vornehmlich expansiv in die Fläche gerichtetes Stadtwachstum (Seto et al., 2011). Demgegenüber ist ein kompaktes Wachstum, das über Nachverdichtung und Erhöhung der vertikalen Ausdehnung des Stadtkörpers definiert ist, derzeit gegenüber dem expansiven Wachstum als nachrangig einzuschätzen. Weltweit wächst die Stadtfläche im Mittel doppelt so schnell wie die Zunahme der Bevölkerungszahl (Angel et al., 2011). Am Beispiel Chinas kann das expansive Wachstum eindrücklich belegt werden. Im Zeitraum von 1978 – 2010 steht einer Verdreifachung der Stadtfläche von 142 untersuchten Städten lediglich eine Verdopplung der Einwohnerzahl gegenüber (Schneider u. Mertes, 2014). Prinzipiell vollzieht sich Verstädterung mit sehr unterschiedlicher regionaler Dynamik. Die höchsten städtischen Wachstumsraten sind momentan in Afrika und Asien zu beobachten, dort jedoch nicht nur in Megacities (vgl. Tab. 1.1), sondern mit den größten Zuwächsen der Bevölkerungszahl in Städten mit Einwohnerzahlen zwischen 0,5 und 1 Mio. Einwohnern sowie 1 und 5 Mio. Einwohnern (United Nations, 2014).

Die weltweite Verstädterung wird mutmaßlich zu Anpassungseffekten der Struktur und Bauweise unserer Städte führen. Die Datenlage ist auf diesem Gebiet momentan aber noch sehr dünn. Mittels einer satellitengestützten Auswertung konnte nachgewiesen werden, dass neben dem horizontalen Flächenzuwachs, in einigen Regionen (v. a. in den Millionen- und Megastädten Asiens und Amerikas) auch die vertikale Ausdehnung von Bedeutung ist. Die höchsten Zuwachsraten städtischer Baumasse und Infrastruktur wurden für den ostasiatischen Bereich, mit China als Spitzenreiter, verzeichnet. Der Grund für das vertikale Wachstum der städtischen Infrastruktur wird in den explodierenden Preisen für Bauland sowie wachsender Spekulation vermutet (Frolking et al., 2013). Demgegenüber wurde in Indien ein unterrepräsentiertes vertikales Wachstum festgestellt. Die Stadtausdehnung findet vor allem in die Fläche statt, was mit dem stärkeren Einfluss informeller Entwicklungstendenzen, d. h. planerisch nicht gelenkter Prozesse, begründet wird.

Die im Zuge der Urbanisierung fortschreitende Konversion der terrestrischen Landoberfläche in einen versiegelten, städtischen Oberflächentypus führt im Gegenzug zwangsläufig zur Verminderung von unversiegelten, vegetationsbestandenen Oberflächen (Eigenbrod et al., 2011). Eine Analyse neun nordamerikanischer

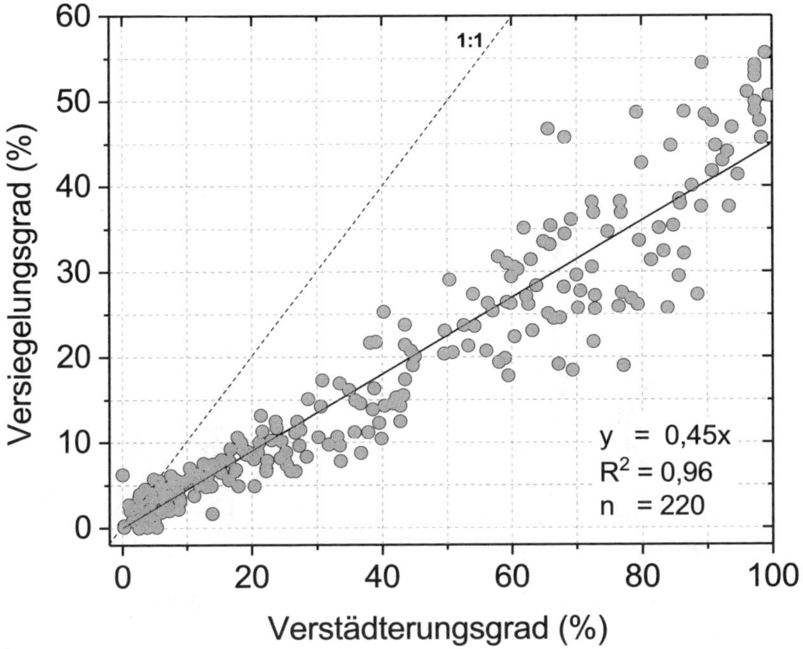

Abb. 1.4: Zusammenhang zwischen Verstädterungsgrad und Oberflächenversiegelungsgrad in unterschiedlichen Flusseinzugsgebieten nordamerikanischer Städte. Der Verstädterungsgrad (engl. *urban intensity index*) wird aus einer Kombination von vier Parameterklassen (Landnutzung, Bevölkerungsdichte, Infrastruktur, sozioökonomische Faktoren) abgeleitet, die Auskunft über den Grad der Verstädterung im Untersuchungsgebiet geben sollen (Daten aus WIGGINTON et al., 2016).

Städte zeigt einen linearen Zusammenhang zwischen fortschreitender Verstädterung und zunehmender Versiegelung der städtischen Oberfläche (Abb. 1.4). In den untersuchten Städten ist knapp die Hälfte der Stadtfläche versiegelt. Der höhere Anteil bebauter und versiegelter Flächen mit veränderten thermischen und hydrologischen Eigenschaften im Vergleich zur nicht bebauten Landoberfläche, weist direkte Wechselwirkungen mit stadtklimatischen Prozessen auf (s. dazu Kap. 3).

In der Europäischen Union weist der überwiegende Anteil von Städten einen Versiegelungsgrad von zwischen 50 und 75 % auf, während in Deutschland über 70 % der Städte dieser Klasse zugeordnet werden müssen (Abb. 1.5). Der Anteil grüner und blauer Infrastruktur (Vegetations- und Wasserflächen) liegt in deutschen Städten dagegen mehrheitlich bei unter 30 %. Der europäische Vergleich zeigt einen höheren Begrünungs- und Wasseranteil, der auf die hohe Durchgrünungsrate in Städten einzelner Länder, z. B. Schweden, Finnland und Lettland, zurückgeführt werden kann. Um die positive mikroklimatische Wirkung unversiegelter, vegetationsbestandener Flächen zu fördern und einen höheren Anteil

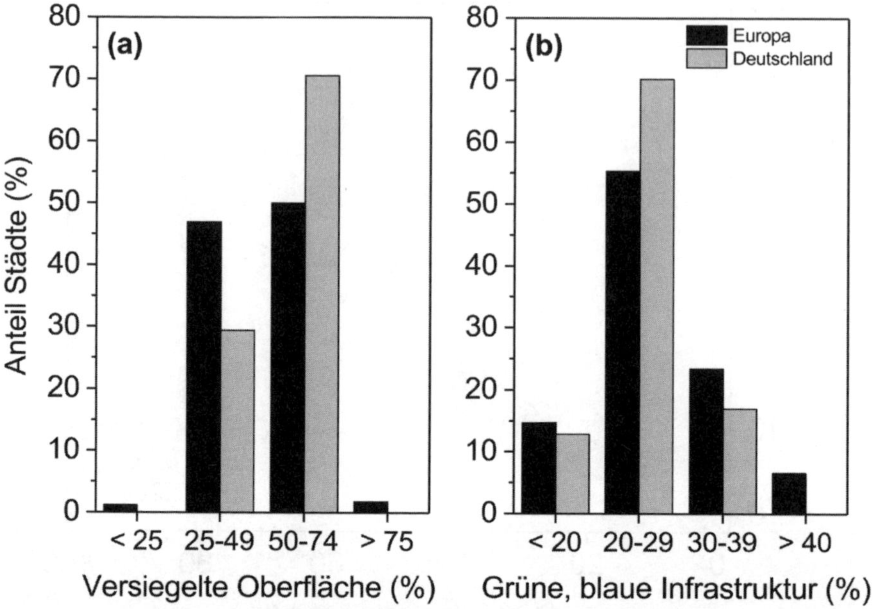

Abb. 1.5: (a) Anteil versiegelter Oberflächen sowie (b) grüner und blauer Infrastruktur in Städten der Europäischen Union sowie in Deutschland im Jahr 2006 (Datenquelle: European Environment Agency – Degree of mean soil sealing per city, 2012).

dieser Flächennutzungen in Städten zu erreichen, ist mit gezielten planerischen Maßnahmen auf die Erhaltung oder Erhöhung von städtischen Grünflächenanteilen, z. B. auch über Dach- oder Fassadenbegrünung oder die Anlage sog. Pocket Parks, hinzuwirken (s. dazu Kap. 7). Das ist besonders vor dem Hintergrund der Tatsache zu sehen, dass eine Gegenüberstellung der Veränderung der Oberflächenrealnutzung der Jahre 2006 mit der des Jahres 2000 zeigt, dass sich der Zuwachs europäischer Stadtfläche in knapp 90 % der Fälle aus der Konversion von Acker-, Weide- und Waldfläche speist. Inwieweit dieser Trend anhält oder durch planerische Bemühungen – beispielsweise im Zuge intensiver urbaner Klimaschutzbemühungen – abgemildert wird, ist mit derzeitiger Datenlage nicht eindeutig abzusehen. Während Analysen in chinesischen Städten darauf hindeuten, dass die Zunahme der Verstädterung im Mittel zu einem prozentualen Flächenverlust der urbanen Begrünung führt, ist dieser Trend in den dichter bebauten Innenstadtbereichen weniger eindeutig nachweisbar (Sun et al., 2011; Zhou et al., 2014). Die Autoren führen dieses Resultat auf stärkere Verstädterungstendenzen in den suburbanen Randbereichen der Stadtgebiete zurück. In einer Untersuchung europäischer Städte wurde jedoch ein statistisch signifikanter Rückgang der Grünfläche mit zunehmender Bevölkerungszahl gefunden (Fuller u. Gaston, 2009).

Städte wachsen jedoch nicht ausschließlich. Seit den 1950er Jahren werden weltweit, in unterschiedlicher regionaler Intensität, Stadtschrumpfungsprozesse beobachtet. Für den Zeitraum von 1950 bis ca. 2000 ist für 450 Städte mit einer Einwohnerzahl von mehr als 100.000 Menschen ein Bevölkerungsverlust von rund 10 % zu verzeichnen (Blanco et al., 2009). Stadtschrumpfung wird im Allgemeinen durch eine rückläufige Bevölkerungszahl definiert. Weitreichendere Definitionen schließen verschiedene ökonomische Indikatoren wie Rückgang des Erwerbspersonenpotenzials, Arbeitsplatzentwicklung sowie die Entwicklung der Gewerbesteuereinnahmen ein (Wang et al., 2016). Das Schrumpfungsphänomen wird von Heineberg (2004) als ein kumulatives Problem unterschiedlicher Entwicklungssektoren einer Stadt beschrieben. Die Hintergründe für das Schrumpfungsphänomen sind vielfältig und Gegenstand der Forschung. Als wesentliche Gründe werden u. a Suburbanisierung, Überalterung sowie das Voranschreiten der Dienstleistungsgesellschaft angeführt (Blanco et al., 2009; Kabisch et al., 2012). Im globalen Kontext sind zudem Kriege, Naturkatastrophen oder politische Umbrüche als weitere Ursachen anzuführen (Richardson u. Nam, 2014).

Die meisten schrumpfenden Städte sind in den vergangenen 50 Jahren vor allem für die westlichen Industrieländer dokumentiert. In Europa hat der Schrumpfungsprozess seit ca. Mitte der 1970er Jahre deutlich zugenommen und tritt im osteuropäischen Bereich in stärkerer Ausprägung als im westlichen Europa zu Tage (Abb. 1.6). Derzeit hält sich die Anzahl wachsender sowie schrumpfender Städte ungefähr die Waage. Während große Städte tendenziell eher wachsen, sind vor allem die kleineren Städte durch das Schrumpfungsphänomen gekennzeichnet (Kabisch u. Haase, 2011).

In Deutschland lassen sich einige der im globalen und europäischen Kontext beschriebenen Merkmale wiederfinden. Eine Studie des Bundesamtes für Raumordnung dokumentiert, dass die größeren Städte im gesamten Bundesgebiet wachsen oder eine stabile Einwohnerzahl aufweisen, v. a. kleinere Städte jedoch von der Schrumpfung betroffen sind und dass die Schrumpfungsprozesse vornehmlich in den östlichen Bundesländern auftreten (Milbert, 2015).

Die Stadtplanung beschäftigt sich intensiv mit den Auswirkungen der Schrumpfungsprozesse auf die weitere Entwicklung der Städte. In einigen Kommunen wird über möglicherweise leerstehende Straßenzüge oder Stadtquartiere debattiert. Für die stadtklimatologische Betrachtung ist von Bedeutung, in welchen Bereichen die Aspekte von Stadtwachstum und -schrumpfung Verbindungen und Wechselwirkungen zu stadtklimatischen Phänomenen aufweisen. Für eine klimaverträgliche und lufthygienische Stadtplanung sind die dynamischen Entwicklungen des Stadtsystems eine wichtige Zukunftsherausforderung, zumal der Klimawandel zusätzliche Anforderungen an die Stadtplanung stellt. Die Möglichkeiten, dem Klimawandel aus Sicht der angewandten, planungsorientierten Stadtklimatologie zu begegnen, werden in den Kapiteln 6 und 7 beschrieben.

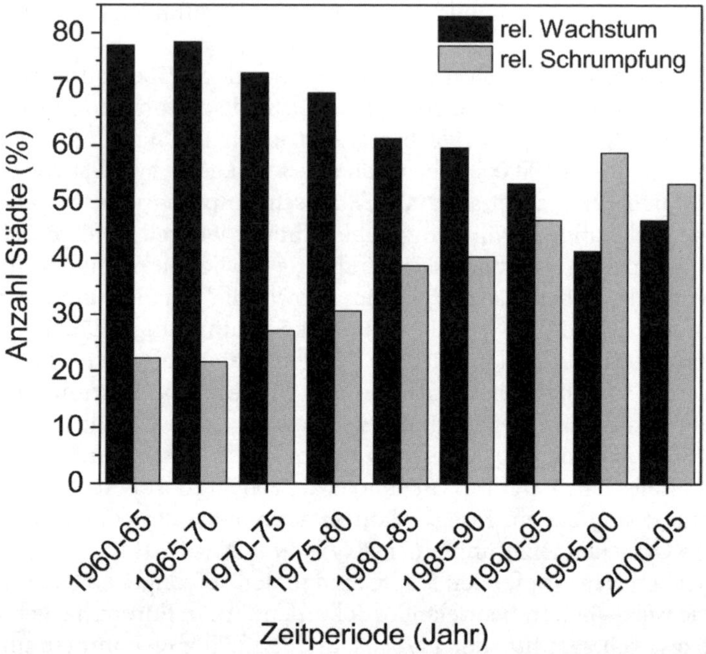

Abb. 1.6: Übersicht über die Anzahl europäischer Städte (n = 310 Städte), die im Zeitraum von 1960 bis 2005 durch relatives Wachstum oder Schrumpfung charakterisiert waren. Relatives Wachstum: die Änderung der städtischen Bevölkerungsrate liegt über der Rate des nationalen Durchschnitts; relative Schrumpfung: die Rate liegt unter dem nationalen Durchschnitt (Turok u. Mykhnenko, 2007).

1.4 Stadtklimatologie und Klimawandel

In der aktuellen Diskussion um den fortschreitenden globalen Klimawandel werden Städte in zweierlei Hinsicht thematisiert: als Treiber und mögliche Stellschrauben des Klimawandels sowie als Betroffene der globalen Erwärmung. Einige der grundlegenden Prozesse, die zur Herausbildung eines Stadtklimaeffektes führen, sind ebenso für den Klimawandel auf globaler Skala verantwortlich, u. a. die Umwandlung von natürlicher in versiegelte und bebaute Landoberfläche (Landnutzungsänderung), erhöhter Energieverbrauch im Vergleich zu nicht-städtisch geprägten Bereichen sowie die erhöhte Emission von Treibhausgasen in Städten. Changnon (1992) schlug aus diesem Grund bereits vor einem Vierteljahrhundert vor, die Stadt als ein „Untersuchungslabor“ zu betrachten, in dem die Auswirkungen des Klimawandels auf kleinem Raum analysiert (z. B. Auswirkungen der städtischen Überwärmung) und die Wirkung von Gegen- und Anpassungsmaßnahmen an den Klimawandel bewertet werden können (z. B. klimagerechtes Design von Stadtquartieren). In den vergangenen Jahren sind zahlreiche Studien über den städtischen Beitrag zum Klimawandel sowie zu den Auswirkungen des Klimawandels auf Städte publiziert worden. Im Folgenden sollen die wesentlichen Erkenntnisse nur kurz beleuchtet werden. Eine vertiefende Auseinandersetzung zum Themenbereich „Klimawandel und Städte" findet sich u. a. bei Rosenzweig et al., 2011; Cleugh u. Grimmond, 2012; Kuttler, 2013 sowie Oke et al., 2017.

1.4.1 Städte als Treiber des Klimawandels

Städte sind, trotz ihres geringen Anteils an der terrestrischen Landoberfläche (vgl. Kap. 1.3), eine signifikante globale Quelle für anthropogene Treibhausgase. Aktuelle Studien kommen zu dem Schluss, dass Städte derzeit für rund 78 % des globalen Energieverbrauchs sowie für mehr als 70 % der globalen CO_2-Emission aus der Verbrennung fossiler Energieträger verantwortlich sind (Cleugh u. Grimmond, 2012; Schwandner et al., 2017). Würde man hypothetisch die 50 Städte mit der höchsten CO_2-Emission als ein Land zusammenfassen, würde dieses nach China und den USA den dritten Platz der Länder mit dem höchsten CO_2-Ausstoß einnehmen (Gurney et al., 2015). Die wesentlichen Quellen für städtische CO_2-Emissionen bilden Verbrennungsprozesse in Industrie, Haushalt und Verkehr. Ein signifikanter Anteil der Emissionen entstammt dem Bereich der Energieaufnahme im Gebäudebestand. Nach Daten des Bundesministeriums für Wirtschaft und Energie entfallen allein rund 40 % der CO_2-Emissionen in Deutschland auf die Endenergieaufnahme im Gebäudesektor (Heizung, Warmwasser, Beleuchtung, Kälte; BMWi, 2014).

Die Anwendung neuer Messmethoden in stadtklimatischen Untersuchungen weist auf signifikante urbane Quellen für Treibhausgasemissionen von Methan (CH_4) und Distickstoffoxid (N_2O) hin (Christen, 2014). Beide Spurenstoffe weisen ein erheblich höheres Treibhauspotential als CO_2 auf. Als urbane Quellen für Treibhausgase sind u. a. der Verkehr, Brennstoffe in Kleinfeuerungsanlagen von Privathaushalten (Kamin, Zentralheizung), Emissionen aus Düngergaben an die städtische Vegetation (N_2O) sowie Leckagen im Gasleitungsnetz (CH_4) zu nennen. Mikrometeorologische Studien zum Oberfläche-Atmosphäre-Austausch von Treibhausgasen in Städten zeigen übereinstimmend, dass Städte in der Regel Quellen für die wichtigen Treibhausgase CO_2, CH_4 und N_2O darstellen. In Abbildung 1.7 sind einige exemplarische Tagesgänge der Austauschflüsse von Treibhausgasen zwischen Stadtoberfläche und Atmosphäre dargestellt. Positive Vorzeichen kennzeichnen konventionsgemäß einen Transport des Treibhausgases in die Atmosphäre, d. h. die Stadt ist eine Quelle des Spurenstoffs, während negative Vorzeichnen auf eine Senkenfunktion der Oberfläche hindeuten. Es ist augen-

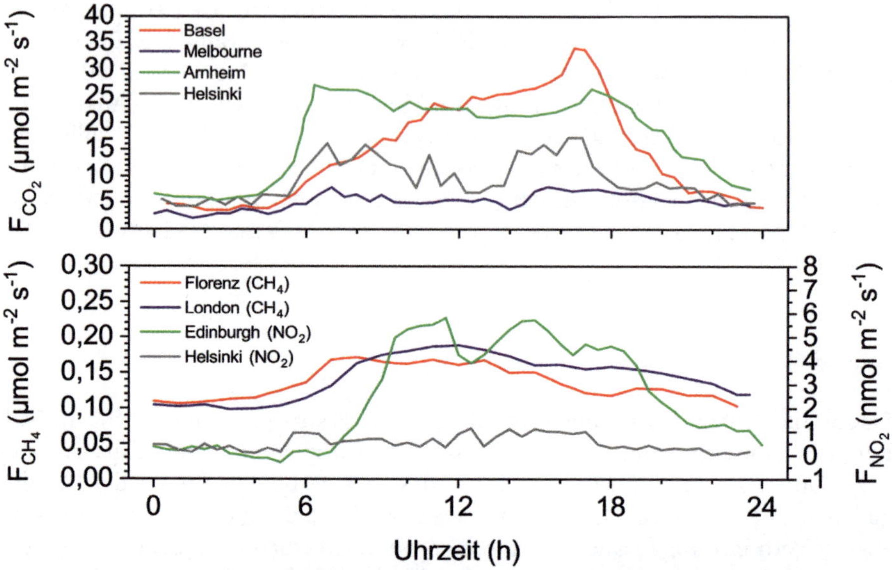

Abb. 1.7: Mittlere Tagesgänge von Oberfläche-Atmosphäre-Flüssen der Treibhausgase CO_2, CH_4 und N_2O an verschiedenen städtischen Standorten in Basel (Lietzke et al., 2015), Melbourne (Coutts et al., 2007, Helsinki (Vesala et al., 2008; Järvi et al., 2014), Arnheim (Kleingeld et al., 2018), Florenz (Gioli et al., 2012), London (Helfter et al., 2016) und Edinburgh (Famulari et al., 2010).

scheinlich, dass die Stadt über den gesamten Tagesgang eine Quelle für Treibhausgase darstellt, da die Flüsse durchgehend in die Atmosphäre gerichtet sind. Während die Flüsse für N_2O und CH_4 einen relativ ähnlichen Tagesverlauf aufweisen, unterscheiden sich die Darstellungen für CO_2 im Tagesgang sowie der Stärke der Flüsse, d. h. in Basel treten mit Maxima von 34 µmol m^{-2} s^{-1} mehr als viermal so hohe Flüsse wie in Melbourne auf (knapp 8 µmol m^{-2} s^{-1}). Die Variabilität der Flüsse wird durch die Struktur sowie die Ausgestaltung der Stadtoberfläche im Umkreis des Messstandortes, den sog. *Footprint* bzw. Quellbereich der Messungen, beeinflusst.

Der Anteil der Vegetationsbedeckung entscheidet beispielsweise maßgeblich über die Funktion des Standortes als Senke infolge photosynthetischer Aktivität der Pflanzen, während unterschiedliche Verkehrsbelastung an den Standorten ein Maß für den Beitrag der Emission von CO_2 darstellen kann.

Es sei darauf hingewiesen, dass für Methan und Distickstoffoxid zur Zeit erst sehr wenige Studien vorliegen und die Ergebnisse eine nicht zu unterschätzende Variabilität aufweisen, die vor allem durch die Heterogenität der bisher untersuchten Standorte in den verschiedenen Städten begründet ist. Auf weitere Erkenntnisse zu urbanen Treibhausgasflüssen wird in Kap. 3.4 näher eingegangen.

Die erhöhten städtischen Treibhausgasemissionen bieten auf der anderen Seite die Möglichkeit, durch eine nachhaltige, effiziente und weitestgehend kohlenstoffneutrale Form des Lebens und Wirtschaftens in Städten, eine Trendwende einzuläuten und die Stadt zu einer wichtigen Stellschraube in den Bemühungen um Reduktion der Treibhausgasemissionen zu machen. Weltweit haben sich Städte in verschiedenen Initiativen wie dem „*World Mayors Council on Climate Change*" oder der „*C40 Cities Climate Leadership Group*" zusammengeschlossen und verpflichtet, ihre CO_2-Emissionen in den kommenden Jahren signifikant zu reduzieren (Rosenzweig et al., 2010). In diesem Zusammenhang wird derzeit intensiv über eine verbesserte Möglichkeit der wissenschaftlichen Überwachung von städtischen Treibausgasreduktionen diskutiert, da nur eine raum-zeitlich hochaufgelöste Beobachtung und Erfassung städtischer CO_2-Konzentrationen und Austauschprozesse eine seriöse Bewertung von Treibhausgasreduktionsansätzen ermöglicht.

1.4.2 Städte als Betroffene des Klimawandels

Zu den wesentlichen Auswirkungen des globalen Klimawandels zählen laut dem letzten Sachstandsbericht des Weltklimarates IPCC die Erhöhung der mittleren globalen bodennahen Lufttemperatur, der Anstieg des Meeresspiegels sowie die Zunahme von Lufttemperaturextremen und Hitzewellen (Meehl u. Tebaldi, 2004; IPCC, 2013). Das Auftreten von Hitzewellen ist von besonderer Bedeutung für Städte, da diese zu einer deutlichen Intensivierung des urbanen Wärmeinseleffektes führen können (Li u. Bou-Zeid, 2013; Lei et al., 2018). Städte gelten als in besonderer Weise durch den Klimawandel betroffen, da eine hohe Zahl von Menschen den Einflüssen der Klimaänderungen gegenüber exponiert ist und die ohnehin bestehende urbane Überwärmung durch den Klimawandel verstärkt werden kann. In einer Modellanalyse für die Landesfläche Belgiens konnte gezeigt werden, dass die prognostizierte Erhöhung des städtischen Wärmestresses bis zur Mitte des 21. Jahrhunderts in etwa doppelt so hoch ausfallen wird, als in deren Umland (Wouters et al., 2017). Zudem lebt die Hälfte der globalen Stadtbevölkerung in einem rund 100 km breiten Küstenstreifen (3/4 der großen Städte) und ist somit durch den Meeresspiegelanstieg betroffen (United Nations, 2005).

Städte sind deshalb herausgefordert, sich gegenüber den Auswirkungen des Klimawandels aufzustellen, um die negativen Auswirkungen abzumildern und sich diesen anzupassen. Die Forschung muss dazu zunächst die Frage beantworten, mit welchen spezifischen Auswirkungen des Klimawandels in Städten zu rechnen ist. In Kapitel 6 wird auf urbane Mitigations- und vor allem Adaptionsmaßnahmen eingegangen.

2 Die urbane Grenzschicht

Das Kapitel im Überblick:
- Die urbane Grenzschicht ist in mehrere vertikale Stockwerke gegliedert, in denen sich die Eigenschaften der Windströmung, der Turbulenz sowie weiterer Größen zum Teil deutlich voneinander unterscheiden.
- Die urbane Morphologie kann mittels zwei- und dreidimensionaler Indizes beschrieben werden.
- Die Indizes eigenen sich zur Skalierung meteorologischer Größen (z. B. Windgeschwindigkeit).
- Mit der „*local climate zone*"-Klassifikation steht eine integrierende Methode zur Verfügung, die eine größere Anzahl von in der Stadthindernisschicht wirkenden Prozesse betrachtet.

2.1 Horizontale und vertikale Gliederung der urbanen Grenzschicht

Der dreidimensional gestaltete Stadtkörper beeinflusst und modifiziert die meteorologischen Prozesse im unteren Bereich der atmosphärischen Grenzschicht, d. h. in der sog. Bodenschicht (engl. *surface layer*) die ungefähr die unteren 10 % der Grenzschichtmächtigkeit einnimmt (vgl. STULL, 1988). Die urbane Atmosphäre unterscheidet sich hinsichtlich ihrer vertikalen Gliederung sowie der resultierenden Windverhältnisse deutlich von der bodennahen Atmosphäre des Umlandes. Die in der Atmosphäre ablaufenden Prozesse sind an bestimmte Raum- und Zeitskalen gebunden. In der stadtklimatischen Betrachtung der bodennahen Atmosphäre lassen sich vier Raum-Zeit-Skalen definieren, auf denen sich unterschiedliche stadtklimatische Phänomene abspielen (Abb. 2.1). Die Zuordnung der stadtklimatischen Prozesse zu einer spezifischen horizontalen Skala bedeutet, dass die jeweiligen Prozesse entweder durch Messungen oder Modelle explizit aufgelöst werden können (BRITTER u. HANNA, 2003).

Als stadtklimatisch relevante horizontale Skalen können unterschieden werden (vgl. Abb. 2.2):

1) *Die regionale Skala (Klimatologische Skala nach* ORLANSKI *(1975): Mesoskala α, Längenskala: bis zu 100 – 200 km)* – Die Angaben der horizontalen Längenskala sind Circa-Angaben. Daher können räumliche Überlappungen zwischen den Skalen vorliegen (BRITTER u. HANNA, 2003). Auf der regionalen Skala stellt der Stadtköper ein Hindernis für die mittlere Strömung dar, welches den unteren Bereich der atmosphärischen Grenzschicht beeinflusst (Abb. 2.3). Die vorherrschenden meteorologischen Bedingungen und Größen werden durch den Stadtkörper deutlich modifiziert, z. B. Reduzierung der Windgeschwin-

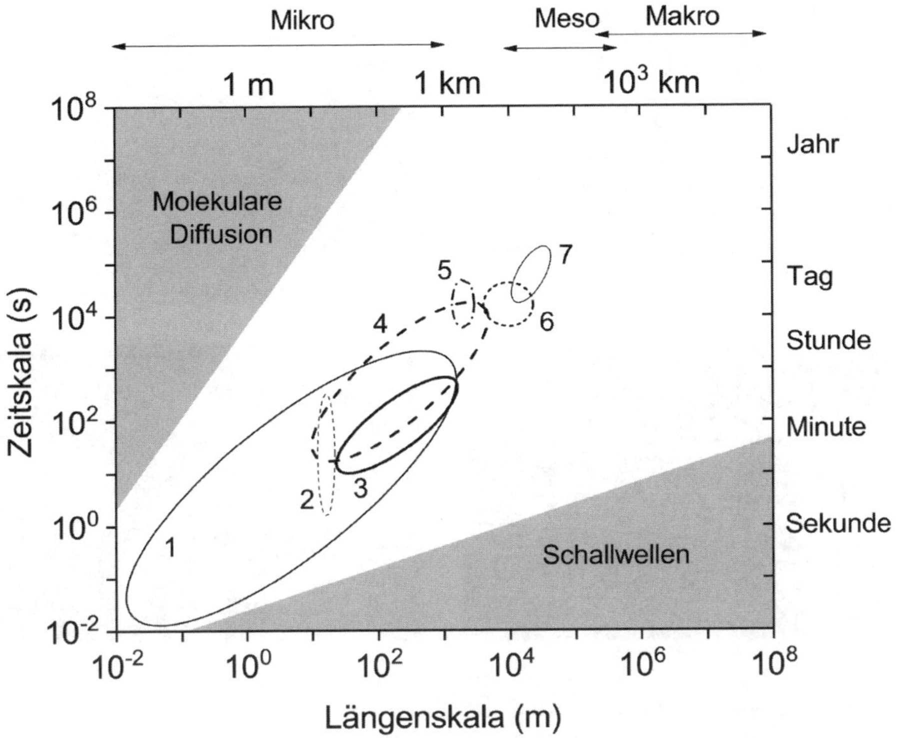

Abb. 2.1: Typische Zeit- und Längenskalen bei verschiedenen Stadtklimaphänomenen. Beispiele für verschiedene dynamische Prozesse: 1 – mechanische Wirbelablösung bei Gebäudeumströmung, 2 – Rotorzirkulation in Straßenschlucht, 3 – Nachlaufbereich bei Gebäudeumströmung, 4 – Abluftwolke eines Kamins, 5 – kleinskalige thermische Ausgleichsströmung (z. B. *park breeze*), 6 – Flurwind, 7 – städtische Abluftfahne (verändert nach OKE, 2006).

digkeit in Bodennähe. Wichtige meteorologische bzw. stadtklimatische Prozesse auf dieser Raumskala sind beispielsweise die städtische Abluftfahne oder das Flurwindphänomen (vgl. Kap. 4).

2) *Die urbane Skala (Mesoskala β, Längenskala: bis zu 10 – 20 km)*
Die urbane Skala entspricht ungefähr dem Durchmesser der Stadtfläche. Durch die Reibungseffekte des Stadtkörpers wird die Windgeschwindigkeit innerhalb der Stadt (engl. *urban canopy layer*) signifikant vermindert (vgl. Tab. 2.1). Umströmungseffekte einzelner Gebäude sowie mikroklimatische Prozesse werden auf dieser Skala in der Regel vernachlässigt.

3) *Die Quartier-Skala (Mikroskala α, Längenskala: bis zu 1 -2 km)*
Auf der Quartier-Skala können sich Strömungsbeeinflussungen durch einzelne Objekte wie Bäume oder Gebäude deutlich auf die mittleren Strömungszustände auswirken. Die verschiedenen Quartiere können sich durch Änderun-

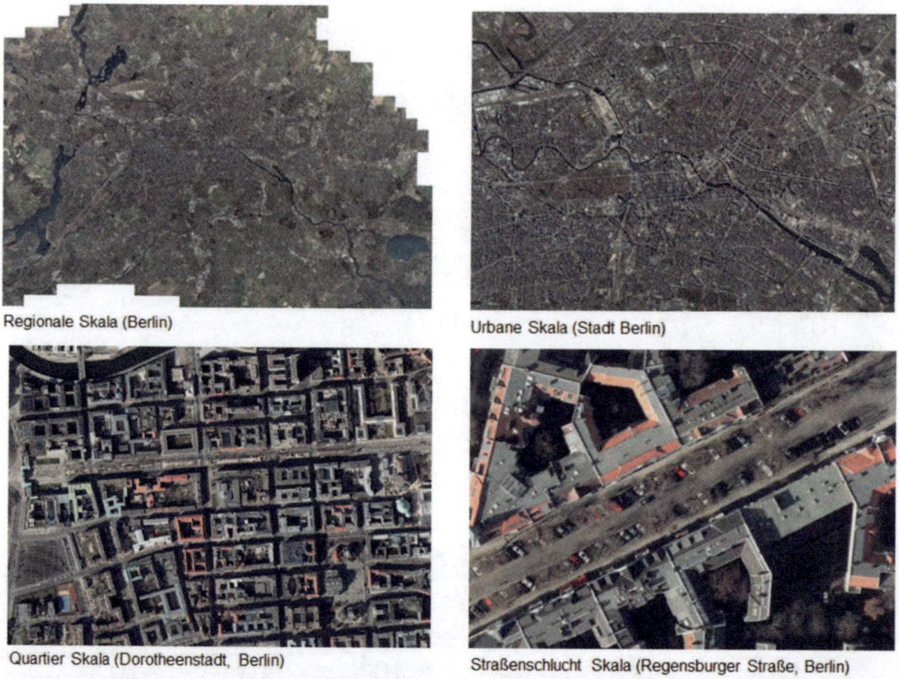

Abb. 2.2: Exemplarische Übersicht der städtischen Raumskalen am Beispiel der Stadt Berlin: a) Regionale Skala, b) Urbane Skala c) Quartier-Skala (Dorotheenstadt, Berlin), d) Straßenschlucht-Skala (Regensburger Straße, Berlin). Datenquelle: Senatsverwaltung für Stadtentwicklung und Wohnen Berlin, Digitale farbige Orthophotos 2016, DOP20RGB.

gen der meteorologischen Größen (Wind, Oberflächen- oder Lufttemperatur) bemerkbar machen.

4) *Die Straßenschlucht-Skala (Mikroskala γ, Längenskala: bis zu 0,1 – 0,2 km)*
Die Straßenschlucht-Skala umfasst die Austauschprozesse sowie die Strömungsverhältnisse im Nahbereich von Gebäuden. Wichtige stadtklimatische Prozesse auf dieser Raumskala: Wirbelbildung bei Gebäudeumströmung, Rotorzirkulation in Straßenschluchten.

Definition: Oberflächenrauigkeit

Die aerodynamische Rauigkeit einer Oberfläche beschreibt das Vermögen dieser Oberfläche den Wind in der bodennahen Luftschicht zu beeinflussen, d. h. die Windgeschwindigkeit durch Reibung an der Oberfläche zu vermindern sowie die Windrichtung abzulenken. Die Rauigkeit wird durch den Besatz der Oberfläche mit Objekten (Vegetation, Häuser) entsprechend erhöht. Die Oberflächenrauigkeit lässt sich durch eine geometrische Maßzahl – die aerodynamischen Rauigkeitslänge (z_0, in Metern) – quantifizieren (z. B. Asphaltdecke 0,0003 m, kurzes Gras 0,01 m, Weizenfeld 0,1 – 0,15 m, Innenstadt 1 – 1,5 m). Das Längenmaß z_0 ist eine der zentralen Größen zur Charakterisierung der Oberflächenstruktur im logarithmischen Windprofil, welches den vertikalen Verlauf der Windgeschwindigkeit in der bodennahen Grenzschicht beschreibt.

Die vertikale Gliederung der urbanen Grenzschicht wird durch die Morphologie der Stadt, d. h. durch die Höhe, Dichte und Anordnung der Rauigkeitsobjekte (Gebäude, Bäume, weitere Hindernisse) beeinflusst. In Abb. 2.3 ist die vertikale Gliederung der urbanen Grenzschicht schematisch dargestellt.

Die vertikale Erstreckung der Stadtgrenzschicht (engl. *urban boundary layer*, UBL) lässt sich in Analogie zur atmosphärischen Grenzschicht des nicht bebauten Umlandes, zunächst in eine Bodenschicht und eine darüber folgende Mischungsschicht untergliedern (s. Abb. 2.3a, vgl. Oke, 1987). Die Mächtigkeit der Bodenschicht kann mit rund 10 % der Grenzschichthöhe angenommen werden. Im Vergleich zur Grenzschicht des Umlandes wird in der Bodenschicht eine feinere vertikale Untergliederung notwendig, um dem Einfluss der Bebauung Rechnung zu tragen. Vom Boden wird bis ungefähr zum mittleren Dachniveau die Stadthindernisschicht (engl. *urban canopy layer*, UCL) definiert, in der die Strömung und die Ausbildung mechanischer und thermischer Turbulenz von der Struktur und Anordnung einzelner städtischer Rauigkeitselemente geprägt sind (s. Abb. 2.3b). Die turbulenten Austauschprozesse sind inhomogen, d. h. die turbulente Strömung befindet sich nicht im Strömungsgleichgewicht mit der rauen Stadtoberfläche.

In der weiteren vertikalen Abfolge geht die UCL nicht unmittelbar in einen Bereich horizontal ausgeprägter und quasi-homogener Turbulenz über. Vielmehr existiert ein Übergangsbereich, in dem vereinzelte Rauigkeitselemente das Turbulenzfeld weiterhin stark beeinflussen. Konzeptionelle Grenzschichtbetrachtungen haben in der Vergangenheit die sog. Stadtreibungsschicht (engl. *urban roughness sublayer*, URS) zumeist an die Oberkante der UCL angegliedert (Oke, 1988). Mittlerweile existieren Klassifizierungsansätze, die die URS beginnend vom Bodenniveau beschreiben und die UCL als den unteren Teil der URS definieren (Rotach, 1999; Roth, 2000). Die Obergrenze der URS wird in der Regel als z* (engl. *blending height*) bezeichnet und beschreibt die Höhe, in der die Beeinflussung der

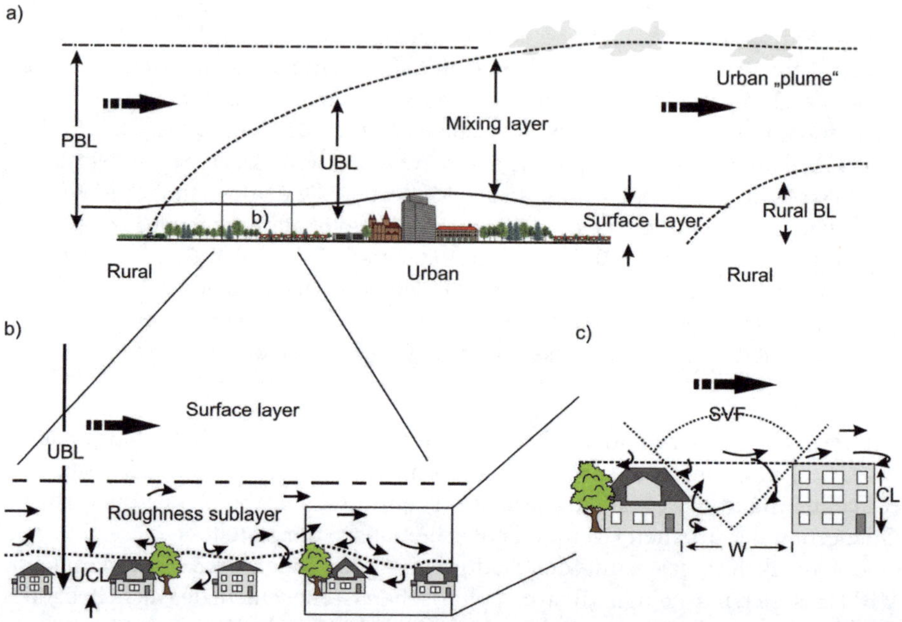

Abb. 2.3: Exemplarische Darstellung der vertikalen Gliederung der städtischen Grenzschicht und ihrer Modifikation im Vergleich zur atmosphärischen Grenzschicht des Umlands (a). Die Modifikationen im Bereich der Stadtgrenzschicht (b) und der Stadthindernisschicht (c) sind in vergrößerter Darstellung aufgezeigt. Zur Bedeutung der einzelnen Akronyme sei auf die ausführliche Darstellung im Text verwiesen (verändert nach Oke, 1997).

Strömung durch einzelne Rauigkeitselemente nachlässt (ausgeblendet wird) und somit eine quasi-homogene, an die Unterlage angepasste, Turbulenzstruktur vorliegt. Die Festlegung der Höhe von z* ist schwierig, wird aber meist anhand der Gebäudehöhe oder der Gebäudeanordnung parametrisiert und in Feldmessungen anhand des Vergleichs von gemessenen Turbulenzparametern mit theoretischen Annahmen aus der Literatur überprüft (Piringer et al., 2002). Die Vorschläge für die Höhe von z* schwanken dabei zwischen zwei- bis fünffacher Gebäudehöhe (z. B. Roth, 2000).

An die URS gliedert sich die *urban constant flux layer* (UCFL), also die Schicht, in der das Turbulenzfeld als nahezu höhenkonstant, quasi-homogen und im Gleichgewicht mit der städtischen Unterlage angenommen wird. Zur Messung eines turbulenten Austauschflusses sollte die Messhöhe innerhalb der UCFL (d. h. > z*) liegen, da das Messsignal dann ein an die städtische Oberfläche angepasstes Ergebnis repräsentiert (vgl. Kap. 3.2). Die vertikale Gliederung der urbanen Grenzschicht wird nach oben durch die Mischungsschicht abgeschlossen. In der Mischungsschicht sind die turbulenten Austauschflüsse weitestgehend unabhängig von direkten Einflüssen der Oberflächenrauigkeit. Der Stadteffekt ist in der Mischungsschicht aber noch nachweisbar, bspw. durch die städtische Emission von Wärme oder Luftbeimengungen. Der Begriff der städtischen Abluftfahne (engl. *urbane plume*) verdeutlicht, dass der Stadteffekt in der Höhe und v. a. im leewärtigen Bereich der Stadt nachzuweisen ist (s. Abb. 2.3a). In der freien Atmosphäre oberhalb der Mischungsschicht in einer Höhe von ca. 1 bis 2 km gilt der Stadteffekt als weitestgehend vernachlässigbar.

Innerhalb der UCL ist die Beeinflussung der Atmosphäre durch einzelne Objekte von größter Bedeutung. In der UCL bildet sich daher eine Vielzahl unterschiedlicher Mikroklimate aus. Die Anordnung und die Dichte der Rauigkeitselemente sowie die Geometrie der Bebauung hat unmittelbaren Einfluss auf das Strömungsfeld im bodennahen Niveau, u. a. in Straßenschluchten (s. Abb. 2.3c). Geometrische Zusammenhänge wie das Breiten- zu Höhenverhältnis der anstehenden Bebauung in Straßenschluchten wird genutzt, um Strömungseffekte innerhalb der UCL zu skalieren.

Städte sind komplex und heterogen gestaltet, d. h. ihr Erscheinungsbild wird durch regionale Unterschiede in Architektur und Bauweise, durch unterschiedliche Nutzung von Baumaterialen sowie differierende Konzepte in Stadtentwicklung und -planung beeinflusst. Aus diesem Grund gleicht keine Stadt der anderen. Die nordamerikanische Stadt hat beispielsweise ein deutlich anderes Erscheinungsbild als die japanische, afrikanische oder mitteleuropäische Stadt. In der stadtklimatischen Literatur findet sich eine Reihe von Ansätzen, die Stadtmorphologie mittels geometrischer Maßzahlen zu abstrahieren, um die Übertragbarkeit von Ergebnissen in andere Städte zu gewährleisten und die Ergebnisse unterschiedlicher Städte zu vergleichen. Trotz der Komplexität des Untersuchungsraumes ist die Stadtklimatologie keine „Fallstudienwissenschaft", sondern nutzt reproduzierbare und skalierbare Größen zum Vergleich sowie zur Übertragbarkeit der Forschungsbefunde auf andere Standorte. Im weiteren Verlauf dieses Kapitels wird auf wichtige Größen zur Analyse der städtischen Morphologie noch näher eingegangen.

2.2 Klassifizierung der urbanen Morphologie

2.2.1 Zweidimensionale Indizes

Die Ausgestaltung der städtischen Oberfläche ist hinsichtlich ihrer Realnutzung, der thermischen Eigenschaften der verwendeten Baumaterialien, der Permeabilität für Niederschlagswasser sowie der Porosität gegenüber Wind für verschiedenste stadtklimatische Effekte von Bedeutung. Die beschriebenen Eigenschaften steuern u. a. den Grad der städtischen Überwärmung, das Abflussverhalten oder die Beeinflussung des Windfeldes.

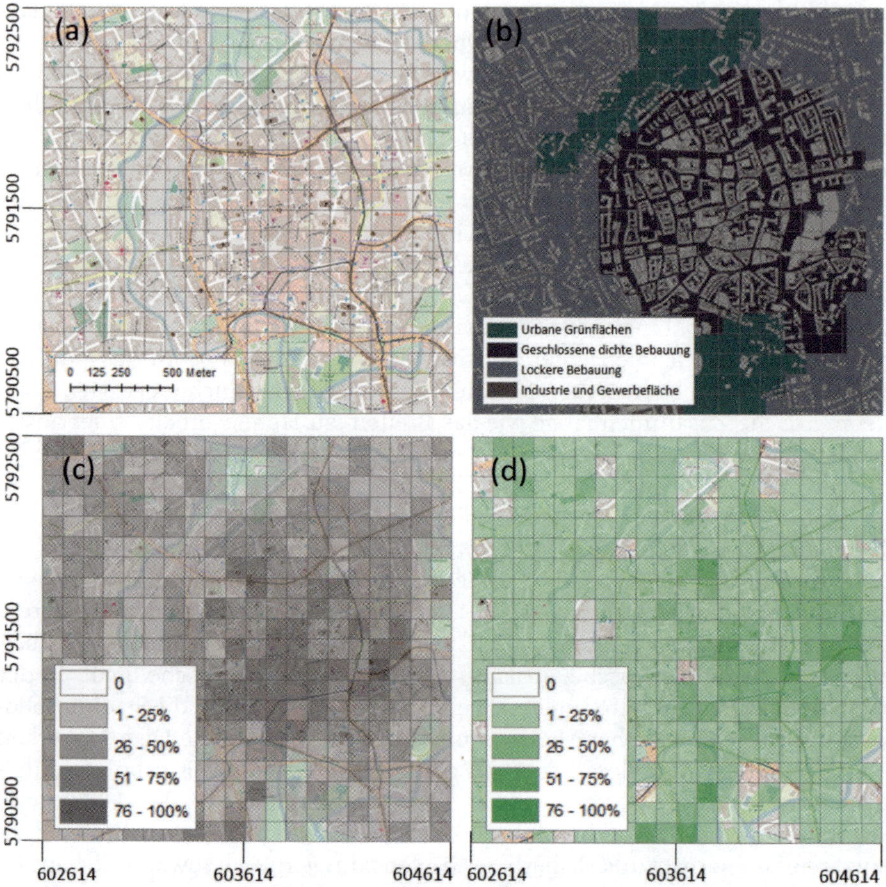

Abb. 2.4: (a) Darstellung eines Stadtausschnitts von Braunschweig als topographische Karte (Quelle: Open street map). Das Gebiet ist mit Gitterzellen in der horizontalen Auflösung von 100 x 100 m überlagert und (b) mittels CORINE Landbedeckungsdaten klassifiziert. Für das Untersuchungsgebiet wird die (c) Bebauungsdichte sowie die für (d) Dachbegrünung potentiell nutzbare Dachfläche analysiert.

Ein wichtiger Schritt zur Analyse möglicher Zusammenhänge zwischen der Oberflächenausgestaltung und der Intensität der Auswirkung auf stadtklimatische Prozesse ist die Klassifizierung der urbanen Oberfläche. In der Stadtklimatologie werden unterschiedliche Indizes zur Klassifizierung der zwei- und dreidimensionalen Oberflächengestaltung herangezogen. Die Klassifizierung kann qualitativ erfolgen, etwa zur Beschreibung und Abgrenzung verschiedener Stadtbereiche hinsichtlich ihrer Oberflächengestaltung (z. B. dicht bebaute Innenstadt, locker bebaute Vorstadt/ Siedlung) oder mittels quantitativer Ansätze. Diese dienen dazu, Teilbereiche oder Quartiere flächenscharf voneinander abzugrenzen und mit Attributen zu belegen. Diese können beispielsweise beim Einsatz Geographischer Informationssysteme (GIS) in gegitterter Form Verwendung finden (Abb. 2.4). Zur Ausweisung der städtischen Flächennutzung kann auf bestehende Ansätze, wie die von der Europäischen Union angestoßenen Klassifikationssysteme *„Corine Land Cover"* oder *„Copernicus Urban Atlas"* zurückgegriffen werden. Das *„Corine Land Cover"* bietet eine satellitengestützte Ausweisung der Landbedeckung mit einer horizontalen Auflösung von 1 km² in insgesamt 44 Landbedeckungs- bzw. Landnutzungsklassen. Auf kleineren Betrachtungsmaßstäben können andere Datenquellen, z. B. kommunale Daten oder eigene Erhebungen, von Interesse sein.

In Abbildung 2.4 ist ein Ausschnitt der Innenstadt Braunschweigs in Form einer topographischen Karte dargestellt und unter Zuhilfenahme eines GIS-Programms in 100 x 100 m Zellen gegittert (a). Die Flächennutzung im Untersuchungsraum kann mittels CORINE-Daten grob klassifiziert werden (b). Wenn ein dreidimensionales Gebäudemodell zur Verfügung steht, kann mithilfe des GIS die horizontale Bebauungsdichte (engl. *roughness plan aspect ratio*; Tab. 2.1) berechnet werden (c). Im vorliegenden Beispiel ist der Innenstadtbereich durch ein Maximum der Bebauungsdichte charakterisiert. Im Kartenausschnitt (d) ist die für Dachbegrünung verfügbare Dachfläche pro Gitterzelle (Dachflächendichte, engl. *rooftop area density*; Tab. 2.1) quantifiziert. Diese unterscheidet sich von der räumlichen Verteilung der Bebauungsdichte, da im Stadtgebiet hauptsächlich Giebeldächer mit unterschiedlichen Neigungen auftreten und für Dachbegrünung hauptsächlich auf Flachdächer mit geringen Neigungsgraden (< 2°) zurückgegriffen wird (vgl. Grunwald et al., 2017). In ähnlicher Weise kann die städtische Oberfläche für weitere Größen klassifiziert und zu Analysezwecken herangezogen werden (Tab. 2.1).

Tab. 2.1: Auswahl zwei- und dreidimensionaler Indizes zur Klassifizierung der urbanen Oberfläche und Morphologie. Für spezifische Fragestellungen ist die Bildung weiterer Indizes möglich.

Index	Englische Bezeichnung (Akronym)	Erklärung
Zweidimensionale Indizes		
Versiegelungsgrad	*Impervious plan area fraction* (λ_I)	Anteil versiegelter Oberflächen an der Gesamtfläche im Untersuchungsgebiet (z. B. Innenstadt oder Gitterzelle)
Grünflächenanteil	*Green area fraction* (λ_V)	Anteil vegetationsbestandener Oberflächen an der Gesamtfläche im Untersuchungsgebiet
Dachflächenanteil	*Rooftop area fraction, rooftop plan aspect ratio* (λ_R)	Anteil der Dachflächen an der Gesamtfläche im Untersuchungsgebiet
Bebauungsdichte	*Roughness plan aspect ratio* (λ_P), *building area density, packing density*	Anteil der durch Bebauung eingenommenen Fläche im Untersuchungsgebiet
Dreidimensionale Indizes		
Höhen-zu-Breiten-Verhältnis	*Aspect ratio (H/W)*	Verhältnis der mittleren Höhe der Randbebauung zur Breite der Straßenschlucht
Himmelssichtfaktor	*Sky view factor (SVF)*	Anteil des Himmelhalbraums der von einem bestimmten Punkt der Erdoberfläche „gesehen" wird
Frontflächenindex	*Frontal aspect ratio* (λ_F)	Anteil der Fläche einer windzugewandten Fassade im Verhältnis zur Grundfläche
Oberflächenvergrößerung	*Complete aspect ratio* (λ_C)	Anteil der Summe aller Fassaden- und Dachflächen der Gebäude im Untersuchungsraum

2.2.2 Dreidimensionale Indizes

Aufgrund der dreidimensionalen Struktur einer Stadt spielt in vielen stadtklimatischen Fragestellungen, z. B. bei Strömungsbeeinflussungen innerhalb der Bebauung oder der Ausbreitung von Spurenstoffen, die Ausgestaltung der Stadtmorphologie, d. h. die Höhe, Anordnung und Ausrichtung der Rauigkeitselemente, eine entscheidende Rolle. In diesem Zusammenhang werden verschiedene Indizes herangezogen (vgl. Tab. 2.1).

Ein wichtiges geometrisches Klassifizierungselement ist das Höhen-zu-Breiten-Verhältnis der Gebäude entlang einer Straßenschlucht, d. h. einer Straße mit beidseits geschlossener Randbebauung, bei der im Regelfall von symmetrischer (gleichhoher) Bebauung ausgegangen wird (vgl. Abb. 2.3c). Das Höhen-zu-Breiten-Verhältnis (H/W, engl. *aspect ratio*) ist der Quotient aus der mittleren Bebauungshöhe (H) und der Breite (W) einer Straßenschlucht. Das H/W-Verhältnis wirkt sich nicht nur auf die Strömungsverhältnisse im bodennahen Bereich aus, sondern hat ebenfalls Einfluss auf den kurz- und langwelligen Strahlungshaushalt innerhalb der UCL. Je größer das H/W-Verhältnis, also je schmaler die Straßenschlucht, desto weniger kurzwellige Strahlung kann je nach Tagesstand und Exposition der Straßenschlucht in den „Canyon" einfallen. Ebenso wird während der nächtlichen Ausstrahlungsperiode ein größerer Betrag langwelliger Strahlung durch Reflexion an den Fassaden innerhalb der Straßenschlucht verbleiben, sodass die effektive langwellige Ausstrahlung der Straßenschlucht vermindert ist. Der Himmelssichtfaktor (SVF, engl. *sky view factor*) drückt diesen Zusammenhang als geometrische Maßzahl aus und beschreibt im Bereich zwischen 0 (vollständig eingeschränkte Himmelssicht) und 1 bzw. 100 % (freie Himmelssicht) den Anteil des Himmelhalbraums, der von einem bestimmten Punkt der Erdoberfläche, im Vergleich zur potentiell freien Himmelssicht ohne Horizonteinengung durch Objekte, „gesehen" wird. Der SVF berechnet sich in einer symmetrischen, unendlich langen Straßenschlucht, ausgehend von einem Bodenpunkt in der Mitte der Straßenschlucht nach

$$SVF = \cos\beta \qquad \text{(Gl. 2.1)}$$
$$\beta = \tan^{-1}(H/0{,}5W) \qquad \text{(Gl. 2.2)}$$

Für eine asymmetrische Straßenschlucht gilt

$$SVF = (\cos\beta_1 + \cos\beta_2)/2 \qquad \text{(Gl. 2.3)}$$
$$\beta_1 = \tan^{-1}(H_1/0{,}5W) \text{ und } \beta_2 = \tan^{-1}(H_2/0{,}5W) \qquad \text{(Gl. 2.4)}$$

mit H_1 und H_2 der mittleren Gebäudehöhe zu beiden Seiten der Straßenschlucht.

Locker bebaute Vorstadtquartiere sind in der Regel durch SVF-Werte > 0,5 gekennzeichnet, während dicht bebaute Innenstadtbereiche SVF im Bereich 0,2 < SVF < 0,5 aufweisen (Stewart u. Oke, 2012). Der Wert des SVF kann über die oben genannten trigonometrischen Beziehungen aus Felddaten oder über hemisphärische Photographien (sog. Fischaugen-Aufnahmen) abgeleitet werden. Weiterhin sind freie GIS-Tools verfügbar, mit denen auf Basis digitaler Geländemodelle der SVF für größere Stadtbereiche berechnet und dargestellt werden kann (z. B. Lindberg u. Grimmond, 2010). In Abbildung 2.5 ist ein Beispiel der Variation des SVF für den Innenstadtbereich Braunschweigs auf Basis der Ergebnisse einer GIS-Analyse dargestellt.

Auf der maßstäblich kleineren Betrachtungsskala (Quartier-Skala) stellt sich häufig die Frage nach Art und Stärke der Beeinflussung des Windfeldes durch die Bebauung. An dieser Stelle werden Porositätsmaßzahlen genutzt, die Auskunft

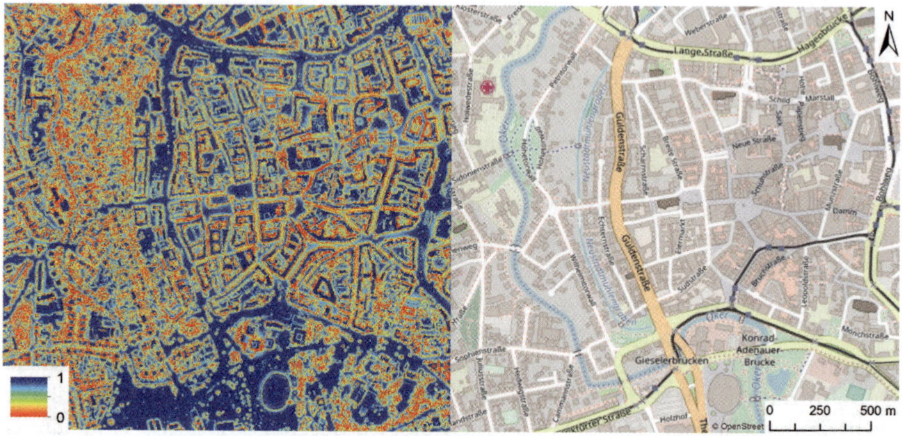

Abb. 2.5: Kartierung der Variation des SVF für den Innenstadtbereich von Braunschweig. Die horizontale Auflösung liegt bei 2 m (Datengrundlage: digitales Gebäudemodell LOD1, Software: The Urban Multi-scale Environmental Predictor UMEP).

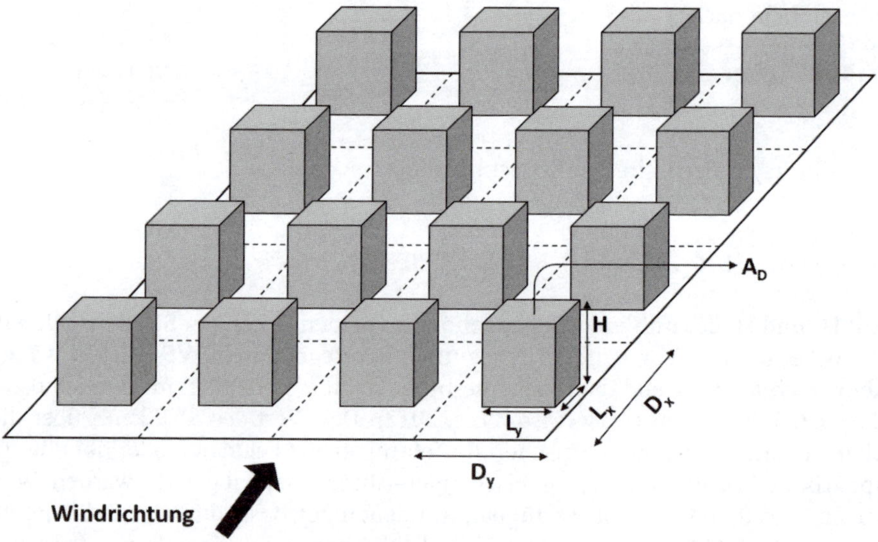

Abb. 2.6: Exemplarische Darstellung einer städtischen Bebauung. Die Geometrie der Bebauung (z. B. Gebäudehöhe, Gebäudeabstand) erlaubt die Berechnung unterschiedlicher dreidimensionaler Indizes. Es bezeichnen H die Gebäudehöhe, A_D die Dachfläche, L_x und L_y die Länge der Fassadenflächen sowie D_x und D_y die Seitenlänge der Untersuchungsgrundfläche (GRIMMOND u. OKE, 1999c).

darüber geben, wie porös sich die Stadtmorphologie für die horizontale Windströmung darstellt bzw. welche Rauigkeitsstrukturen der Strömung entgegenstehen (Abb. 2.6).

Der Frontflächenindex (λ_F) gibt den auf eine horizontale Grundfläche bezogenen Anteil der Fassaden an, der der Strömung senkrecht entgegensteht (vgl. Abb. 2.6). Er berechnet sich nach

$$\lambda_F = (H\ L_y)/(D_x\ D_y) \qquad \text{(Gl. 2.5)}$$

mit z_H der Gebäudehöhe, L_y der Länge der Frontfläche der Fassade, D_x und D_y der Länge und Breite der Untersuchungsgrundfläche.

Die Oberflächenvergrößerung (λ_C) ergibt sich, unabhängig von der Richtung der Anströmung, aus dem Verhältnis der Summe der Flächen der Fassaden und Dächer zur Grundfläche.

$$\lambda_C = [L_x\ Ly + 2(L_y\ H) + 2(L_x\ H)]/D_x\ D_y \qquad \text{(Gl. 2.6)}$$

Im Falle kleinerer Werte von λ_F und λ_C wird die mittlere Windströmung durch Hindernisse und damit verbundene Reibungseffekte weniger stark beeinflusst als bei dichter Bebauungsstruktur mit hohen Rauigkeitselementen. Die Windströmung kann entsprechend besser in die UCL vordringen und mitunter belastete Luftmassen austauschen und diese durch mitgeführte, weniger mit Spurenstoffen angereicherte Luft ersetzen. In diesem Zusammenhang wird auch von der Ventilation bzw. der *„Breathability"* einer Stadt gesprochen (Buccolieri et al., 2010). Mittels numerischer Strömungsmodelle lässt sich die Austauschkapazität bzw. die benötigte Zeit zum Austausch einer Luftmasse innerhalb der UCL quantifizieren.

Die Indizes können in der stadtklimatischen Forschung beispielsweise genutzt werden, um Zusammenhänge und Abhängigkeiten von Oberfläche-Atmosphäre-Wechselwirkungen, wie den turbulenten Austausch von Wärme oder Kohlendioxid, zu untersuchen. In Kap. 3.2 finden sich Beispiele für den funktionellen Zusammenhang zwischen λ_c und λ_v mit dem Austausch von sensibler und latenter Wärme an verschiedenen städtischen Standorten (vgl. Abb. 3.10 u. 3.18).

2.2.3 Integrierende Klassifikationen

Für stadtklimatische Untersuchungen auf urbaner Maßstabsebene sind die bisher beschriebenen Indizes häufig nicht verwendbar, da sie zumeist spezifische Elemente des Stadtklimas betrachten (z. B. Wind) und nicht die Gesamtheit bzw. eine größere Anzahl der in der UCL wirkenden Prozesse integrieren. Deshalb werden Klassifikationen angewendet, mit denen die klimatischen Eigenschaften größerer, zusammenhängender Bereiche innerhalb der Stadt betrachtet werden

Abb. 2.7: Beispiel für städtische Klimatope: a) Innenstadtklima, b) Stadtrandklima, c) Gewerbeklima, d) Freilandklima (REUTER u. KAPP, 2012).

können. Eine einfache, jedoch weitverbreitete städtische Klassifikation, ist die Bestimmung von Klimatopen. Diese kennzeichnen Gebiete, in denen die mikroklimatisch wichtigsten Faktoren relativ homogen und die mikroklimatischen Bedingungen wenig unterschiedlich sind (VDI, 2015). Die Klimatope sind bspw. durch typische Tagesgänge von Lufttemperatur und Luftfeuchtigkeit gekennzeichnet und unterscheiden sich aufgrund unterschiedlicher Rauigkeit der Oberfläche hinsichtlich ihres Windfeldes bzw. des vertikalen Windprofils. Da die mikroklimatischen Charakteristika stark durch die Flächennutzung und die Bebauungsart bestimmt werden, sind die Klimatope typischerweise nach der vorherrschenden Flächennutzungsart bzw. der baulichen Nutzung benannt (Abb. 2.7).

Die VDI Richtlinie 3787 Blatt 1 *„Klima- und Lufthygienekarten für Städte und Regionen"* definiert neun städtische Klimatope, die im Rahmen von stadtklimatischen Untersuchungen zur planerischen Aspekten eingesetzt werden können: Gewässer-/ Seenklima, Freilandklima, Waldklima, Klima innerstädtischer Grünflächen, Vorstadtklima, Stadtrandklima, Stadtklima, Innenstadtklima, Gewerbe-/ Industrieklima. Ein gravierender Nachteil in der praktischen Anwendung der Klimatope in stadtklimatischen Untersuchungen ist jedoch in der Tatsache begründet, dass bisher keine quantifizierbaren Anhaltspunkte oder Größenbereiche zur Zuordnung der Klimatope zur Flächennutzung vorgeschlagen wurden, wie

Versiegelungsgrade oder Gebäudehöhen. Die Zuordnung zu Klimatopen erfolgt in der Regel über eine rein qualitative Klassifikation.

Im internationalen Kontext wurden weitere integrierende Klassifikationen vorgeschlagen, wie die *„Urban Terrain Zones"* nach Ellefsen (1987) oder die *„Urban Climate Zones"* (UCZ) nach Oke (2004). Beide verfolgen den Ansatz, die Stadt als physikalischen Körper durch standardisierte Vorgaben hinsichtlich Gebäudehöhe, Oberflächenrauigkeit oder Versiegelungsgrad in verschiedene Kategorien zu unterteilen (Abb. 2.8). Während der Ansatz von Ellefsen ursprünglich nicht für stadtklimatische Ansätze entwickelt wurde und keine größere Verbreitung gefunden hat, wurden die UCZ in verschiedenen stadtklimatischen Untersuchungen verwendet. Eine der wesentlichen Intentionen der Klassifikation von Oke war nicht nur die standardisierte Beschreibung der städtischen Morphologie, sondern daraus eine verbesserte Metadatenbeschreibung bei der Platzierung von Messstandorten in urbaner Umgebung zu ermöglichen. Auch wenn Oke (2004) zur Einordnung von Stadtbereichen zu den UCZ gewisse Rahmendaten vorgibt (Versiegelungsgrad, Rauigkeitsklasse), beruhen die Klassifikationen weitestgehend auf einer subjektiven Zuordnung der räumlichen Einheiten zu den einzelnen Bereichen. Zudem orientieren sie sich stark an der nordamerikanischen Architektur. In einer aktualisierten Version, den sog. *„Local Climate Zones"* (LCZ), ordnen Stewart und Oke (2012) den einzelnen Bereichen eine größere Anzahl quantifizierbarer Parameter zu (z. B. SVF, H/W-Verhältnis, mittlere Bebauungshöhe, Rauigkeitsklasse, anthropogener Wärmefluss), um die Zuordnung zu einzelnen LCZ zu objektivieren. Die LCZ-Klassifikation wurde von den Autoren ursprünglich zur Untersuchung der urbanen Wärmeinsel entwickelt, wird aber derzeit in einer Vielzahl von stadtklimatischen Untersuchungen zu unterschiedlichen Stadteffekten eingesetzt und getestet.

Die Initiative *World Urban Database and Access Portal Tools* (WUDAPT) hat sich zum Ziel gesetzt, die Beschreibung der Morphologie von Städten weltweit zu unterstützen und damit eine Plattform für stadtklimatische Untersuchungen zu schaffen (Bechtel et al., 2015). Die Initiative stellt Tools und Methoden zur Ver-

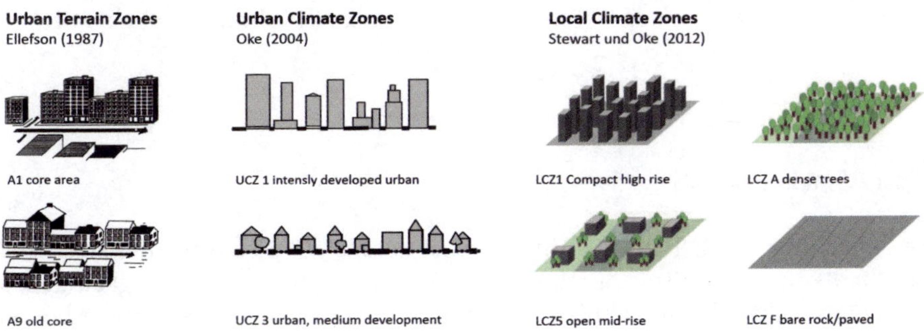

Abb. 2.8: Darstellung der unterschiedlichen Ansätze zur Klassifizierung der urbanen Oberfläche nach Ellefsen (1987), Oke (2004) sowie Stewart u. Oke (2012).

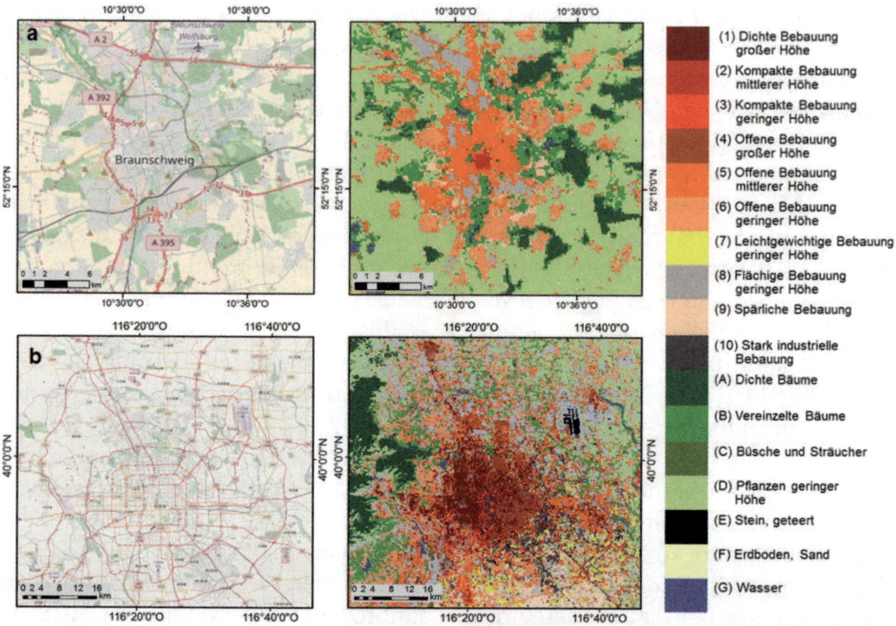

Abb. 2.9: Klassifikation der Local Climate Zones nach der WUDAPT-Methode für die Städte (a) Braunschweig und (b) Beijing (die methodische Vorgehensweise ist beschrieben unter http.//www.wudapt.org/).

fügung, mit denen die LCZ-Klassifikation mittels Satellitendatenauswertung und GIS-Unterstützung für Städte vorgenommen werden kann. WUDAPT ermöglicht damit eine standardisierte Vorgehensweise bei der morphologischen Klassifikation von Städten (Abb. 2.9). Die LCZ-Klassifikation wurde in der jüngeren Vergangenheit in einer Reihe von stadtklimatischen Forschungsarbeiten eingesetzt, u. a. zur Untersuchung von räumlichen Überwärmungsmustern sowie zur Implementierung mesoskaliger Modelle und urbaner Energiebilanzmodelle (z. B. Middel et al., 2014; Stewart et al., 2014; Alexander et al., 2016; Brousse et al., 2016).

2.3 Das urbane Windfeld

2.3.1 Wind in der UBL

In den vorangegangenen Ausführungen ist bereits deutlich geworden, dass sich ein Stadtkörper vor allem durch eine erhöhte aerodynamische Rauigkeit gegenüber dem nicht bebauten Umland auszeichnet. Wesentliche Effekte der erhöhten Oberflächenrauigkeit sind die Beeinflussung der Strömungsrichtung, die Verminderung der bodennahen Windgeschwindigkeit durch Reibung an der Oberfläche bzw. an Rauigkeitsobjekten sowie Auswirkung auf das vertikale Profil der Windgeschwindigkeit. Die Rauigkeit einer Oberfläche wird in der Grenzschichtklimatologie durch die aerodynamische Rauhigkeitslänge z_0 (in m) quantifiziert. Die aerodynamische Rauigkeit der städtischen Unterlage lässt sich durchschnittlich im Bereich einer Rauigkeitslänge von $0{,}4\ m < z_0 < 2\ m$, je nach Art der Bebauungsstruktur und Höhe der Gebäude, ansiedeln (Stull, 1988; Wieringa, 1993; Grimmond et al., 1998). Im Vergleich dazu liegt z_0 über einer aerodynamisch glatteren Oberfläche wie einer Wasseroberfläche bei nur 0,0001 m, über kurzgeschnittenem Gras bei $0{,}01 < z_0 < 0{,}03\ m$ (vgl. Tab 2.2).

Tab. 2.2: Exemplarische Übersicht der aerodynamischen Rauigkeitslängen (z_0 in Metern) verschiedener ruraler und urbaner Oberflächentypen (zusammengestellt nach Stull, 1988; Wieringa, 1993).

Rural		Urban	
	z_0 (m)		z_0 (m)
ruhige Wasseroberfläche	0,0001	Asphalt	0,0003
kurzgeschnittenes Gras	0,03	einzelne Gebäude	0,2 – 0,4
Maisfeld	0,15	Stadtrandsiedlungen	0,4 – 0,7
Wald	0,8 – 1,5	größere Stadt	0,7 – 1,5
Tropischer Regenwald	1,8 – 2,2	dichte Innenstädte	2

Die Windgeschwindigkeit nimmt mit zunehmender Entfernung von der Erdoberfläche, also unter abnehmendem Einfluss der Oberflächenrauigkeit, zu. Die Zunahme der Windgeschwindigkeit mit der Höhe über Grund folgt bei neutraler Atmosphärenschichtung in der Prandtlschicht (Luftschicht zwischen Erdoberfläche und etwa 100 m Höhe) einem logarithmischen Profil und kann mit folgender Gleichung beschrieben werden

$$u_z = \frac{u_*}{k} \ln \left(\frac{z-d}{z_0}\right) \qquad \text{(Gl. 2.7)}$$

mit u_z der Windgeschwindigkeit in der Höhe z in m s^{-1}, u_* der Schubspannungsgeschwindigkeit in m s^{-1}, κ der von Karman-Konstante (= 0,4), z_0 der aerodynamischen Rauigkeitslänge in m und d der Verschiebungshöhe in m.

Die aerodynamische Rauigkeitslänge definiert die Höhe, in der die mittlere Windgeschwindigkeit theoretisch gleich Null ist (Oke, 1987). Sie ist eine Funktion der Höhe und Anordnung der Rauigkeitselemente an der Oberfläche. Die Verschiebungshöhe d muss als zusätzlicher Parameter eingeführt werden, wenn eine geschlossene bzw. dichte Anordnung von Rauigkeitselementen vorliegt (z. B. Waldbestand, Stadt), die für die Strömung ein quasi-abgehobene Oberfläche darstellt. Das Verhältnis $u_*/κ$ stellt einen Scherstress dar, der parallel zur Windströmung gerichtet ist und den Einfluss der Rauigkeit der Oberfläche auf die unbeeinflusste Windströmung ausdrückt. Das logarithmische Windprofil gilt in der vorliegenden Form für neutrale Atmosphärenschichtungen in der Prandtlschicht. Für labile oder stabile Schichtungsbedingungen muss ein Korrekturterm eingefügt werden (Dyer-Businger Stabilitätskorrektur, z. B. STULL, 1988). Die Werte der Oberflächenrauigkeit können aus mikrometeorologischen Messungen oder aus morphometrischen Analysen, d. h. der Analyse von Oberflächenstruktur, Höhe und Abstand der Rauigkeitselemente, gewonnen werden (s. Kap. 2.2.2). Die durch Rauigkeit erzwungenen Reibungsprozesse an der Oberfläche führen dazu, dass sich die Windprofile über verschieden strukturierten Oberflächen erst in einer gewissen, von der Oberflächenrauigkeit unbeeinflussten, Höhe über Grund annähern und dann gleiche Werte über allen Oberflächen aufzeigen. In Abb. 2.10 sind vertikale Windprofile dreier Standorte mit unterschiedlicher Oberflächenrauigkeit (rural, suburban, urban) dargestellt. Die höhere aerodynamische Rauigkeit der städtischen Oberfläche führt zu einer stärkeren Verminderung der Windgeschwindigkeit in Bodennähe, die nur rund die Hälfte des Wertes am Umlandstandort erreicht. Während am Umlandstandort bereits in rund 275 m über Grund (ü. Gr.) die Größenordnung des von der Oberfläche unbeeinflussten geostrophischen Windes erreicht wird, ist das am suburbanen Standort erst in 400 m ü. Gr., über der Stadt sogar erst in 530 m ü. Gr. der Fall.

In der bodennahen Luftschicht – also innerhalb der UCL – ist die mittlere Windgeschwindigkeit durch die beschriebenen Reibungsprozesse stark lokal beeinflusst und deutlich geringer als im Umland. Die wesentlichen Eigenschaften der Windströmung in der UCL werden im folgenden Kapitel behandelt.

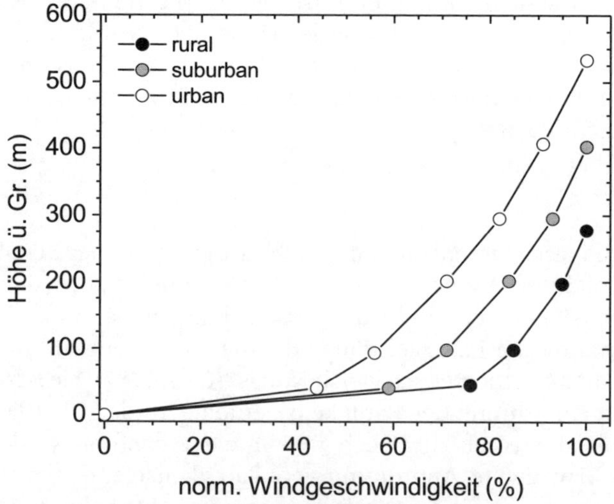

Abb. 2.10: Darstellung von vertikalen Windprofilen über verschieden Oberflächen während einer neutralen Atmosphärenschichtung. Die Windgeschwindigkeit ist auf den unbeeinflussten Gradientwind normiert (= 100 %, Daten nach OKE, 1997).

2.3.2 Wind in der UCL

Bei der Betrachtung der vertikalen Gliederung der städtischen Grenzschicht in Kapitel 2.1 wurde bereits deutlich, dass die Strömung in der bodennahen Stadthindernisschicht (UCL) sehr variabel ist und von der Anordnung und Geometrie einzelner Rauigkeitselemente beeinflusst wird. Diese modifizieren die Windströmung innerhalb der UCL in zweierlei Hinsicht: Sie vermindern die mittlere horizontale Windgeschwindigkeit und führen zu charakteristischen Strömungsregimes innerhalb der Bebauung (z. B. in Straßenschluchten). Die Annahme eines logarithmischen Windprofils ist in der UCL aufgrund des deutlichen Einflusses der Rauigkeitsobjekte auf das Windfeld in der Regel nicht mehr bzw. nur noch annähernd gültig (Cermak et al., 1995; Macdonald, 2000; Britter u. Hanna, 2003). Vielmehr entspricht das mittlere vertikale Profil der Windgeschwindigkeit in der UCL einem exponentiellen Verlauf (Di Sabatino et al., 2008; Klein u. Galvez, 2015).

Verringerung der mittleren horizontalen Windgeschwindigkeit innerhalb der UCL

Für die mittlere Windgeschwindigkeit, die definitionsgemäß in einer Referenzhöhe von 10 m ü. Gr. gemessen wird, sind Reduktionen von bis zu 40 % bei Vergleichsmessungen zwischen Stadt- und Umland (an Flughafenstationen) ermittelt worden (Soriano et al., 2001). Im Rahmen einer großen stadtklimatischen Untersuchung im Stadtgebiet von Essen konnte der Zusammenhang zwischen aerodynamischen Parametern und der mittleren Windgeschwindigkeit an einem größeren Stationsdatensatz nachgewiesen werden (Kuttler et al., 2015). Die Synthese der Windgeschwindigkeiten an den 17 Messstationen im Stadtgebiet zeigt einen invers exponentiellen Zusammenhang zwischen der Abnahme der Windgeschwindigkeit mit zunehmender aerodynamischer Rauigkeit des Stationsumfelds sowie einen linearen Zusammenhang zwischen der Verminderung der Windgeschwindigkeit an Standorten mit abnehmendem Himmelssichtfaktor (Abb. 2.11).

Die offensichtlichen Zusammenhänge zwischen der Morphologie der Stadt und den Beeinflussungen der Windströmung können daher herangezogen werden, um die Strömungsvorgänge innerhalb der Bebauung, z. B. innerhalb von Straßenschluchten sowie die Ausbreitung von dort emittierten Spurenstoffen zu beschreiben. Durch die häufig hohe Verkehrsbelastung in Straßenschluchten handelt es sich bei diesen in der Regel um die Standorte mit der höchsten städtischen Immissionskonzentration grenzwertbehafteter Spurenstoffe (z. B. PM_{10}, NO_2). Die Kenntnis der Windgeschwindigkeitsprofile sowie Strömungsmuster ist für Ausbreitungsfragestellung und Prozessanalysen von großer Bedeutung. Innerhalb von Straßenschluchten kann die mittlere Windgeschwindigkeit um bis zu 60 bis 80 % reduziert sein (Abb. 2.12). Die Verminderung ist relativ unabhängig von der Messhöhe innerhalb der Straßenschlucht, wobei z die Messhöhe über Grund und H die Höhe der umgebenden Bebauung definiert. Der durch eine geringe Windgeschwindigkeit eingeschränkte Austausch von Luftmassen inner-

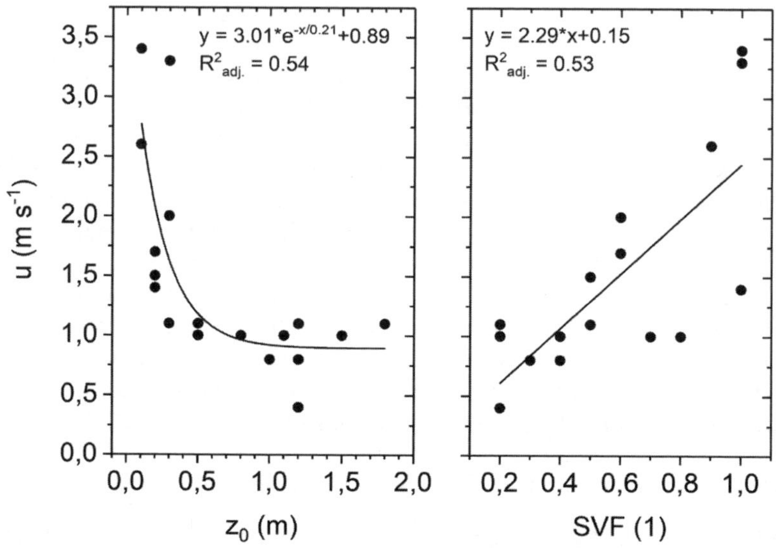

Abb. 2.11: Zusammenhang der bodennahen Windgeschwindigkeit in 4 m ü. Gr. mit der aerodynamischen Rauigkeitslänge (z_0) und dem Himmelssichtfaktor (SVF). Die Abbildung zeigt 17 Messstandorten im Stadtgebiet von Essen (Daten nach KUTTLER et al., 2015).

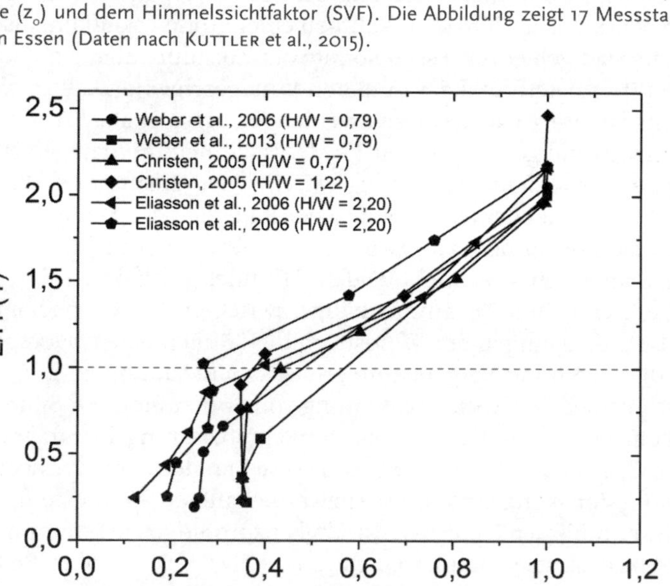

Abb. 2.12: Vertikalprofile der Windgeschwindigkeit innerhalb einer Straßenschlucht - u_z steht für die Windgeschwindigkeit in der Messhöhe z innerhalb der Straßenschlucht mit der mittleren Bebauungshöhe H, u_{ref} für die unbeeinflusste Windgeschwindigkeit oberhalb des Dachniveaus; Daten aus CHRISTEN, 2005; WEBER et al., 2006; ELIASSON et al., 2006; WEBER et al., 2013).

halb von Straßenschluchten begünstigt die Akkumulation von Spurenstoffen und kann lufthygienische Belastungssituationen mit hohen Immissionskonzentrationen verursachen. Straßenschluchten sind aufgrund der Kombination von hohem Verkehrsaufkommen mit eingeschränkter Ventilation die, mit Ausnahme von Straßentunneln, üblicherweise am höchsten belasteten Standorte innerhalb von Städten (sog. Hot-Spots). Oberhalb des Dachniveaus (z/H > 1) erhöht sich die Windgeschwindigkeit, da Reibungseffekte durch die Bebauung einen zunehmend geringeren Einfluss auf das mittlere Strömungsfeld haben. Im Bodenniveau lassen sich in Abhängigkeit der Verkehrsintensität innerhalb der Straßenschlucht geringfügige Maxima der Windgeschwindigkeit erkennen. Dabei handelt es sich um von vorbeifahrenden Kraftfahrzeugen induzierte turbulente Luftbewegungen, die die Durchmischung lokal erhöhen können.

Charakteristische Strömungsregimes innerhalb der UCL

Durch die Wechselwirkung der Windströmung mit der Bebauung prägen sich in Abhängigkeit der Anordnung der Gebäude (H/W-Verhältnis der Straßenschlucht), charakteristische Strömungsregimes innerhalb der UCL sowie in Straßenschluchten aus. Mit einer zunehmend dichteren Bebauung wird die Strömung oberhalb sowie im Bereich innerhalb der Bebauung im Verhältnis zu der durch den Baukörper unbeeinflussten Strömung zunehmend gestört. OKE et al. (2017) unterscheiden auf Basis von Ergebnissen aus Windkanaluntersuchungen drei unterschiedliche Strömungsregime (Abb. 2.13):

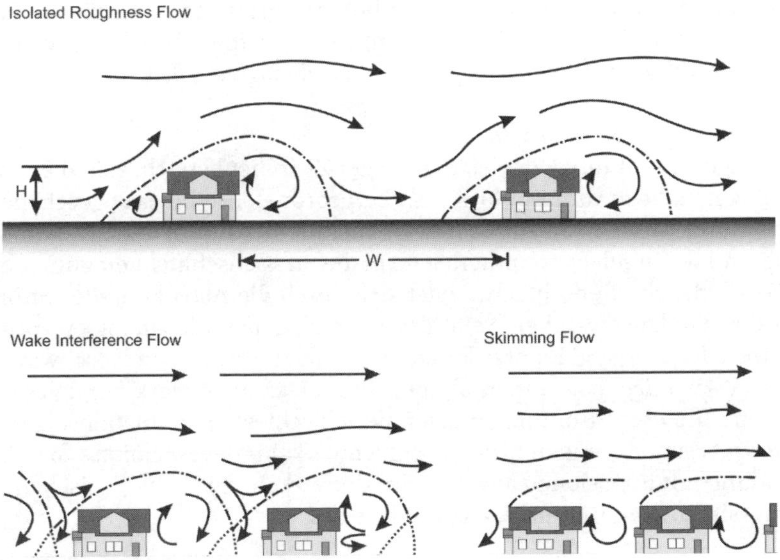

Abb. 2.13: Darstellung der durch Unterschiede der Bebauungsgeometrie resultierenden Strömungsregimes innerhalb der UCL (verändert nach OKE, 1987).

1) *Isolated roughness flow* für H/W < 0,3 – 0,5
Im Fall eines relativ weiten Abstandes zwischen den Gebäuden sowie in einer breiten Straßenschlucht, erinnert das Strömungsmuster im Wesentlichen an ein solches, das von der Umströmung einzelner kubischer Rauigkeitsobjekte (Gebäude) bekannt ist. Es prägen sich drei charakteristische Bereiche heraus: der Verdrängungsbereich auf der windzugewandten Seite des Objekts (*Displacement zone*), die Wirbelzone (*Cavity*) auf der windabgewandten Seite direkt hinter dem Gebäude sowie die anschließende Nachlaufzone (*Wake*). Im Verdrängungsbereich auf der windzugewandten Seite entsteht ein Überdruck, die Strömung wird nach oben sowie zu den Seiten ausgelenkt und beschleunigt bei der Umströmung des Gebäudes (Abb. 2.14). Durch die Auslenkung herrscht im Bereich des Gebäudedachs sowie auf der rückwärtigen Seite des Gebäudes geringerer Druck, der zur Ausbildung von Leewirbeln auf der windabgewandten Seite des Gebäudes führt, sog. Hufeisenwirbel. In der Nachlaufzone gleicht sich die Strömung allmählich wieder den ungestörten Bedingungen an. Die Anpassung der Strömung an nahezu ungestörte Bedingungen in der Nachlaufzone hängt im Wesentlichen von der Breite des Abstandes zwischen den angrenzenden Gebäuden ab.

2) *Wake interference flow* für 0,5 < H/W < 0,65
Bei engeren Abständen der Gebäude innerhalb der UCL wird die Nachlaufzone vom Verdrängungsbereich des nachfolgenden Gebäudes überlagert und beeinflusst, weswegen sich ein komplexes Strömungsmuster einstellt. Während dieses Strömungsmuster zu erhöhter Turbulenzintensität im Bereich zwischen den Gebäuden führen kann, ist die mittlere Windgeschwindigkeit in der Regel geringer als im Fall des *„isolated roughness flow"*.

3) *Skimming flow* für H/W > 0,65
Bei enger Anordnung der Gebäude ist der Zwischenbereich, z. B. die Straßenschlucht, nahezu vom Einfluss des übergeordneten Windes abgeschattet. Die Strömung „streicht" (engl. *skimming*) über die Bebauung und ist kaum in der Lage auf der windabgewandten Seite in die Straßenschlucht einzugreifen. Innerhalb der Straßenschlucht bildet sich durch die Ablenkung der Strömung an der windzugewandten Seite des nachfolgenden Gebäudes ein primärer Wirbel, der eine sog. Rotorzirkulation ausbildet. Da die Windgeschwindigkeit beim *„skimming flow"* innerhalb der Straßenschlucht stark herabgesetzt ist, gelten für dieses Strömungsmuster die schlechtesten Ventilationseigenschaften. In besonders engen Straßenschluchten kann der *„skimming flow"* in Verbindung mit Emissionen aus dem Straßenverkehr zu lufthygienischen Belastungssituationen führen (s. dazu Abb. 2.13).

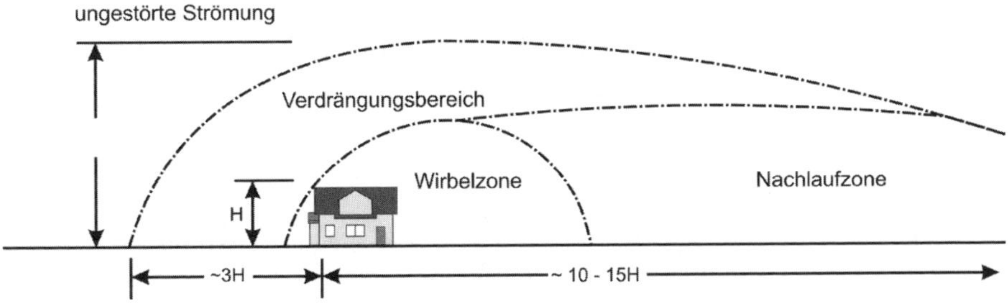

Abb. 2.14: Effekte bei der Umströmung eines kubischen Gebäudes (verändert nach ERREL et al., 2011).

Die beschriebenen Strömungsmuster gelten für geometrisch gleichmäßig angeordnete Situationen, in denen der Wind senkrecht auf die Gebäude bzw. auf die Straßenschlucht strömt. Bei speziellen Gebäudekonfigurationen können anders gelagerte Fälle auftreten, bei denen sich bspw. Kanalisierungseffekte der Strömung sowie eine Neigung zur Windböigkeit zeigen. Diese Phänomene werden vorzugsweise bei in Bezug zur Überdachwindrichtung schräg zueinander angeordneten Gebäuden beobachtet. Beide Phänomene können den Windkomfort signifikant einschränken und die Aufenthaltsqualität im städtischen Raum beeinflussen. Im schlimmsten Fall sind Nutzungseinschränkungen möglich, wenn z. B. durch verringerten Windkomfort die Aufenthaltsqualität auf Plätzen oder in einem „zugigen" Straßencafé abnimmt.

Während eines Feldexperimentes in einer stark befahrenen Straßenschlucht wurden die Strömungsmuster bei unterschiedlicher Anströmung der Bebauung untersucht. Im Falle der Längsanströmung der Straßenschlucht, d. h. die mittlere Windrichtung ist parallel zur Ausrichtung der Straßenschlucht (grau unterlegte Bereiche in Abb. 2.15), wird die Windverteilung über den gesamten Querschnitt der Straßenschlucht in die mittlere Windrichtung kanalisiert. Bei senkrechter Anströmung (aus 225° bzw. 45°) zeigt sich eine typische Rotorzirkulation, bei der die Strömung an der windzugewandten Seite innerhalb der Straßenschlucht abgelenkt wird und im bodennahen Bereich der Hauptwindrichtung nahezu entgegengerichtet ist. Die Rotorzirkulation kann mitunter zu dem Effekt führen, dass durch Emissionen belastete Luftmassen tendenziell gegen eine Seite der Straßenschlucht transportiert werden, z. B. in Richtung NE bei übergeordneter Windrichtung aus SW. Diese Zirkulationsform kann je nach Ausrichtung der Rotorzirkulation im Zusammenhang mit Luftqualitätsbetrachtungen zu einem deutlichen Konzentrationsunterschied zwischen beiden Straßenseiten einer Straßenschlucht führen. In zwei Messkampagnen innerhalb einer Straßenschlucht konnten Konzentrationsunterschiede für PM_{10} und NO_2 nachgewiesen werden, die zwischen beiden Straßenseiten einen Unterschied um den Faktor 1,5 für PM_{10} (WEBER et al., 2006) bzw. Faktor 2,0 für NO_2 (BODDY et al., 2005) erreichten.

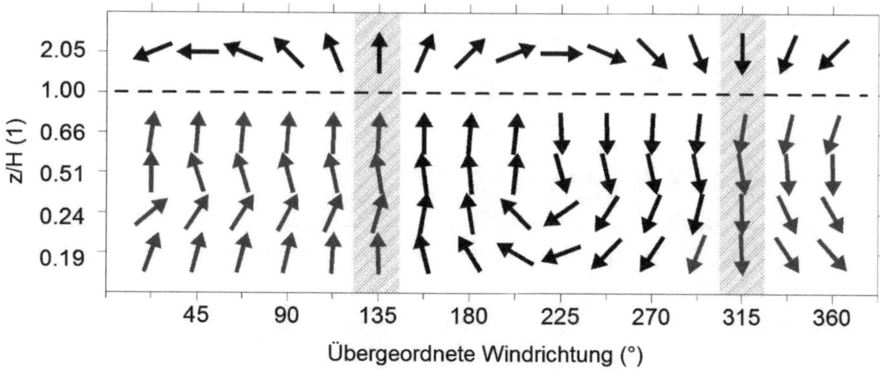

Abb. 2.15: Horizontale Windrichtung in verschiedenen Messhöhen innerhalb einer Straßenschlucht als Funktion der übergeordneten Windrichtung in Überdach-Niveau (z/H = 2,05). Die grau schraffierten Bereiche definieren die Längsanströmung der Straßenschluchtachse (verändert nach Weber et al., 2006).

Bei Anströmungsrichtungen, die schräg zur Straßenschlucht wirken (z. B. von 247,5° bis 292,5°), sind vor allem für bodennahe Messungen Tendenzen zur Ausbildung von Wirbeln und Rotorzirkulationen erkennbar, die jedoch vom Idealtypus bei Senkrechtanströmung abweichen. Oke (1987) beschreibt für diesen Fall korkenzieherähnliche Strömungsmuster innerhalb der Straßenschlucht.

Für eine vertiefende Darstellung der Windströmung innerhalb der UCL wird auf die Lehrbücher von Cermak et al. (1995), Errel et al. (2011) oder Oke et al. (2017) verwiesen.

3 Urbaner Oberfläche-Atmosphäre-Austausch

Das Kapitel im Überblick:

- Die städtische Strahlungs- und Wärmebilanz zeigt deutliche Modifikationen zu der des Umlandes.
- Die städtische Energiebilanz ist durch einen erhöhten sensiblen Wärmefluss sowie einen verminderten latenten Wärmefluss gekennzeichnet.
- Die städtischen Bau- und Oberflächenmaterialien haben aufgrund ihrer thermischen Eigenschaften eine wesentliche Auswirkung auf die urbane Energiebilanz und die Überwärmung der Stadt.
- Die Stadt ist eine bedeutende Quelle von Treibhausgasemissionen aus Verkehr, Brennstoffen in privaten Kleinfeuerungsanlagen (sog. Hausbrand) und Gewerbe.

Das Klima der bodennahen Luftschicht wird, neben der Beeinflussung durch das großräumige Zirkulationsgeschehen der Atmosphäre, maßgeblich durch die Austauschprozesse von Energie, Impuls und Masse zwischen Atmosphäre und Oberfläche beeinflusst. Der Oberfläche-Atmosphäre-Austausch lässt sich durch die Strahlungs- und Wärmebilanz für die Erdoberfläche beschreiben. Häufig werden beide Bilanzgleichungen als sog. Energiebilanzgleichung für die Oberfläche zusammengefasst, da die Strahlungsbilanz (Q^*) die Netto-Energie darstellt, die an der Umsatzfläche in die Wärmeflussdichten umgesetzt wird. Die Begriffe werden in der Literatur häufig synonym verwendet, sodass auch in diesem Lehrbuch der Begriff „Energiebilanz" benutzt wird, wenn der Oberfläche-Atmosphäre-Austausch von Wärme betrachtet wird (s. Kap. 1.2).

Im Folgenden werden die Grundlagen und Besonderheiten der Wechselwirkungen des Energieaustauschs innerhalb der Stadtatmosphäre beschrieben, da diese in einem engen Zusammenhang mit der Herausbildung des Stadtklimas bzw. urbaner Mikroklimate stehen.

3.1 Urbane Strahlungsbilanz

Mit der Strahlungsbilanzgleichung werden die kurz- und langwelligen Strahlungsflussdichten an der Erdoberfläche bzw. der Strahlungsumsatzfläche bilanziert (Gl. 3.1).

$$Q^* = K\downarrow - K\uparrow + L\downarrow - L\uparrow \qquad \text{(Gl. 3.1)}$$

mit Q* der Strahlungsbilanz, K↓ der Globalstrahlung, K↑ der kurzwelligen Reflexion, L↓ der langwelligen atmosphärischen Gegenstrahlung und L↑ der langwelligen Ausstrahlung der Oberfläche (alle Strahlungsflussdichten in W m^{-2}). Konventionsgemäß beschreibt ein positives Vorzeichen einen zur Umsatzfläche gerichteten Strahlungsfluss, ein negatives Vorzeichen entsprechend einen in die Atmosphäre gerichteten Strahlungsfluss.

Die urbane Strahlungsbilanz wird mit Strahlungssensoren oberhalb der UCL gemessen, um einen durch Verschattung unbeeinflussten Flächenausschnitt der Stadt an der Oberkante der UCL zu erfassen. Die Strahlungsflüsse werden entweder als kurz- und langwellige Einzelglieder oder per Netto-Strahlungsbilanzmessung gemessen. Zur Interpretation des Messsignals ist die von den Sensoren erfasste kreisförmige Umsatzfläche zu beachten, die eine Funktion des Öffnungswinkels der Strahlungssensoren sowie der Messhöhe über Grund ist (Soux et al., 2004; Oke 2004).

Die Wechselwirkungen zwischen der Stadtoberfläche und der kurzwelligen sowie der langwelligen Strahlung, führen zu spezifischen urbanen Besonderheiten. K↓ kann aufgrund der erhöhten Emission von insbesondere partikulären Luftinhaltsstoffen im Bereich der städtischen Grenzschicht, der sog. städtischen Dunstglocke, vermindert werden. Der direkte Aerosoleffekt reduziert K↓ durch Extinktion, d. h. durch Streuung und Reflektion an Partikeln. Verschiedene Studien dokumentieren Abnahmen der kurzwelligen Solarstrahlung um mehrere Prozentpunkte im Vergleich zum nicht bebauten Umland. In der wissenschaftlichen Literatur wird darüber diskutiert, ob dieser Prozess ausschließlich auf einen unmittelbaren Einfluss anhaltender Urbanisierung mit zunehmender Emission partikulärer Luftinhaltsstoffe zurückzuführen ist oder als ein globales Signal aufgrund von dekadischen Variationen der Solarstrahlung besteht (Wild, 2009; Wang et al., 2016; Tanaka et al., 2016). Da bei Untersuchungen der Globalstrahlungsverminderung auf der globalen Skala eine Korrelation zur Bevölkerungsdichte besteht, wird davon ausgegangen, dass das Signal vornehmlich auf den Einfluss der Stadt zurückzuführen sein dürfte (Alpert u. Kishcha, 2008; Wang et al., 2014). Dieses Phänomen, das an unterschiedlichen Standorten weltweit nachgewiesen werden konnte, wird allgemein als *„global dimming“* bezeichnet. Für den Zeitraum der 1950er bis 1980er Jahre zeigte sich im Mittel eine Verminderung von K↓ in der Größenordnung von 8 % bzw. 11 bis 12 W m^{-2} für die Differenz zwischen Stadt und Umland, die in Einzelfällen sogar bis zu 20 % erreichte (Oke, 1997; Alpert u. Kishcha, 2008; Wang et al., 2014). Durch zunehmende Bemühung zur Reinhaltung der Luft, waren die nachfolgenden Dekaden von geringeren Minderungstendenzen von K↓ gekennzeichnet und wurden entsprechend als Phase des *„global brightening“* bezeichnet. Städtische Beobachtungsdaten aus der jüngeren Vergangenheit können für die Jahressumme von K↓ keinen weiterhin nachweisbaren eindeutigen Effekt einer Verminderung belegen (Christen u. Vogt, 2004; vgl. Tab. 3.1).

Tab. 3.1: Jahressummen der Strahlungsflussdichten an einem dicht bebauten Stadtstandort (oberhalb der UCL) sowie einem Umlandstandort (Umland) in Basel, Schweiz, für den Zeitraum September 2001 bis August 2002 (Daten nach CHRISTEN u. VOGT, 2004). Die vierte Spalte gibt die Stadt-Umlanddifferenz als durchschnittliche Strahlungsflussdichte in W m^{-2} an, d. h. die Differenz in GJ m^{-2} a^{-1} aus Spalte 3 wird als konstant über ein Jahr angenommen und in die Strahlungsflussdichte W m^{-2} umgerechnet. Das Symbol α bezeichnet die Albedo, d. h. den Quotienten aus K↑/K↓ (in %, vgl. Gl. 3.).

	Stadt	Umland	Differenz (Stadt – Umland)	
	GJ m^{-2} a^{-1}	GJ m^{-2} a^{-1}	GJ m^{-2} a^{-1}	W m^{-2}
K↓	4,17	4,17	0	0
K↑	0,47	0,91	- 0,44	-14
L↓	10,05	10,16	- 0,12	- 4
L↑	11,94	11,61	0,33	11
Q*	1,81	1,81	0	0
α	11	22		

Während lufthygienischer Belastungsepisoden, die mit hohen Konzentrationen partikulärer Luftinhaltsstoffe einhergehen, können jedoch nachweisbare Verminderungen der Werte von K↓ innerhalb der städtischen Atmosphäre auftreten.

Selbst wenn die erhöhte städtische Aerosolkonzentration im Mittel nicht in einem eindeutigen gesamtstädtischen Minderungseffekt der Globalstrahlung resultiert, so führt die dreidimensionale Ausgestaltung des Stadtkörpers auf der lokalen Skala durch Beschattungsprozesse und unterschiedliche Exposition von Oberflächen zu einer signifikanten Variabilität des kurzwelligen Strahlungsgenusses auf horizontalen und vertikalen Flächen.

Strahlungsmessungen oberhalb der UCL, d. h. ohne den Einfluss verschattender Gebäude, zeigen einen typischen glockenförmigen Tagesgang von K↓ der, je nach Standort sowie Jahres- und Tageszeit, von der Sonnenhöhe sowie vom Son-

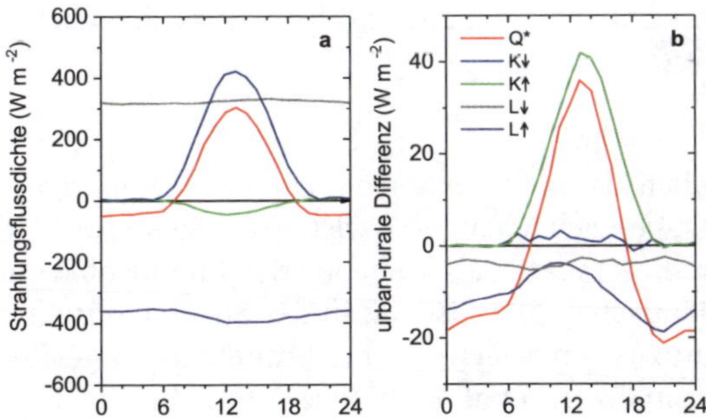

Abb. 3.1: a) Mittlere Tagesgänge der Strahlungsflussdichten während des Beobachtungsjahres September 2001 bis August 2002 an einem dicht bebauten Stadtstandort (oberhalb der UCL) sowie einem Umlandstandort in Basel, Schweiz; b) Differenz zwischen Stadt- und Umlandstandort (CHRISTEN u. VOGT, 2004).

nenazimut abhängig ist (Abb. 3.1a). Innerhalb der städtischen Bebauung haben Abschattungseffekte durch Gebäude oder Straßenbäume einen wesentlichen Einfluss auf die Strahlungsflussdichte und führen zu ausgeprägten räumlichen Unterschieden der am Boden einfallenden Globalstrahlung. Die Unterschiede können von einem im Schlagschatten von Gebäuden liegenden Standort, an dem eine diffuse Strahlungsflussdichte von nur wenigen W m^{-2} die Oberfläche erreicht, bis hin zu nicht verschatteten Standorten reichen, an denen die in Abhängigkeit des Sonnenstandes maximal mögliche Globalstrahlungsflussdichte von mehreren hundert W m^{-2} auftritt. Zusammenfassend lässt sich festhalten, dass im gesamtstädtischen Mittel kein eindeutiger Effekt der Stadt auf die Globalstrahlung festzustellen ist, während der Einfluss der dreidimensionalen Stadtstruktur auf die räumliche Variabilität von K↓ sehr deutlich wirksam ist.

Definition: Albedo

Als Albedo (α) wird das Verhältnis aus reflektierter kurzwelliger zu einfallender kurzwelliger Strahlung (Globalstrahlung) definiert (s. Gleichung 3.2). Das Verhältnis wird in einem Wertebereich zwischen 0 und 1 bzw. 0 und 100 % angegeben.
Die Albedo ist eine wesentliche Funktion der Farbe einer Oberfläche, d. h. je heller eine Oberfläche, desto höher die Albedo. Frischer Schnee weist z. B. $\alpha > 0{,}8$ auf, d. h. mehr als 80 % der einfallenden Strahlung wird reflektiert. Die reflektierte kurzwellige Strahlung trägt nicht zur Erwärmung der Oberfläche bei, sodass helle Oberflächen in der Regel kühler als dunklere sind.

Die kurzwellige Reflexstrahlung (K↑) an der Erdoberfläche wird durch die Albedo (α) der Oberfläche gesteuert. Die Albedo stellt den Quotienten aus kurzwelliger Reflexion und der Globalstrahlung dar und berechnet sich nach

$$\alpha = K\uparrow / K\downarrow \qquad \text{(Gl. 3.2)}$$

Da sich α hauptsächlich als eine Funktion der Farbe einer Oberfläche darstellt, wird im Folgenden der Frage nachgegangen, welchen Einfluss der Stadtkörper auf K↑ ausübt. Sowohl durch Messdaten als auch aus Satellitenbeobachtungen lässt sich ableiten, dass die städtischen Oberflächen in der Summe dunkler erscheinen, als natürliche Flächennutzungen des Umlandes. Mithilfe der Daten aus Satellitenbilduntersuchungen kommen Jin et al. (2005) zu dem Schluss, dass Städte eine um rund 2 bis 5 % geringere Albedo zeigen als das benachbarte Umland. Die Albedo einzelner städtischer Oberflächentypen liegt im Bereich < 20 % (Tab. 3.2). Am Beispielstandort Basel ist die urbane Albedo sogar nur halb so groß, wie der Wert am ruralen Standort. Dies bedeutet, dass die kurzwellige Reflexstrahlung in der Jahressumme mit 0,47 GJ m^{-2} a^{-1} um rund 50 % gegenüber der des Umlandes (0,91 GJ m^{-2} a^{-1}) reduziert ist (Tab. 3.1). Das führt dazu, dass Städte durch einen geringeren Strahlungsfluss K↑ gekennzeichnet sind. Daher wird mehr Energie an der Oberfläche absorbiert und verbleibt im „städtischen System". Die Tabelle 3.2 gibt eine Übersicht über die Albedowerte typischer urbaner Materialien und Oberflächen.

Tab. 3.2: Strahlungsphysikalische Eigenschaften unterschiedlicher Baumaterialien (Werte nach OKE, 1987; ERELL et al., 2011).

Material	Albedo α (%)	Emissionskoeffizient ε (1)
Straßen		
Asphalt	5 – 20	0,95
Teer	8 – 18	0,92
Fassaden		
Ziegelstein	20 – 40	0,90 – 0,92
Beton	10 – 35	0,71 – 0,90
Dächer		
Wellblech	10 – 16	0,13 – 0,28
Kies	8 – 18	0,92
Schiefer	10	0,90
Fenster		
Glas (Sonnenhöhe < 40 °)	8	0,87 – 0,94
Glas (Sonnenhöhe 40 – 80°)	9 – 52	0,87 – 0,92
Farben, Anstriche		
Weiß	50 – 90	0,85 – 0,95
Rot, braun, grün	20 – 35	0,85 – 0,95
Schwarz	2 – 15	0,90 – 0,98
Städte, Stadtquartiere		
Städtischer Mittelwert	15	0,95
Wohngebiet	12 – 20	-
Gewerbegebiet	8 – 20	-
Industriegebiet	12 – 20	-

Der Unterschied in der Absorption der Globalstrahlung zwischen Stadt und Umland kann sich während winterlichen Schneeepisoden noch entsprechend vergrößern, da am Umlandstandort die Schneedecke in der Regel mächtiger und langanhaltender auftritt, als in der Stadt. Zudem ist davon auszugehen, dass die Albedo einer städtischen Schneedecke geringer ausfällt als an Umlandstandorten, da die Schneeoberfläche schneller altert und verschmutzt, somit im Resultat dunkler erscheint als Schnee im Umland (LEMONSU et al., 2009).

Im Tagesgang ist der Verlauf von K↑ zum Verlauf der Kurve von K↓ gespiegelt, jeweils in Abhängigkeit der Albedo des Standortes (Abb. 3.1). Abweichungen von diesem Zusammenhang stellen sich während morgendlicher und abendlicher Phasen des Tagesganges ein, in denen der Sonnstand niedrig ist (< 20°), da eine gerichtete, spiegelnde Reflexion der horizontalen Oberflächen auftritt, die den Wert der Albedo entsprechend vergrößern kann. Dieser Effekt ist jedoch kein spezieller urbaner Effekt, sondern ein vom Sonnenstand abhängiger strahlungsphysikalischer Effekt, der auch über natürlichen Oberflächen auftritt. Im Lehrbuch von OKE (1987) wird detailliert auf die tageszeitliche Variabilität der Albedo eingegangen.

Die höhere Absorption von kurzwelliger Strahlung in der Stadt führt dazu, dass die Strahlungsbilanz von einer im Vergleich zum Umland höheren langwelligen Ausstrahlung L↑ gekennzeichnet ist. Im Fall von Basel ist L↑ in der Jahressumme rund 3 % größer als das Umland, d. h. die wärmeren städtischen Oberflächen geben infolge ihrer höheren Oberflächentemperaturen einen größeren Betrag langwelliger Strahlung an die Atmosphäre ab (Tab. 3.1). Der größte Unterschied in der langwelligen Ausstrahlung zwischen Stadt und Umland wird in den Abend- und frühen Nachtstunden erreicht. Aufgrund der stärkeren Absorption von Strahlungsenergie und der damit erhöhten Oberflächentemperatur, liegt der Betrag von L↑ mit knapp 400 W m^{-2} um rund 15 – 20 W m^{-2} über dem des Umlandstandortes. Die Differenz wird über die Nachlieferung von der in der Gebäudemasse gespeicherten Wärme eine Weile aufrechterhalten. Das Umland hingegen kühlt deutlich schneller ab, v. a. aufgrund der geringeren Wärmekapazitätsdichte des Bodens im Vergleich zu dem städtischen Gebäudevolumen (vgl. Kap. 3.1.1).

Die langwellige Ausstrahlung der Oberflächen lässt sich durch das Strahlungsgesetz nach Stefan und Boltzmann beschreiben (Gl. 3.3).

$$L\uparrow = \varepsilon \, \sigma \, T^4 \qquad \text{(Gl. 3.3)}$$

mit ε dem dimensionslosen Emissionskoeffizienten, σ der Stefan-Boltzmann-Konstante ($5{,}67 \cdot 10^{-8}$ W m^{-1} K^{-4}) und T der Oberflächentemperatur des Materials in K.

Die heterogene Zusammensetzung der Oberflächenmaterialien in einer Stadt führt zu einer hohen Variabilität der Oberflächentemperaturen (Abb. 3.2). Die Unterschiede lassen sich mit Messungen im infraroten Bereich des elektromagnetischen Spektrums quantifizieren. In stadtklimatischen Untersuchungen werden Wärmebildbefliegungen durchgeführt, um die räumlichen Unterschiede in den Oberflächenstrahlungstemperaturen eines Untersuchungsgebietes deutlich zu machen. Der Begriff Oberflächenstrahlungstemperatur bezieht sich auf den Umstand, dass die Emissionskoeffizienten spezifischer Oberflächen häufig nicht bekannt sind oder nicht für den gesamten Bildausschnitt aufgelöst werden können. Da durch Materialien mit unterschiedlichen ε-Werten jedoch sehr starke Abweichungen von mehreren Kelvin zwischen der Oberflächenstrahlungstemperatur und der „wahren" Oberflächentemperatur bestehen können (vgl. Tab. 3.2), werden aus den Daten von Thermalbildbefliegungen häufig keine absoluten Temperaturen der Oberfläche, sondern die Oberflächenstrahlungstemperaturen abgeleitet. Zur Untersuchung der räumlichen Unterschiede von L↑ ist das hinreichend genau, da sich die spektralen Signaturen der einzelnen Oberflächen deutlich unterscheiden.

Am Beispiel zweier Thermalbildbefliegungen des Innenstadtbereichs von Osnabrück lässt sich die mikroklimatische Differenzierung der Oberflächenstrahlungstemperatur im Bereich verschiedener Flächennutzungsstrukturen visualisieren (Abb. 3.2). Während der Abendsituation ist die Überwärmung des Innenstadtgebietes im Vergleich zu den unversiegelten Freiflächen v. a. im E und W des Stadtzentrums sichtbar, d. h. die unversiegelten Grünflächen erwärmen sich während des Tages deutlich weniger, als versiegelte Stadtflächen. Dafür sind die thermischen Eigenschaften der Materialien sowie der zusätzliche Effekt der Transpirationskühlung durch Vegetation verantwortlich (vgl. Kap. 7.2.2). Während versiegelte Flächen aufgrund der hohen Maximaltemperaturen über den Nachtverlauf mit 1 bis 2 K nur geringfügig abkühlen (Abb. 3.2, Punkt 1), erreichen unversiegelte Flächen einen Abkühlungsbetrag von bis zu 5 K (Punkt 2). Die Wasserfläche im nordwestlichen Teil des Bildausschnittes (Punkt 3) zeigt aufgrund der hohen Wärmekapazitätsdichte von Wasser einen nur sehr geringen Abkühlungsbetrag von rund 1 K. Wasserflächen sind hinsichtlich ihres Effektes auf das thermische Stadtklima deshalb im Einzelfall gezielt zu untersuchen, da sie nicht wesentlich zu einer nächtlichen Abkühlung beitragen. Vielmehr ist ihr positiver Beitrag während des Tages zu sehen, wenn sie aufgrund erhöhter Verdunstung zur Verminderung von Extremtemperaturen in der Stadt beitragen können (Hathway u. Sharples, 2012).

Der Umsatz von langwelliger Wärmestrahlung über L↑ (vgl. Tab. 3.1) wird signifikant durch die Dreidimensionalität der städtischen Bebauung beeinflusst. Die Einengung der Himmelssicht bspw. in Straßenschluchten führt dazu, dass ein erhöhter Betrag langwelliger Wärmestrahlung durch Absorption an Fassaden in der UCL verbleibt. In Straßenschluchten lässt sich ein direkter Zusammenhang zwischen dem H/W-Verhältnis der Straßenschlucht und L↑ herstellen (Abb. 3.3). Der Betrag der Bilanz langwelliger Wärmestrahlung L* (L* = L↑ – L↓) nimmt mit zunehmenden H/W-Verhältnis ab, d. h. in engen Straßenschluchten wird mehr der von einem Punkt an der Straßenoberfläche emittierten Wärmestrahlung im Canyon „eingefangen" (engl. *radiation trapping*). Das Gleiche gilt für die Wärmeemission von Fassaden, während horizontal exponierte Dachflächen ohne Einschränkung der Himmelssicht nicht vom H/W-Verhältnis beeinflusst werden. Im Gegensatz zu Straßenschluchten sind urbane Freiflächen von einer relativ freien Himmelssicht gekennzeichnet und können daher während des Nachtverlaufs effektiv abkühlen (Holmer et al., 2007; Onomura et al., 2016). Die aufgrund der Horizontüberhöhung verringerte langwellige Wärmeausstrahlung der UCL ist eine der wesentlichen

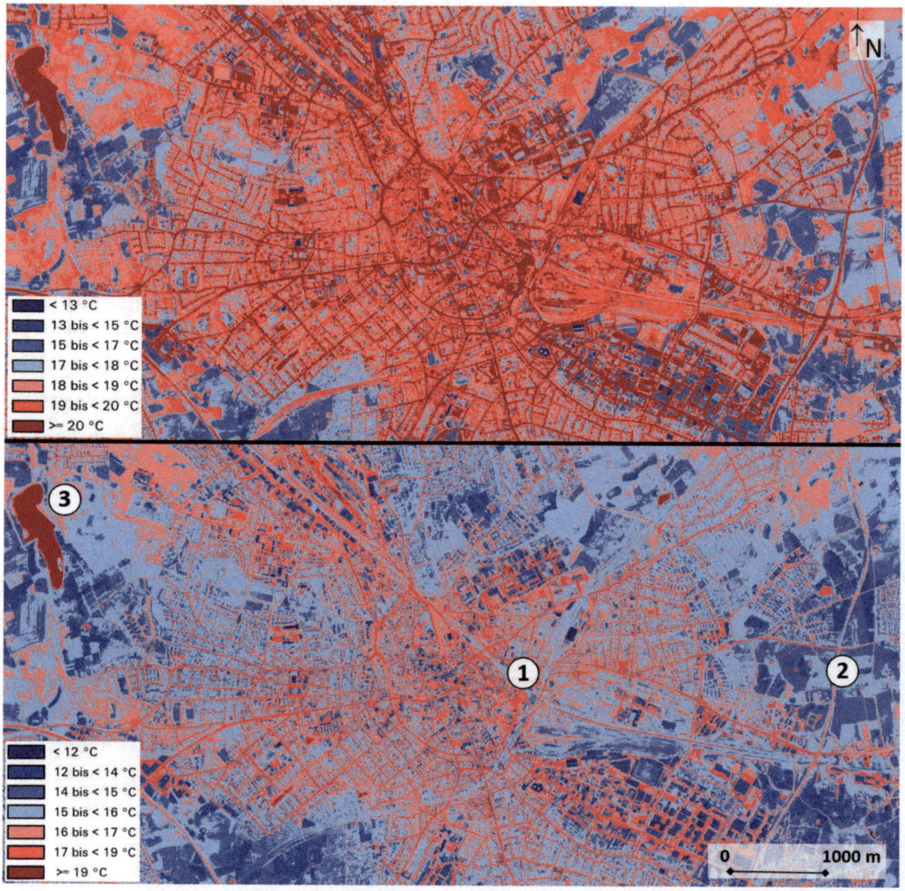

Abb. 3.2: Oberflächenstrahlungstemperaturen einer Thermalbildbefliegung des Stadtgebietes von Osnabrück während einer sommerlichen Strahlungswetterlage am 05./06. August 1997. Dargestellt ist die Situation während einer abendlichen Befliegung (20:45 MEZ, oben) sowie einer morgendlichen Befliegung (04:00 MEZ, unten; verändert nach Weber, 2004, Datenquelle: Stadt Osnabrück, Amt für Umwelt, Ver- und Entsorgung). Zur Erläuterung der Standorte 1 bis 3 siehe Text.

Grundvoraussetzungen für die Entstehung der urbanen Wärmeinsel. Auf die urbane Wärmeinsel und deren Genese wird in Kapitel 4 eingegangen.
Die langwellige atmosphärische Gegenstrahlung $L\downarrow$ wird durch drei Faktoren maßgeblich beeinflusst: durch die Luftfeuchtigkeit und die Lufttemperatur der UBL (s. Gl. 3.3) sowie durch die Konzentration infrarotaktiver Spurengase. Während die beiden letztgenannten Effekte tendenziell zu einer Erhöhung von $L\downarrow$ führen, trägt die im Mittel trockenere urbane Atmosphäre zu einer Verringerung von $L\downarrow$ bei, da Wasserdampf ein wichtiger Absorber von $L\uparrow$ ist. Am Beispiel der

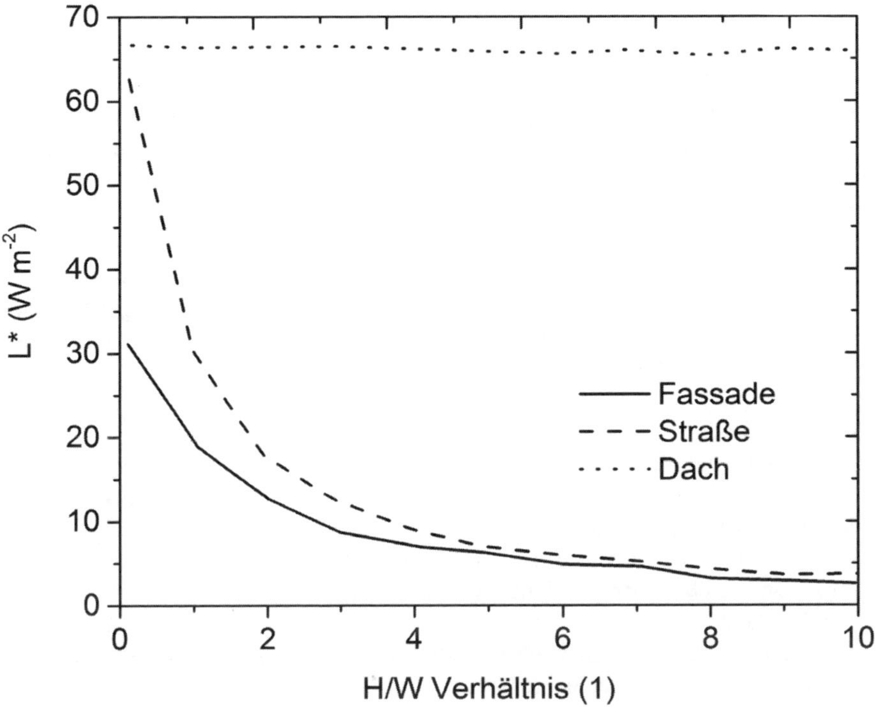

Abb. 3.3: Langwellige Strahlungsbilanz L* in einer Straßenschlucht als Funktion des H/W-Verhältnisses. Für L↓ wurde ein Wert von 340 W m^{-2} angenommen, für die Temperatur der Oberflächen T_o = 19 °C (verändert nach Bonan, 2016)

Studie aus Basel zeigt sich die auf diesen Prozess zurückzuführende Verminderung der urbanen Strahlungsflussdichte L↓ (Tab. 3.1). Aus anderen Städten werden jedoch ebenfalls Beobachtungen erhöhter L↓-Strahlungsflüsse berichtet, die vor allem zur Mittagszeit rund 30 % über den ruralen Vergleichswerten liegen können und wesentlich durch die erhöhte Lufttemperatur der urbanen Grenzschicht gesteuert werden (Oke, 1997).

Trotz der teilweise deutlichen Modifikation einzelner Strahlungsbilanzterme durch urbane Effekte sind die Netto-Auswirkungen auf die urbane Strahlungsbilanz Q* in der Regel klein (Tab. 3.1.). Aufgrund der geringeren Albedo städtischer Oberflächen ist der Umsatz kurzwelliger Strahlung in der Stadt in der Regel größer, d. h. die Differenz Stadt–Umland ist für die kurwellige Bilanz K* positiv. Dieser Überschuss wird durch den größeren Verlust langwelliger Strahlung jedoch weitestgehend kompensiert (Oke et al., 2017).

3.1.1 Materialeinfluss auf das Stadtklima

Im vorangegangenen Kapitel ist bereits darauf hingewiesen worden, dass in Städten häufig solche Oberflächenmaterialien die Strahlungsumsatzfläche bilden, deren thermische und strahlungsphysikalische Eigenschaften deutlich von denen im Umland der Städte abweichen. Gemeinsam mit der Farbe der Materialien, dem Wassergehalt und der Exposition zum Strahlungseinfall entscheiden diese Faktoren darüber, wieviel Energie von den Oberflächen und Gebäuden aufgenommen wird und im weiteren zeitlichen Verlauf wieder an die bodennahe Atmosphäre abgegeben werden kann. Bei gleichem Energieangebot durch die Sonneneinstrahlung erwärmen sich Oberflächen aufgrund unterschiedlicher Energieaufnahme (Albedo, Wärmekapazitätsdichte) und Weiterleitung der Energie in den Untergrund (Wärmeleitfähigkeit) unterschiedlich stark (Tab. 3.3).

Die folgenden thermischen Eigenschaften spielen eine wichtige Rolle in der Stadtklimatologie:

- Die Albedo (vgl. Kap. 3.1) wird im Wertebereich zwischen 0 und 100 % angegeben. Je heller eine Oberfläche ist, desto höher ist die Albedo (z. B.: frischer Schnee $\alpha = 80$ %, Sandboden = 15 – 40 %, Grasflächen $\alpha = 12 - 30$% und Asphalt $\alpha = 15$ %; Kuttler, 2013). Da die reflektierte Strahlung nicht zur Erwärmung einer Oberfläche beitragen kann, bleiben helle Oberflächen kühler als dunklere Oberflächentypen. Aus diesem Grund wird seit einiger Zeit propagiert, die Albedo der Städte durch weiße Anstriche und reflektierende Materialien zu erhöhen („*Paint your roof white*“), um durch die geringere Aufnahme kurzwelliger Strahlung die Überwärmung der Städte im Zuge des fortschreitenden Klimawandels abzumildern (z. B. Akbari et al., 2009).
- Die Spezifische Wärmekapazität (C_s, J kg^{-1} K^{-1}) gibt an, wie viel Energie nötig ist, um bei einer definierten Masse (in kg) eine Änderung des Temperaturbetrages um 1 K zu erreichen (Erwärmung bzw. Abkühlung). Materialien mit einer hohen Wärmekapazität erwärmen sich beim gleichen Strahlungsangebot langsamer als solche mit einem niedrigeren C_s.

Tab. 3.3: Überblick über die wesentlichen thermisch-physikalischen Eigenschaften von Materialien und Oberflächen, die das Erwärmungs- und Abkühlungsverhalten steuern und damit Auswirkungen auf die Intensität der städtischen Überwärmung nehmen (KORDOWSKI u. WEBER, 2011; KUTTLER, 2013).

Material	Spezifische Wärmekapazität ($J\ kg^{-1}\ K^{-1}$)	Wärmekapazitätsdichte ($J\ m^{-3}\ K^{-1}$)	Wärmeleitfähigkeit ($W\ m^{-1}\ K^{-1}$)
Luft (unbewegt)	1010	1300	0,025
Wasser	4196	$4{,}2 \cdot 10^6$	0,57
Beton	2500	$2{,}2 \cdot 10^6$	4,6
Asphalt	920	$1{,}9 \cdot 10^6$	0,75
trockener Lehmboden	890	$1{,}4 \cdot 10^6$	0,25
nasser Lehmboden	1550	$3{,}1 \cdot 10^6$	1,58

- Die Wärmekapazitätsdichte (C_v, $J\ m^{-3}\ K^{-1}$) beschreibt, wie viel Energie nötig ist, um ein definiertes Volumen (in m^3) um einen bestimmten Temperaturbetrag (in K) zu erwärmen bzw. zu verringern. C_v ist von der Dichte eines Stoffes abhängig. Luft hat z. B. eine sehr geringe Dichte und damit auch eine sehr geringe Wärmekapazitätsdichte.
- Die Wärmeleitfähigkeit (λ, $W\ m^{-1}\ K^{-1}$) bestimmt die Geschwindigkeit des Wärmetransportes zwischen den Atomen bzw. Molekülen eines Mediums. λ beeinflusst während der Tagstunden beispielsweise den Transport von Energie von der Materialoberfläche in den Untergrund, in der Nacht fördert eine hohe Wärmeleitfähigkeit die Abkühlung des Bodens, da Wärme aus dem Boden effektiv gegen die kühlere Oberfläche nachgeliefert werden kann.
- In Böden variiert der volumetrische Wassergehalt ($m^3\ m^{-3}$) in Abhängigkeit verschiedener Faktoren (meteorologische und hydrologische Einflüsse, Beschaffenheit des Bodens, Bodenart). Da Wasser eine sehr hohe Wärmekapazität aufweist, beeinflusst der Bodenwassergehalt die weiteren thermischen Eigenschaften des Bodens signifikant und damit auch das Temperaturverhalten im Tages- und Jahresgang. Bei feuchten Böden ist die Wärmeleitfähigkeit im Allgemeinen höher als bei trockenen. Die Wärmekapazität steigt im Umkehrschluss jedoch an und es wird somit mehr Energie benötigt, um den Untergrund zu erwärmen. Böden mit einem hohen Wassergehalt kühlen deshalb über den Nachtverlauf weniger schnell aus. Der Wassergehalt von Böden sowie der kurzfristige Rückhalt von Wasser auf Oberflächen, z. B. auf versiegelten Oberflächen oder durch Interzeption der Vegetation, spielt eine entscheidende Rolle in der thermischen Modifikation des Stadtklimas. Die Verdunstung von Wasser kann maßgeblich zur Verminderung der lokalen Luft- bzw. Oberflächentemperatur beitragen. Das ist auf den thermodynamischen Effekt der Transpirationskühlung zurückzuführen. Die Verdunstung von Wasser ist ein energieintensiver Prozess, da 2,45 MJ pro kg Wasser (bei 20 °C Lufttemperatur) zur Verdunstung aufgewen-

det werden müssen. Vegetationsbestandene und ausreichend wasserversorgte Oberflächen können einen beträchtlichen Teil der durch die Sonne eingestrahlten Energie über die latente Wärmeflussdichte umsetzen, sodass der Beitrag zur direkten Erwärmung der Luft über die sensible Wärmeflussdichte entsprechend vermindert wird (vgl. dazu auch Kapitel 3.2).

Die beschriebenen thermisch-physikalischen Eigenschaften haben einen maßgeblichen Anteil an der Entstehung der Wärmeinsel der UCL sowie der Wärmeinsel der Oberfläche (s. dazu Kap. 4). Die Ergebnisse einer mikroskaligen Modellierung zeigen den Tagesgang der Luft- und Oberflächentemperatur für vier typische Baumaterialien bzw. Oberflächennutzungen in einer Stadt (s. Abb. 3.4). Die Oberflächentemperatur der Asphaltfläche liegt zur Mittagszeit um rund 35 K höher als die der Wasserfläche bzw. knapp 25 K über der Grasfläche. Das liegt zum einen an der geringen Albedo des Asphalts, zum anderen an dessen geringerer Wärmekapazitätsdichte, die – bei gleichem Energieangebot – zur stärkeren Erwärmung der Asphaltoberfläche führt. Im Gegensatz dazu wird bei den natürlichen Oberflächentypen (Gras, Wasser, nackter Boden, wenn ausreichend wasserversorgt), die absorbierte kurzwellige Strahlung zu einem größeren Anteil in latente Energie partitioniert.

In einem Abstand von 1,5 m zur Oberfläche treten diese Unterschiede weniger ausgeprägt zu Tage. Dennoch lassen sich zur Mittagszeit beispielsweise zwischen der Asphalt- und Grasfläche Lufttemperaturdifferenzen von knapp 10 K ausmachen, die während des Nachtverlaufs weitestgehend fortbestehen.

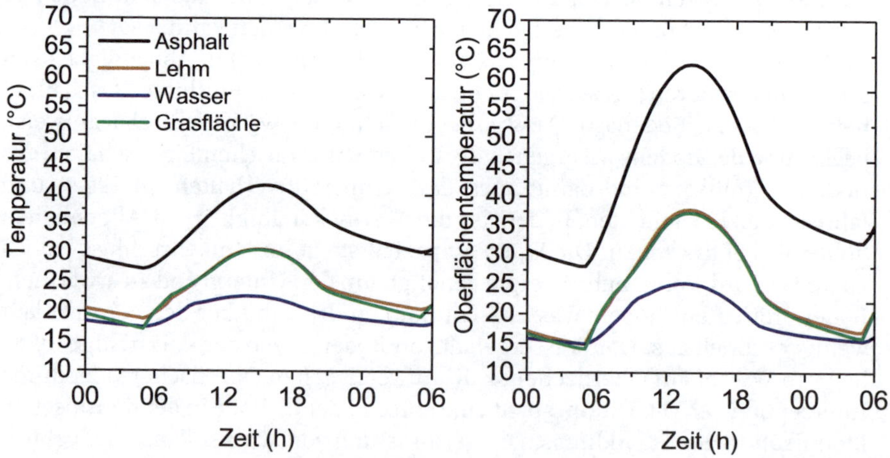

Abb. 3.4: Mikroskalige Modellierung (ENVI-met, Version 4) der Luft- (in 1,5 m ü. Gr., links) und Oberflächentemperatur (rechts) für den 21. Juni über verschiedenen Oberflächentypen. Das Modellgebiet umfasst eine Größe von 100 x 100 m bei einer horizontalen Auflösung von 1 m pro Rasterzelle. Die Ergebnisse repräsentieren eine virtuelle Wetterstation in der Mitte des Modellgebietes. Die thermischen Eigenschaften entsprechen den in Tabelle 3.3 aufgeführten Werten.

Inwieweit sich die unterschiedlichen thermisch-physikalischen Eigenschaften an der Erdoberfläche auf den Austausch von Energie und Masse mit der Atmosphäre auswirken und welchen Einfluss sie damit auf die urbane Wärmebilanz haben, wird im nachfolgenden Abschnitt behandelt.

3.2 Urbane Energiebilanz

3.2.1 Bestimmung der Terme der urbanen Energiebilanz

Die Energiebilanzgleichung beschreibt den an der Erdoberfläche erfolgenden Umsatz der Netto-Strahlung (= Q^*) in die turbulenten und nicht-turbulenten Wärmeflussdichten (Gl. 3.4). Die Vorzeichenkonvention definiert einen Wärmefluss mit einem positiven Vorzeichen als einen von der Umsatzfläche in die Atmosphäre gerichteten Fluss, einen negativen Austauschfluss als zur Umsatzfläche gerichtet.

Energiebilanz (allg.) $Q^* = Q_H + Q_E + Q_G$ (Gl. 3.4)

Energiebilanz (urban) $Q^* + Q_F = Q_H + Q_E + \Delta Q_S$ (Gl. 3.5)

mit Q^* der Strahlungsbilanz, Q_H der sensiblen Wärmeflussdichte, Q_E der latenten Wärmeflussdichte, Q_G der Bodenwärmeflussdichte, Q_F der anthropogenen Wärmeflussdichte sowie ΔQ_S der Speicherwärmeflussdichte (alle Flussdichten in W m^{-2}).

Bei der städtischen Betrachtung der Energiebilanz sind im Vergleich zum nicht bebauten Umland einige Besonderheiten zu beachten (Gl. 3.5). Aufgrund der dreidimensionalen Struktur der Stadt, findet der Oberfläche-Atmosphäre-Austausch nicht ausschließlich an der horizontalen Erdoberfläche statt, sondern ebenfalls zwischen Wänden, Fassaden, Dächern und dem Luftvolumen innerhalb der UCL. Die Betrachtung der urbanen Energiebilanz erfolgt deshalb nach einem Volumenansatz, bei dem die Energieumsatzfläche an der Oberkante der UCL liegt, d. h. auf Dachniveau, um alle relevanten Austauschflüsse im System Stadt zu erfassen (Abb. 3.5).

Ein zusätzlicher Energiegewinn für das städtische System wird mittels der durch menschliche Aktivität induzierten Wärmeabgabe bereitgestellt, die als anthropogene Wärmeflussdichte (Q_F) in die urbane Energiebilanzgleichung eingeht. Der Term Q_F umfasst die Wärmeemission aus Kraftfahrzeugverkehr und Gebäuden sowie dem menschlichen Metabolismus. Das Energiebilanzglied Q_F wird in der Regel über Parametrisierungsansätze berechnet. In Kapitel 3.2.3 wird auf die Besonderheiten von Q_F eingegangen.

Der Speicherwärmefluss ΔQ_S berücksichtigt nicht nur den Austausch von Wärme zwischen Erdoberfläche und Boden (das Synonym wäre der Term Q_G in der

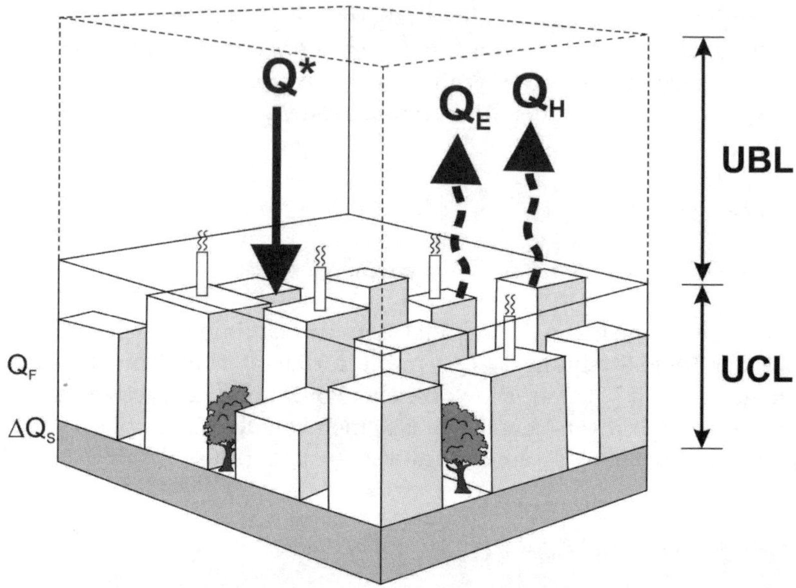

Abb. 3.5: Darstellung des Volumenansatzes bei der Betrachtung urbaner Strahlungs- und Wärmeflüsse.

allgemeinen Form der Energiebilanzgleichung, s. Gl. 3.3), sondern fasst in diesem Term alle Flüsse in und aus dem Boden, den Gebäuden bzw. dem Stadtkörper unterhalb der Umsatzfläche zusammen. Die Unsicherheit dieser Komponente der Energiebilanz hängt bis heute mit der ausschließlich residualen Bestimmung zusammen, da messtechnische Ansätze fehlen, um ΔQ_S in einem Untersuchungsgebiet direkt zu messen. Der Term wird als Restglied der urbanen Energiebilanzgleichung nach Messung oder Berechnung der übrigen Glieder quantifiziert. Im Term ΔQ_S summieren sich demnach messtechnische sowie methodische Fehler der anderen Komponenten der Energiebilanz. Eine Alternative zur residualen Bestimmung von ΔQ_S stellen Modellierungsansätze dar. Hier hat sich vor allem das *„Objective Hysteresis Model"* (OHM) bewährt, welches den beobachteten zeitlichen Zusammenhang zwischen dem Netto-Energieeintrag durch Q* und ΔQ_s beschreibt (Grimmond u. Oke, 1999b; s. Gl. 3.6).

$$\Delta Q_s = aQ^* + b\left(\frac{\Delta Q^*}{\Delta t}\right) + c \qquad \text{(Gl. 3.6)}$$

mit t der Zeit in s sowie a, b und c als empirische Koeffizienten. Der Parameter a beschreibt die Stärke des Zusammenhangs zwischen ΔQ_s und Q*, der Koeffizient b die Intensität und die Richtung der Phasenverschiebung der Hysteresebeziehung zwischen beiden Größen und c den Achsenabschnitt der Regressionsbeziehung (Abb. 3.6). Die Gleichung kann mithilfe beobachteter ΔQ_s-Daten (z. B.

aus residualer Bestimmung) auf andere Untersuchungsstandorte übertragen werden.

Die Abbildung 3.6 zeigt den zeitlichen Verlauf des Wärmespeicherterms in Abhängigkeit von Q* als typische Hystereseschleife. Im Morgenverlauf wird mit zunehmender Einstrahlung in der Regel mehr Energie in der urbanen Baumasse aufgenommen, als im Nachmittagsbereich. Die Abbildung dieses zeitlichen Verlaufs im OHM-Modell stellt eine wesentliche Verbesserung zu Ansätzen dar, in denen ΔQ_s als konstanter Anteil von Q* (z. B. 20 %) parametrisiert wurde (Grimmond u. Oke, 2002).

Die mikrometeorologische Messung der turbulenten Wärmeflussdichten Q_H und Q_E erfolgte in der Vergangenheit meist mittels aerodynamischer Profilmethoden (Foken, 2016). Diese haben den Nachteil, dass der zur Bestimmung der Wärmeflussdichten nötige Gradient des entsprechenden Klimaelementes (z. B. Lufttemperatur), auf zwei Messhöhen mit unterschiedlichem Quellbereich (engl. *footprint*) gemessen wurde und die erhöhte Rauigkeit der urbanen Oberfläche die Anwendung von Profilmethoden generell erschwert. Seit Ende der 1980er Jahre wird in der städtischen Grenzschicht zunehmend die Eddy-Kovarianz-Methode (EKM) eingesetzt, die die Möglichkeit zur direkten Messung des turbulenten Aus-

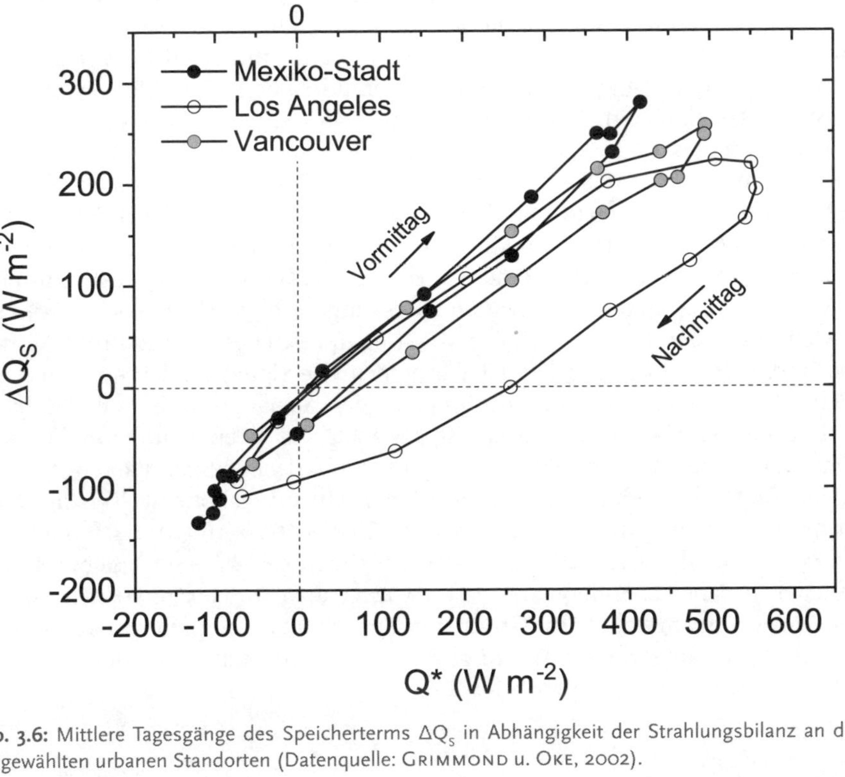

Abb. 3.6: Mittlere Tagesgänge des Speicherterms ΔQ_S in Abhängigkeit der Strahlungsbilanz an drei ausgewählten urbanen Standorten (Datenquelle: Grimmond u. Oke, 2002).

tauschflusses in nur einer Messhöhe über Grund bietet. Die Wärmeflüsse ergeben sich nach der EKM aus folgenden Gleichungen:

$$Q_H = \rho \, c_p \, \overline{w'T'} \qquad \text{(Gl. 3.7)}$$

$$Q_E = \rho \, \lambda_v \, \overline{w'q'} \qquad \text{(Gl. 3.8)}$$

mit ρ der Dichte der Luft in kg m^{-3}, c_p der spezifischen Wärmekapazität der Luft bei konstantem Druck in J kg^{-1} K^{-1}, $\overline{w'T'}$ dem kinematischen Wärmefluss in K m s^{-1} (d. h. w steht für die vertikale Windgeschwindigkeit in m s^{-1}, T für die Lufttemperatur in K), λ_v der spezifischen Verdunstungswärme von Wasser in J kg^{-1} und $\overline{w'q'}$ dem kinematischen Wasserdampffluss in kg m kg^{-1} s^{-1} (mit q der spezifischen Luftfeuchtigkeit in kg kg^{-1}).

Die den turbulenten Austausch quantifizierenden Kovarianzen des Wärme- und Wasserdampftransports ($\overline{w'T'}$ bzw. $\overline{w'q'}$) können aus den Zeitreihen der hochfrequent, d. h. üblicherweise mit einer Messauflösung ≥ 10 Hz, gemessenen Windgeschwindigkeit, Lufttemperatur oder Wasserdampfkonzentration berechnet werden. Die EKM gilt deshalb als eine direkte Methode zur Bestimmung der Turbulenz, da keine Annahmen über den turbulenten Zustand der Atmosphäre getroffen werden müssen. Auf die weiteren methodischen Ansätze und Korrekturen zur Bestimmung der turbulenten Wärmeflüsse mittels EKM kann an dieser Stelle nicht näher eingegangen werden. Hierzu sei auf die Lehrbücher von Stull (1988), Lee et al. (2004), Aubinet et al. (2012) oder Foken (2016) verwiesen.

Um ein repräsentatives turbulentes Messsignal der urbanen Umsatzfläche zu erfassen, müssen die Messungen innerhalb der UCFL vorgenommen werden (vgl. Abb. 3.5 und Kap. 2), also in einer Höhe von >≈ 1,5 · H (Feigenwinter et al., 2012). Aus diesem Grund werden die Messsensoren an Masten oder auf hohen Einzelgebäuden installiert, was zu einem verhältnismäßig großen infrastrukturellen Aufwand bei urbanen Eddy-Kovarianz-Messungen führt. Mithilfe sog. *Footprint*-Modelle kann der Quellbereich der Messungen relativ genau bestimmt werden, sodass die Möglichkeit gegeben ist, das gemessene Signal auf den Ausschnitt der städtischen Oberfläche zurückzuführen, der den Austausch zwischen Oberfläche und Atmosphäre bestimmt. Die Größe des *Footprints* ist eine Funktion der Messhöhe, der Turbulenzintensität sowie der atmosphärischen Stabilität. Für typische urbane EKM-Anwendungen, die in doppelter Bebauungshöhe messen, deckt der *Footprint* eine horizontale Längenskala von 10^2 bis 10^4 m ab (Grimmond u. Oke, 2002; Järvi et al., 2011). Die in diesem Lehrbuch betrachteten Ergebnisse und Beispiele urbaner Energiebilanzstudien wurden ausnahmslos mit der EKM erhoben. Im Folgenden werden die Grundzüge der urbanen Energiebilanz sowie deren spezifische Besonderheiten im Vergleich zur Energiebilanz an einem unversiegelten Umlandstandort näher beleuchtet.

3.2.2 Eigenschaften der urbanen Energiebilanz

Während an unversiegelten und möglicherweise vegetationsbestandenen Umlandstandorten der größte Teil der Netto-Energie während der Tagstunden zur Verdunstung aufgewendet und in den latenten Wärmefluss Q_E umgesetzt wird ($Q_E/Q^* = 57$ %), ist dieser aufgrund der geringen verdunstungsaktiven Oberfläche in Städten zugunsten des sensiblen Wärmstroms Q_H deutlich vermindert. Abbildung 3.7 verdeutlicht die Unterschiede an einem exemplarischen Stadt-/Umlandbeispiel. In der Stadt ist Q_H für knapp die Hälfte des Netto-Energieumsatzes verantwortlich ($Q_H/Q^* = 44$ %). Die erhöhten Austauschflüsse sensibler Wärme werden durch die hohen Temperaturen der städtischen Oberflächen angetrieben. Die Oberflächentemperatur resultiert aus der vergleichsweise hohen Absorption kurzwelliger Strahlung (vgl. Kap. 3.1). Die Speicherung von Energie in der UCL bzw. der städtischen Baumasse ist in der Regel die zweitgrößte Komponente des Energieumsatzes und eine bedeutende Energiesenke während der Tagstunden. Der Energieumsatz über Wärmespeicherung in der Baumasse erreicht eine Größenordnung von knapp 1/3 der Netto-Energie, kann aber Größenordnungen von $\Delta Q_s/Q^* > 0{,}5$ annehmen. Im Vergleich dazu weist der Bodenwärmefluss im Umland vergleichsweise geringe Verhältniswerte von 15 % der Nettostrahlung auf. Der latente Wärmefluss setzt in der städtischen Grenzschicht während des Tages durchschnittlich rund 1/3 der Nettostrahlung um. Im Umland ist Q_E dagegen mit 57 % die dominierende Größe der Energieaufteilung. In der städtischen Energiebilanzbetrachtung ist zu beachten, dass Q_F eine zusätzliche Energiequelle für die UBL darstellt (vgl. linke Seite der urbanen Energiebilanz in Gl. 3.5). Aus diesem Grund ist der Betrag von Q^* in Abbildung 3.7 < 100 %. Die Summe $Q^* + Q_F$ stellt den Gesamtbetrag dar, der in der Stadt in die turbulenten Wärmeflussdichten partitioniert werden kann ($Q^* + Q_F = 100$ %).

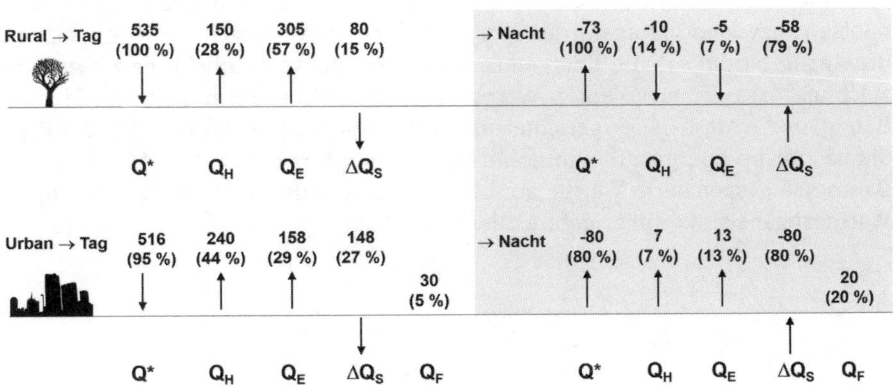

Abb. 3.7: Exemplarische Darstellung der Energiebilanz an einem urbanen im Vergleich zu einem ruralen Standort. Die Flüsse sind in W m^{-2} angegeben und als normierte Flussverhältnisse in Klammern. Die Pfeile kennzeichnen die Flussrichtung (Daten nach OKE, 1997).

In der nächtlichen Grenzschicht kehren die turbulenten Wärmeflüsse im Umland ihre Flussrichtung um, sodass Wärme und Wasserdampf gegen die auskühlende Erdoberfläche transportiert werden. In der Stadt ändert sich die Flussrichtung (meist) nicht, d. h. die aufgrund von nachgelieferter Energie aus der Wärmespeicherung der Baumasse immer noch warmen städtischen Oberflächen halten die in die Atmosphäre gerichteten Flüsse von Q_E und Q_H aufrecht. Die Wärmeflüsse sind durch relativ geringe Beträge gekennzeichnet, bilden jedoch einen zusätzlichen Antrieb für die nächtliche Überwärmung der bodennahen Luftschicht innerhalb der Stadt. Die Wärmespeicherung $\Delta Q_s/Q^*$ dominiert die nächtliche Energiepartitionierung mit einem Anteil von knapp 80 %.

Ein beispielhafter Tagesgang der urbanen Energiebilanz verdeutlicht die bisher beschriebenen Eigenschaften (Abb. 3.8). Während der Tagstunden wird die Energiebilanz von Q_H dominiert. Zum Zeitpunkt des Sonnenhöchststandes stellt sich ein Bowen-Verhältnis (Quotient aus sensibler Wärmeflussdichte zu latenter Wärmeflussdichte; $\beta = Q_H/Q_E$) von $\beta \approx 2,5$ ein. Ein vegetationsbestandener Umlandstandort, der ausreichend wasserversorgt ist, würde im Vergleich dazu ein β von deutlich < 1 aufzeigen. Der latente Wärmefluss bleibt ganztägig bei Werten von knapp unter 130 W m^{-2} und ist damit deutlich kleiner im Vergleich zu Q_H. Der Speicherwärmefluss ΔQ_S ist von einem schnellen Anstieg nach Sonnenaufgang gekennzeichnet. Das Maximum von ΔQ_S ist bereits am frühen Vormittag gegen 9.00 Uhr erreicht. Zu diesem Zeitpunkt dominiert ΔQ_S die Energieaufteilung und setzt einen höheren Anteil der Nettostrahlung um, als die beiden turbulenten Wärmeflüsse. Das hat damit zu tun, dass der Wärmetransport in die Baumasse von molekularer Diffusion (Wärmeleitung) gekennzeichnet ist, die direkt nach Sonnenaufgang wirkt. Der turbulente Wärmetransport hingegen benötigt eine gewisse „Vorlaufzeit", da zunächst der Aufbau der Mischungsschicht sowie die turbulente Durchmischung der Grenzschicht zunehmen müssen, bevor größere Energiebeträge umgesetzt werden. Das Maximum des turbulenten Wärmetransports ist daher typischerweise an den Sonnenstand bzw. den Tagesgang der Grenzschichtentwicklung gekoppelt. Mit Sonnenuntergang ist die urbane Energiebilanz, wie bereits verdeutlicht, davon gekennzeichnet, dass die turbulenten Wärmeflüsse weiterhin, wenn auch mit kleinem Betrag, in die Atmosphäre gerichtet sind. Der Speicherterm dominiert in der Regel die nächtliche Energieaufteilung. Mit geändertem Vorzeichen gibt ΔQ_S die in der Baumasse gespeicherte Wärme an die bodennahe Luftschicht ab. Der Betrag der Wärmeabgabe sinkt mit zunehmender Nachtlänge.

Definition: Bowen-Verhältnis

Das Bowen-Verhältnis (engl. *Bowen-ratio*, β) stellt eine Maßzahl dar, die im Rahmen von Energiebilanzbetrachtungen die Aufteilung der absorbierten Energie an der Erdoberfläche in die turbulente sensible (Q_H) und latente Wärmeflussdichte (Q_E) beschreibt. Das Bowen-Verhältnis berechnet sich als $\beta = Q_H/Q_E$. Je geringer beispielsweise an einem Untersuchungsstandort der Wassergehalt des Bodens ist, desto höher ist der Anteil der Energie, der über die sensible Wärmeflussdichte umgesetzt wird, da die Verdunstung (Wasser) limitiert ist. Das Bowen-Verhältnis eignet sich zur Charakterisierung der Unterschiede der Energiebilanz an verschiedenen Standorten, oder zur Untersuchung der zeitlichen Variabilität an einem Messpunkt in Anhängigkeit der meteorologischen Rahmenbedingungen. Typische mittlere Werte des Bowen-Verhältnissen: $0{,}1 < \beta < 0{,}3$ = tropische Regenwälder, $0{,}4 < \beta < 0{,}8$ = Wälder/ Grasländer der gemäßigten Breiten, $\beta > 1$ = nicht bewässerte Standorte, Städte.

An dieser Stelle sei darauf hingewiesen, dass die Betrachtung der beispielhaften urbanen Energiebilanz in Abbildung 3.8 einer typischen Situation entspricht. Aufgrund von meteorologischen oder anthropogenen Einflüssen können einzelne Terme der Energiebilanz von nicht zu vernachlässigender Variabilität gekenn-

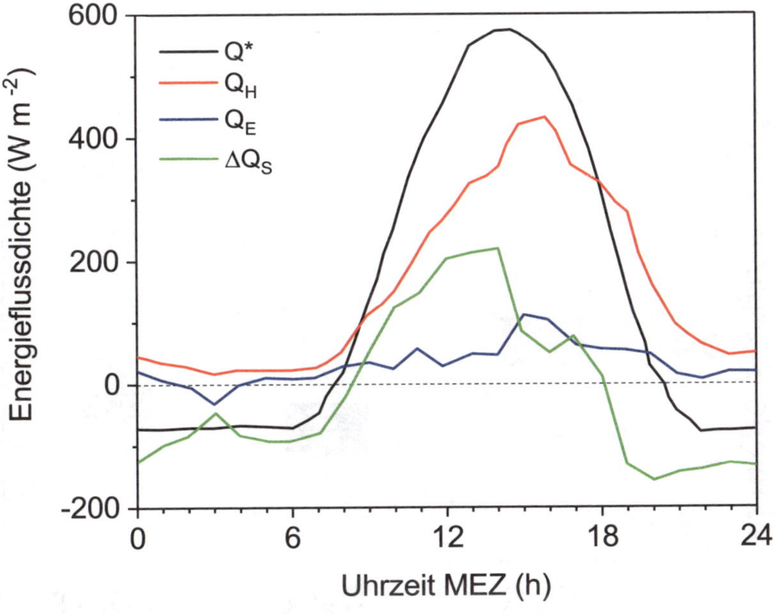

Abb. 3.8: Mittlere Tagesgänge der urbanen Energiebilanzterme an einem urbanen Standort (Daten nach Oke, 1997).

zeichnet sein. Das gilt insbesondere für die latente Wärmeflussdichte. Infolge unterschiedlicher Niederschlagsummen sowie Begrünungs- oder Wasserflächenanteilen im Quellbereich der Flussmessungen, kann der Anteil von Q_E an der Energieaufteilung mitunter deutlich höher ausfallen. Eine besondere Rolle kann die künstliche Bewässerung von städtischem Grün oder privaten Gärten spielen, die das urbane Bowen-Verhältnis zu Werten von $\beta < 1$ verschieben kann (Grimmond u. Oke, 1995). Das ist insbesondere in ariden/ semi-ariden Klimaten und an Standorten der Fall, an denen ein regelmäßiger Wassereintrag durch anthropogene Bewässerung der Vegetationsflächen stattfindet. Die zahlreichen und zeitlich variierenden Einflüsse, insbesondere auf den latenten Wärmefluss, führen dazu, dass sich die Verdunstung in urbanen Energiebilanzmodellen als der Term darstellt, der mit den vorliegenden Berechnungsansätzen derzeit mit der größten Ungenauigkeit bestimmt wird (Grimmond et al., 2011).

Trotz der Heterogenität von Städten ist die Aufteilung des beschriebenen Netto-Energieumsatzes in die Wärmeflüsse Q_H, Q_E sowie ΔQ_s beim Vergleich unterschiedlicher urbaner Standorte jedoch in der Regel relativ ähnlich ausgeprägt (Abb. 3.9). Während an Umlandstandorten der latente Wärmefluss die dominierende Komponente der Energieaufteilung darstellt, gilt für die städtische Energiepartitionierung $Q_H/Q^* > \Delta Q_S/Q^* > Q_E/Q^*$ (Abb. 3.9). Durch die Dominanz des Umsatzes in sensible Wärme ist das urbane Bowen-Verhältnis in der Regel deutlich > 1. Als β-Jahresmittel für die Tagstunden wird eine relativ weite Spanne von

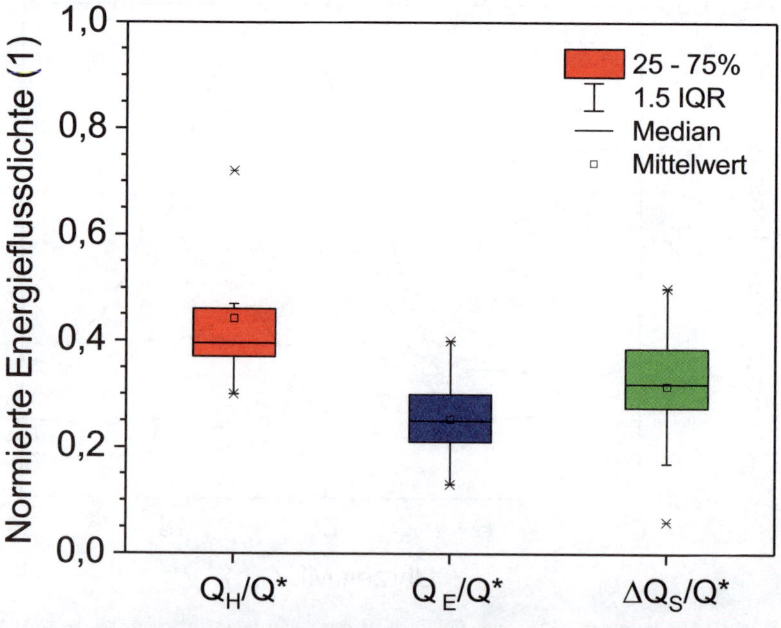

Abb. 3.9: Zusammenstellung normierter Energieflussdichten aus 23 urbanen Energiebilanzuntersuchungen.

Werten im Bereich von 1,4 < β < 6,4 für Städte wie Oberhausen oder London in den gemäßigten Breiten berichtet (Goldbach u. Kuttler, 2013; Kotthaus u. Grimmond, 2014). Bei der Betrachtung kürzerer Zeiträume können entsprechend höhere β nachgewiesen werden, z. B. im Monatsmittel β = 7 in Oberhausen oder β > 10 in London.

Es ist bereits darauf hingewiesen worden, dass der Austausch zwischen Oberfläche und Atmosphäre maßgeblich durch die Ausgestaltung der Stadtoberfläche bzw. der Flächennutzung im Quellbereich der Flussmessungen gesteuert wird. Ein höherer Begrünungsgrad wirkt sich beispielsweise positiv auf die Verdunstungsleistung am jeweiligen Standort aus (Abb. 3.10). Dieser Anteil der Netto-Energie steht folglich nicht zur direkten Erwärmung der Luft mittels Q_H zur Verfügung. Das Bowen-Verhältnis lässt sich, wie auch die Wärmeflüsse Q_H und Q_E, mit dem Versiegelungs- bzw. Begrünungsgrad im Quellbereich der Flussmessung skalieren. Das Verhältnis zwischen dem urbanen β und dem Begrünungsgrad entspricht dabei einem exponentiellen Zusammenhang. Somit kann zu planerischen Zwecken aus dem statistischen Zusammenhang zwischen β und dem Begrünungsanteil abgeleitet werden, welche positiven mikroklimatischen Eigenschaften durch die Erhöhung der Begrünung erreicht werden können. Aus der Zusammenstellung der Untersuchungsergebnisse in Abbildung 3.10 kann abgelesen werden, dass das Bowen-Verhältnis mit einer Erhöhung des Begrünungsanteils von 20 % auf 30 %, um knapp 1/4 abnimmt.

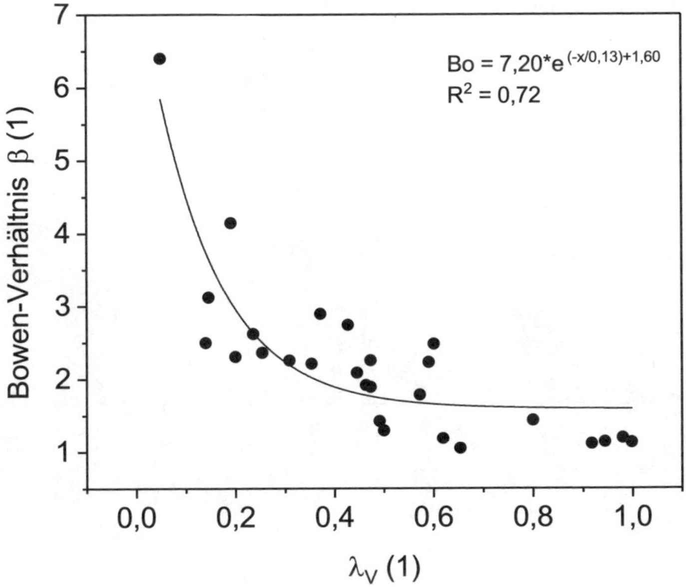

Abb. 3.10: Zusammenhang des urbanen Bowen-Verhältnisses (β) mit dem Begrünungsgrad im Quellbereich der Energiebilanzmessungen (Zusammenstellung aus 27 Studien).

3.2.3 Anthropogene Wärmeflussdichte

Die durch anthropogene Aktivität in die UCL emittierte Wärme wird als Wärmeflussdichte Q_F in der urbanen Energiebilanzgleichung abgebildet (s. Gl. 3.9). Der anthropogene Wärmefluss liefert einen zusätzlichen Energieeintrag in die bodennahe Luftschicht und trägt damit zur städtischen Überwärmung bei. Die anthropogene Wärmeflussdichte nimmt im Vergleich zu den übrigen Gliedern der urbanen Energiebilanz im Jahresmittel eher eine untergeordnete Rolle ein. Die in der Literatur angegebenen Jahresmittelwerte für Q_F erreichen Größenordnungen von einigen wenigen W m^{-2} bis hin zu knapp 60 W m^{-2}. Die anthropogene Wärmeflussdichte lässt sich wie folgt schreiben (Allen et al., 2011; Sailor, 2011)

$$Q_F = Q_M + Q_B + Q_V \quad \text{(Gl. 3.9)}$$

mit Q_M dem Wärmfluss aus dem menschlichen Metabolismus, Q_B der Wärmeemission aus dem Gebäudesektor (Heizen und Kühlen) sowie Q_V der Wärmeemission aus dem Verkehrssektor (alle in W m^{-2}).

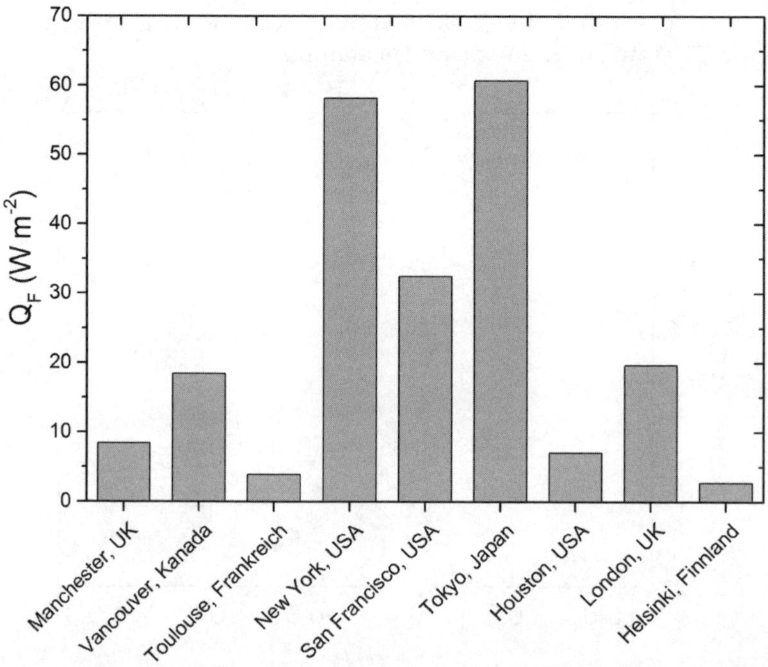

Abb. 3.11: Exemplarische Zusammenstellung der mittleren anthropogenen Wärmeflussdichte Q_F für verschiedene Städte weltweit, die auf Basis des *„large scale urban consumption of energy"*-Models (LUCY) für alle Standorte berechnet wurden (Datenquelle: Allen et al., 2011).

Neben der direkten Emission sensibler anthropogener Wärme kann die latente Wärmeemission einen signifikanten Anteil an Q_F innehaben. Laut SAILOR (2011) emittieren z. B. Kraftfahrzeuge mit Diesel- oder Benzinmotoren pro gefahrenem Kilometer rund 100 g Wasserdampf in die bodennahe Luftschicht. In bisher vorliegenden Studien wird die Emission von latenter anthropogener Wärme jedoch kaum beachtet, sodass die Erkenntnisse zur anthropogenen Wärmflussdichte in diesem Lehrbuch im Wesentlichen auf die Emissionen sensibler Wärme begrenzt sind.

Der Term Q_F ist nicht direkt aus Messungen zu quantifizieren, da bei der Erfassung der turbulenten Wärmeflüsse (bspw. mit der EKM) Q_F durch die übrigen Wärmeflüsse „überlagert" wird, d. h. das Signal nicht aus den oberhalb der UCL erhobenen Messungen der Wärmeflüsse extrahiert werden kann. Prinzipiell lassen sich drei Ansätze zur Bestimmung der anthropogenen Wärmflussdichte unterscheiden (IAMARINO et al., 2012).

Inventarmethoden

Die Inventarmethoden leiten Q_F aus Energieverbräuchen in den Sektoren Verkehr und Gebäude ab. Dazu werden raum-zeitlich aufgelöste Daten des Energieverbrauchs, z. B. aus kommunalen Statistiken oder aus Daten der Energieversorger, herangezogen. Die Methode kann sowohl „top-down" (Daten für größere räumliche Bereiche wie Städte, Quartiere oder Straßenzüge, müssen auf kleinere Einheiten heruntergebrochen werden), als auch „bottom-up" (Aggregierung für größere Bereiche aus räumlich höher aufgelösten Datensätzen, z. B. für Einzelgebäude) umgesetzt werden (ALLEN et al., 2011).

Residuale Bestimmung aus der urbanen Energiebilanzgleichung

Eine indirekte messtechnische Möglichkeit zur Bestimmung von Q_F ist vor dem Hintergrund der Annahme möglich, dass der Speicherterm ΔQ_S (vgl. Gl. 3.6) über einen bestimmten Betrachtungszeitraum (bspw. ein Jahr) stationär ist, d. h. sich kein Residuum in der Energiebilanzgleichung ausbildet. Dazu geht man davon aus, dass sich die Stadt in der Ganzjahresbetrachtung weder aufwärmen noch abkühlen kann, sondern den Wärmeüberschuss der Sommermonate während der Winterzeit wieder an die Atmosphäre abgibt. In diesem Fall lässt sich die urbane Energiebilanzgleichung nach Q_F auflösen.

$$Q_F = Q^* - (Q_H + Q_E + \Delta Q_S) \qquad \text{(Gl. 3.10)}$$

Bei der Bilanzierung der Jahresenergiesummen verbleibt an urbanen Standorten ein Energieüberschuss, der der zusätzlichen Wärmeemission durch anthropogene Aktivität zugeschrieben werden kann. Mit diesem Ansatz konnten z. B. für Basel und Toulouse Jahresmittel von $Q_F = 10\ W\ m^{-2}$ (Basel, CHRISTEN u. VOGT, 2004) bzw. $Q_F = 40\ W\ m^{-2}$ (Toulouse, PIGEON et al., 2007) berechnet werden.

Gebäudeenergiemodelle

Die beiden erstgenannten Ansätze quantifizieren die Beiträge aller drei Sektoren zu Q_F. Der Einsatz von Gebäudeenergiemodellen ist in solchen Fällen möglich, in denen die Wärmeemission aus dem Gebäudesektor explizit quantifiziert und von den anderen Quellgruppen getrennt betrachtet werden soll (SAILOR, 2011).

Während der Wintermonate, in denen die solare Einstrahlung in den mittleren Breiten niedrig ist und sich die anthropogene Wärmeemission durch Hausbrand und zusätzliche Energieaufnahme für Gebäudewärme erhöht, wird ein tendenziell größerer Q_F-Wert als während der Sommermonate beobachtet. PIGEON et al. (2007) dokumentieren für Toulouse eine Verfünffachung des sommerlichen Beitrags der anthropogenen Wärmeemission von knapp 15 W m^{-2} auf winterliche 70 W m^{-2}, während Lodz, Chicago und Philadelphia ebenfalls deutliche Anstiege von 3 W m^{-2} (Lodz) bzw. 25 W m^{-2} (Chicago, Philadelphia) auf 32, 48 und 40 W m^{-2} verzeichnen (s. Abb. 3.12; OFFERLE et al., 2005; SAILOR u. LU, 2004). In tropischen oder subtropischen Städten kann sich der beschriebene Sommer-/ Winterunterschied, aufgrund der zusätzlichen Wärmeabgabe durch Klimaanlagen zu einer verstärkten Wärmeemission während der Sommermonate verschieben.

In der Ausgestaltung des Tagesgangs der anthropogenen Wärmeflussdichte macht sich der typische Lebenszyklus des Stadtbewohners bemerkbar. Während der Aktivitätsspitzen des Berufsverkehrs in den Morgen- und Nachmittagsstunden sowie über die gesamte Zeitspanne der Tagstunden, sind die Q_F-Flussdichten gegenüber den Nachtstunden deutlich erhöht (Abb. 3.12). Der Unterschied in der anthropogenen Wärmeemission zwischen Tag und Nacht liegt in den in Abbildung 3.12 exemplarisch aufgezeigten Beispielen bei einem Verhältnis von > 2. Während der Tagstunden wird demzufolge mehr als doppelt so viel Energie über Q_F an die urbane Atmosphäre abgegeben, als während der Nacht. Die Bedürfnisse an individueller Mobilität sowie Wohnkomfort (z. B. Energieaufnahme für Gebäudewärme oder -klimatisierung) tragen somit nachweislich zur Wärmeabgabe an die städtische Luftmasse bei.

Bei der Betrachtung kurzer Zeiträume (bspw. Stundenwerte) sowie kleineren räumlichen Einheiten innerhalb einer Stadt können mitunter Spitzenwerte von Q_F auftreten. Auf Basis eines Inventars mit einer horizontalen räumlichen Auflösung von 25 m errechneten ICHINOSE et al. (1999) für einen Wintertag in Tokio einen Q_F-Stundenwert von 1590 W m^{-2}. Der Wert wurde zu knapp 2/3 durch die Warmwasserversorgung und zu einem weiteren Drittel durch die Gebäudewärme eines Hotels im Bereich der untersuchten Rasterzelle beeinflusst. Das Ergebnis stellt sicherlich einen Extremwert des anthropogenen Wärmeflusses dar, der mit Rücksicht auf die stündliche Auflösung sowie die hohe räumliche Auflösung interpretiert werden muss. Der Ansatz der Autoren zeigt jedoch, dass Q_F innerhalb von Städten einer signifikanten räumlichen Variabilität unterlegen sein kann.

Bei der Analyse des Beitrags der Sektoren menschlicher Metabolismus, Verkehr und Gebäudesektor zum urbanen Q_F-Fluss kann der Beitrag durch Q_M, selbst in

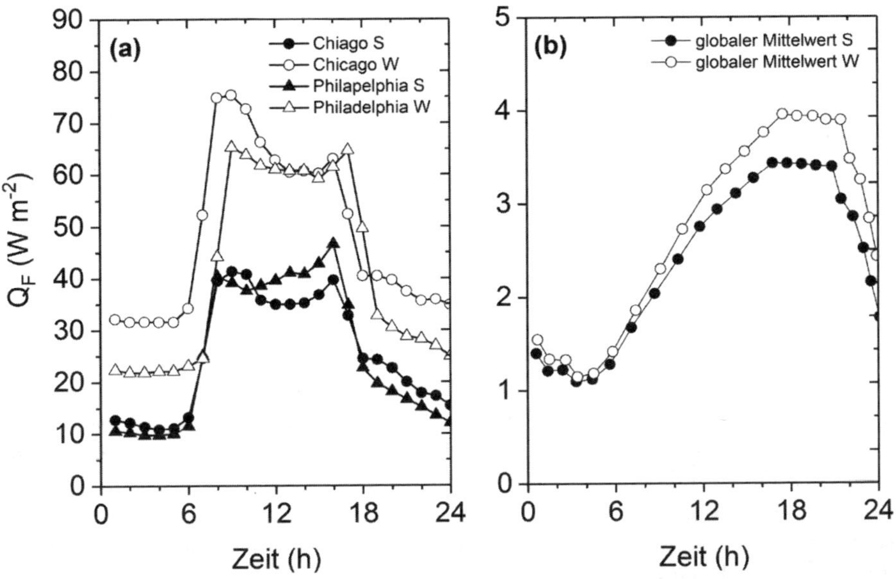

Abb. 3.12: (a) Exemplarische mittlere Tagesgänge der anthropogenen Wärmeflussdichte Q_F für eine Sommer- (S) sowie eine Wintersituation (W) in Chicago und Philadelphia, USA (Daten nach SAILOR u. LU, 2004). (b) Globaler Mittelwert des Tagesganges von Q_F für Städte auf Basis des anthropogenen Wärmeflussmodells LUCY (ALLEN et al., 2011).

Bereichen mit hohen Bevölkerungsdichten, in der Regel als vernachlässigbar angesehen werden (SAILOR, 2011). Für das Stadtgebiet Berlins mit einer Bevölkerungsdichte von 4.000 Personen km^{-2} sei das beispielhaft dargelegt: Bei einer angenommenen metabolischen Rate von 150 W $Mensch^{-1}$ ergibt sich ein Beitrag für Q_M von 4000 Personen km^{-2} = 0,004 Personen m^{-2} • 150 W $Person^{-1}$ = 0,3 W m^{-2}. Selbst für den dichter bevölkerten Innenstadtbereich Berlins (11.500 Personen km_{-2}) ergibt sich ein Q_F von nur 1,7 W m^{-2}.

Die Flüsse aus den Sektoren Verkehr und Gebäude, Q_V und Q_B, tragen je nach Untersuchungsstandort hingegen substantiell zum anthropogenen Wärmefluss bei. Im Rahmen einer Modellberechnung des urbanen Q_F auf globaler Skala (bei einer räumlichen Auflösung von rund 250 x 250 km) wurden Q_F-Tagesmaxima von 3,6 W m^{-2} errechnet. Die Wärmeemission aus Gebäuden (Q_B) trug dazu mit einem Anteil von knapp 90 % überproportional bei. Die Aussage wird in der Größenordnung von Untersuchungsergebnissen aus London gestützt (IAMARINO et al., 2012), wobei andere Studien auf größere Anteile von Wärmeemissionen aus dem Verkehrssektor hinweisen. Für Manchester, UK, ergab sich die Aufteilung der anthropogenen Wärmeflussdichte in 60 % für Q_B, 32 % für Q_V sowie 8 % für Q_M (SMITH et al., 2009).

3.3 Urbane Wasserbilanz

Wie im vorangegangenen Kapitel bereits deutlich geworden ist, spielt Wasser bzw. die Verfügbarkeit von Wasser eine wichtige Rolle in der urbanen Energiebilanz. Über den energieintensiven Prozess der Verdunstung von Wasser können große Mengen Energie in Form latenter Wärme vorgehalten werden, die folglich nicht zur direkten Erwärmung der Luft zur Verfügung stehen (vgl. Kap. 3.2).

Die Wasserbilanz der Stadt ergibt sich als:

$$P + I + F = E + R + \Delta S \qquad \text{(Gl. 3.11)}$$

mit P dem Niederschlag, I der Wasserzufuhr (z. B. durch Flüsse und Bäche), F der anthropogenen Emission von Wasserdampf aus Verbrennungsprozessen oder der Zufuhr durch Bewässerung, E der Evapotranspiration, R dem Oberflächenabfluss sowie ΔS der Infiltration und Speicheränderung von Wasser im Boden. Die einzelnen Größen der urbanen Wasserbilanz werden üblicherweise in mm pro Zeiteinheit (z. B. mm h^{-1}) quantifiziert. Die Bilanzgleichung betrachtet die Wasserflüsse im Außenraum, d. h. die Wasserversorgung von Gebäuden wird in diesem Fall nicht betrachtet.

Die urbane Wasserbilanz ist über die Evapotranspiration direkt an die urbane Energiebilanz gekoppelt, da

$$Q_E = L_v\, E \qquad \text{(Gl. 3.12)}$$

mit L_v der Verdunstungswärme in J kg^{-1} und E der Evapotranspiration in kg m^{-2} s^{-1}.

Aufgrund der großen spezifischen Verdunstungswärme von Wasser (2,45 MJ kg^{-1} bei 20 °C) würde nach Gl. 3.12 die Verdunstung von 1 mm Wasser h^{-1} (bzw. 1 mm Tag^{-1}) einer latenten Wärmeflussdichte von Q_E = 680 W m^{-2} (bzw. Q_E = 28 W m^{-2}) entsprechen. Der Beitrag von verdunstungsaktiven urbanen Oberflächen hat bei der Partitionierung der turbulenten Wärmeflüsse demzufolge einen sehr entscheidenden Anteil.

Die Eintragsseite der urbanen Wasserbilanz wird wesentlich durch den Niederschlag gesteuert. Der Frage nach der Genese sowie der Intensität einer urbanen Niederschlagsmodifikation geht die Forschung mittlerweile seit einigen Jahrzehnten nach (Han et al., 2014). Obwohl sich das Bild der urbanen Niederschlagsbeeinflussung als recht komplex darstellt, zeigen sich die wesentlichen Effekte nicht in kleinräumigen Niederschlagsveränderungen innerhalb eines Stadtgebietes, sondern in Niederschlagsunterschieden zwischen Stadtgebieten und ihrem Umland (McLeod et al., 2017). Bereits in den 1970er Jahren konnten durch das Stadtgebiet beeinflusste Zunahmen der Niederschlagssummen um bis zu 25 – 30 % im Leebereich nordamerikanischer Städte nachgewiesen werden, die im Fall der Stadt Houston Maxima von bis zu 44 % Zunahme der jährlichen Niederschlagssumme erreichten (Shepherd u. Burian, 2003; Abb. 3.13). Weitere Beobachtun-

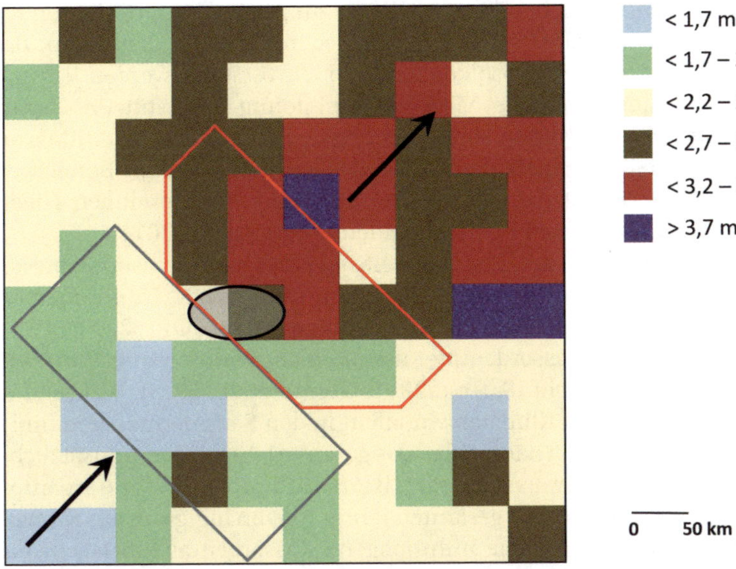

Abb. 3.13: Satellitengestützte Darstellung der räumlichen Verteilung der stündlichen Niederschlagsummen im Umfeld der Stadt Houston, Texas (schwarze Ellipse), für eine Referenzwindrichtung aus SW (schwarzer Pfeil). Der Kontrollbereich in Luv des Stadtgebietes wird durch das graue Rechteck dargestellt, der Bereich in Lee der Stadt durch das rote Polygon (Datenquelle: Shepherd u. Burian, 2003).

gen städtischer Niederschlagsveränderungen liegen aus anderen Untersuchungsregionen (z. B. Asien oder Europa) vor (Shepherd, 2005; Han et al., 2014). Eine rund 7 %-ige Erhöhung der Niederschlagssummen auf der Leeseite der Stadt konnte ebenfalls für kleinere, urbanisierte Bereiche an der niederländischen Westküste gezeigt werden (Daniels et al., 2015). Die räumlichen Maxima der Niederschlagserhöhung liegen rund 50 bis 75 km in Lee des Stadtgebietes. Allerdings ist das Bild der leeseitigen Niederschlagserhöhung nicht prinzipiell zu verallgemeinern, da eine Reihe von Studien keine städtischen Effekte bzw. Verminderung der Niederschlagsmenge auf der Leeseite einer Stadt nachweisen konnten.

Als wesentliche Gründe für die urbane Niederschlagsmodifikation werden v. a. drei Gründe genannt (Shepherd, 2005; Han et al., 2014):

- die städtische Überwärmung bzw. die urbane Wärmeinsel (vgl. Kap. 4),
- die erhöhte Konzentration von Aerosolen in Stadtgebieten,
- die erhöhte urbane Oberflächenrauigkeit.

In einem jüngeren Übersichtartikel heben Han et al. (2014) vor allem die beiden erstgenannten Punkte zur Begründung des städtischen Niederschlagseffekts hervor. Die urbane Überwärmung induziert konvergente Luftströmungen im Bereich der Stadt, die konvektive Aufwärtsbewegungen innerhalb der UBL auslösen. Dieser Prozess kann durch die erhöhte Oberflächenrauigkeit unterstützt werden.

Wenn die Luftmassen ausreichend feuchte Bedingungen aufweisen, können Niederschlagsereignisse ausgelöst werden. Verschiedene Studien deuten an, dass dieser Effekt durch erhöhte Aerosolkonzentrationen verstärkt werden kann, da diese als Kondensationskerne die Niederschlagsbildung unterstützen. Zusammenfassend zeigen die bisherigen Untersuchungsergebnisse eine Beeinflussung der räumlichen Verteilung sowie der Menge des Niederschlags im Bereich von Städten. Obwohl der Effekt häufig zu einer Erhöhung der leeseitigen Niederschlagsmenge führt, ist dieses Bild nicht eindeutig (Han et al., 2014).

Ein weiterer Beitrag auf der Eingangsseite der urbanen Wasserbilanz (vgl. Gl. 3.11) wird durch die anthropogene Bewässerung öffentlicher Grünflächen und Gärten eingetragen (Grimmond u. Oke, 1999a; Grimmond u. Oke, 2002; Middel et al., 2012) sowie durch Wasserdampfemissionen aus Verbrennungsprozessen (Industrie, Verkehr) verursacht (Sailor, 2011; Gorski et al., 2015). Während die Bewässerung in gemäßigten Klimaten vor allem in den Sommermonaten und in semi-ariden/ ariden Bereichen häufig über das gesamte Jahr zu einem zusätzlichen Beitrag von Wasser in das System beiträgt, ist die anthropogene Wasserdampfemission in der Regel während des gesamten Jahres (unabhängig von der Klimazone) von Bedeutung. Der zusätzliche anthropogene Wasserbeitrag führt dazu, dass die latente Wärmeflussdichte an begrünten Standorten einen nicht unerheblichen Anteil an der Energiepartitionierung von $Q_E/Q^* > 0{,}35$ bzw. $Q_E/Q^* \approx 0{,}5$ bei intensiver Bewässerung annehmen kann (Grimmond u. Oke, 1999a; vgl. Abb. 3.10). Der Beitrag anthropogener Wasserdampfemissionen aus Verbrennungsprozessen konnte durch Messungen des Isotopenverhältnisses von Wasserstoff zu Sauerstoff im Rahmen einer Untersuchung in Salt Lake City aufgezeigt werden (Gorski et al., 2015). Gemessen am Gesamtwasserdampfgehalt der städtischen Grenzschicht machte der anthropogene Beitrag einen Anteil von 13 % aus.

Die Wasserverfügbarkeit auf der Ausgangsseite der Wasserbilanz wird in Städten signifikant durch die Art und Intensität der Oberflächenmodifikation beeinflusst. Die Umwandlung von unversiegelter, verdunstungsaktiver Oberfläche in überwiegend versiegelte Oberflächenmaterialien, führt zu einer deutlichen Abnahme der Infiltrationsrate des Wassers in den Boden und vergrößert damit auf der anderen Seite den Oberflächenabfluss (Abb. 3.14). Die Abflussrate R steht dabei in direkter Abhängigkeit zum Grad der Versiegelung, d. h. je höher der Grad der Oberflächenversiegelung, desto stärker der Oberflächenabfluss. Im Anschluss an Niederschlagsereignisse ist der Abfluss nur vorübergehend zur Verdunstung verfügbar, da er relativ schnell über die Kanalisation abgeleitet wird.

Das Verhältnis aus Oberflächenabfluss und Niederschlag kann über den Abflussbeiwert quantifiziert werden.

$$\psi = P/R \qquad \text{(Gl. 3.13)}$$

mit ψ dem Abflussbeiwert (1), P der Niederschlagssumme (in mm) und R dem Oberflächenabfluss (in mm).

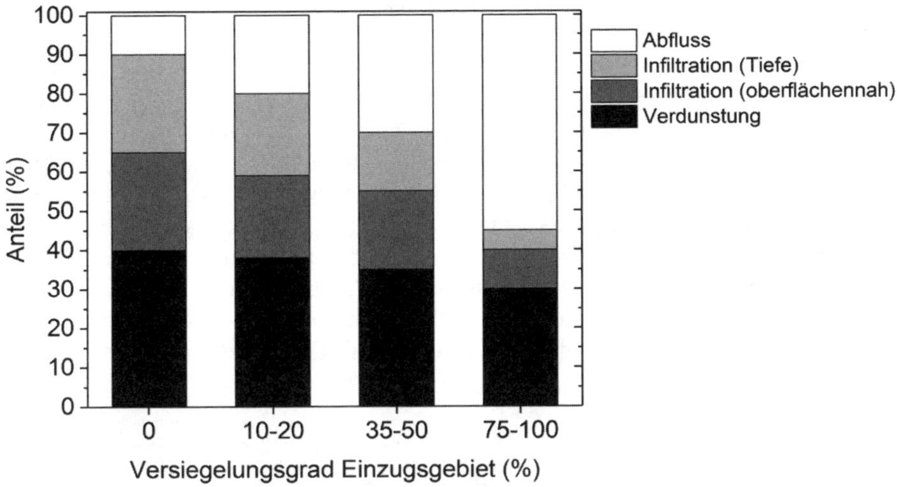

Abb. 3.14: Veränderung der Komponenten der urbanen Wasserbilanz in städtischen Einzugsgebieten mit zunehmendem Versiegelungsgrad (Daten nach Paul u. Meyer, 2001; 2008).

Der Abflussbeiwert ist von der Materialporosität, der Vegetationsdichte, dem Bodenwassergehalt sowie der Intensität und Dauer des Niederschlagsereignisses abhängig. Besonders geringe Abflussbeiwerte weisen Asphalt- und Betonflächen sowie geneigte Dächer auf, von denen das Wasser schnell abgeführt wird (Tab. 3.4). Unversiegelte und vegetationsbestandene Flächen sind demgegenüber in der Regel von deutlich geringeren Abflussbeiwerten gekennzeichnet. Aus diesem Grund lässt sich ein direkter Zusammenhang zwischen dem flächenhaften Begrünungsgrad innerhalb eines Untersuchungsgebietes und dem Anteil des Umsatzes der Strahlungsenergie in den latenten Wärmefluss herstellen (vgl. Abb. 3.10). Neben einer ebenerdigen Begrünung lässt sich der positive Effekt der Verdunstungskühlung über horizontale oder vertikale Begrünungsstrategien (u. a. Dach- und Fassadenbegrünung) erhöhen. Die Verdunstungsrate des städtischen Grüns ist bei gegebenen atmosphärischen Randbedingungen, z. B. Wasserdampfsättigungsdefizit, aber jeweils stark von der Verfügbarkeit des Wassers abhängig. Beispielsweise können Gründächer ihre positiven lokalklimatischen Eigenschaften bei unzureichender Wasserversorgung schnell verlieren. Ein extensives Gründach wird aus einem meist geringmächtigen Substrat von etwa 10 cm in Kombination mit trockenheitstoleranten Pflanzenarten (Sedum, Kräuter) aufgebaut. Eine intensive Dachbegrünung verfügt dahingegen über deutlich größere Substratmächtigkeiten und kann mit höherwachsender Vegetation (u. a. Sträucher, kleinere Bäume) bestanden sein (Oberndorfer et al., 2007; Grunwald et al., 2017). Eine mikrometeorologische Untersuchung eines extensiven Gründaches konnte zeigen, dass die mittlere Energiepartitionierung bei β von knapp < 1 liegt, bei zunehmendem Substratwassergehalt nach Niederschlagsereignissen dagegen auf $\beta = 0{,}3$ absinkt. Während Hitzeperioden kann β aufgrund erhöhter Verdunstung sowie nachfolgender Austrocknung des geringmächtigen und porösen Gründachsubstrats jedoch auf den zehnfachen Wert ($\beta = 3$) ansteigen (Heusinger u. Weber, 2017). Das Gründach unterscheidet sich in seinem thermischen Verhalten dann nicht mehr von einer versiegelten urbanen Oberfläche. In der Diskussion über die Erhöhung des urbanen Grünanteils als lokale Mitigationsmaßnahme gegen den Klimawandel, sollte deshalb stets bedacht werden, dass diese Flächen ausreichend wasserversorgt sein müssen, um die verdunstungsaktiven Eigenschaften aufrechtzuerhalten. Der sich daraus ergebende Zielkonflikt eines erhöhten Wasserverbrauchs zur Aufrechterhaltung der Verdunstungsleistung sollte über nachhaltige Bewässerungsstrategien gelöst werden (Heusinger et al., 2018, s. dazu auch Kap. 7.2.2).

Tab. 3.4: Abflussbeiwerte für verschiedene urbane Oberflächen (Daten nach Kuttler, 2013).

Oberflächenart	Abflussbeiwert	
	Mittelwert	Spanne
Dächer mit Neigung > 15°	0,9	(0,8 – 1)
Asphalt- und Betonflächen	0,85	(0,75 – 0,9)
Fugendichtes Pflaster	0,8	(0,75 – 0,85)
Flachdächer	0,6	(0,5 – 0,8)
Kiesdächer	0,5	(0,5)
Spiel- und Sportplätze	0,25	0,25
Gehwegplatten	0,16	(0,16)
Unbefestigte Fläche	0,1	(0 – 0,2)
Rasengittersteine	0,05	(0,05)
Vorgärten	0,05	(0 – 0,15)
Schrebergärten	0,05	(0 – 0,1)

Aufgrund der höheren Versiegelung sowie der geringeren verdunstungsaktiven Flächennutzungsanteile weist die städtische Atmosphäre v. a. während der Tagstunden eine verminderte Evapotranspirationsrate auf. Das führt prinzipiell zu geringeren Luftfeuchtigkeitsgehalten im Vergleich zur bodennahen Luftschicht des Umlands. Während der Nacht kann aber infolge der höheren urbanen Oberflächen- und Lufttemperaturen sowie aufgrund des positiven Q_H eine zeitliche Verzögerung des Tauabsatzes vorliegen (vgl. Abb. 3.7). Als Resultat können daher höhere Werte der urbanen Luftfeuchtigkeit resultieren, d. h. für die absolute Luftfeuchtigkeitsdifferenz zwischen Stadt und Umland gilt, ausgedrückt als Dampfdruckdifferenz, $\Delta e_{u\text{-}r} > 0$. Dieses Phänomen wird als *urban moisture excess* (UME) beschrieben (Ackerman, 1987; Holmer u. Eliasson; 1999, Kuttler et al, 2007;

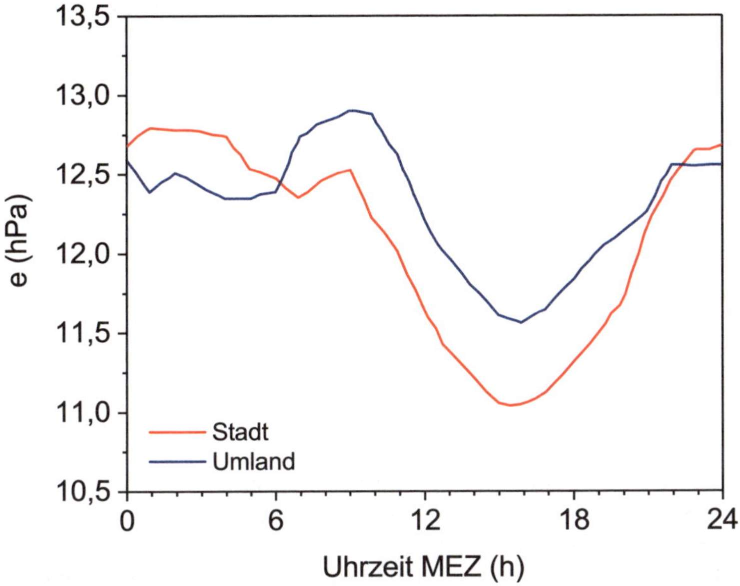

Abb. 3.15: Mittlerer Tagesgang des Dampfdrucks (e) ausgewählter Standorte während 74 austauscharmer sommerlicher Strahlungstage für das Stadtgebiet von Essen im Zeitraum von Juni 2012 bis Mai 2013 (verändert nach KUTTLER et al., 2015).

WANG et al. 2015). Die Differenz in der Luftfeuchtigkeit zwischen Stadt und Umland kann sich auf bis zu $\Delta e_{u\text{-}r} = 1$ hPa belaufen (Abb. 3.15).

Die Ursache für diese temporäre Feuchtigkeitsumkehr während der Nachstunden, die v. a. in der zweiten Nachthälfte auftritt, liegt vermutlich in der rascheren Abkühlung der bodennahen Luftschicht des Umlands begründet. Die Taupunkttemperatur wird am Abend schneller erreicht als im Stadtgebiet. Ebenso lässt sich infolge des UHI-Effekts eine Verlängerung der Verdunstungsperiode im Siedlungsraum nachweisen, die durch höhere Oberflächentemperaturen bzw. die Wärmeemission der Baumasse, im Vergleich zum bereits abgekühlten Umland, unterstützt wird. Die zusätzliche anthropogene Wasserdampfemission aus Industrie, Kühltürmen und dem Kfz-Verkehr ist in diesem Zusammenhang auf der regionalen bzw. urbanen Skala eher unbedeutend, lokal jedoch nicht zu vernachlässigen.

3.4 Urbane Treibhausgasemissionen

In Kapitel 1.4 ist bereits darauf hingewiesen worden, dass Städte signifikante Quellen für Treibhausgase, wie CO_2, N_2O und CH_4 sind. Die Frage, in welcher Größenordnung die anthropogene Aktivität zur Emission von Treibhausgasen in verschiedenen Nutzungssektoren (z. B. Verkehrs- oder Gebäudesektor) beiträgt, kann über die Quantifizierung des Austauschflusses zwischen der Stadtoberfläche und der Atmosphäre erfolgen. Die Intensität des Treibhausgasaustausches lässt sich mittels mikrometeorologischer Messungen mittlerweile sehr genau bestimmen und mit Inventarmethoden, d. h. Berechnungsmethoden in denen bspw. Energieverbräuche zur Bestimmung des urbanen CO_2-Ausstoßes angesetzt werden, vergleichen (Nordbo et al., 2012; Crawford u. Christen, 2015; Björkegren u. Grimmond, 2017). Während für CO_2 mittlerweile eine ganze Reihe von mikrometeorologischen Studien in verschiedenen Städten weltweit durchgeführt wurden, liegen für die Treibhausgase N_2O und CH_4 bisher erst wenige Messdaten vor (Famulari et al., 2010; Gioli et al., 2012; Helfter et al., 2016). Das Bild der Dynamik dieser, aufgrund ihres Treibhauspotentials sehr relevanten Spurengase, ist daher momentan noch unsicher. Aus diesem Grund werden sich die folgenden Ausführungen zum städtischen Treibhausgasausstoß ausschließlich auf Erkenntnisse zu CO_2-Flüssen beschränken. Es ist jedoch davon auszugehen, dass in den kommenden Jahren weitere Studien zum städtischen Oberfläche-Atmosphäre-Austausch von N_2O und CH_4 vorgelegt werden, sodass sich auch für diese Treibhausgase ein robusteres Bild ergeben wird.

Die theoretische Grundlage zur Quantifizierung des urbanen Oberfläche-Atmosphäre-Austausches ergibt sich aus der Betrachtung der Bilanz im städtischen Volumen (vgl. Abb. 3.5)

$$F_C = V_G + V_V + R_V + R_B + R_M - P_A \qquad \text{(Gl. 3.14)}$$

mit F_C dem Austauschfluss von CO_2 zwischen Stadtoberfläche und Atmosphäre, V_G den CO_2-Emissionen aus Verbrennungsprozessen in der Quellkategorie Gebäude und V_V in der Quellkategorie Verkehr, R_V, R_B und R_M der Abgabe von CO_2 durch die Atmung (Respiration) aus Vegetation, Böden und dem menschlichen Metabolismus sowie P_A der Aufnahme durch photosynthetische Aktivität der Vegetation.

Die Bestimmung des CO_2-Austauschflusses erfolgt analog zur in Kapitel 3.2 beschriebenen Vorgehensweise mittels mikrometeorologischer Messungen mit der EKM. Am Messsensor werden die in Richtung der Stadtoberfläche bzw. in Richtung Atmosphäre turbulent transportierten CO_2-Moleküle erfasst und durch Betrachtung der gemeinsamen oder gegensätzlichen Variation (Kovarianz) mit dem turbulenten vertikalen Windvektor als Austauschfluss quantifiziert. Üblicherweise wird der CO_2-Fluss in der Einheit molare Masse pro Fläche und Zeit (µmol $m^{-2}\,s^{-1}$) angegeben (Feigenwinter et al., 2012). Die gängige Vorzeichenkonvention bezeichnet einen negativen Fluss als einen netto gegen die Erdoberfläche gerichteten Transport, während ein positives Vorzeichen einen in die Atmosphäre gerichteten Transport definiert. Analog zur Vorgehensweise bei der Messung von Energieflüssen (vgl. Kap. 3.2) wird über den Footprintbereich des turbulenten Flusses integriert, d. h. die im Quellbereich auftretende Landoberflächennutzung und darin vorkommenden CO_2-Quellen und -Senken beeinflussen die Intensität und das Vorzeichen des CO_2-Austauschs. Mit der EKM ist es jedoch nicht möglich, direkt auf die Herkunft des CO_2, z. B. aus anthropogenen Verbrennungsprozessen oder aus biologischen Prozessen (Respiration aus Böden oder menschlicher Metabolismus), zu schließen. Hierzu wären weitere Informationen, wie die Isotopensignatur der CO_2-Moleküle, notwendig. Dieses Messverfahren ist jedoch sehr aufwendig und kommt im Rahmen von Flussmessungen erst sehr vereinzelt zum Einsatz (Christen et al., 2017).

Zur Verdeutlichung der wesentlichen Eigenschaften des urbanen CO_2-Austauschs sind in Abbildung 3.16 mittlere Tagesgänge des CO_2-Flusses an unterschiedlichen Stadtstandorten zusammengestellt. Mit Ausnahme eines Standortes, kann in allen Städten ein positiver, d. h. ein in die Atmosphäre gerichteter, Transport von CO_2 festgestellt werden. Dieser Standort, an dem während der Tagstunden Flüsse mit negativem Vorzeichen gemessen werden, ist durch einen hohen Begrünungsgrad gekennzeichnet. In Baltimore kann zeitweilig CO_2 durch Photosynthese aus der Atmosphäre aufgenommen werden. Prinzipiell muss die Stadt jedoch als Emissionsquelle für CO_2 gekennzeichnet werden, da die CO_2-Emission

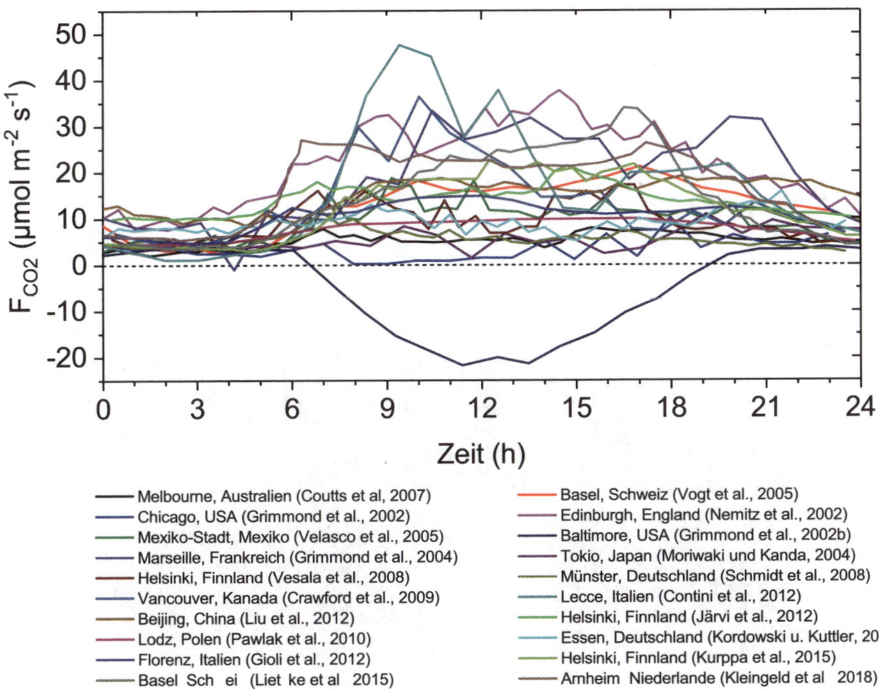

Abb. 3.16: Mittlere Tagesgänge des turbulenten CO_2-Flusses an unterschiedlichen Stadtstandorten. Mit Ausnahme der Messungen in Edinburgh (Winter) und Lecce (Frühjahr) handelt es sich um Messungen aus dem Sommerhalbjahr.

die Aufnahme mittels Photosynthese in der Bilanz in der Regel deutlich überwiegt. Die Bilanz, z. B. eine Jahresbilanz, kann über eine kumulative Berechnung der Flüsse bestimmt werden. Darauf wird im weiteren Verlauf des Kapitels noch näher eingegangenen.

In der Zusammenstellung der urbanen CO_2-Flüsse ist weiterhin die hohe Variabilität zwischen den einzelnen Standorten auffällig. Während in Chicago zur Mittagszeit mit einer Flussrate von rund 1 µmol m^{-2} s^{-1} nur eine geringfügige Netto-Emission von CO_2 in die Atmosphäre auftritt, wird in Marseille ein Wert von knapp 32 µmol $m^{-2} s^{-1}$ erreicht. Die Differenzen werden durch die unterschiedliche Ausgestaltung des Quellbereichs bestimmt, sodass der Einfluss der Photosynthese an stark durchgrünten Standorten (z. B. Baltimore) das Signal deutlich beeinflussen kann. Die hohe Variabilität macht aber ebenfalls deutlich, dass die EKM in der Lage ist, die standortbedingten Unterschiede äußert sensitiv herauszuarbeiten. Eine weitere Eigenschaft des urbanen CO_2-Austausches, die durch Abbil-

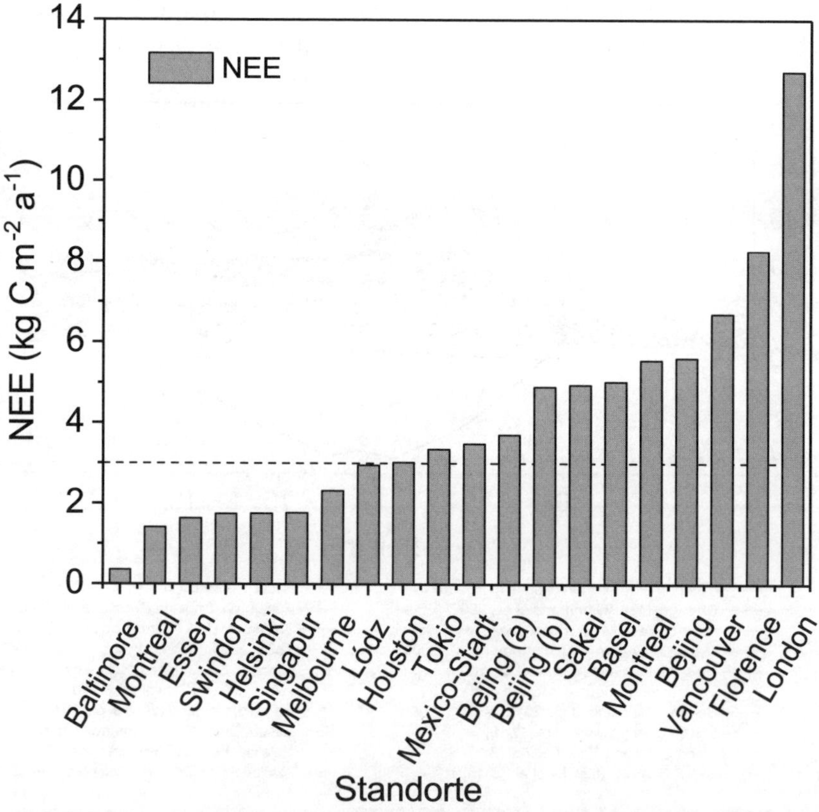

Abb. 3.17: Urbaner NEE aus mikrometeorologischen Studien in verschiedenen Untersuchungsstädten (Daten nach WARD et al., 2015).

dung 3.16 belegt wird, findet sich in der zeitlichen Dynamik der CO_2-Flüsse im Tagesgang. Obwohl urbane Konzentrationsmessungen von CO_2 häufig Konzentrationspeaks in den frühen Morgen- und Abendstunden zeigen, die mit der Zunahme der Verkehrsintensität während der Rushhour zusammenhängt, ist der turbulente Transport v. a. während der Mittagsstunden maximal ausgeprägt. Hieran zeigt sich, dass der Ausstauch stark durch den turbulenten Transport innerhalb der atmosphärischen Grenzschicht beeinflusst wird (Vogt et al., 2006).

Die Bilanzgleichung des urbanen CO_2-Austauschs (Gl. 3.14) erlaubt die Berechnung eines kumulativen Wertes für definierte Untersuchungszeiträume (z. B. für ein Kalenderjahr). Diese Maßzahl wird als sog. Nettoökosystemaustausch (engl. *net ecosystem exchange*, NEE) bzw. bei städtischen Fragestellungen als urbaner NEE bezeichnet. Der NEE kennzeichnet den Standort bei einem negativen Vorzeichen als Senke für CO_2 (Aufnahme durch die Oberfläche), bei einem positiven Vorzeichen als Quelle für CO_2 (Emission). Der NEE wird in der Einheit Masse CO_2 pro Fläche und Zeit quantifiziert, üblicherweise in kg CO_2 m^{-2} a^{-1}. Mithilfe der Summenformel kann mit einem Konversionsfaktor von 3,67 von der Masse CO_2 in die in der Literatur häufig verwendete Masse Kohlenstoff C umgerechnet werden. Die Ergebnisse von insgesamt 16 städtischen Untersuchungsstandorten zeigen eindeutig, dass Städte in der Netto-Bilanzbetrachtung CO_2 an die Atmosphäre abgeben, d. h. Emissionsquellen für CO_2 darstellen. Im Mittel dieser Untersuchungsstädte werden rund 3,2 (± 1,5) kg C m^{-2} a^{-1} an die Atmosphäre abgegeben (Abb. 3.17). Die Größenordnung des aus Stadtgebieten emittierten Kohlenstoffs schwankt aber zum Teil erheblich, wie durch die relative Standardabweichung von 49 % verdeutlicht wird. Für London fällt beispielsweise die 35-fache Menge des in Baltimore jährlich emittierten CO_2 an.

Im Rahmen städtischer Bemühungen zur Minderung des Klimawandels sind verschiedene Mitigationsstrategien zur Senkung der CO_2-Emissionen denkbar. Ein Weg wäre es, an den CO_2-Emissionsquellen anzusetzen und beispielsweise den CO_2-Ausstoß im Bereich Verkehr und Mobilität durch emissionsarme Motoren oder E-Mobilität zu senken oder die energetische Sanierung von Wohngebäuden voranzutreiben. Eine andere Möglichkeit besteht darin, die Senkenfunktion entsprechender Oberflächentypen innerhalb der Stadt zu erhöhen, indem photosynthetisch aktive Flächennutzungen ausgeweitet werden. Hierzu zählen unterschiedliche Typen der sog. grünen Infrastruktur (z. B. Parks, Dach- und Fassadenbegrünung; Heusinger u. Weber, 2017).

Stellt man den Begrünungsgrad im Quellbereich der in Abbildung 3.18 dargestellten Standorte den jeweiligen CO_2-Bilanzen gegenüber, ergibt sich ein invers exponentieller Zusammenhang. Die Erhöhung des Anteils der grünen Infrastruktur wirkt demnach positiv auf die CO_2-Aufnahmekapazität der urbanen Oberfläche. Nordbo et al. (2013) benutzen den Begrünungsgrad eines Stadtgebietes als Skalierungsparameter, um mithilfe von Satellitendaten des städtischen Grünanteils den urbanen NEE auf größere Regionen zu extrapolieren. Es zeigt sich, dass

Städte bei einem Begrünungsrad von 80 % theoretisch die Schwelle zur Kohlenstoffneutralität (NEE = 0 kg C m^{-2} a^{-1}) überschreiten würden.

Zwar erscheint der Wert für den Begrünungsgrad unrealistisch hoch, dennoch gibt die Studie einen Anhaltspunkt für den potentiellen Beitrag der urbanen Begrünung bzw. verschiedenen Begrünungsstrategien zur urbanen CO_2-Verminderung. Auf einem Berliner Gründach wurde mittels EKM beispielsweise ein NEE von -85 g C m^{-2} a^{-1} gemessen (Abb. 3.19). Der Wert ist zwar kleiner als bei anderen vegetationsbestandenen Flächen, z. B. Graslandstandorte (-150 g C m^{-2} a^{-1} in Gilmanov et al., 2007) oder Wälder (z. B. 420 g C m^{-2} a^{-1} in Ward et al, 2015), dafür stehen Gründächer nicht in Flächenkonkurrenz zu anderen ebenerdigen Stadtflächen und können als zusätzliche Begrünungsstrategie auf ohnehin vorhande-

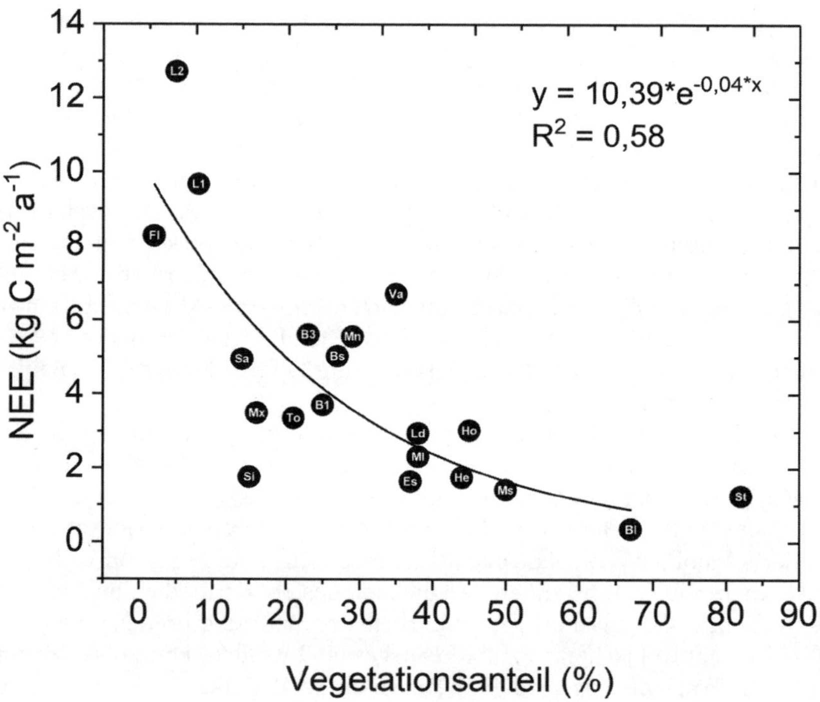

Abb. 3.18: Zusammenhang von urbanem NEE und Vegetationsdichte im Quellbereich mikrometeorologischer CO_2-Austauschmessungen aus verschiedenen Städten. Die jeweiligen Städte sind durch Abkürzungen in den schwarzen Kreisen gekennzeichnet (Daten aus: Baltimore (Bl, Crawford u. Christen, 2015), Basel (Bs, Schmutz et al., 2016), Bejing (B3, Song et al., 2012; B2, Liu et al, 2012; B1, Dou et al., 2015), Essen (Es, Kordowski u. Kuttler, 2010), Florence (Fl, Gioli et al., 2012), Helsinki (He, Järvi et al, 2012), Houston (Ho, Park u. Schade, 2016), Lódz (Ld, Pawlak et al., 2010), London (L2, Ward et al., 2015; L1, Helfter et al., 2016), Melbourne (Ml, Coutts et al., 2007), Mexiko-Stadt (Mx, Velasco et al., 2005), Montreal (Mn, Bergeron u. Strachan, 2011), Minneapolis-Saint Paul (St, Menzer et al., 2015), Sakai (Sa, Ueyama u. Ando, 2016), Singapur (Si, Velasco et al., 2013), Swindon (Sw, Ward et al., 2015), Tokio (To, Moriwaki u. Kanda, 2004), Vancouver (Va, Christen et al., 2011)).

nen Flachdächern installiert werden. In Städten besteht damit ein Potential zur Vergrößerung der Senkenfunktion durch Begrünung sowie zur Erhöhung der Flächen für Ökosystemleistungen (GRUNWALD et al., 2017). Zudem finden von vegetationsbestandenen Oberflächentypen in der Regel keine zusätzlichen anthropogenen Beiträge, z. B. durch Verkehrsemissionen, statt. Zur Gesamtökobilanzierung der Begrünungsstrategien hinsichtlich des C-Haushalts müssten jedoch ebenfalls Emissionen durch Anlage und Pflegemaßnahmen der Flächen in Betracht gezogen werden (z. B. STROHBACH et al., 2012).

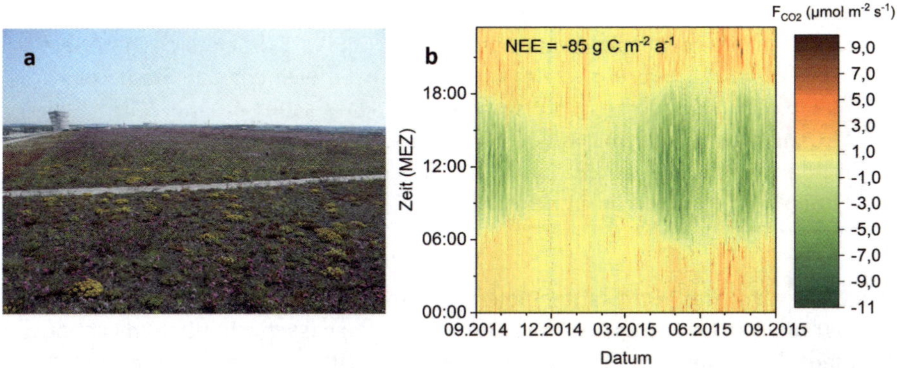

Abb. 3.19: Turbulenter CO_2-Fluss (FCO_2) über einem Gründach am Flughafen Berlin-Brandenburg. (a) Standort der EK-Messungen auf dem rund 8600 m² großen Gründach. (b) Isoplethendarstellung des CO_2-Flusses im Jahresgang (Daten nach HEUSINGER u. WEBER, 2017).

4 Urbane Überwärmung – die städtische Wärmeinsel

Das Kapitel im Überblick:

- Die urbane Wärmeinsel lässt sich in vier unterschiedliche Typen unterscheiden. Diese vier Typen zeigen sowohl ein differierendes zeitliches (Tag- und Jahreszeit) als auch räumliches Erscheinungsbild.
- Die Wärmeinsel der Stadthindernisschicht (UHI_{UCL}) drückt sich in höheren Lufttemperaturdifferenzen der bodennahen Luftschicht der Stadt im Vergleich zum Umland aus und ist daher die „klassische“ urbane Wärminsel.
- Urbane Wärminseln können durch verschiedene Mitigationsstrategien abgemildert werden (u. a. Erhöhung der Albedo, Zufuhr von Kaltluft aus dem Umland, Ventilation der Innenstädte).

Die Überwärmung von Stadtgebieten gilt als eines der bekanntesten Stadtklimaphänomene. Luke Howard, der Autor des ersten wissenschaftlichen Fachbuchs der Stadtklimatologie (s. Kap 1.2), hat die Beobachtung einer urbanen Überwärmung für das Stadtgebiet von London bereits im Jahr 1833 beschrieben (Howard, 1833). Die urbane Überwärmung äußert sich in einer, im Vergleich zum kühleren Umland, höheren Lufttemperatur innerhalb des Stadtgebietes (Gl. 4.1):

$$\Delta T_{u\text{-}r} = T_u - T_r \qquad \text{(Gl. 4.1)}$$

mit T_u der urbanen Lufttemperatur und T_r der ruralen Lufttemperatur (in K). Die Intensität der Überwärmung wird über die Stärke der Differenz $\Delta T_{u\text{-}r}$ beschrieben.

Der Überwärmungseffekt $\Delta T_{u\text{-}r} > 0$, der üblicherweise mit einer vom Stadtrand zum Stadtzentrum zunehmenden Intensität einhergeht (vgl. Abb. 4.1), zeigt sich in Siedlungsräumen auf der gesamten Welt. Aufgrund der inselartigen räumlichen Ausprägung wird das Phänomen als urbane Wärmeinsel (engl. *urban heat island*, UHI) bezeichnet. Die modifizierte urbane Energiebilanz, hervorgerufen u. a. durch die eingeschränkte Himmelssicht aufgrund der Bebauung sowie den anthropogenen Wärmefluss, gilt als die Hauptkomponente, die zur Entstehung der UHI beiträgt. Allerdings sind verschiedene Arten der Wärmeinsel mit typischen Eigenschaften hinsichtlich der Entstehung und des raum-zeitlichen Auftretens voneinander abzugrenzen. Auf die unterschiedlichen Typen und Entstehungsmechanismen der urbanen Wärmeinsel wird in Kapitel 4.1 eingegangen.

Die raum-zeitliche Ausprägung der UHI wird weiterhin durch geographische Lagefaktoren, die meteorologischen Rahmenbedingungen sowie durch Einflüsse der urbanen Morphologie gesteuert (Tab. 4.1). In Abhängigkeit dieser Faktoren kann die raum-zeitliche Ausprägung der UHI weltweit stark variieren (CHAPMAN et al., 2017).

Tab. 4.1: Übersicht über die Faktoren, die die Entstehung und raum-zeitliche Ausprägung der UHI beeinflussen.

Geographische Faktoren	• geographische Lage (Makroklima), Topographie und Relief (z. B. mesoklimatische Windsysteme) beeinflussen die Ausprägung der UHI • Geländeklimatische Besonderheiten (Hang- oder Tallagen, Insel- und Beckenlandschaften) können verstärkend bzw. oder mildernd auf die UHI wirken, z. B. durch gravitative Kaltluftabflüsse (u. a. ACERO et al., 2003)
Meteorologische Rahmenbedingungen	• Austauscharme, strahlungsreiche Witterung (autochthone Wetterlagen) fördert die Intensität der UHI, da sich die mikroklimatischen Eigenschaften spezifischer Oberflächen und Materialien ausprägen • Austauschreiche, bewölkte Wetterlagen (allochthone Wetterlagen) vermindern thermische Stadt-Umland-Unterschiede oder blenden diese vollständig aus
Urbane-/ Morphologische Faktoren	• Modifikation der urbanen Energiebilanz in Abhängigkeit der Art der verwendeten Baumaterialien, der Bebauungsdichte sowie der Flächennutzungsanteile (Versiegelung, Grün- und Wasserflächen) • Horizontüberhöhung führt zu verstärktem Rückhalt langwelliger Strahlung (vgl. Kap. 3.1)
Anthropogene Wärmeflussdichte (Q_F)	• Unterschiedliche raum-zeitliche Ausprägung des Beitrags anthropogener Wärmeemission in den Sektoren Verkehr, Gebäude und Metabolismus (vgl. Kap. 3.2.3) • kann in den mittleren und hohen Breiten v. a. im Winter zur Verstärkung der UHI beitragen, in südlichen Breiten im Sommer durch Gebäudekühlung

4.1 Typisierung urbaner Wärmeinseln

Aufgrund unterschiedlicher Entstehungsmechanismen sowie z. T. deutlicher Unterschiede im tages- und jahreszeitlichen Auftreten werden vier Typen urbaner Wärmeinseln unterschieden:

1. Wärmeinsel der urbanen Oberfläche, engl. *surface urban heat island* (UHI_{SFC})
2. Wärmeinsel der Stadthindernisschicht, engl. *canopy layer urban heat island* (UHI_{UCL})
3. Wärmeinsel der Stadtgrenzschicht, engl. *boundary layer urban heat island* (UHI_{UBL})
4. Wärmeinsel des Untergrundes, engl. *subsurface urban heat island* (UHI_{SUB})

4.1.1 Wärmeinsel der urbanen Oberfläche

Die Wärminsel der urbanen Oberfläche (*surface urban heat island*, UHI_{SFC}), auch Oberflächenwärmeinsel, wird durch eine positive Differenz der Oberflächentemperaturen (ΔT_0) im Vergleich zwischen Stadt und Umland definiert, d. h.

$$\Delta T_{0,u\text{-}r} = T_{0,u} - T_{0,r} \quad \text{(Gl. 4.2)}$$

mit $T_{0,u}$ der Oberflächentemperatur bzw. Oberflächenstrahlungstemperatur der urbanen Oberfläche und $T_{0,r}$ der ruralen Oberfläche (in K).

Die Erfassung der UHI_{SFC} erfolgt auf der urbanen Skala mittels Messung der Oberflächenstrahlungstemperatur aus Satellitendaten oder Befliegungen (s. Abb. 4.1).

Die Oberflächentemperatur der urbanen Oberflächen (Dächer, Fassaden, Boden) werden durch die Exposition (Orientierung zur Sonne), die physikalischen Strahlungseigenschaften (Albedo, Emissivität), die thermischen Eigenschaften

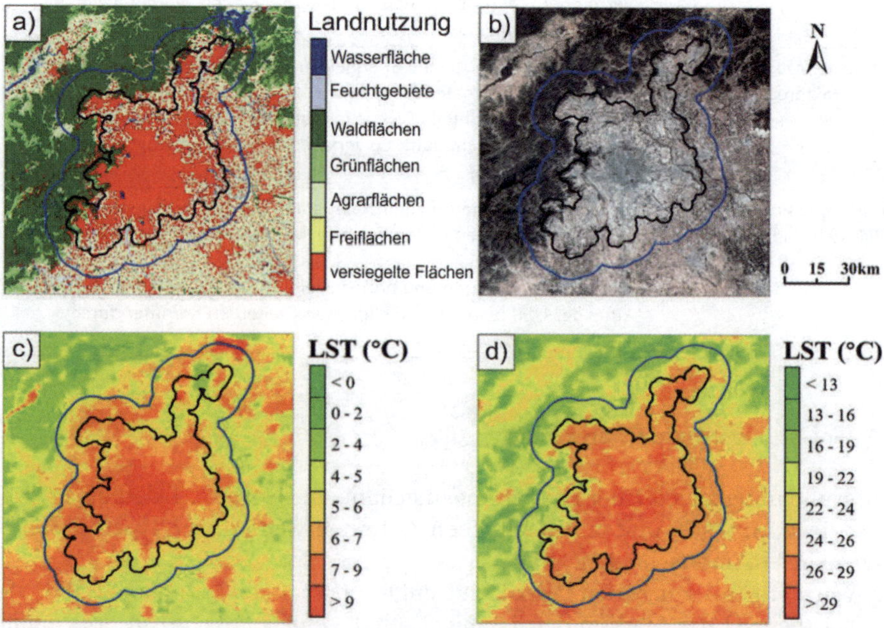

Abb. 4.1: Flächenhafte Abgrenzung der Stadt- und Vorstadtgebiete am Beispiel von Beijing/ China. Hierbei repräsentiert die schwarze Linie die Stadtgrenze. Die Flächen innerhalb dieser Grenze definieren das städtische Gebiet, außerhalb der schwarzen Linie, jedoch noch innerhalb der blauen Linie, befindet sich das Gebiet der Vorstadt. (a) Klassifikation der Landnutzung basierend auf chinesischen Landnutzungsdatensätzen (CLUDs) mit einer räumlichen Auflösung von 30 m × 3 m. (b) Landsat Echtfarbenbild vom 16. April 2015. (c) Jahresmitteltemperaturen der Oberflächen während der Nachtstunden (LST, °C). (d) Jahresmitteltemperaturen der Oberflächen während der Tagstunden (nach Yang et al., 2017).

des Materials (Wärmleitfähigkeit, Wärmekapazität) sowie die aerodynamischen Eigenschaften (Rauigkeit) der Oberfläche gesteuert. Künstliche Baumaterialien sind in der Regel durch eine Kombination von Eigenschaften geprägt, die zur Ausbildung hoher Oberflächentemperaturen während der Einstrahlungsperiode führen (vgl. Kap. 3.1). Aufgrund der geringeren Albedo und Wärmeleitfähigkeit vieler urbaner Oberflächenarten (z. B. Asphalt, Dächer, versiegelte Bereiche) absorbieren diese die kurzwellige Einstrahlung sehr effektiv. Die UHI_{SFC} ist daher während der Tagstunden in den Sommermonaten besonders intensiv ausgebildet und kann Intensitäten von weit mehr als 10 K erreichen (vgl. Abb. 4.1). Die räumliche Ausprägung der UHI_{SFC} korreliert mit der Verteilung bebauter bzw. versiegelter Oberflächennutzungstypen und ist flächenscharf ausgebildet. Eine erhöhte Verdunstungsrate bei vegetationsbestandenen Flächennutzungen kann effektiv zur Verminderung hoher Oberflächentemperaturen beitragen. Die positive Korrelation der räumlichen Ausprägung der UHI_{SFC} mit dem Versiegelungsgrad sowie die negative Korrelation mit dem Begrünungsgrad einer Stadt belegen die effektive Strahlungsabsorption als wesentlichen Steuerungsmechanismus der Oberflächenwärmeinselentstehung (s. Abb. 4.2; Peng et al, 2011; Lahouari et al., 2015; Wang et al., 2017).

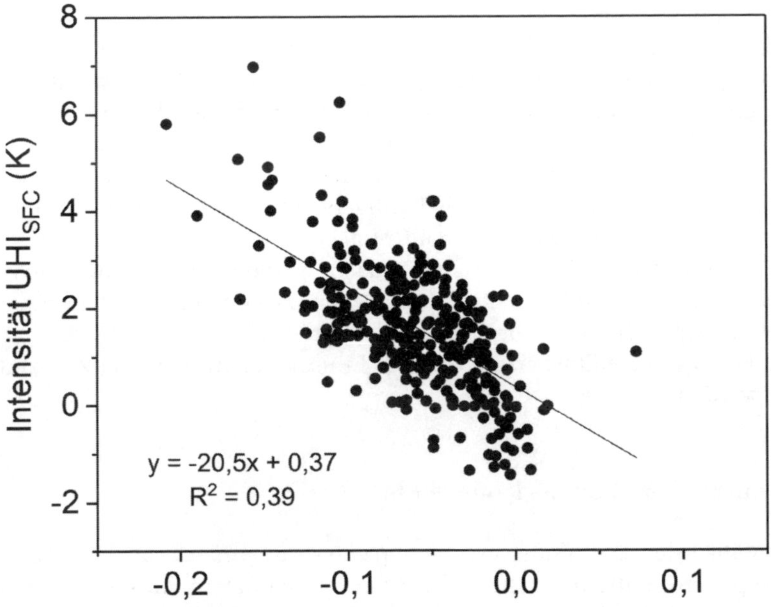

Abb. 4.2: Zusammenhang zwischen der Intensität der UHI_{SFC} und der Differenz des Begründungsgrades zwischen Stadt und Umland für verschiedene Städte (EVI, *Enhanced vegetation index*, Daten aus Peng et al., 2011).

Nach Sonnenuntergang spielt die Horizontüberhöhung eine entscheidende Rolle in der Ausgestaltung der nächtlichen UHI_{SFC}. Das *„radiation trapping"* innerhalb der Stadthindernisschicht (vgl. Kap. 3.1) verringert den Verlust langwelliger Strahlung gegenüber Umlandflächen mit größerem SVF und führt zu höheren Oberflächentemperaturen im Vergleich zum Umland. Die UHI_{SFC} ist nachts in der Regel jedoch schwächer ausgeprägt, als am Tage (Peng et al., 2011).

Ein möglicher Ansatzpunkt zur Mitigation und Verminderung des Ausmaßes der UHI_{SFC} kann, aufgrund der im wesentlichen strahlungsphysikalischen Genese, der Einsatz heller, reflektierender Materialien für Dächer und Bodenbeläge sein (Akbari et al., 2009). Gegenwärtig werden die Möglichkeiten von *„cool roofs"* bzw. *„white roofs"* und *„cool colors"* zur Mitigation der UHI_{SFC} untersucht und diskutiert. In diesem Zusammenhang versteht man unter *„cool colors"* Farbmischungen mit erhöhter Reflektivität im kurzwelligen Strahlungsspektrum und im nahen Infrarot im Vergleich zu herkömmlichen Farben, die durch den Zusatz von reflektierenden Pigmenten und Nanopartikeln (z. B. Titandioxid) erreicht wird. Die mit *„cool colors"* behandelten Materialien erhöhen die Albedo und senken damit nachfolgend die Oberflächentemperaturen, die langwellige Wärmestrahlung $L\uparrow$ der Oberfläche sowie die Abgabe sensibler Wärme Q_H. Die urbane Albedo kann durch effektive Aufhellung der Oberflächen recht deutlich, d. h. um $\alpha = 0{,}1$ (10 Prozentpunkte), gesenkt werden (Akbari et al., 2009).

Weiße Dächer tragen zur Verminderung der urbanen Albedo stärker bei, als beispielsweise Gründächer. Gründächer sind stadtklimatisch von wichtiger Bedeutung hinsichtlich der positiven Modifikation der urbanen Wärmebilanz (vgl. Kap 3.2), strahlungsphysikalisch zeigen diese allerdings einen geringeren Effekt als *„white roofs"*. Verglichen mit schwarzen Dächern ist das kurzwellige Reflexionsvermögen von *„white roofs"* um das Fünffache, im Vergleich zu begrünten Dächern um das Dreifache erhöht (Sproul et al., 2013). Allerdings muss v. a. bei Städten in mittleren und hohen Breiten bedacht werden, dass verminderte kurzwellige Strahlungsabsorption während des Winters zu einer höheren Kompensation bzw. Energieaufnahme durch Gebäudewärme führen kann (Oleson et al., 2010). In Bezug auf die Einsparung von CO_2-Emissionen muss dieser Zielkonflikt beachtet werden.

4.1.2 Wärmeinsel der Stadthindernisschicht

Als Wärmeinsel der Stadthindernisschicht *(canopy layer urban heat island,* UHI_{UCL}*)* wird eine positive Lufttemperaturdifferenz der bodennahen Luftschicht verstanden ($\Delta T_{u\text{-}r} > 0$). Die UHI der *urban canopy layer* kann als die „klassische" Wärmeinsel angesehen werden, die seit Jahrzehnten in unterschiedlichen Städten weltweit untersucht wird. Als Untersuchungsmethoden können Klimastationen zum Einsatz kommen, die paarweise jeweils in Stadt und Umland oder als ein Messnetz aus mehreren Stationen betrieben werden. Regelmäßig werden auch mobile

Messfahrten zur Untersuchung von $\Delta T_{u\text{-}r}$ eingesetzt. Die Forschung konnte zeigen, dass sich in Großstädten mit hohen Versiegelungsgraden maximale Wärmeinselintensitäten von mehreren K einstellen können (s. Tab. 4.2). Innerhalb eines Stadtgebietes kann die Lufttemperatur jedoch in Abhängigkeit des mikroklimatischen Einflusses unterschiedlicher Flächennutzungen variieren. Darauf wird im weiteren Verlauf des Kapitels noch näher eingegangen.

Tab. 4.2: Exemplarische Übersicht maximaler Wärmeinselintensitäten (UHI_{max})für verschiedene Großstädte.

Stadt	UHI_{max} (K)
Athen (Livada et al., 2002)	4,6
Barcelona (Moreno-Garcia, 1994)	8,2
Lodz (Klysik u. Fortuniak, 1999)	8,0
London (Kolokonitroni u. Giridharan, 2008)	8,6
Montreal (Oke, 1973)	12,0
Moskau (Shahgedanova et al., 1997)	9,8
München (Mayer u. Höppe, 1987)	8,2
Paris (Lemonsu u. Masson, 2002)	8,0
Rom (Bonacquisti et al., 2006)	5,0
Rotterdam (van Hove et al., 2011)	9,8
Vancouver (Oke, 1973)	10,2

Als wesentliche Faktoren, die zur Ausbildung der UHI_{UCL} führen, gelten:

- die erhöhte kurzwellige Strahlungsabsorption der städtischen Baumaterialien (geringes α, hohe Oberflächentemperaturen, vgl. Kap. 3.1),
- die erhöhte Aufteilung der Energie zugunsten sensibler Wärme (hoher Versiegelungsgrad, geringer Anteil vegetationsbestandener Flächen und Freiflächen, Kap. 3.2),
- die verzögerte Wärmeabgabe an die nächtliche Grenzschicht (hohe Wärmekapazitätsdichte der urbanen Materialien, vgl. dazu Kap. 3.1.1) sowie
- die verringerte effektive Ausstrahlung $L\uparrow$ infolge der Horizonteinschränkung in der Stadthindernisschicht (s. Kap 3.1).

Der geringe SVF verhindert in tiefen und/ oder schmalen Straßenschluchten die langwellige effektive Ausstrahlung in die freie Atmosphäre und behindert somit die Abkühlung der Straßenzüge nach Sonnenuntergang (vgl. Abb. 3.3). Der SVF verhält sich umgekehrt proportional zur maximalen Wärmeinselintensität. Unger (2004) konnte zeigen, dass > 40 % der innerstädtischen Varianzen der UHI auf Unterschiede des SVF zurückzuführen sind (s. Abb. 4.3). Für diesen Zusammen-

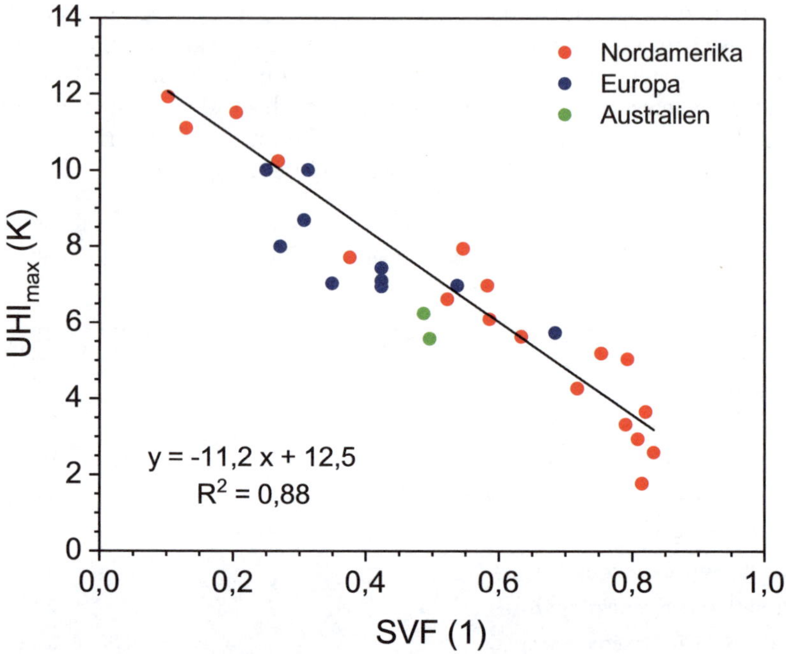

Abb. 4.3: Zusammenhang zwischen der maximalen Wärmeinselintensität (UHI_{max}) und dem SVF in verschiedenen Städten Nordamerikas, Europas und Australiens (verändert nach OKE et al., 2017).

hang gilt, dass die zu untersuchende Straßenschlucht eine ausreichende Länge aufweist und die sich gegenüberliegenden Häuserfronten symmetrisch sind (OKE, 1973).

Das räumliche Erscheinungsbild der UHI_{UCL} korreliert eng mit der Bebauungsdichte bzw. dem Versiegelungsgrad der Stadt. Üblicherweise nimmt die Überwärmung vom Stadtrand zum Stadtkern zu. Am Übergang Umland/ Stadtrand ist, durch die veränderte Oberflächenstruktur und -morphologie ein sprunghafter Temperaturanstieg zu verzeichnen, der von OKE (1987) als Temperaturkliff bezeichnet wurde. Im bebauten Bereich ist die Temperatur räumlich dann prinzipiell homogener ausgeprägt, kann kleinräumig jedoch durch mikroklimatische Besonderheiten der jeweiligen Umgebung und Oberfläche variieren (z. B. kühlere Grün- und Freiflächen). Mit zunehmender Bebauungsdichte (üblicherweise im Innenstadtkern) wird dann das Temperaturmaximum bzw. der Temperaturpeak erreicht (s. Abb. 4.4).

In den dicht bebauten Innenstädten ist die Kombination aus erhöhter Wärmeemission der Baumasse sowie der ausstrahlungsmindernden Horizontüberhöhung am intensivsten ausgeprägt. Drückt man die räumliche Ausprägung der UHI in Form einer Isothermendarstellung aus (Linien gleicher Lufttemperatur bzw. Lufttemperaturdifferenz zum Umland), ergibt sich ein inselartiger Verlauf, auf den die Benen-

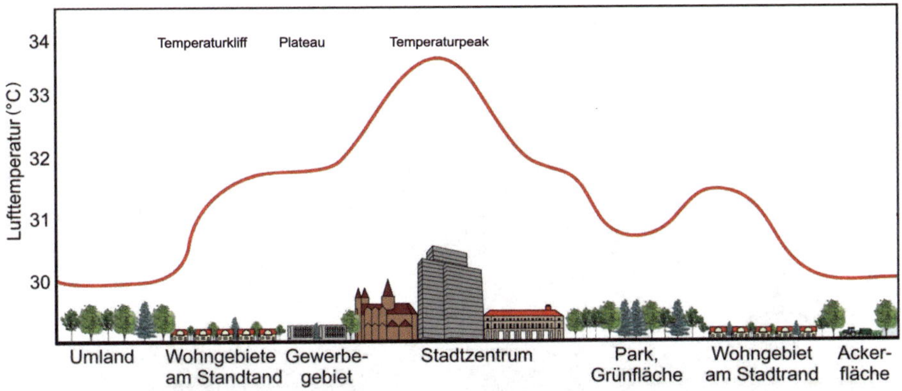

Abb. 4.4: Vereinfachte Darstellung der charakteristischen Modifikation der Lufttemperatur zwischen dem Umland und dem stark verdichteten Innenstadtbereich. In Abhängigkeit der Struktur der jeweiligen Stadt zeigt sich das typische Muster im Temperaturverlauf bestehend aus dem Temperaturkliff (Übergangsbereich rural – urban) dem Temperaturplateau (suburbaner Raum) und dem Temperaturpeak (im Stadtzentrum; in Anlehnung an OKE, 1987).

nung des Phänomens als „urbane Wärminsel" zurückgeht. Das Maximum der Überwärmung ist meist im Stadtzentrum, d. h. dem Bereich höchster Bebauungsdichte, lokalisiert (Abb. 4.5). Häufig lassen sich mehrere Überwärmungskerne innerhalb eines Stadtgebietes erkennen, wofür der Begriff des „Wärmearchipels" in der Literatur eingeführt wurde. Infolge von Kaltluftzuflüssen (vgl. Kap. 4.2) aus dem Umland kann am Stadtrand ein kurviger, teilweise buchtenartiger Verlauf, der Wärmeinsel entstehen, der die Abhängigkeit der UHI-Intensität vom Versiegelungsgrad abschwächt.

Wie deutlich die Abhängigkeit der Wärmeinselintensität in Bezug auf den Grad der Versiegelung ausgeprägt ist, zeigt der Zusammenhang zwischen UHI-Intensität und der LCZ-Klassifikation (Abb. 4.6). Im Vergleich mit numerischen Modellsimulationen bzw. nächtlichen Messfahrten zeigt sich am Beispiel von Vancouver eine Zunahme der UHI-Intensität vom nicht bebauten Umland mit Baumbestand ($\Delta T_{u\text{-}r}$ = 1,1 K), über den suburbanen Bereich ($\Delta T_{u\text{-}r}$ = 3 K) bis zum dicht bebauten Innenstadtkern ($\Delta T_{u\text{-}r}$ = 4,6 K, STEWART et al., 2014). Als Vergleich wurde die LCZ D herangezogen, die einen vegetationsbestandenen Umlandstandort mit geringer Bestandshöhe angibt. Die thermischen Unterschiede werden durch die entsprechenden LCZ sehr gut repräsentiert und belegen damit den engen Zusammenhang zwischen Oberflächengestalt und thermischer Ausprägung des Mikroklimas.

Die maximale Wärmeinselintensität stellt sich während der Nachtstunden ein. In den mittleren Breiten erreicht die UHI_{UCL} üblicherweise während der Sommermonate (Juni, Juli, August) ihre größte Intensität. Im Tagesgang kann das Maximum während der ersten oder der zweiten Nachthälfte auftreten. Dies lässt sich sehr gut anhand des Beispiels in Abbildung 4.7 nachvollziehen.

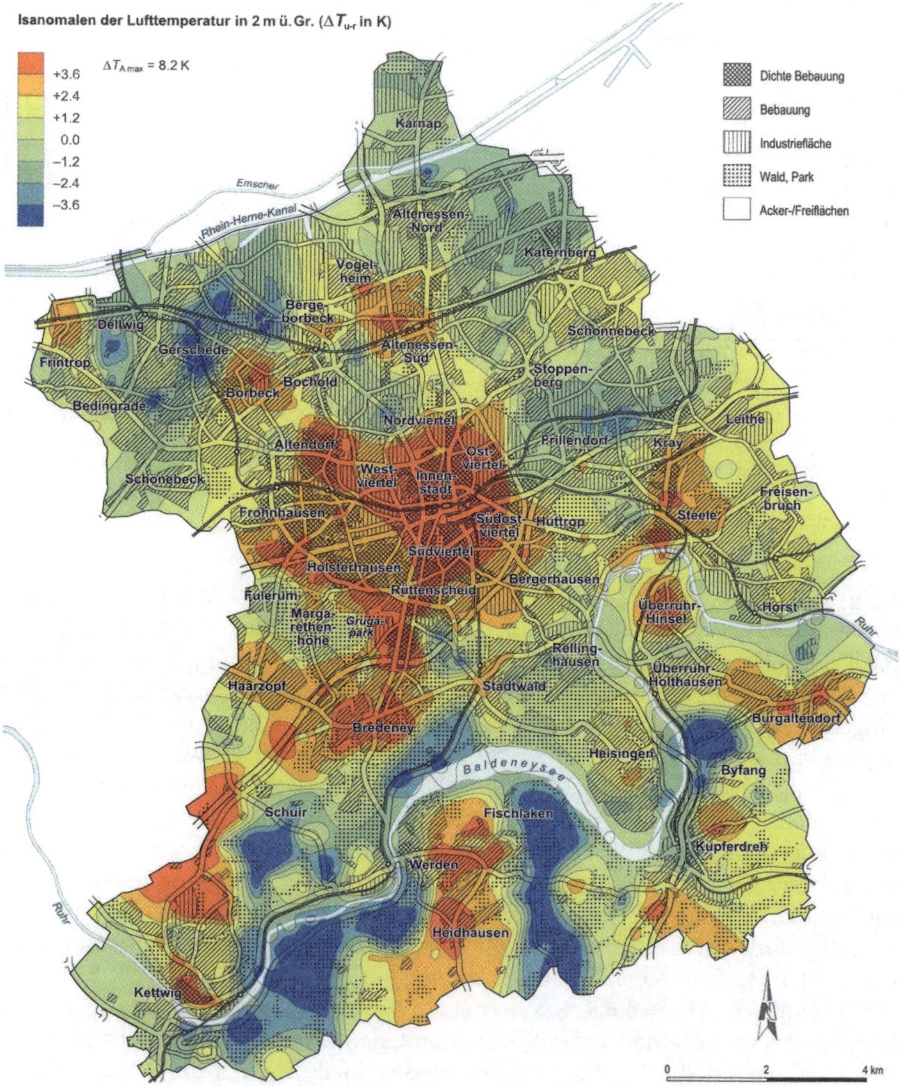

Abb. 4.5: Flächenhafte Isanomalendarstellung der mittleren, nächtlichen Lufttemperatur ausgewählter austauscharmer Strahlungswetterlagen für das Stadtgebiet von Essen (verändert nach Kuttler et al., 2015). Die Farbschattierung zeigt Flächen gleicher Lufttemperaturdifferenz zu einer Referenzklimastation im Umland.

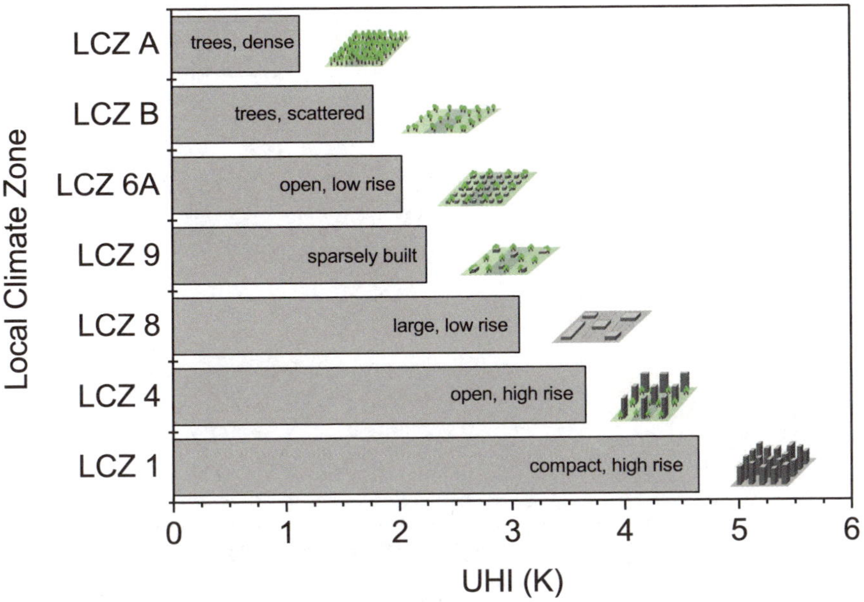

Abb. 4.6: Intensität der nächtlichen Überwärmung in verschiedenen Local Climate Zones der Stadt Vancouver, Kanada. Die Daten wurden mittels mobiler Messfahrten erhoben und sind als Differenzen zur LCZ D (Umland, vegetationsbestanden, geringe Bestandshöhe) dargestellt (verändert nach STEWART et al., 2014).

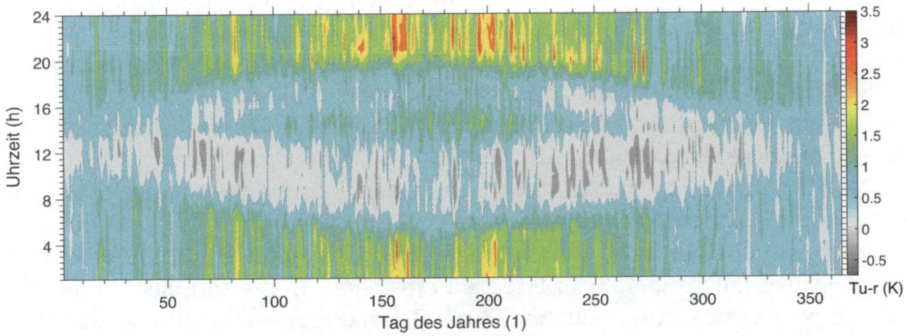

Abb. 4.7: Mittlerer zeitlicher Verlauf der Wärmeinselintensität (ΔT_{u-r}) in der Stadt Braunschweig am Beispiel der Lufttemperaturdifferenz eines Stadtstandortes (Innenstadt, Straßenschlucht, SVF = 0,42) zu einem Umlandstandort (Rasenfläche, SVF = 1). Die Darstellung basiert auf Stundenmittelwerten für den Zeitraum Januar 2012 bis Dezember 2016.

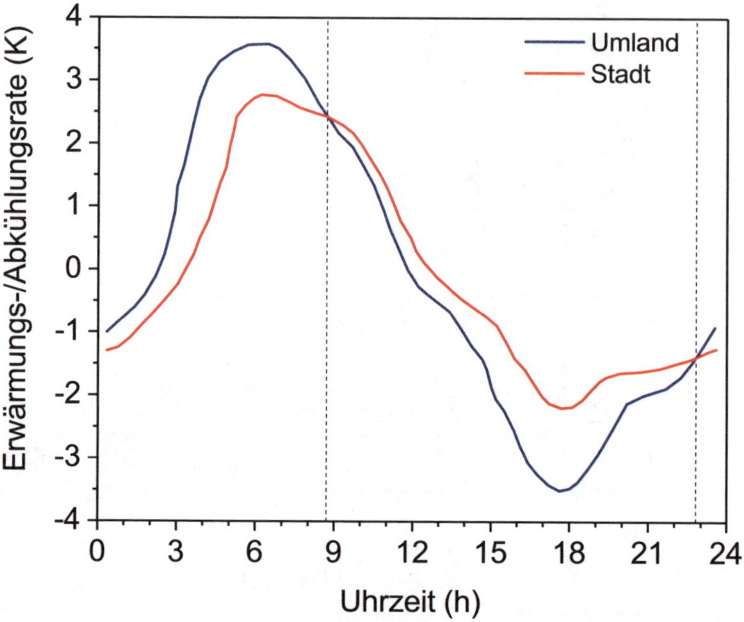

Abb. 4.8: Beispielhafte Darstellung der sommerlichen Erwärmungs- und Abkühlungsrate der Lufttemperatur in Stadt und Umland für den Großraum von Bochum (verändert nach KUTTLER, 1987).

Die urbane Lufttemperatur beginnt mit abnehmendem Sonnenstand am späten Nachmittag bzw. während der frühen Abendstunden zu sinken. Aufgrund der höheren Wärmekapazitätsdichten der Baumaterialen und der eingeschränkten Himmelssicht, ist eine geringere Abkühlungsrate in der Stadthindernisschicht zu beobachten (s. Abb. 4.8). Kurz nach Sonnenaufgang ändert sich dieser Trend, da die Erwärmungsrate der städtischen Baumaterialien aufgrund der hohen Wärmekapazitätsdichte ebenfalls geringer ausfällt, als bei natürlichen Oberflächen und Materialien im Umland (freie Himmelssicht, hoher SVF vorausgesetzt). Die städtische Bebauung stellt mit Beginn der Einstrahlungsperiode zunächst eine relativ große Energiesenke dar (Abb. 4.8).

Das führt in der Regel dazu, dass während der gesamten Jahresfrist in den Vormittags- und frühen Nachmittagsstunden (11.00 bis 14.00 Uhr) eine nur sehr schwach ausgeprägte UHI_{UCL} zu beobachten ist (vgl. Abb. 4.7). Mitunter können sich negative Lufttemperaturdifferenzen einstellen, v. a. wenn das Umfeld der Lufttemperaturmessung zusätzlich durch Beschattungseffekte infolge der Horizontüberhöhung beeinflusst ist, während sich der Umlandstandort bei freier Himmelssicht und geringeren Wärmekapazitätsdichten schneller erwärmen kann. Die negative Lufttemperaturdifferenz ($\Delta T_{u\text{-}r} < 0$) wird als Gegensatz zur Wärmeinsel als sog. „*urban cool island*“ (UCI) bezeichnet (vgl. Abb. 4.7).

Ältere Veröffentlichungen zur UHI_{UCL} deuten darauf hin, dass sich v. a. für urbane Standorte der mittleren Breiten ein Zusammenhang zwischen dem Maximum der Wärmeinselintensität ($\Delta T_{u\text{-}r\,max}$) und der Stadtgröße, gemessen an der Einwohnerzahl, herstellen lässt (Abb. 4.9). Auch wenn sich dieser Zusammenhang relativ robust darstellt, ist die Einwohnerzahl nur als Stellvertreter heranzuziehen. Entscheidend für die Stärke der UHI sind die verwendeten Baumaterialien, die Bebauungsdichte, der Anteil an Grün- und Freiflächen sowie die anthropogene Wärmeemission der Stadtbevölkerung (Middel et al., 2014). Den größten Einfluss hat Q_F üblicherweise während kalter, winterlicher Witterungsbedingungen (s. Kap. 3.2.3), wenn die zusätzliche Wärmeemission aus dem Gebäudesektor zur lokalen Erhöhung der Lufttemperatur beitragen kann (Giridharan u. Kolokotroni, 2009). Ein wie in Abbildung 4.9 dargestellter Vergleich nordamerikanischer, europäischer, koreanischer und japanischer Städte lässt einen unterschiedlichen Verlauf des Zusammenhangs von UHI_{max} und der Bevölkerungszahl erkennen. Verantwortlich dafür sind neben der Bebauungsdichte und der Konstruktion der Gebäude, der Anteil an Grün- sowie Wasserflächen und das Energieverbrauchsverhalten. Das unterschiedliche Steigungsmaß zwischen nordamerikanischen und europäischen Städten kann u. a. auf die höhere Gebäudeklimatisierung (Q_F) nordamerikanischer Städte zurückgeführt werden. Der deutliche „Knick" in der Regressionsbeziehung zwischen kleinen (< 300.000 Einwohner) und großen japanischen sowie südkoreanischen Städten (> 300.000 Einwohner) ist vermutlich damit zu erklären, dass in kleineren asiatischen Städten das traditionelle Baumaterial Holz stärkere Verwendung findet (Park, 1987).

Die UHI der Stadthindernisschicht ist besonders deutlich während autochthoner, strahlungsintensiver Witterungsbedingungen ausgeprägt, während derer die mikrometeorologischen Unterschiede zwischen der Landoberfläche Stadt/ Umland besonders signifikant ausgebildet sind. Autochthone Wetterlagen gehen üblicherweise mit geringen Bedeckungsgraden, niedrigen Windgeschwindigkeiten, hohem Luftdruck und stabilen atmosphärischen Schichtungsverhältnissen während der nächtlichen Ausstrahlungsperiode einher. Das gegenteilige Regime, die allochthone Wetterlage, ist durch eine höhere Windgeschwindigkeit und damit einhergehende turbulente Durchmischung sowie durch erhöhte Wolkenbedeckungsgrade charakterisiert. Diese Situationen führen zu einer deutlichen Verminderung der UHI-Intensität (Abb. 4.10). Eine negative Korrelation der UHI-Intensität mit der Windgeschwindigkeit oder dem Wolkenbedeckungsgrad konnte in einer Vielzahl von UHI-Studien nachgewiesen werden (Arnfield, 2003), sodass die funktionalen Zusammenhänge zwischen meteorologischen Größen wie der Windgeschwindigkeit, dem Wolkenbedeckungsgrad oder dem Luftdruck mit der UHI-Intensität zur statistischen Modellierung der urbanen Wärmeinsel herangezogen werden (z. B. Morris et al., 2001; Hoffmann et al., 2011).

Die bisherigen Ausführungen haben gezeigt, dass die UHI das thermische Regime einer Stadt maßgeblich beeinflusst. Die Auswirkungen der UHI_{UCL} lassen sich am Beispiel der klimatologischen Ereignistage wirkungsvoll zusammenfassen. Als klimatologische Ereignistage werden Kalendertage definiert, an denen

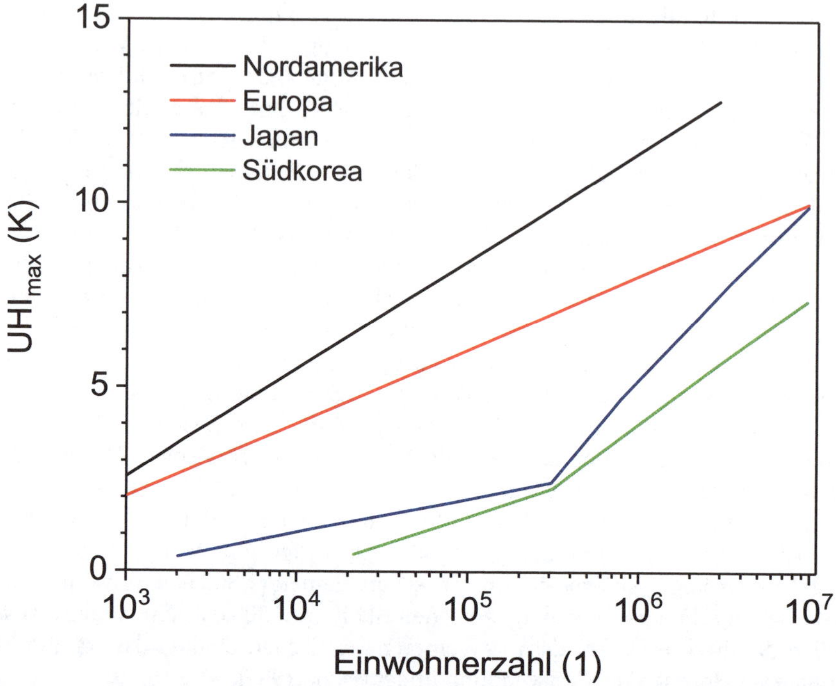

Abb. 4.9: Abhängigkeit der maximalen Wärmeinselintensität (UHI_{max}) von der Einwohnerzahl diverser Städte in Europa, Nordamerika, Südkorea und Japan (verändert u. a. nach OKE, 1973 u. PARK, 1987).

DEFINITION: AUTOCHTHONE WETTERLAGE

Als autochthone Wetterlagen (altgr. *autós* = selbst und *chthōn* = Erde) werden in der Stadt- und Geländeklimatologie Situationen bezeichnet, in denen sich die mikroklimatischen Eigenschaften unterschiedlicher Standorte in charakteristischer Weise herausprägen können und eindeutige Unterscheidungen zwischen benachbarten Standorten erlauben (z. B. Rasenflächen vs. versiegelte Flächen). Autochthone Situationen sind durch einen geringen Bewölkungsanteil bzw. unbewölkten Himmel während der Nacht sowie geringe Windgeschwindigkeiten geprägt. Die nächtliche Energiebilanz wird somit im Wesentlichen durch die lokale Oberfläche-Atmosphäre-Wechselwirkung gesteuert und nicht durch übergeordnete Prozesse, wie herantransportiert warme Luftmassen infolge hoher Windgeschwindigkeiten, überlagert.
Die Ausprägung stadt- und geländeklimatischer Phänomene in der Mikro- und Mesoskala (z. B. Bodeninversionen, Kaltluftbildung, Kaltluftabflüsse, lokale thermische Zirkulationssysteme) sind eng mit der Ausbildung autochthoner Wetterlagen verknüpft.

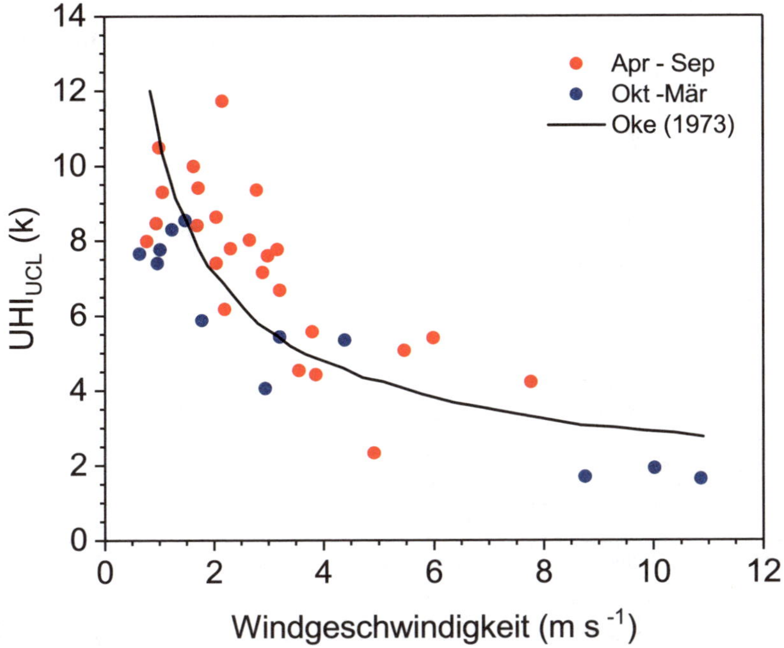

Abb. 4.10: Abhängigkeit der maximalen Wärmeinselintensität (UHI_{max}) von der regionalen Windgeschwindigkeit (nach Oke et al., 2017).

festgelegte Schwellenwerte meteorologischer Größen, z. B. der Lufttemperatur, über- bzw. unterschritten werden (vgl. Tab. 4.3). Die Auswertung der Auftrittshäufigkeiten klimatologischer Ereignistage zeigt im Vergleich Stadt zu Umland, dass winterliche Minimumtemperaturen in der Stadt durch die urbane Überwärmung herabgesetzt sind. Im Gegensatz dazu ist während des Sommers eine deutlich höhere Anzahl von Tagen mit hoher Wärmebelastung nachweisbar, z. B. eine um 40 % höhere Anzahl heißer Tage sowie eine Verdoppelung von heißen Nächten mit hohen Lufttemperaturen.

Zusammenfassend bewirkt die UHI_{UCL} während des Winters durch die höhere Lufttemperatur in der Stadt:

- eine Verkürzung der Frostperiode,
- aufgrund der geringeren Frostintensität eine geringere Anzahl von Frosttagen und Eistagen,
- einen Rückgang der Schneedeckendauer sowie
- einen geringeren Bedarf an Wärmeenergie im Gebäudesektor aufgrund einer verringerten Zahl der sog. Heizgradtage (Maß für die Beurteilung des Heizbedarfs, beschreibt den Einfluss der Außentemperatur auf den Heizwärmebedarf eines Gebäudes).

Im Sommer führt die UHI_{UCL} zu:

- einer Verstärkung der thermischen Wärmebelastung des menschlichen Organismus (vgl. Kap. 7.1.1),
- einer Beeinträchtigung der Schlafqualität aufgrund vergleichsweise hoher nächtlicher Außen- und Innentemperatur und
- einer verstärkten Nutzung der Gebäudeklimatisierung.

Mit einem voranschreitenden Klimawandel ist von einer weiteren Erhöhung der Tage mit Wärmebelastung sowie der Reduktion der nächtlichen Abkühlung auszugehen.

Tab. 4.3: Vergleich der Anzahl klimatologischer Ereignistage pro Jahr an einer Stadt- sowie an einer Umlandstation in Braunschweig (250.000 Einwohner). Die Stationsauswahl ist identisch mit Abbildung 4.7. Die Darstellung von Mittelwert, Standardabweichung (σ) und Median basiert auf Stundenmittelwerten aus dem Zeitraum Januar 2012 bis Dezember 2016.

		Stadt		Umland	
Ereignistag	Kriterium	Mittelwert (σ)	Median	Mittelwert (σ)	Median
Eistage	$t_{max} < 0°C$	12,0 (8,6)	10	13,8 (9,4)	13
Frosttage	$t_{min} \leq 0°C$	38,8 (21,1)	39	57,0 (18,3)	60
Kalte Tage	$t \leq 0°C$	20,8 (13,5)	15	27,8 (14,9)	26
Sommertage	$t_{max} \geq 25°C$	46,4 (4,0)	45	36,0 (6,2)	33
Heiße Tage	$t_{max} \geq 30°C$	13,0 (3,9)	14	9,8 (4,3)	10
Heiße Nächte	$t_{0Uhr} \geq 20°C$	25,6 (4,4)	26	9,4 (2,9)	10

4.1.3 Wärmeinsel der Stadtgrenzschicht

Bei der Wärmeinsel der Stadtgrenzschicht *(boundary layer urban heat island,* UHI_{UBL}*)* handelt es sich um ein Überwärmungsphänomen mit einer vertikalen Erstreckung in die atmosphärische Grenzschicht über der Stadt sowie auf der windabgewandten Seite der Stadt. Die UHI_{UBL} entsteht durch den Transport turbulenter sensibler Wärme (Q_H) von den wärmeren Stadtoberflächen (= Energieumsatzfläche) in die bodennahe Atmosphäre sowie durch anthropogene Wärmeabgabe aus der UHI_{UCL}. Die Mächtigkeit und Ausdehnung der Stadtgrenzschichtwärmeinsel wird durch das übergeordnete Windfeld beeinflusst, mit der Folge, dass eine leewärtige Advektion der städtischen Warmluftfahne (engl. *urban plume*) auftritt (Abb. 4.11).

Die UHI_{UBL} erstreckt sich während der Tagstunden bis in die Mischungsschicht und kann > 1.000 m mächtig sein, nachts jedoch bis auf wenige hundert Meter zusammenschrumpfen. Während am Tage in Stadt und Umland labile oder neutrale atmosphärische Schichtungsverhältnisse vorliegen, ist das Umland während

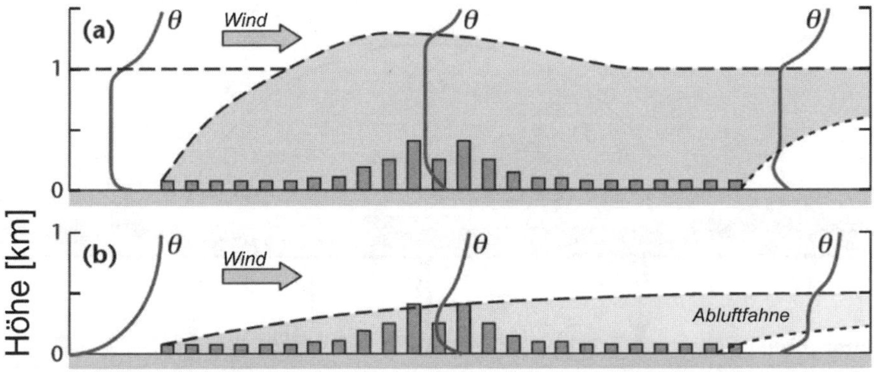

Abb. 4.11: Schematische Darstellung der vertikalen thermischen Struktur der Stadtgrenzschicht (Vertikalprofile der potentiellen Temperatur, d. h. auf Bodenluftdruckniveau korrigierte Temperatur) während autochthoner Wetterlagen (a) während der Tag- und (b) während der Nachtstunden (verändert nach OKE, 1982).

der Nacht oftmals durch eine Strahlungsinversion mit stabiler Atmosphärenschichtung gekennzeichnet (Abb. 4.11). Die UHI_{UBL} ist von der Oberfläche abgehoben und von der Richtung und Stärke des übergeordneten Windfelds abhängig. Im Stadtbereich hingegen ist durch den konvektiven Wärmetransport von den warmen Oberflächen meist mit leicht labilen bis neutralen Schichtungsverhältnissen zu rechnen. Bisherige Studien zeigen eine Intensität der UHI_{UBL} in einer Größenordnung von bis zu 3 K, die mit der Höhe jedoch variieren kann (OKE et al., 2017).

Aufgrund der vertikalen Erstreckung der UHI_{UBL} müssen zur Untersuchung und Quantifizierung der Intensität der Überwärmung Vertikalsondierungen, Messungen an hohen Masten und/ oder bodengebundene Fernerkundungsverfahren eingesetzt werden.

4.1.4 Wärmeinsel des urbanen Untergrundes

Die Wärmeinsel des urbanen Untergrundes (*subsurface urban heat island,* UHI_{SUB}) ist ein Überwärmungsphänomen, dass sich im Boden unterhalb des Stadtgebietes ausprägt (MENBERG et al., 2013). Den physikalischen Eigenschaften der unterschiedlichen Baumaterialien folgend, wird die absorbierte Strahlungsenergie der Stadtoberflächen nicht nur in die Atmosphäre, sondern durch Wärmeleitung ebenfalls an den Untergrund abgegeben. Weiterhin kann die Wärmeleitung aus unterirdischer Versiegelung wie Keller, Tiefgaragen oder Tunnel sowie aus dem Leitungs- und Versorgungsnetz (Fernwärme, Abwasser) zur Überwärmung beitragen. Diese kann in Abhängigkeit der Unterflurversiegelung unterschiedlich weit in den Boden

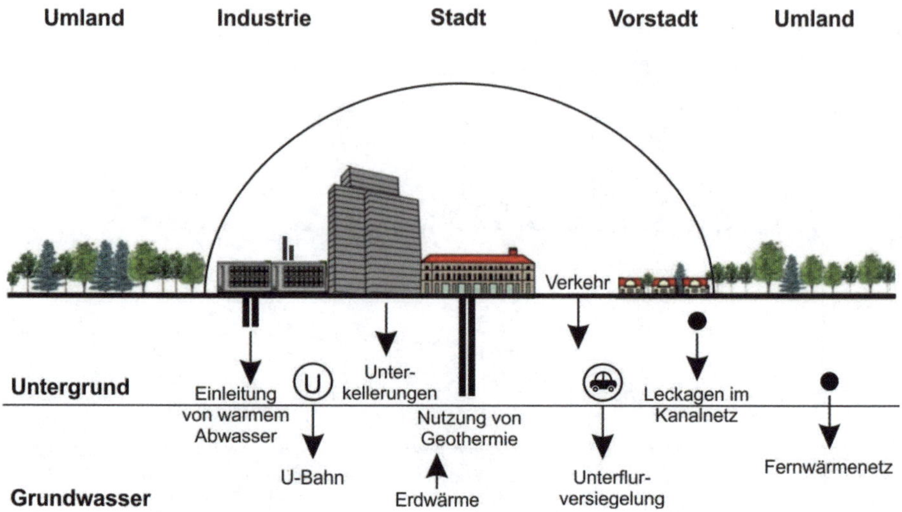

Abb. 4.12: Schematische Darstellung der potentiellen anthropogenen und natürlichen Wärmequellen innerhalb eines urbanen Bodens (u. Gr.; verändert nach Menberg et al., 2013).

hineinreichen (s. Abb. 4.12). Sollte die Untergrundversiegelung das Grundwasserniveau erreichen, ist die Überwärmung auch dort nachweisbar (Ferguson u. Woodbury, 2007). In größeren Bodentiefen liefert der geothermale Wärmefluss einen zusätzlichen Wärmeinput. Für eine Bodentiefe < 10 m u. Gr. ist dieser Beitrag jedoch vernachlässigbar. Die Intensität der UHI_{SUB} wird durch die Stadt-Umlandtemperaturdifferenz ($\Delta T_{u\text{-}r}$) der Bodentemperatur in gleicher Bodentiefe quantifiziert. In bisherigen Studien stammen die Temperaturmessungen häufig nicht aus spezifischen Bodenmessnetzen, sondern aus Temperaturüberwachungen an Grundwasserentnahmestellen.

Die UHI_{SUB} erreicht Intensitäten in der Größenordnung zwischen 1 bis 8 K und ist im Oberboden besonders deutlich während der Sommermonate ausgeprägt (Headon et al., 2009; Müller et al., 2013b; Oke et al. 2017). Trotz einer heterogenen räumlichen Ausprägung der Überwärmung sind die höchsten Intensitäten üblicherweise im Bereich der hochversiegelten Innenstädte vorzufinden (Menberg et al., 2013). Im Untergrund der versiegelten Standorte kann die Überwärmung des Untergrunds über wesentlich längere Zeitperioden vorliegen, als im nicht versiegelten Untergrund des Umlands (Abb. 4.13). Im Winter ist die UHI_{SUB} schwächer ausgebildet und erreicht ihr Minimum im Frühjahr, da über den Winter der Wärmeverlust aus dem Oberboden in die Atmosphäre am größten ist.

Der Energieüberschuss im Untergrund der Stadt kann möglicherweise ein ökonomisch relevantes Potential zur geothermischen Nutzung darstellen (Bayer et al., 2016). Eine numerische Modellanalyse zeigt, dass der urbane Untergrund bei Be-

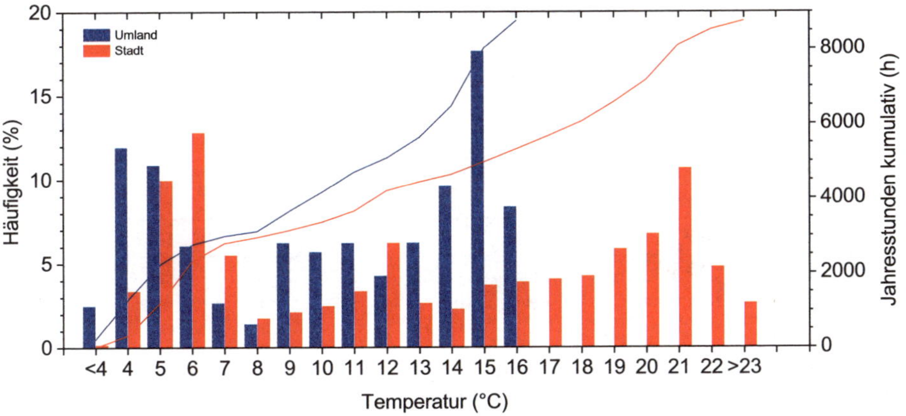

Abb. 4.13: Häufigkeitsverteilung der Bodentemperatur in 1,1 m unter Grund an einem Innenstadt- sowie an einem Umlandstandort in Oberhausen (verändert nach Müller et al., 2014). Darstellung der Bodentemperatur als prozentualer Anteil der entsprechenden Temperaturklasse an den Jahresstunden (Balken) sowie als kumulative Jahresstunden (Linien).

rücksichtigung von Bohrlochmesstiefen bis 200 m u. Gr. einen Energieüberschuss von 40 % im Vergleich zum Untergrund des Umlands aufwertet (Rivera et al., 2017).

Der Klimawandel und die fortschreitende Urbanisierung werden zu einer weiteren Erhöhung der Temperatur im Untergrund der Städte beitragen (u. a. Zhu et al., 2010; Chow et al., 2011). Im Hinblick auf die gestiegenen Anforderungen an eine klimagerechte Stadtplanung und einen klimaangepassten Städtebau ist die Betrachtung der thermischen Modifikation (thermische Verschmutzung) des Bodens von Bedeutung. Dazu gehört bspw. die Trinkwasserversorgung, die in Deutschland unter strengen hygienischen Qualitätsstandards der Trinkwasserverordnung erfolgt. Teilweise wird ein hoher technischer Aufwand betrieben, um das Wasser in einwandfreier Qualität dem Verbraucher zur Verfügung zu stellen (Kuttler et al., 2012a). Mangelnde Aufbereitung von belastetem Wasser, das Aufkeimen durch bakterienverfügbare Nährstoffe und schwankende Desinfektionsmittelkonzentrationen sind bekannte Einflussgrößen. Unter der Kenntnis, dass eine Temperaturerhöhung des Trinkwassers zwischen 1 bis 3 K zu einer Vermehrung hygienisch relevanter Mikroorganismen im Verteilernetz führt, ist die Intensität der UHI_{SUB} im Tiefenbereich der Trinkwasserleitungen (bis 2 m u. Gr.) von Interesse. Dies kann für die öffentliche Gesundheit eine wichtige Rolle spielen, da in Deutschland der überwiegende Teil der Versorgungssysteme ohne Desinfektion betrieben wird (Müller et al., 2014).

Zusammenfassende Darstellung der urbanen Wärmeinsel

In Tabelle 4.4 werden abschließend die wesentlichen Eigenschaften der vier urbanen Wärmeinseln gegenübergestellt:

Tab. 4.4: Zusammenstellung der wichtigsten Eigenschaften der Wärmeinseln.

Eigenschaft	UHI_{SFC}	UHI_{UCL}	UHI_{UBL}	UHI_{SUB}
Betrachtungsgröße	Oberflächentemperatur	Lufttemperatur	Lufttemperatur	Boden- u. Grundwassertemperatur
Zeitpunkt der maximalen Ausprägung				
– Jahresgang	Sommer	Sommer	Sommer	Sommer
– Tagesgang	Mittagszeit	Nachts	Nachts	Kaum ausgeprägt
Flächenscharfe Abgrenzung	Ja	Nein	Nein (in Lee der Stadt)	Nein
Typische Intensität ΔT_{u-r} (K)	> 10 – 20 K	1 – 10 K	1 – 3 K	1 – 8 K
Typische Bestimmungsmethoden	Satelliten, Thermalbefliegung	Messung an Klimastationen, mobile Messungen	Vertikalsondierungen, bodengebundene Fernerkundung	Stationäre Messungen
Wesentliche Steuerungsfaktoren	Physikalische u. thermische Eigenschaften der Oberflächen u. Materialien, erhöhte kurzwellige Strahlungsabsorption, Exposition	erhöhte kurzwellige Stralungsabsorption, verzögerte Wärmeabgabe an nächtliche Grenzschicht, verringerte effektive Ausstrahlung	turbulenter Transport von Q_H aus der UCL, übergeordnetes Windfeld bestimmt die Mächtigkeit	Wärmeleitung der Materialien, thermische Eigenschaften der Unterflurversiegelung

4.2 Mitigation der UHI_{UCL} – Flurwind und Kaltluftabfluss

Wie bereits in Kapitel 2 dargelegt wurde, ist das städtische Windfeld durch unterschiedliche Modifikationen charakterisiert, z. B. die Reduktion der mittleren Windgeschwindigkeit infolge erhöhter aerodynamischer Rauigkeit sowie die durch die Gebäudestruktur hervorgerufenen erhöhten Turbulenzintensitäten und Kanalisierungseffekte. Das Windfeld wird jedoch nicht ausschließlich als Resultat der Oberflächenmorphologie, sondern ebenfalls als Folge der urbanen Überwärmung beeinflusst.

Definition: Flurwind

Während autochthoner Witterungssituationen mit geringen übergeordneten Windgeschwindigkeiten kann das überwärmte Stadtgebiet ein lokales thermisches Bodentief ausbilden, über dem die warmen und weniger dichten Luftmassen aufsteigen, während sich im kühleren Umland höherer Druck im Bodenniveau einstellt (absinkende Luftmassen). Aus der Luftdruckdifferenz entwickelt sich eine thermische Lokalwindzirkulation, die in ihrer Funktionsweise vergleichbar mit der Land-See-Wind-Zirkulation ist. Die UHI initiiert damit eine wenige Meter mächtige, intermittierend auftretende Luftströmung mit geringer Strömungsgeschwindigkeit, die entlang des Druckgradienten vom Umland in Richtung Stadt gerichtet ist und kühlere Luft aus dem Umland in die Stadt transportieren kann. Diese während austauscharmer, autochthoner Wetterlagen auftretende Lokalwindzirkulation wird als Flurwind bezeichnet. Allerdings können physisch-geographische Gegebenheiten, erhöhte aerodynamische Rauigkeit, Hindernisse oder Orographie das schwachwindige Lokalwindsystem stark beeinträchtigen bzw. verhindern.

Unter idealen Bedingungen ist die Strömung urbaner Luftdruckdifferenzen radial vom Umland (der Flur) in das Stadtgebiet gerichtet. Das in Abbildung 4.14 aufgezeigte Schema der lokalen Windzirkulation stellt sich in dieser Weise während windschwacher Strahlungsnächte ein. Die erhöhte aerodynamische Rauigkeit am Übergangsbereich Umland/ Stadtrand kann den typischerweise schwachwindigen Flurwind durch Reibungseffekte schnell zum Erliegen bringen. Ganz entscheidend für die lokalklimatische Wirkung eines Flurwindes ist die Intensität der städtischen Wärmeinsel. Je stärker die urbane Überwärmung ausgeprägt ist, desto größer sind der Luftdruckgradient und die zu erwartende Eindringtiefe der kalten Luft in die Stadt. Diese Abhängigkeit von der Intensität der UHI beeinflusst insbesondere das zeitliche Auftreten der Flurwindzirkulation. Sowohl tages- als auch jahreszeitlich folgt die Entwicklung des Flurwindes der Überwärmung des Stadtkörpers mit der größten Flurwindhäufigkeit in den Nachtstunden während der Sommermonate.

In reliefiertem bzw. orographisch gegliedertem Gelände können Kaltluftabflüsse einen Beitrag zur lokalen Abschwächung der UHI-Intensität liefern.

Definition: Kaltluft

Definitionsgemäß wird als Kaltluft das Luftvolumen verstanden, dass am Entstehungsort eine niedrigere Temperatur aufweist, als an der Obergrenze der Bodeninversion (VDI, 2003). Es handelt sich demnach um eine relative, keine absolute Angabe der Temperatur der Kaltluft. Diese entsteht vor allem bei negativer Strahlungsbilanz der Landoberfläche in windschwachen Nächten.

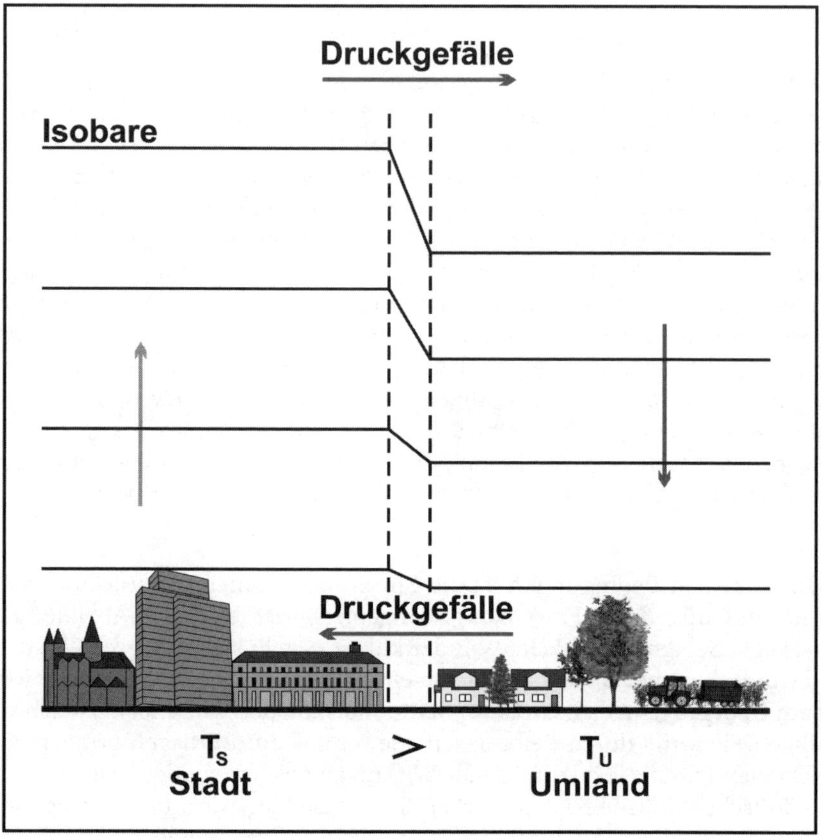

Abb. 4.14: Schematische Darstellung der Lokalwindzirkulation des Flurwindes (T_U = urbane Lufttemperatur, T_R = rurale Lufttemperatur; verändert nach Hupfer u. Chmielewski, 1990).

Bei vorhandenem Gefälle bewegt sich die Kaltluftmasse gravitativ in Richtung des niedrigsten Geländebereichs (Bendix, 2004). Ähnlich wie beim Flurwind handelt es sich bei dem Kaltluftabfluss um eine in der Regel schwachdynamische Strömung, die durch die erhöhte urbane Rauigkeit bzw. durch Strömungshindernisse unterbunden bzw. stark eingeschränkt wird. In Abhängigkeit der Luftdruckdifferenz, der Hangneigung und des Höhenunterschiedes können Kaltluftabflüsse Fließgeschwindigkeiten von bis zu 3 m s^{-1} und eine Lufttemperaturdifferenz von bis zu 10 K im Vergleich zum überwärmten Innenstadtkern auftreten (Van Hove et al., 2011). In Kaltluftproduktionsgebieten kann sich pro Stunde eine bis zu 12 m mächtige Kaltluftschicht entwickeln.Die Kaltluftbildung und -verlagerung kann mit numerischen Kaltluftabflussmodellen quantifiziert und visualisiert werden, z. B. mit dem Kaltluftabflussmodell KLAM_21 des Deutschen Wetterdienstes.

Als wichtige Eingangsparameter benötigt das Modell die Flächennutzung des Untersuchungsgebietes sowie ein digitales Geländemodell zur Berechnung von u. a. Geländeexposition, Kaltluftleitbahnen und Kaltluftmächtigkeiten.

In Rahmen stadtplanerischer Abwägungsprozesse sowie in der Bauleitplanung sollte versucht werden, eine Lufttemperaturminderung bzw. eine Reduktion der lufthygienischen Belastung durch das gezielte Heranführen von lufthygienisch unbelasteter, kalter Luft aus dem Umland über Luftleitbahnen in das überwärmte Stadtgebiet zu erreichen.

Definition: Bauleitpläne

Vorbereitende Bauleitplanung (Flächennutzungsplanung)
Zentrales Instrument zur Steuerung der gemeindlichen Entwicklung ist der Flächennutzungsplan. Der Flächennutzungsplan stellt für das Gemeindegebiet „*die sich aus der beabsichtigten städtebaulichen Entwicklung ergebene Art der Bodennutzung nach den voraussehbaren Bedürfnissen der Gemeinde*“ dar (§5 BauGB).
Verbindliche Bauleitplanung (Bebauungsplanung)
Der Bebauungsplan stellt die konkreteste Form der räumlichen Gesamtplanung dar. Da er verbindlich ist, entfaltet er unmittelbare Rechtswirkung. Bebauungspläne werden auf Grundlage des Flächennutzungsplans entwickelt (§8 Abs. 2 BauGB). Während der Flächennutzungsplan die allgemeine Art und das Maß der allgemeinen städtebaulichen Nutzung ausweist, regelt der Bebauungsplan die konkrete und differenzierte Art und das Maß der baulichen Nutzung.

Bereits Anfang der 1990er Jahre wurden Kriterien für Luftleitbahnen definiert, die zur Aufrechterhaltung schwachwindiger Ausgleichströmungen beitragen sollen (Mayer et al., 1994). Die Luftleitbahnen können, je nach Art und Eigenschaft der transportierten Luftmasse, unterschiedliche Funktionen erfüllen (Tab. 4.5).

Tab. 4.5: Differenzierung urbaner Luftleitbahnen (nach Mayer et al., 1994).

Ventilationsbahn	Luftleitbahn mit unterschiedlichem thermischen und lufthygienischen Niveau
Kaltluftbahn	Luftleitbahn mit kühleren Luftmassen in Bezug zum Siedlungskörper, jedoch unterschiedlichem lufthygienischen Niveau
Frischluftbahn	Luftleitbahn mit lufthygienisch unbelasteter Luftmasse, allerdings unterschiedlichem thermischen Niveau

Als Anforderungen an Flächen zur Eignung als funktionsfähige Luftleitbahnen gelten folgende Randbedingungen (nach MAYER et al., 1994):

- Längen-Breitenverhältnis von etwa 20:1,
- Hindernisbreite innerhalb der Luftleitbahn < 10 % der Breite der Luftleitbahn,
- Hindernishöhe innerhalb der Luftleitbahn < 10 m,
- aerodynamische Rauigkeitslänge $z_0 < 0{,}5$ m,
- bei mehreren Hindernissen innerhalb der Luftleitbahn sollte das Verhältnis von Hindernishöhe zu horizontalem Abstand der Hindernisse < 0,1 für Gebäude und < 0,2 für Bäume sein,
- keine Bebauungs- und Bewuchsvorsprünge an den Rändern,
- die längere Seite eines Hindernisses sollte parallel zur Achse der Luftleitbahn ausgerichtet sein.

An die Funktion einer Luftleitbahn gelten besondere Anforderungen, die nachfolgend in Tabelle 4.6 zusammengestellt sind. Kaltluft kann, wenn diese in Reinluftgebieten gebildet wurde, zu einer nächtlichen Belüftung schadstoffbelasteter Siedlungsräume beitragen. Jedoch gilt gerade bei diesem zweiten Punkt zu beachten, dass bodennahe, kalte Luftmassen aber auch auf ihrem Weg Luftbeimengungen (Verkehrsemissionen, Geruchsstoffe, etc.) aufnehmen und transportieren können. Führt die Kaltluft zu viele Schadstoffe mit sich, kann ihr Zufluss unvorteilhaft sein. Grundsätzlich ist es aus der Sicht der Regionalplanung von großer Bedeutung, potentielle Kaltluftabflüsse in einem Gebiet sowohl qualitativ als auch quantitativ zu bestimmen. Bekannte Beispiele für lokal wirksame Kaltluftabflüsse sind u. a. der „Höllentäler", der das Stadtgebiet von Freiburg aus dem Schwarzwald oder der „Rohrackertäler", der das Neckartal in Stuttgart in den Abend- und Nachtstunden mit kühler und frischer Luft versorgt.

Tab. 4.6: Luftleitbahnen und ihre Eignung für den Transport kühlerer Luftmassen (verändert nach KUTTLER, 1998).

Luftleitbahn	Eigenschaften	Eignung
Ein- und Ausfallstraßen	• geringe Rauigkeitslänge • am Tage starke Aufheizung der Bodenoberfläche (Labilisierung der bodennahen Luftschicht) • nachts langsame Abkühlung der Oberfläche • Kfz-Emissionen • Belastung durch Hausbrandemissionen der straßenbegleitenden Gebäude im Winter	Die Eignung ist nicht ohne Weiteres gegeben; eine Luftqualitätsanalyse ist hinsichtlich der potentiellen Immissionen ratsam. Eine Verbesserung der Luftqualität ist kaum zu erwarten.

Bahntrassen	• geringe Rauigkeitslänge • am Tage starke Aufheizung der Bodenoberfläche (Labilisierung der bodennahen Luftschicht) • nachts starke Abkühlung der Schotterflächen (Stabilisierung der bodennahen Luftschicht)	Sollte auf diesen Flächen kein Diesellokbetrieb herrschen, ist die Eignung zu empfehlen; ansonsten sind keine Verbesserungen der Luftqualität zu erwarten.
Grünflächen und Parkanlagen	• teilweise geringe Rauigkeitslänge • am Tage kaum Aufheizung der Bodenoberfläche (Stabilisierung der bodennahen Luftschicht) • Möglichkeit der Entwicklung einer Eigenwindzirkulation • keine Freisetzung von Emissionen • Filterung luftgetragener Inhaltsstoffe	Die Eignung ist zu empfehlen und eine Verbesserung der Luftqualität zu erwarten.
Fließ- und Stillgewässer	• äußerst geringe Rauigkeitslänge • am Tage, bei entsprechender Größe, kaum Aufheizung (Stabilisierung der bodennahen Luftschicht) • Möglichkeit der Entwicklung einer Eigenwindzirkulation • geringe Freisetzung von Emissionen (Ausnahme: Bundeswasserstraßen) • Senke für luftgetragene Inhaltsstoffe	Die Eignung ist zu empfehlen und eine Verbesserung der Luftqualität zu erwarten. Allerdings kann der warme Wasserkörper (nachts) den thermischen Effekt der Leitbahn minimieren.

Eine genaue Prüfung von Luftleitbahnen kann die Relevanz einer solchen Fläche für ein funktionierendes Stadtbelüftungssystem herausstellen. Gegebenenfalls sollten diese Bereiche nicht für eine neue Bebauung freigegeben werden. Potenzielle Ventilationsbahnen sind aus klimatologischer Sicht als sehr sensible Flächen zu betrachten. Wie bereits dargelegt können bereits kleine Hindernisse den Kaltlufttransport beeinträchtigen. Zur Sicherstellung einer adäquaten Stadtbelüftung über intraurbane Grünflächen und Frischluftschneisen muss durch Bebauungsgrenzen dafür Sorge getragen werden, dass diese Bereiche auch tatsächlich freigehalten werden (Henninger, 2011).

5 Urbane Luftqualität

Das Kapitel im Überblick:
- Die Luftqualität hat sich in den vergangenen Jahren innerhalb Deutschlands sowie der Europäischen Union prinzipiell verbessert.
- Die Luftqualität in Städten ist im Vergleich zum Umland allerdings weiterhin deutlich beeinträchtigt.
- Feinstaub und Stickstoffdioxid sind die zentralen Probleme der städtischen Luftreinhaltung.
- Die urbane Luftqualität ist durch eine ausgeprägte raum-zeitliche Variabilität charakterisiert.

5.1 Eigenschaften und Bewertungsmaßstäbe urbaner Luftqualität

In den vergangenen Jahrzenten wurden weltweit Gesetze und Vorschriften zur Reinhaltung der Luft umgesetzt, um die Konzentration von Schadstoffen in der Atemluft zum Schutz der menschlichen Gesundheit zu regulieren. Zu den bekannten Regelwerken der Luftqualitätsgesetzgebung gehört der nordamerikanische *„Clean Air Act"* aus dem Jahre 1990 sowie die europäische Richtlinie 2008/50/EG über Luftqualität und saubere Luft für Europa. In diesen Verordnungen sind für gesundheitsrelevante Spurenstoffe verbindliche Immissionsgrenzwerte auf der Basis von Stunden-, Tages- oder Jahresmittelwerten festgelegt (vgl. Tab. 5.1). Die unterschiedlichen Zeitbezüge der Grenzwerte dienen zum Schutz vor Kurz- und Langzeiteffekten durch Luftbelastung, d. h. vor Effekten kurzzeitiger Exposition gegenüber Spitzenkonzentrationen sowie längerfristiger (chronischer) Exposition gegenüber geringeren Konzentrationen (Brook et al., 2010; Hoek et al., 2013). In Deutschland regelt die 39. Verordnung zur Durchführung des Bundes-Immissionsschutzgesetzes (39. BImschV) die Umsetzung der europäischen Richtlinie 2008/50/EG in nationales Recht. Zur Überwachung der Spurenstoffexposition werden die Messungen an Standorten durchgeführt, die von typischen Konzentrationsniveaus unterschiedlich belasteter Luftmassen charakterisiert sind (Van Dingenen et al., 2004). Dazu zählen:

- *Ländlicher Hintergrund:* zur Beschreibung der Exposition in Luftmassen ohne lokalen Einfluss direkter Emissionsquellen bzw. in größerer Distanz (10 – 50 km) zu städtischen Emissionsquellen (Industrie, Hausbrand, Verkehr)
- *Städtischer Hintergrund:* zur Charakterisierung einer „typischen" städtischen Luftqualität mit Einfluss unterschiedlicher Quellen aus Hausbrand, Gewerbe und Verkehr, jedoch ohne hohen Verkehrseinfluss (d. h. < 2.500 Fahrzeuge pro Tag in einem Entfernungsradius von 50 m)
- *Verkehrsnahe Standorte:* zur Charakterisierung des Einflusses höherer Verkehrsbelastung, häufig in Straßenschluchten mit hoher Verkehrsintensität

Tab. 5.1: Immissionsgrenzwerte zum Schutz der menschlichen Gesundheit und zur Beurteilung der Luftqualität nach 39. BImschV bzw. 2008/50/EG. Zum Vergleich sind die Luftqualitätsrichtwerte der Weltgesundheitsorganisation (WHO) angegeben, die allerdings keine rechtliche Verbindlichkeit in der Europäischen Union besitzen (WHO, 2006).

Luftinhaltsstoff	Zeitbezug	Grenzwert	Bemerkung	Gültig seit
Schwefeldioxid (SO_2)	Stundenwert	350 µg m^{-3}	24 zulässige Überschreitungen pro Jahr	2005
	Tagesmittel	125 µg m^{-3}	3 zulässige Überschreitungen pro Jahr	2005
	Tagesmittel	20 µg m^{-3}	WHO Richtwert	2005
Stickstoffdioxid (NO_2)	Stundenmittel	200 µg m^{-3}	18 zulässige Überschreitungen pro Jahr	2010
	Stundenmittel	200 µg m^{-3}	WHO Richtwert	2005
	Jahresmittel	40 µg m^{-3}	-	2010
	Jahresmittel	40 µg m^{-3}	WHO Richtwert	2005
Ozon (O_3)	Stundenwert	180 µg m^{-3}	Informationsschwelle	2010
	Stundenwert	240 µg m^{-3}	Alarmschwelle	2010
	Achtstundenwert	120 µg m^{-3}	an höchstens 25 Tagen im Jahr	2010
	Achtstundenwert	100 µg m^{-3}	WHO Richtwert	2005
Kohlenmonoxid (CO)	Achtstundenwert	10 mg m^{-3}	35 zulässige Überschreitungen pro Jahr	2005
Partikelmasse (PM_{10})	Tagesmittel	50 µg m^{-3}	35 zulässige Überschreitungen pro Jahr	2005
	Tagesmittel	50 µg m^{-3}	3 zulässige Überschreitungen pro Jahr, WHO Richtwert	2005
	Jahresmittel	40 µg m^{-3}	-	2005
	Jahresmittel	20 µg m^{-3}	WHO Richtwert	2005
Partikelmasse ($PM_{2.5}$)	Jahresmittel	25 µg m^{-3}	-	2015
	Jahresmittel	10 µg m^{-3}	WHO Richtwert	2005
	Tagesmittel	25 µg m^{-3}	3 zulässige Überschreitungen pro Jahr, WHO Richtwert	2005

Die Situation der städtischen Luftqualität hat sich während der vergangenen Jahre, auch aufgrund prozesstechnischer Optimierungen und Entwicklungen im Bereich der Filtertechnik, deutlich verbessert. In Deutschland lässt sich die positive Entwicklung der Immissionskonzentrationen flächenhaft nachweisen, d. h. an ländlichen Standorten in ähnlicher Weise wie an städtischen Luftqualitätsmessstationen (s. dazu Abb. 5.1 und Tab. 5.2). Die stärksten prozentualen Rückgänge in der Immissionskonzentration der in der 39. BImschV geregelten Spurenstoffe zeigen sich im Zeitraum zwischen dem Jahr 2000 und 2016 für SO_2 und CO mit 74 % bzw. 32 % Rückgang des Jahresmittelwertes im städtischen Hintergrund. Während für die O_3-Konzentration kein signifikanter Trend vorliegt, lassen sich für die übrigen Spurenstoffe ebenfalls deutliche Verminderungen der Immissionskonzentration nachweisen.

Tab. 5.2: Jahresmittelwerte für ausgewählte Bezugsjahre im Zeitraum 2000 – 2016 an den Stationstypen verkehrsnaher Standort, städtischer Hintergrund sowie ländlicher Hintergrund. Der Trend für den Gesamtzeitraum berechnet sich auf Basis der Jahresmittelwerte 2000 – 2016. Als Schätzer wurde der „Theil-Sen Trend“ berechnet, in Klammern prozentualer Trend mit dem Bezugsjahr 2000. Für O_3 sind keine verkehrsnahen Standorte verfügbar, $PM_{2.5}$ Messungen liegen erst seit dem Jahr 2008 vor, keine Messungen im ländlichen Hintergrund. # Kein signifikanter Trend (Datenbasis: Jahresmittelwerte; in die Auswertung sind mindestens 37 Stationen im ländlichen Hintergrund, 64 Stationen im städtischen Hintergrund sowie 100 verkehrsnahe Standorte eingegangen. Datenquelle: Auswertungen des Umweltbundesamtes mit Daten der Luftmessnetze der Länder und des Bundes, 2017).

Luftinhaltsstoff	Stationstypisierung	Jahresmittelwert				Trend	
		2000	2005	2010	2015	2000-2016	
Stickstoffdioxid (NO_2) in µg m^{-3}	Ländl. Hintergrund	13,1	12,9	12,1	10,0	-3,8	(-29 %)
	Städt. Hintergrund	26,2	25,2	24,2	21,2	-5,3	(-20 %)
	Verkehrsnah	45,8	47,0	44,0	39,6	-9,2	(-20 %)
Partikel (PM_{10}) in µg m^{-3}	Ländl. Hintergrund	17,4	18,2	16,8	14,3	-5,7	(-33 %)
	Städt. Hintergrund	25,1	23,5	21,7	18,0	-8,8	(-35 %)
	Verkehrsnah	33,5	31,8	28,0	22,8	-12,3	(-37 %)
Feine Partikel ($PM_{2.5}$) in µg m^{-3}	Ländl. Hintergrund						
	Städt. Hintergrund			17,4	12,8	-3,9	(-26 %)
	Verkehrsnah			19,6	14,6	-5,1	(-29 %)
Ozon (O_3) in µg m^{-3}	Ländl. Hintergrund	56	58	57	59	#	#
	Städt. Hintergrund	40	43	44	47	#	#
	Verkehrsnah						
Kohlenmonoxid (CO) in mg m^{-3}	Ländl. Hintergrund	0,24	0,22	0,21	0,20	#	#
	Städt. Hintergrund	0,40	0,32	0,32	0,26	-0,13	(-32 %)
	Verkehrsnah	0,77	0,59	0,47	0,39	-0,41	(-53 %)
Schwefeldioxid (SO_2) in µg m^{-3}	Ländl. Hintergrund	3,5	3,0	2,6	1,5	-2,2	(-63 %)
	Städt. Hintergrund	5,7	5,0	3,4	2,1	-4,2	(-74 %)
	Verkehrsnah	5,3	4,4	3,5	2,4	-2,4	(-46 %)

Ein weiteres Indiz für die Verbesserung der Luftqualität wird durch den deutlichen Rückgang der Anzahl von Überschreitungstagen der Partikelmasse PM_{10} beigesteuert (Abb. 5.1). Während der Grenzwert, der eine Überschreitung von bis zu

35 Kalendertagen pro Jahr mit einem Tagesmittelwert von > 50 µg m^{-3} toleriert, in den Jahren bis 2011 vor allem an den verkehrsnahen Stationen noch sehr häufig und regelmäßig überschritten wurde, hat sich die Situation in den letzten Jahren deutlich verbessert. Seit dem Jahr 2012 tritt eine Überschreitung des PM_{10}-Grenzwertes an weniger als 10 % der verkehrsnahen Stationen auf.

Für NO_2 ist die Situation weniger deutlich. Auch wenn ein Rückgang der Häufigkeit der Grenzwertüberschreitungen seit dem Jahr 2011 beobachtet werden kann, wurde der Grenzwert im Jahr 2016 weiterhin an 58 % aller verkehrsnahen Stationen nicht eingehalten.

Trotz der allgemeinen Verbesserung der bodennahen Luftqualität infolge gesetzgeberischer Initiativen ist die städtische Luftqualität, aufgrund der Vielzahl unterschiedlicher Emissionsquellen (u. a. Verbrennungsprozesse in Industrie und Gewerbe, im Verkehrssektor und aus dem Hausbrand) sowie der reibungsbedingten Verminderung des atmosphärischen Austauschs, jedoch weiterhin stark beeinträchtigt. Eine Übersicht über die Messstellen der einzelnen Bundesländer im Zeitraum zwischen 2000 und 2016 zeigt, dass die Spurenstoffkonzentrationen in der Stadt (städtischer Hintergrund) im Mittel um den Faktor 2 (Standardabweichung ± 0,07) für NO_2, den Faktor 1,5 (± 0,25) für CO sowie 1,3 (± 0,05) für PM_{10} im Vergleich zum ländlichen Hintergrund erhöht sind (Abb. 5.2). Während sich die zeitliche Entwicklung der Konzentrationsverhältnisse für NO_2 und PM_{10} während des Be-

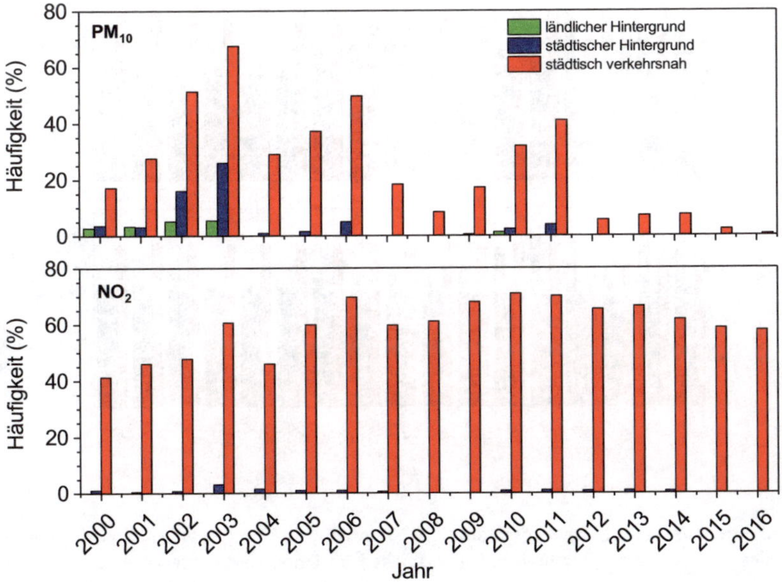

Abb. 5.1: Häufigkeit der Überschreitung des PM_{10}-Grenzwertes (oben, Basis: Tagesmittelwert) sowie des NO_2-Grenwertes (unten, Basis: Jahresmittelwert) an den Messstellen der Bundesländer in den Jahren 2000 – 2016. Die einzelnen Stationen sind nach den Stationstypen ländlicher Hintergrund, städtischer Hintergrund sowie verkehrsnahe Stationen zusammengefasst (verändert nach MINKOS et al., 2017).

trachtungszeitraums als recht stabil darstellt, ist für CO ein Rückgang zu verzeichnen, der v. a. auf die Emissionsminderung im Kfz-Verkehr durch Einführung des geregelten Katalysators bei Otto-Motoren zurückzuführen ist.

An verkehrsbelasteten Messstandorten treten in der Regel die höchsten Spurenstoffkonzentrationen auf. Die Dreidimensionalität der städtischen Bebauung führt zu einer erhöhten aerodynamischen Rauigkeit und damit, v. a. in eng bebauten Straßenschluchten, zu einer deutlichen Reduktion der bodennahen Windgeschwindigkeit auf Werte von bis zu 20 bis 30 % der Überdachgeschwindigkeit (vgl. Kap. 2.3.1). Die Emissionen des Kfz-Verkehrs werden weniger effektiv ausgetauscht, sodass sich Spurenstoffe in Bodennähe anreichern können. Die Zusatzbelastung liegt im Vergleich zum städtischen Hintergrund im Mittel bei der 1,8-fachen (± 0,04) Massenkonzentration für NO_2, dem Faktor 1,6 (± 0,22) für CO sowie dem Faktor 1,3 (± 0,03) für PM_{10} (Abb. 5.2b). Vielbefahrene Straßenschluchten gelten daher als "Hot-Spots" der städtischen Luftbelastung (s. Abb. 5.3).

Auf der globalen Maßstabsebene kommt eine Untersuchung der gegenwärtigen Situation der Luftqualität zu der Erkenntnis, dass knapp 90 % der Weltbevölkerung an ihren Wohnorten gegenüber einer Atemluft exponiert sind, die die von der Weltgesundheitsorganisation (WHO) festgelegten Grenzwerte im Jahresdurchschnitt

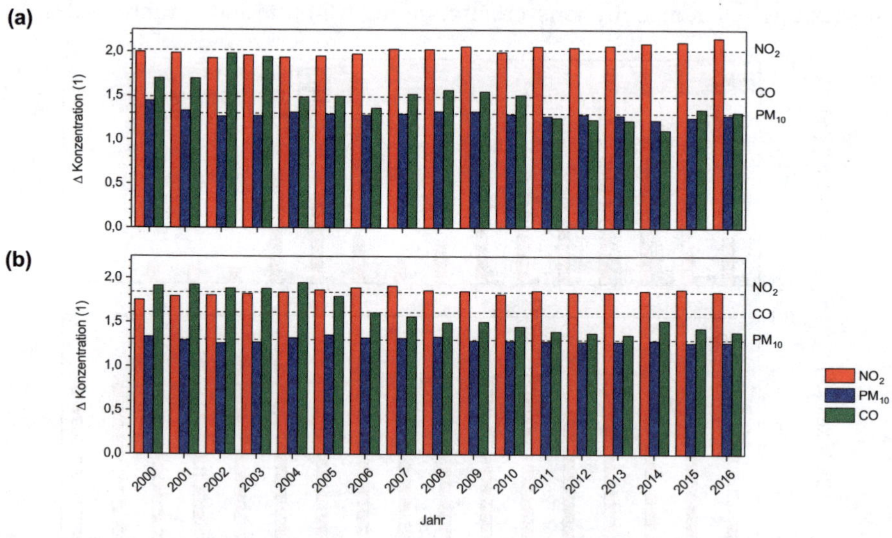

Abb. 5.2: Verhältnisse der Massenkonzentrationen von NO_2, PM_{10} und CO im Vergleich zwischen (a) Messstellen im städtischen Hintergrund und solchen im ländlichen Hintergrund und (b) zwischen verkehrsnahen städtischen Stationen und dem städtischen Hintergrund. Die gestrichelten horizontalen Linien kennzeichnen den Mittelwert des Betrachtungszeitraums 2000 – 2016 (Berechnung: ΔMassenkonzentration = städt. Hintergrund/ländlicher Hintergrund bzw. ΔMassenkonzentration = verkehrsnah/städt. Hintergrund. Datenbasis: Jahresmittelwerte, Datenquelle: Auswertungen des Umweltbundesamtes mit Daten der Luftmessnetze der Länder und des Bundes, 2017).

Abb. 5.3: Straßenschlucht Gladbecker Straße in Essen, Nordrhein-Westfalen, im Jahr 2008 (Foto: S. Weber).

zum Teil deutlich überschreiten (Brauer et al., 2016). Als Indikatorgröße wird in der Studie die Immissionskonzentration der feinen Partikelmassenfraktion ($PM_{2.5}$, Partikel mit aerodynamischem Durchmesser < 2,5 µm) zu Grunde gelegt. $PM_{2.5}$ wird in Deutschland seit 2008 an vielen Messstellen erfasst, um u. a. auf Emissionen aus Verbrennungsprozessen des Kfz-Verkehrs zu schließen. Die in der Arbeit von Brauer et al. (2016) als Bewertungsmaßstab herangezogenen Luftqualitätsrichtwerte der WHO sind deutlich ambitionierter als bspw. die der Europäischen Union (vgl. Tab. 5.1), dennoch verdeutlicht das Ergebnis, dass die Beeinträchtigung der Luftqualität ein ernstzunehmendes Umweltproblem mit einer hohen Gesundheitsrelevanz darstellt (Lelieveld et al., 2015; Lelieveld, 2017). In Kombination mit einer hohen Zahl von gegenüber den erhöhten Spurenstoffkonzentrationen exponierten Personen stellt die Situation und die Reinhaltung der städtischen Luft eine besondere Herausforderung dar. In den aufstrebenden Schwellen- und Entwicklungsländern ist die urbane Luftqualität durch die mit dem starken Wirtschaftswachstum erhöhte Emission von Luftschadstoffen gegenwärtig massiv beeinträchtigt, sodass z. B. die Ballungsräume in Indien (Delhi) und China (Beijing) unter enormen Luftqualitätsproblemen leiden (Chan u. Yao, 2008; Kumar et al., 2015; He et al., 2016).

Die Situation der urbanen Luftqualität ist in ihrer raum-zeitlichen Ausprägung äußerst komplex. In der bodennahen städtischen Atmosphäre werden gas- und partikelförmige Spurenstoffe aus einer Vielzahl unterschiedlicher Emissionsquellen freigesetzt. Diese sind nachfolgend unterschiedlichen atmosphärischen Transformations- und Reaktionsprozessen (sog. Transmission) ausgesetzt und werden durch stadtklimatische Faktoren beeinflusst. Im Rahmen dieses Lehrbuchs kann nur ein stark fokussierter Blick auf die Situation der städtischen Luftqualität gegeben werden, der sich im Folgenden auf die in der 39. BImschV grenzwertbehafteten Spurenstoffe konzentriert (vgl. Tab. 5.1). Mit dieser Auswahl sind jedoch gleichzeitig die wesentlichen urbanen Luftbeimengungen, d. h. die urbanen Leitsubstanzen, abgedeckt.

5.2 Die wichtigsten urbanen Luftschadstoffe

5.2.1 Stickoxide (NO_x, NO_2, NO)

Unter dem Begriff „Stickoxide" werden Gase zusammengefasst, die aus Stickstoff sowie Sauerstoffatomen bestehen und verschiedene Oxidationsstufen aufweisen. Für die städtische Luftqualität sind Stickstoffmonoxid (NO) und Stickstoffdioxid (NO_2) von besonderer Bedeutung, die als Stickoxide ($NO_X = NO + NO_2$) zusammengefasst werden. Die wichtigsten Emissionsquellgruppen für NO_X sind Verbrennungsprozesse im Straßenverkehr, in Kraftwerken (Kohle, Gas), bei industriellen Prozessen sowie im Hausbrand. Stickstoffdioxid ist gesundheitsschädlich und kann die Lungenfunktion beeinträchtigen sowie zur Reizung der Atemwege beitragen (WHO, 2006). Zusätzlich haben NO und NO_2 einen Einfluss auf das bodennahe Ozon in der Stadtatmosphäre, das in Kapitel 5.2.3 näher erläutert wird.

Stickstoffdioxid gilt neben der Partikelmassenkonzentration PM_{10} gegenwärtig als zentrales Problem der Luftreinhaltung in Städten. Während beim Feinstaub seit 2010 deutliche Fortschritte bezüglich der Reduktion der Immissionskonzentrationen gemacht werden konnten, sinkt die NO_2-Belastung der Luft nur in geringerem Umfang (vgl. Abb. 5.1). Im Jahr 2016 wurde beispielsweise der seit 2010 einzuhaltende EU-Jahresmittel-Grenzwert von 40 µg m^{-3} deutschlandweit an mehr als der Hälfte der verkehrsnahen Messstandorte überschritten. Eine Auswertung von Luftqualitätsdaten verkehrsnaher Messstellen aus 36 europäischen Städten zeigt, dass maximale NO_2-Konzentrationen in der 3,2-fachen Höhe im Vergleich zu einer Messstelle im städtischen Hintergrund auftreten können (Cyrys et al., 2012). Im Gegensatz zu PM_{10} spielten Kurzfristüberschreitungen auf Basis des NO_2-Tagesmittels keine Rolle. Der Tagesgrenzwert wurde im Jahr 2016 an nur < 1 % der verkehrsnahen Stationen nicht eingehalten (Minkos et al., 2017).

Die NO_2-Immissionskonzentration in der städtischen Atmosphäre steht in einer engen Abhängigkeit zur Kraftfahrzeugdichte und -fahrleistung. Seit 1991 ist die Gesamtfahrleistung aller Pkw in Deutschland um 31 %, von $469 \cdot 10^9$ km auf $636 \cdot 10^9$ km im Jahr 2015 angestiegen. Gleichzeitig stieg auch der Anteil der Dieselmotoren am Pkw-Bestand von knapp 12 % auf 32 % (Abb. 5.4).

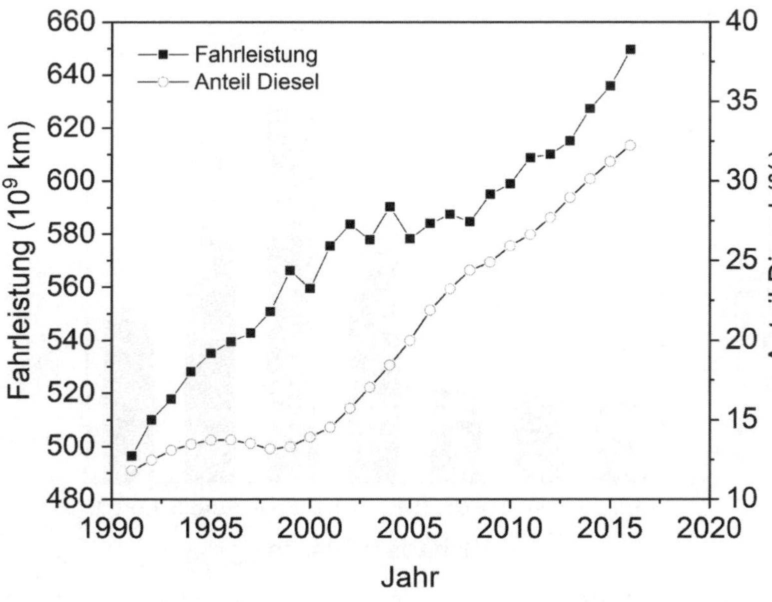

Abb. 5.4: Zeitliche Entwicklung der Fahrleistung von Pkw und Kombi pro Jahr im Zeitraum von 1990 bis 2016 sowie der Anteil der Dieselmotoren an der Gesamtflotte von Pkw (Daten nach: Bundesministerium für Verkehr und digitale Infrastruktur, 2017).

Prinzipiell wird NO_x bei Verbrennungsprozessen in Fahrzeugmotoren hauptsächlich als NO emittiert und nachfolgend in der Atmosphäre zu NO_2 oxidiert (HEALTH EFFECTS INSTITUTE, 2010). Allerdings wurde in den vergangenen Jahren eine Zunahme der direkten Emission von NO_2 beobachtet, die vor allem auf den steigenden Anteil von Dieselfahrzeugen an der Gesamtfahrzeugflotte zurückzuführen ist (CARSLAW, 2005). Während bei Ottomotoren mit 3-Wege-Katalysator kaum direkte NO_2-Emissionen auftreten, ist der Anteil der direkten Emission bei Dieselmotoren durchaus relevant (CARSLAW et al., 2016). In Dieselfahrzeugen wurden zur Abgasnachbehandlung Oxidationskatalysatoren eingesetzt, um bspw. zur Einhaltung der EURO-3-Schadstoffnorm die Emissionen von CO und Kohlenwasserstoffen zu kontrollieren. Der dabei anfallende Überschusssauerstoff führt jedoch zu einer verstärkten Oxidation von NO zu NO_2.

Zur Minderung der Rußemission wurden mit der EURO-5-Schadstoffnorm Dieselpartikelfilter eingesetzt. Um die Funktionsfähigkeit des Filters zu gewährleisten, wird in bestimmten Temperaturbereichen der Abgasnachbehandlung NO_2 zur Oxidation genutzt, mit der Folge einer weiteren Zunahme des NO_2/NO_x-Verhältnisses (CARSLAW et al., 2016). In Fahrzeugen mit Typgenehmigungen der EURO-6-Schadstoffnorm werden Prozesse der katalytischen Reduktion von NO_x (z. B. mit Zusatz von Harnstoff oder CO) in SCR-Katalysatoren (*selective catalytic reduction*) oder NO_x-Speicherkatalysatoren zur Anwendung gebracht. Die Entwick-

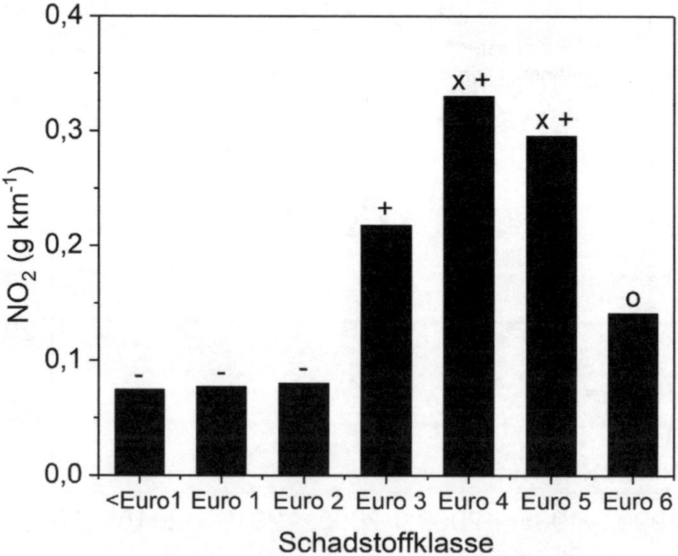

Abb. 5.5: Änderung der festgeschriebenen NO_2-Emission aus Dieselfahrzeugen: – ohne Dieseloxidationskatalysator, + mit Dieseloxidationskatalysator, x mit Dieselpartikelfilter, o Einführung SCR Katalysatoren und NO_x-Speicherkatalysator (Die Daten basieren auf dem UK National Atmospheric Emissions Inventory, nach CARSLAW et al., 2016).

lung der direkten NO_2 Emission ist demnach eng mit der Entwicklung der Motortechnik sowie der Emissionsgrenzwertfestsetzung verknüpft (Abb. 5.5).

5.2.2 Partikel (PM_{10}, $PM_{2.5}$)

Die Konzentrationen luftgetragener Partikel (Aerosole) in der bodennahen Luftschicht stellen ein weiteres aktuelles Problem im Bereich der städtischen Luftreinhaltung dar. Seit dem Jahr 2005 ist der EU-Grenzwert für die Massenkonzentration von Partikeln mit einem aerodynamischen Durchmesser < 10 µm (PM_{10}, umgangssprachlich: Feinstaub) sowie seit 2015 für Partikel < 2,5 µm ($PM_{2.5}$) in Kraft. Insbesondere in den ersten Jahren seit Einführung des PM_{10}-Grenzwertes wurde dieser in vielen Kommunen Deutschlands regelmäßig überschritten (vgl. Tab. 5.3).

Tab. 5.3: Anzahl der Tage mit Grenzwertüberschreitung von > 50 µg m^{-3} für PM_{10} (Wert darf an nicht mehr als 35 Tagen pro Kalenderjahr überschritten werden) in den Landeshauptstädten im Zeitraum von 2003 – 2017. Jahre mit Überschreitung des Grenzwertes sind fett gedruckt (Zusammenstellung der Daten des Umweltbundesamtes, erstellt aus Daten der Messnetze der Länder und des Bundes vom August 2018).

	Jahr								
Landeshauptstadt	**2003**	**2005**	**2007**	**2009**	**2011**	**2013**	**2015**	**2016**	**2017**
Kiel	32	7	11	10	30	12	20	3	13
Hamburg	**50**	**45**	27	15	**46**	11	18	7	7
Schwerin	29	13	3	3	23	7	10	3	8
Bremen	**63**	**82**	**41**	32	**44**	18	15	7	14
Hannover	**130**	**62**	8	7	14	2	14	6	9
Potsdam	29	**56**	20	21	**55**	19	27	15	19
Berlin	**114**	**74**	30	73	**54**	28	**36**	14	27
Düsseldorf	31	**69**	**64**	**47**	**41**	27	14	13	15
Magdeburg	**56**	22	16	18	**51**	**53**	12	6	15
Wiesbaden	27	18	20	13	25	11	8	2	9
Erfurt	**94**	**49**	28	**38**	**40**	23	10	3	7
Dresden	**68**	**78**	27	**42**	**46**	34	21	10	19
Mainz	**77**	**47**	34	31	37	19	15	7	18
Saarbrücken	7	18	21	14	34	9	7	7	9
Stuttgart	**60**	**187**	**110**	**112**	**89**	**91**	**72**	**63**	**45**
München	**123**	**107**	**53**	**52**	**48**	**39**	13	15	21

Als Emissionsquellen für primäre Partikel, d. h. solche, die direkt aus Quellen emittiert werden, kommen Verbrennungsprozesse sowie mechanischer Abrieb in den Quellkategorien Verkehr, Industrie, Gewerbe und Hausbrand sowie natürliche Quellen (z. B. Aufwirbelung von Bodenmaterial oder Seesalz) in Frage. Zudem leistet die sekundäre Bildung von Partikeln durch chemische Reaktion aus gasförmigen Vorläufern einen wichtigen Beitrag zur Partikelkonzentration in der Grenzschicht. Ein Forschungsfeld stellt in diesem Zusammenhang die Untersuchung von Nukleationsereignissen dar, bei denen die Neubildung von Partikeln (engl. *new particle formation*) aus gasförmigen Vorläufern entweder an einzelnen Stationen auftritt oder nahezu gleichzeitig auf regionaler Skala (Stationen mit > 100 km Distanz) beobachtet werden kann (Kulmala et al., 2004; Hussein et al., 2008; Nieminen et al., 2018).

Partikel treten aufgrund der unterschiedlichen Emissionsquellen in der Atmosphäre über einen weiten Durchmesserbereich auf, der mehrere Größenordnungen umfasst (s. Abb. 5.6). Prinzipiell weisen direkte Partikelemissionen aus Verbrennungsprozessen kleinere Durchmesser auf ($D_p < 0,1$ bzw. $D_p < 1$ µm), solche aus mechanischem Abrieb werden in größeren Durchmesserbereichen freigesetzt ($D_p > 2,5$ µm). Die Messung der grenzwertrelevanten Massenkonzentrationen PM_{10} und $PM_{2.5}$ bietet daher die Möglichkeit, eine Rückführung auf die wesentlichen Emissionsquellen vorzunehmen.

Aufgrund von Erkenntnissen aus epidemiologischen und toxikologischen Studien wird Partikeln eine gesundheitsschädigende Relevanz beigemessen, da diese über die Inhalation der Atemluft weit in den Körper vordringen und dort Entzündungsreaktionen auslösen können. Als schädliche Gesundheitseffekte durch Partikel sind u. a. Atemwegs-, Herz- und Lungenerkrankungen belegt (Pope u. Dockery, 2006; Brook et al., 2010; Hei, 2013; Shiraiwa et al., 2017). Gesundheitliche Effekte durch Partikel können bereits bei Massenkonzentrationen deutlich unterhalb der gegenwärtigen europäischen Grenzwerte auftreten, wie z. B. in einer epidemiologischen Studie in Kanada belegt werden konnte (Crouse et al., 2012).

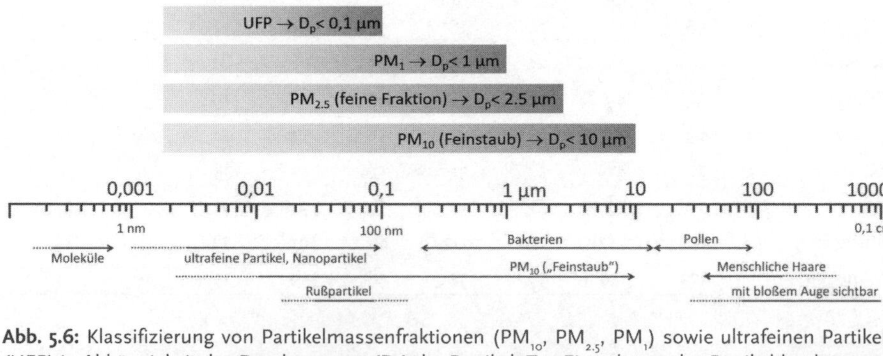

Abb. 5.6: Klassifizierung von Partikelmassenfraktionen (PM_{10}, $PM_{2.5}$, PM_1) sowie ultrafeinen Partikeln (UFP) in Abhängigkeit des Durchmessers (D_p) der Partikel. Zur Einordnung des Partikeldurchmessers sind weitere Größenvergleiche angegeben.

In jüngerer Vergangenheit rückte die Betrachtung feiner (< 1 µm, PM_1) und ultrafeiner Partikel (< 0,1 µm, UFP) zunehmend ins wissenschaftliche Interesse. UFP sind vor allem in der städtischen Atmosphäre von einer hohen Anzahlkonzentration gekennzeichnet und können aufgrund ihres geringen Durchmessers weit in den menschlichen Körper vordringen. Verschiedene umweltmedizinische Studien bescheinigen den UFP ein hohes gesundheitsgefährdendes Potential (PETERS et al., 1997; BRUNEKREEF u. HOLGATE, 2002; OBERDÖRSTER u. UTELL, 2002; LEITTE et al., 2010; KUMAR et al., 2013; HEI, 2013). Der Grenzwert für die Partikelfraktionen PM_{10} und $PM_{2.5}$ ist als Massenkonzentrationen definiert, d. h. als Masse der Partikel pro Volumeneinheit Luft (µg m^{-3}). Ultrafeine Partikel liegen in der städtischen Atmosphäre zwar in einer hohen Anzahlkonzentration (Partikelanzahl pro Volumeneinheit Luft, Partikel cm^{-3}) vor, machen aber nur einen geringen Anteil an der Massenkonzentration von $PM_{2.5}$ oder PM_{10} aus. Abbildung 5.7 zeigt eine typische städtische Größenverteilung von Partikeln als Anzahlkonzentration (rote Line) sowie als Masseverteilung (grüne Linie). Während die Masse vor allem von Partikeln im Größenbereich bei $D_p \approx 10$ µm bzw. $D_p \approx 0{,}5$ µm dominiert wird, ist die Anzahlkonzentration von Partikel $D_p < 100$ nm (= UFP) bestimmt. Der Anteil von UFP trägt wiederum kaum zur Massenkonzentration bei, wie ein Vergleich mit der grünen Kurve der Massenverteilung belegt. Zur Untersuchung gesundheitlicher Effekte

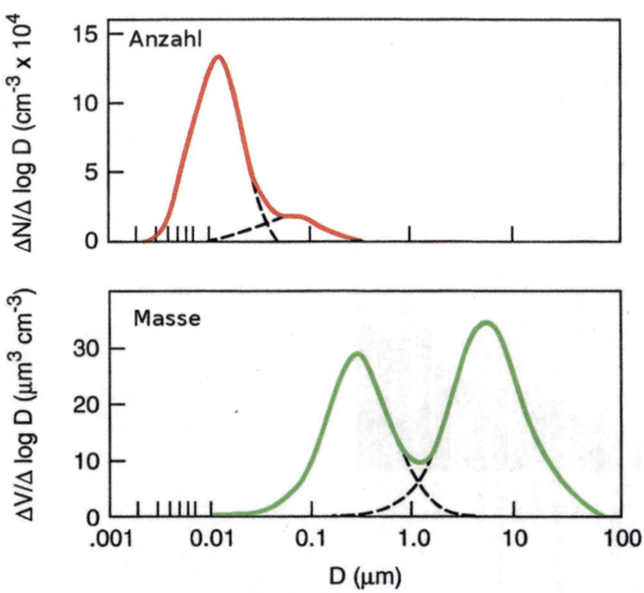

Abb. 5.7: Darstellung einer typischen urbanen Partikelanzahlgrößenverteilung gewichtet nach der Anzahl der Partikel (rote Linie) sowie der Masse der Partikel (grüne Linie). Die Konzentration ist nach dem logarithmischen Abstand der Größenkanäle normiert (log D_p). Das Integral unter der Kurve ist proportional zur Konzentration (verändert nach SEINFELD u. PANDIS, 2016).

einer hohen UFP-Anzahlkonzentration sind entsprechende Messdaten von großer Bedeutung, da Anzahleffekte aufgrund mangelnder Korrelation mit Partikelmassenkonzentrationen nicht aus diesen abgeleitet werden können. Für die Partikelfraktionen PM_1 sowie UFP ist dennoch kein gesetzlicher Grenzwert festgelegt und momentan ist auch nicht absehbar, dass in den kommenden Jahren über eine Grenzwertgebung auf europäischer Ebene verhandelt wird.

Abbildung 5.8 zeigt eine geographische Übersicht der Messstandorte des „*German Ultrafine Aerosol Networks*" (GUAN, Birmili et al., 2016). Die Anzahlkonzentrationen der UFP lassen eine deutliche Affinität zum Standort der Messungen erkennen, d. h. je größer die Verkehrsexposition des Standortes, desto höher die resultierende Immissionskonzentration von UFP. Die Konzentrationen weisen im Mittel eine deutliche Abstufung je nach Stationstyp, d. h. Verkehr > urbaner Hintergrund > ländlicher Hintergrund > Bergstation, auf.

Die Messung der Größenverteilung von Partikeln über einen breiten Durchmesserbereich von bspw. $10\,nm < D_p < 10\,\mu m$ bietet die Möglichkeit, Konzentrationspeaks in der Größenverteilung typischen Emissionsquellen zuzuordnen (Wegner et al., 2012; Hussein et al., 2014). Auspuffemissionen von mit Ottomotoren betriebenen Fahrzeugen werden z. B. einem Durchmesserbereich von $15 < D_p < 80$ nm zugeordnet, während Emissionen von Dieselfahrzeugen (v. a. Ruß) in einem Durchmesserbereich von $60 < D_p < 160$ nm liegen (Harris u. Maricq, 2001; Morawska et al., 2008; Bond et al., 2013). Ruß ist als toxisch einzustufen und laut WHO mit verschiedenen gesundheitlichen Kurz- und Langzeiteffekten verknüpft. Mit Hinblick auf die urbane Luftreinhaltung ist die Verminderung der Rußkonzentration daher von besonderer Bedeutung (Janssen et al., 2012). Auch wenn der generelle Trend der Ruß-Konzentrationen eher rückläufig ist (Birmili et al., 2015), können insbesondere an verkehrs-

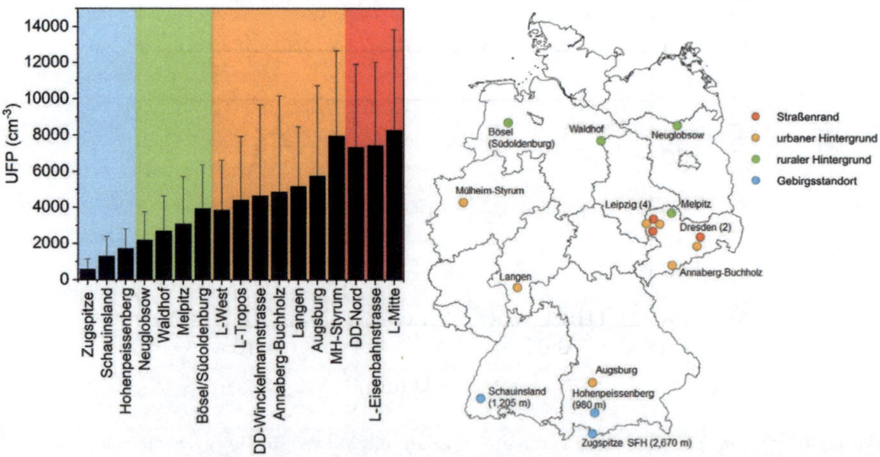

Abb. 5.8: Mittlere UFP-Konzentrationen und Standardabweichungen (Fehlerbalken) für den Zeitraum 2009 – 2014 an den Standorten des GUAN-Messnetzes (Daten aus Birmili et al., 2015).

belasteten Standorten weiterhin hohe Rußkonzentrationen auftreten (SINGH et al., 2018). Vor allem von Dieselfahrzeugen werden Rußpartikel in hohen Mengen ausgestoßen, insofern diese nicht mit Dieselpartikelfiltern ausgerüstet sind. Die Einführung von Umweltzonen kann zu einer Verminderung der Rußkonzentration beitragen, wenn die Maßnahme zur Modernisierung der Fahrzeugflotte mit einem höheren Anteil von modernen Dieselfahrzeugen mit Partikelfilter führt (s. dazu Kap. 5.3).

Die chemische Analytik von Partikelproben bietet in Kombination mit unterschiedlichen statistischen Verfahren ebenfalls die Möglichkeit der Zuordnung zu Quellgruppen. Die Untersuchung und Zuweisung von Emissionsquellen wird in der Literatur als sog. *„source apportionment"* bezeichnet (QUASS et al., 2013). Aufgrund der komplexen und weitumfassenden Thematik kann im Rahmen dieses Lehrbuches nur ein Schlaglicht auf die wesentlichen Eigenschaften partikulärer Luftbelastung in Städten geworfen werden. Eine detaillierte Darstellung der physiko-chemischen Eigenschaften des Aerosols findet sich in Lehrbüchern zur atmosphärischen Chemie (z. B. FINLAYSON-PITTS u. PITTS, 2000; JACOBSON, 2012; SEINFELD u. PANDIS, 2016).

In Städten spielen insbesondere Emissionen aus dem Verkehrssektor (Auspuffemissionen, Abrieb von Bremsen und Reifen) sowie in den letzten Jahren zunehmend aus der Holzverbrennung in privaten Kaminen eine entscheidende Rolle in der Überschreitung der PM_{10}-Grenzwerte (FULLER et al., 2013; TIAN et al., 2016).

Im städtischen Hintergrund sowie im städtischen Umland nimmt der Anteil verkehrsbedingter Partikelemissionen an der Gesamtkonzentration zugunsten anderer Quellen aus Gewerbe, Hausbrand und natürlichen Quellen ab. Die Konzentration an einem spezifischen Messstandort ist als Überlagerung verschiedener Konzentrationsregimes zu verstehen (LENSCHOW et al., 2001). Die Massenkonzentration an einem städtischen Hintergrundstandort erklärt sich zu rund 50 % durch die regionale Hintergrundkonzentration, zur anderen Hälfte aus den verschiedenen urbanen Quellen im Umfeld der Messstation (Hausbrand, Gewerbe, Verkehr; QUASS et al., 2013). An verkehrsexponierten Standorten ergibt sich aufgrund lokaler Verkehrsbeiträge ein weiterer inkrementeller Zuschlag, der sich zu knapp 50 % aus Auspuffemission sowie 50 % aus mechanischem Abrieb zusammensetzt (LENSCHOW et al., 2001). Die Überlagerung der Konzentrationsregimes bedeutet im Umkehrschluss, dass planerische Maßnahmen zur Verbesserung der Luftqualität eingeschränkte Erfolgsaussichten haben, da u. a. der Anteil der regionalen Hintergrundkonzentration am Straßenverkehrsstandort nicht beeinflusst werden kann.

Eine wichtige Rolle spielt außerdem der meteorologische Einfluss auf die Konzentrationen der Partikelmassenfraktionen. Eine Auswertung der Überschreitungstage des PM_{10}-Grenzwertes an den deutschen Messstellen weist eindeutig darauf hin, dass die Mehrzahl der Grenzwertverletzungen in das meteorologische Winterhalbjahr fällt, also in die Jahreszeit, die von einer größeren Häufigkeit stabiler, austauscharmer Inversionswetterlagen gekennzeichnet ist (Abb. 5.9).

Definition: Inversion/ Inversionswetterlage

Unter einer Inversion wird die Umkehr des vertikalen Lufttemperaturgradienten verstanden, d. h., die Lufttemperatur nimmt mit zunehmender Entfernung von der Erdoberfläche nicht ab, sondern zu. Inversionen treten typischerweise während Nachtstunden auf, wenn die bodennahe Luftschicht infolge des langwelligen Strahlungsverlustes der Erdoberfläche von unten auskühlt (Strahlungsinversion, Bodeninversion). Eine Aufgleitinversion bezeichnet die horizontale Verfrachtung warmer Luftmassen, die sich über kältere bodennahe Luftmassen legen und ebenfalls zu einer Temperaturumkehr des vertikalen Lufttemperaturprofils führt.

Inversionen bewirken eine stabile Schichtung der Atmosphäre. Die Inversion bildet somit eine Sperrschicht, die beispielsweise zur Akkumulation von Spurenstoffen in der bodennahen Luftschicht beiträgt. Bei einer Inversionswetterlage kann die Temperaturumkehr über einen längeren Zeitraum (d. h. mehrere Tage) andauern.

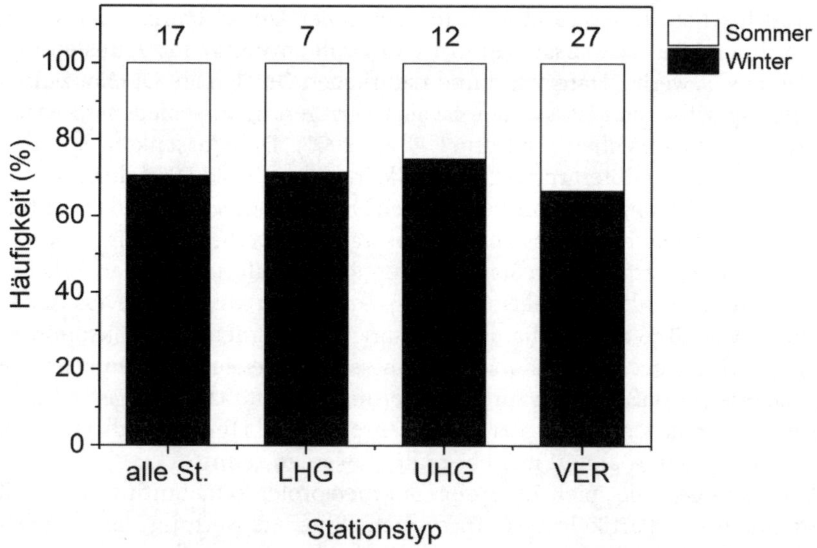

Abb. 5.9: Häufigkeit der Überschreitung des PM_{10}-Grenzwertes an den Messstellen der Bundesländer im Zeitraum 2005–2015 während des meteorologischen Sommer- (März–August) und Winterhalbjahrs (September–Februar). Die Auswertung ist für alle Stationen (alle St.) sowie separat für den ländlichen Hintergrund (LHG), urbanen Hintergrund (UHG) sowie verkehrsnahe Stationen (VER) dargestellt. Die mittlere absolute Anzahl der Überschreitungstage pro Stationstyp ist oberhalb des Balkens angegeben (Daten nach Minkos et al., 2017).

5.2.3 Ozon (O_3) und Sommersmog

Das in Bodennähe auftretende Ozon (troposphärisches O_3) ist kein primärer Spurenstoff, der aus Emissionsquellen direkt in die Atmosphäre freigesetzt wird, sondern ein durch photochemische Prozesse aus Vorläufersubstanzen gebildeter, sekundärer Spurenstoff. Am O_3-Aufbau sind im Wesentlichen NO_x und flüchtige Kohlenwasserstoffe (VOC) beteiligt (FENGER, 2009). O_3 kann in höheren Konzentrationen für verschiedene gesundheitliche Effekte verantwortlich sein, u. a. die Beeinträchtigung der Lungenfunktion, entzündliche Prozesse in der Lunge sowie erhöhte Sterblichkeit (WHO, 2016).

Die O_3-Bildung erreicht ihr Maximum während der Sommermonate, wenn infolge erhöhter solarer Strahlungsflussdichten der Prozess der Photodissoziation, d. h. der photolytischen Spaltung der chemischen Bindung von Molekülen durch Sonnenlicht, besonders intensiv wirkt. Hierbei wird NO_2 gespalten und atomarer Sauerstoff (O) gebildet (s. Gl. 5.1). Dieser kann unter der Mitwirkung eines inerten, neutralen Stoßpartners (meist Stickstoff- oder Sauerstoffmolekül) mit molekularem Sauerstoff (O_2) nachfolgend O_3 bilden (s. Gl. 5.2).

$$NO_2 + hv \xrightarrow{jNO_2} NO + O \quad \text{(Gl. 5.1)}$$

$$O + O_2 \rightarrow O_3 \quad \text{(Gl. 5.2)}$$

Dabei ist jNO_2 die Photolyserate von NO_2 und $h{\cdot}\nu$ die Strahlungsenergie.

Gleichzeitig läuft parallel zu diesem Bildungsprozess ein Abbauprozess ab, in dem das O_3 mit NO reagiert (NO-Titration). Aus dieser Reaktion entsteht wiederum molekularer Sauerstoff und in Verbindung mit atomarem Sauerstoff und NO bildet sich NO_2 (s. Gl. 5.3).

$$O_3 + NO \xrightarrow{kO_3+NO} O_2 + NO_2 \quad \text{(Gl. 5.3)}$$

Dabei ist kO_3+NO die temperaturabhängige Geschwindigkeitskonstante der Reaktion.

Die beschriebenen Reaktionen bilden ein photochemisches Gleichgewicht zwischen O, O_2 und O_3 bzw. im Verhältnis NO_2/NO. So lange dieses Gleichgewicht Bestand hat, kommt es durch den fortwährenden Ozonaufbau und -abbau zu keiner nennenswerten Verminderung bzw. Anreicherung dieses Spurenstoffes in der Atmosphäre.

In der städtischen Atmosphäre nehmen jedoch weitere Spurenstoffe eine wichtige Rolle als Ozonvorläufersubstanzen ein und beeinflussen den beschriebenen Auf-/ Abbauprozess. Chemische Reaktionen, z. B. hervorgerufen durch die Oxidation von Kohlenmonoxid und/ oder VOCs, können das photochemische Gleichgewicht zugunsten von NO_2 kippen und verstärken damit die Bildung des bodennahen O_3. Durch Oxidationsprodukte von VOC und CO sowie unter katalytischer Wirkung von NO_x und OH-Radikalen erfolgt die Produktion von O_3. Abbildung 5.10 zeigt exemplarisch den Tagesgang der O_3 und NO_x-Konzentrationen an einer Umlandstation sowie einem Standort im städtischen Hintergrund. Die NO-Verläufe an der Stadtstation folgen relativ eng dem Tagesgang des Verkehrs (morgendliche und abendliche Rushhour). NO_2 erreicht in den Nachmittags- und Abendstunden sein Maximum. Durch die Emission der Vorläufergase während der morgendlichen Rushhour sowie durch zunehmende Sonneneinstrahlung erreicht die O_3-Konzentration infolge des photochemischen Umwandlungsprozesses während der Nachmittagsstunden ihr Maximum. Während der Abendstunden überwiegt der O_3-Abbau (NO-Titration), auch aufgrund der erhöhten NO-Emission während der abendlichen Rushhour. Während der Vormittags- und Mittagsstunden ist zudem der atmosphärische Prozess des Anwachsens der Mischungsschichthöhe zu beobachten, der zu einem Rückgang der Spurenstoffkonzentrationen aufgrund des vergrößerten Mischungsvolumens und der daraus resultierenden Verdünnung führt. Dieser Prozess ist nicht allein typisch für die Ozonchemie, sondern wirkt auf alle Luftinhaltsstoffe in der bodennahen Luftschicht. An der Umlandstation können im Vergleich zum urbanen Standort höhere O_3-Konzentrationen im Maximum auftreten, da die Titration und damit der O_3-Rückbau durch geringere NO-Konzentrationen abgeschwächt sind.

Die urbane Überwärmung (s. Kap. 4) kann den O_3-Bildungsprozess zusätzlich verstärken. Die erhöhte städtische Lufttemperatur führt zu einer vermehrten

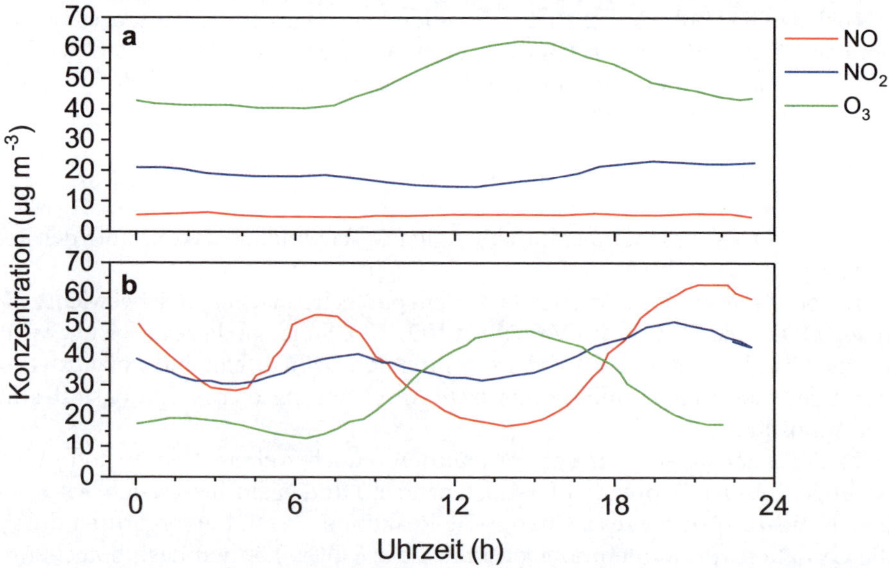

Abb. 5.10: Mittlere Tagesgänge der Konzentration von NO, NO_2 und O_3 an einem (a) Umland- sowie einem (b) Stadtstandort für den Zeitraum 1981 – 2007 (verändert nach Melkonyan u. Kuttler, 2012).

Emission von Kohlenwasserstoffen, da diese infolge einer höheren Umgebungstemperatur und aufgrund ihres niedrigen Dampfdrucks freigesetzt werden können (u. a. aus Lösungsmitteln oder hervorgerufen durch den Kfz-Verkehr; NARUMI et al., 2009). Weiterhin spielt der Einfluss biogener Kohlenwasserstoffe (BVOC) eine Rolle in der urbanen O_3-Bildung. Während der warmen Jahreszeit emittieren bestimmte Baumarten erhöhte Frachten biogener Kohlenwasserstoffe als mögliche Stressreaktion auf hohe Temperaturen (u. a. Isopren oder Terpene; SIMPSON u. MCPHERSON, 2011; CALFAPIETRA et al., 2013; CURTIS et al., 2014). Das biogene Isopren kann während austauscharmer, strahlungsintensiver Wetterlagen zu einer 5- bis 10 %-igen Produktion bodennahen Ozons beitragen (CARTER, 1994; BAO et al., 2010; STRASSBURGER, 2004; IM et al., 2011; HENNINGER, 2014a). Hierfür ist die Reaktionsgeschwindigkeitskonstante mit OH-Radikalen verantwortlich (LEE u. WANG, 2006), da sich diese bei einer Lufttemperatur von > 25° C um mehr als das 440-fache erhöht (zum Vergleich Benzol bzw. Toluol um das 50-fache; u. a. WAGNER u. KUTTLER, 2014). Dies hat zur Folge, dass der biogene Kohlenwasserstoff selbst bei vergleichsweise geringen Konzentrationen eine bedeutende Vorläufersubstanz zur Bildung von O_3 darstellt. Aufgrund dessen, dass Isopren zwei C=C-Doppelbindungen aufweist, die eine ungesättigte funktionelle Gruppen darstellt, können diese in der Atmosphäre leicht von Radikalen aufgegriffen werden, wodurch Isopren sehr reaktiv wird. Die Emissionsstärke des Isoprens wird durch die Blatttemperatur und die Intensität der photosynthetisch aktiven Strahlung (PAR) gesteuert.

Bereits Ende der 1980er Jahre konnte dieser Zusammenhang von TINGEY et al. (1979) nachgewiesen werden und auch die Emissionsrate ist nach der von GUENTHER et al. (1991) publizierten Gleichung zu berechnen (s. Gl. 5.4):

$$E_{\text{Isopren}} = Es_{\text{Isopren}}\, HCLT \qquad \text{(Gl. 5.4)}$$

mit E = Emissionsrate (µg g(Trockenmasse)$^{-1}$ h^{-1}), Es = normierte Emissionsrate (µg g(Trockenmasse)$^{-1}$ h^{-1}), H = Korrekturterm für die relative Luftfeuchtigkeit, C = Korrekturterm für die atmosphärische CO_2-Konzentration, L = Korrekturterm für die Strahlungsintensität, T = Korrekturterm für die Blatttemperatur.

Die Isoprenemission aus urbaner Vegetation kann damit einen wesentlichen Einfluss auf die lokale Bildung bodennahen Ozons nehmen. Insbesondere innerstädtische Grünflächen zählen als urbaner Rückzugsraum und aufgrund ihrer Erholungsfunktion, v. a. in den Sommermonaten, zu den Räumen, die von der Bevölkerung stark frequentiert werden. Basierend auf den genannten Erkenntnissen muss jedoch damit gerechnet werden, dass während anhaltender sommerlicher Wetterlagen ein aus lufthygienischer Sicht ungünstiges Vorkommen bestimmter Baumarten die Bildung von Photooxidantien begünstigt (HENNINGER, 2013; WAGNER, 2014; CURTIS et al., 2014). Wie sich dieses Phänomen innerhalb urbaner Park- und Grünflächen äußert, wird ausführlich in Kapitel 7.2.2 beschrieben.

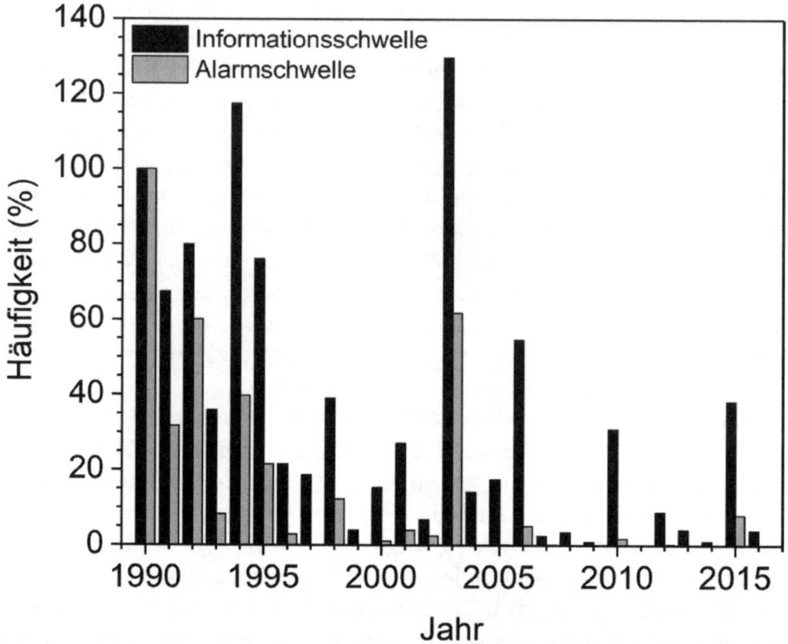

Abb. 5.11: Häufigkeit der Überschreitung des O_3-Grenzwertes mit Bezug auf das Jahr 1990 für die O_3-Informationsschwelle von 180 µg m^{-3} und die Alarmschelle von 240 µg m^{-3} (verändert nach Minkos et al., 2017).

Trotz eines seit einigen Jahren in Deutschland zu beobachtenden Rückgangs hoher O_3-Konzentrationen (s. Abb. 5.11), ist der zeitliche Trend des O_3-Jahresmittelwertes weniger deutlich ausgeprägt, d. h. ein vergleichbarer Rückgang ist auf Jahresmittelwertbasis nicht zu verzeichnen (vgl. dazu Tab. 5.1).

Während jährlich schwankende Konzentrationen von O_3 im Wesentlichen mit der Änderung der solaren Strahlungsflussdichten korrelieren, wird der beobachtete Anstieg der Konzentration des troposphärischen O_3 während der letzten Jahre mit der Verminderung von Ozonvorläufersubstanzen – v. a. NO_x – durch Luftreinhaltungsmaßnahmen erklärt (Escudero et al., 2014; Gao et al., 2017). Der NO_x-Rückgang kann zu einer Abschwächung des NO-Titrationseffekts beitragen. Allerdings ist der Trend der urbanen O_3-Konzentration nicht eindeutig, da die Ozonchemie ein komplexes Verhalten hinsichtlich der Konzentration der verschiedenen Vorläufersubstanzen aufweist – z. B. stellt das Verhältnis der NO_x zur VOC-Konzentration einen nicht-linearen Prozess im Zusammenhang mit dem O_3-Bildungspotential dar (detaillierte Beschreibung z. B. bei Monks u. Leigh, 2009). Im Prinzip führen hohe Konzentrationen von NO_x und VOC zu hohen O_3-Konzentrationen. Die Konzentrationsmaxima von O_3 hängen jedoch vom Verhältnis der Konzentration von VOC zu NO_x ab, da die initiale Konzentration von NO_x

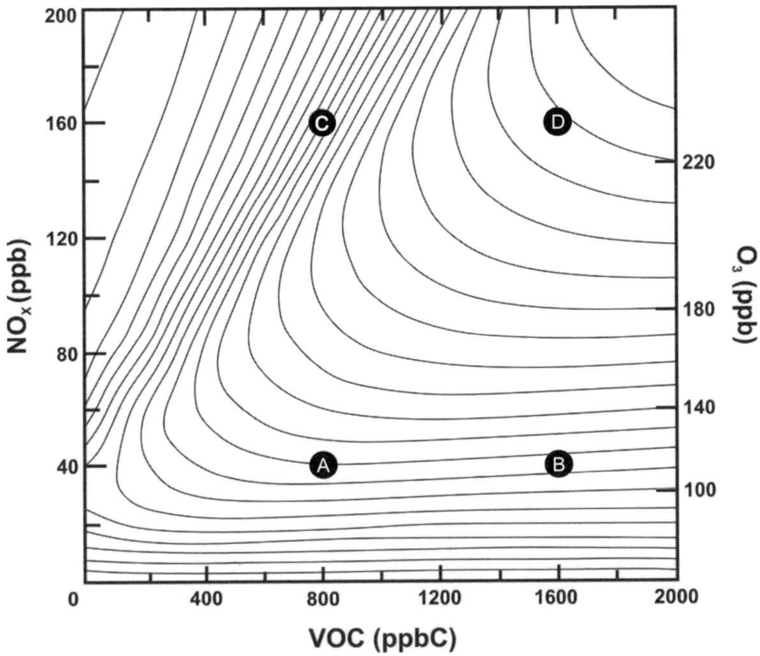

Abb. 5.12: Maximale O_3-Konzentration (Isolinien) in Abhängigkeit verschiedener initialer NO_x-VOC Mischungsverhältnisse (verändert nach JACOBSON, 2012 bzw. SEINFELD u. PANDIS, 2016).

oder VOC mit der Konzentrationszunahme eines der beiden Spurenstoffe zu entsprechenden Auswirkungen auf die O_3-Bildung führen. So resultiert u. a. die Erhöhung der NO_x-Konzentration (z. B. von 400 ppb, Punkt A in Abb. 5.12 auf 1.600 ppb, Punkt B) in einem Regime mit hoher VOC-Konzentration (VOC-gesättigt, z. B. 1.600 ppb), zu einem deutlichen Anstieg der O_3-Produktion (Anstieg von 120 ppb, Punkt A auf knapp 220 ppb, Punkt D), während der Effekt in einem VOC-limitierten Regime (800 ppb) nicht auftritt (O_3 verharrt bei knapp 120 ppb O_3, Punkt C).

Dieser Zusammenhang kann zu beträchtlichen standortabhängigen Unterschieden in der zeitlichen Variabilität der O_3-Konzentrationen führen (s. Abb. 5.13). An urbanen Standorten mit höheren NO_x-Konzentrationen zeigt sich, dass die mittleren O_3-Konzentrationen in Zeitperioden mit geringerer Verkehrsintensität (z. B. an Wochenenden) höher ausfallen als während der Werktage. Abbildung 5.13 zeigt diesen Zusammenhang exemplarisch anhand eines langjährigen Datensatzes einer suburbanen und einer ruralen Station in Nordrhein-Westfalen. Die O_3-Konzentration liegt im Umland etwa doppelt so hoch wie an der urbanen Station (geringerer Abbau mittels Titration aufgrund geringerer NO-Konzentrationen). Es zeigt sich jedoch kein Effekt des Wochenendes aufgrund einer geringen

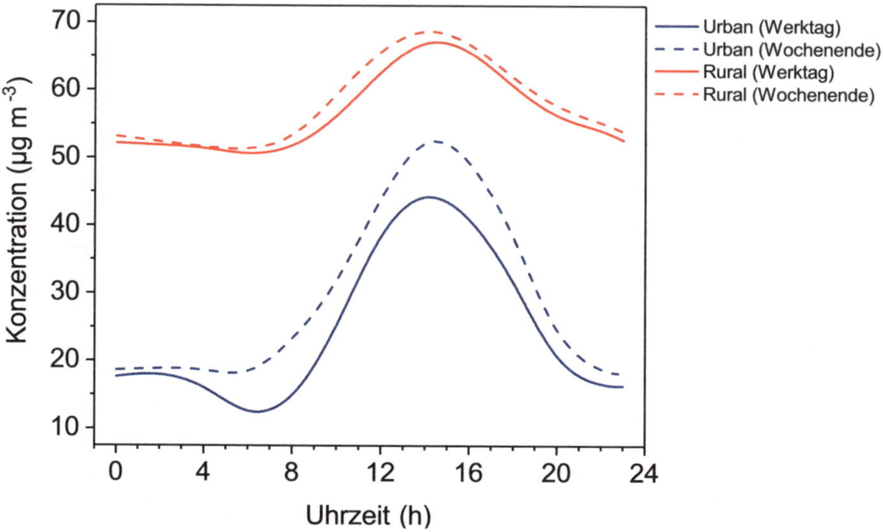

Abb. 5.13: Mittlere Tagesgänge der O_3-Konzentration an einer urbanen Hintergrundstation und einer Umlandstation in Nordrhein-Westfalen. Die Tagesgänge sind jeweils für die Werktage (Mo – Fr) sowie die Wochenenden (Sa – So) dargestellt (Datenbasis: 1984 – 2007, verändert nach MELKONYAN u. KUTTLER, 2012).

absoluten NO_x-Konzentration und NO_x-Variabilität im Wochengang. An der suburbanen Station werden am Wochenende rund 20 % höhere O_3-Massenkonzentrationen als an Werktagen verzeichnet, da bei vergleichbarer VOC-Konzentration deutlich geringere NO_x-Emissionen während des Wochenendes auftreten (geringere Verkehrsintensität).

Diese nicht-linearen Effekte sind auch hinsichtlich der Auswirkungen von Luftreinhaltungsmaßnahmen für die Vorläufersubstanzen der O_3-Bildung zu beachten, d. h. eine Absenkung der Vorläufersubstanzen führt nicht kausal zu einer Verminderung von O_3, sondern kann durchaus den gegenteiligen Effekt hervorrufen (ESCUDERO et al., 2014). Die Analyse eines zehnjährigen Datensatzes für Shanghai deutete trotz Verminderung der NO_x-Emissionen um 38 % auf einen Anstieg der O_3-Konzentrationen um 67 % hin. Der Konzentrationsanstieg ließ sich nicht auf einen geänderten Ferntransport von O_3 zurückführen, sondern auf die Zusammenhänge der NO_x-VOC Wechselwirkung (GAO et al., 2017).

Sommersmog

In Städten können hohe O_3-Konzentrationen in den Sommermonaten das Phänomen des photochemischen Smogs (Sommersmog, Los-Angeles-Typ) hervorrufen. Während die typische Smog-Situation (Smog = Smoke + Fog) ursprünglich ein winterliches Umweltproblem darstellte, welches sich unter stabilen Wetterlagen mit Einfluss von Spurenstoffemissionen aus Verbrennungsprozessen bildet (s. Kap. 5.2.4), entsteht der Sommersmog unter hoher Strahlungsintensität und der Bildung von Photooxidantien. Hierfür können insbesondere das bodennahe O_3 und das Peroxyacetylnitrat (PAN) als Leitsubstanzen angesehen werden. Dieses Phänomen wurde erstmals in den 1950ern während der Sommermonate in der kalifornischen Metropole Los-Angeles beobachtet (s. dazu Tab. 5.4). Der photochemische Smog entsteht primär in urbanen Räumen, die eine hohe Kfz-Dichte aufweisen. Das Belastungsmaximum wird in der Regel in den frühen Nachmittagsstunden erreicht.

Die Intensität der photochemischen Smog-Belastung ist stark von den jeweiligen meteorologischen Bedingungen bzw. der inter-annuellen Variabilität abhängig. Besonders häufige Überschreitungsfälle der Stundenwerte von 180 µg m^{-3} (Informationsschwelle) bzw. 240 µg m^{-3} (Alarmschwelle) traten in Deutschland bspw. in den warmen, sonnenscheinreichen Sommern 2003, 2006 und 2013 auf. Die variierende Zahl der Grenzwertüberschreitungen ist zudem kein flächendeckendes Phänomen, sondern von den standörtlichen Bedingungen abhängig, da die NO_x-VOC Wechselwirkungen deutlichen Einfluss auf die lokalen O_3-Konzentrationsverläufe ausüben.

Tab. 5.4: Charakteristische Merkmale und Wirkungen des Sommersmogs (Photochemischer Smog, Los-Angeles-Smog; Zusammenstellung nach Wagner, 1990; Richter et al., 1998; Möller, 2000; UBA. 2016b; 39. BImSchV, 2016).

Lufttemperatur	> 20 °C
Relative Luftfeuchte	> 70 %
Windgeschwindigkeit	≤ 3 m s^{-1}
Sicht	≤ 1,5 km
Notwendige Strahlungsbedingungen	sommerliche, strahlungsreiche Hochdruckwetterlage
Lufttemperaturinversionstyp	Absinkinversion
Häufiges Auftreten	• meist zwischen 13.00 u. 19.00 Uhr
Schadstoffindikatoren	• Ozon, Peroxyacetylnitrat (PAN), Peroxybenzolnitrat (PBN), Acrolein, Formaldehyd, Stickoxide (NO_x), flüchtige organische Verbindungen (VOC), Wasserstoffsuperoxid (H_2O_2), Säuren u. Aldehyde
Bildung vorwiegend durch	• Vorläuferverbindungen (Stickoxide, Kohlenwasserstoffe) • Kohlenwasserstoffe beschleunigen die Reaktionen
Entstehung	• in Abhängigkeit der Intensität der solaren Einstrahlung kommt es zur Photolyse von NO_2 zu NO und O • O reagiert mit O_2 und verbindet sich zu O_3
Art der Luftverunreinigung	Überwiegend anthropogene Verunreinigungen

5.2.4 Schwefeldioxid (SO_2) und Wintersmog

Schwefeldioxid ist ein unsichtbares, stechend riechendes und wasserlösliches Gas, das in erster Linie bei der Verbrennung schwefelhaltiger (fossiler) Brenn- und Kraftstoffe (z. B. Kohle oder Diesel) emittiert wird. SO_2 kann bei Asthmatikern zu einer eingeschränkten Lungenfunktion führen und wird mit einer erhöhten Sterblichkeit in Verbindung gebracht (WHO, 2006). SO_2 spielte insbesondere beim Phänomen des Wintersmogs eine bedeutende Rolle. Dessen Stellenwert nimmt bezüglich der urbanen Luftqualität in den letzten Jahren jedoch beständig ab. Der konsequente Einsatz schwefelarmer Brennstoffe, die Nutzung von Rauchgaswäschern sowie die technische Entwicklung und Optimierung von Filteranlagen bedingen rückläufige Immissionskonzentrationen von SO_2 (s. Tab. 5.1). In Deutschland liegen die SO_2-Jahresmittelwerte mittlerweile auf einem Konzentrationsniveau von < 5 µg m^{-3} (zum Vergleich: > 200 µg m^{-3} SO_2 im Ruhrgebiet im Jahre 1964; KUTTLER, 1979).

Wintersmog

Viele Städte und Ballungsräume in Europa wiesen über Jahrzehnte hinweg starke Emissionen aus Verbrennungsprozessen auf, die in hohen Immissionskonzentrationen von SO_2, CO, NO_X, Staub und Ruß resultierten und in Verbindung mit Nebel den schwefelsauren Smog bildeten (MCCORMACK, 1971). Da diese Art der Luftbelastung in den Wintermonaten auftrat, erhielt das Phänomen die Bezeichnung „Wintersmog“ bzw. ist in der Literatur unter dem Synonym des „London-Smogs“ beschrieben (DAVIS et al., 2002). Der Grund für die Namensgebung beruht auf der Häufung derartiger extremer Luftverschmutzungsepisoden der urbanen Atmosphäre im Stadtgebiet von London in den frühen 1920er, 1950er und 1960er Jahren. Der London-Smog von 1952 führte mit einer PM_{10}-Konzentration von rund 3.000 µg m^{-3} zu einer erhöhten Sterblichkeit mit knapp 12.000 Personen. Hierzu ist zu erwähnen, dass 1952 noch keine größenselektierenden PM_{10}-Messungen vorgenommen wurden. Der Wert ist zum Vergleich mit heutigen Konzentrationsniveaus aus Daten von Gesamtstaubmessungen („*total suspended particulates*“) abgeleitet (DAVIS et al., 2002).

Allerdings war der Wintersmog nicht nur auf den Großraum von London beschränkt. Während lufthygienisch ungünstiger winterlicher Witterungsperioden konnte Smog weltweit in Ballungsräumen auftreten (Industriegebiete u. a. London/ Großbritannien, Januar 1924, Dezember 1954 u. 1962; Maastal/ Belgien, Dezember 1930; Donora/ Pennsylvania/ USA, Oktober 1948; New York/ USA, November 1953; Ruhrgebiet, Dezember 1962; KUTTLER, 1979).

Eine Smogperiode wird durch ein wetterbestimmendes, blockierendes Hochdruckgebiet begünstigt. Hierbei wird durch die damit einhergehenden Höhen- und Bodeninversionen der atmosphärische Austausch unterbunden. Die Emissionen der lokalen punkt- und linienförmigen Quellen (Industrie, Hausbrand, Kfz-Verkehr) akkumulieren in der bodennahen Luftschicht und führen zu einem

Anstieg der bodennahen Immissionskonzentrationen. Eine solche aus lufthygienischer Sicht ungünstige Witterungssituation bleibt so lange bestehen, bis das stabile und blockierende Hochdruckgebiet durch die Verlagerung von Tiefdruckgebieten verdrängt wird. In der folgenden Tabelle 5.5 sind einige charakteristische Merkmale des Wintersmogs exemplarisch dargelegt.

Tab. 5.5: Charakteristische Merkmale und Wirkungen des Wintersmogs (Schwefeliger Smog, London-Smog; Zusammenstellung nach Ebel, 1994; BMU, 2004; Bank, 2007; UBA,2016a; 39. BImSchV, 2018).

Lufttemperatur	$< 0\,°C$
Relative Luftfeuchte	$< 85\,\%$
Windgeschwindigkeit	Windstille
Sicht	gering
Notwendige Strahlungsbedingungen	austauscharme Wetterlage
Lufttemperaturinversionstyp	Absink-/ Bodeninversion
Häufiges Auftreten	• in den Wintermonaten (Januar, Februar), während der Morgenstunden • in Tallagen, bei austauscharmer Wetterlage mit hoher Luftfeuchtigkeit • in dichtbesiedelten, industrialisierten Regionen • Inversionsschichten führen dazu, dass die Luftschadstoffe nicht abtransportiert werden können
Schadstoffindikatoren	• Schwefeldioxid (SO_2), Kohlenmonoxid (CO), Partikel, Schwebstäube
Bildung vorwiegend durch	• v. a. Freisetzung von SO_2 und Ruß (Industrie, Kraftwerke) • winterlicher privater Hausbrand • Kfz-Emissionen • schwefelhaltige Brennstoffe aus Großfeuerungsanlagen
Entstehung	• SO_2 reagiert aufgrund der hohen Wasserlöslichkeit mit Wasser und es entsteht schwefelige Säure (H_2SO_3) • H_2SO_3 kann anschließend zu Schwefelsäure (H_2SO_4) oxidieren • die Inversionsschicht verhindert einen Austausch und damit eine Verdünnung der schadstoffhaltigen Luft
Art der Luftverunreinigung	überwiegend anthropogene Verunreinigungen

Heute spielt der Wintersmog bei der Beurteilung der urbanen Luftqualität, jedenfalls in Deutschland und in den meisten westlich geprägten Industriestaaten, kaum noch eine Rolle. Dies liegt zu einem daran, dass Anfang der 1970er Jahre effektive Luftreinhaltemaßnahmen für eine deutliche Verbesserung der Immissionssituation vieler Städte und Ballungsräume geführt haben. Zuallererst ist stellvertretend für diese aus lufthygienischer Sicht positive Entwicklung das im März

1974 eingeführte Bundesimmissionsschutzgesetz (BImSchG) und die 1983 in Kraft getretene Großfeuerungsanlagenverordnung zu nennen, die zu einer deutlichen Verringerung der Emissionen beigetragen haben. Zum anderen wurde dem Wintersmog durch den Rückgang der Nebelhäufigkeit in urbanen Räumen eine weitere Grundlage genommen. Diese Entwicklung korreliert räumlich und zeitlich mit der Verminderung der SO_2-Konzentrationen in der Atmosphäre (Vautard et al., 2009). Dieser Rückgang wird nicht nur an dem geringeren Gehalt nebelfördernder Partikeln (Kondensationskerne) aufgrund von Luftreinhaltemaßnahmen festgemacht, sondern auch auf die Überwärmung der Stadtatmosphäre zurückgeführt, da die wärmere Luft in der Stadt mehr Wasserdampf aufnehmen kann.

In den 1980er und 1990er Jahren befasste sich eine Vielzahl von Veröffentlichungen mit dem Vergleich der Nebelhäufigkeit zwischen Städten und ihrem Umland. Die Anzahl der Nebeltage war in Städten häufig größer als im Umland (Lee, 1987 bzw. Sachweh u. Köpke, 1995). Die Ursache dafür war die bis zur Mitte des 20. Jahrhunderts herrschende starke urbane Luftverunreinigung (Myers, 1974). Die meist anthropogenen Quellen entstammenden Aerosole dienten bei der Nebelbildung als Kondensationskerne. Mit der Umsetzung strengerer Luftreinhaltemaßnahmen hat sich in Deutschland jedoch gezeigt, dass dies eine Umkehr bewirkt hat. Mittlerweile können urbane Räume nicht mehr unbedingt als nebelreiche Standorte charakterisiert werden. Bereits Ende der 1990er Jahre konnte u. a. Sachweh (1997) für einige süddeutsche Großstädte belegen, dass in einem Zeitraum von 30 Jahren die Nebelhäufigkeit um rund 50 % zurückgegangen ist.

Dennoch ist der Wintersmog kein Phänomen der Vergangenheit, da er für Städte in den Schwellen- und Entwicklungsländern ein immenses lufthygienisches Problem darstellt. Beispielsweise leiden die Einwohner Pekings regelmäßig unter den Auswirkungen des Wintersmogs, bei dem die lufthygienischen Grenzwerte um ein Vielfaches überschritten werden (Chen et al., 2013). Für chinesische Großstädte wurden Jahresmittelwerte von 21 $\mu g\ m^{-3}$ in Chengdu (Zeitraum 2014 – 2016) sowie 25 $\mu g\ m^{-3}$ in Beijing im Jahr 2015 erfasst (Jin et al., 2016; Xiao et al., 2018). Regelmäßig treten hohe SO_2-Konzentrationen auf, die in Abhängigkeit der Jahreszeit intensive Smogperioden ausbilden können. Die Situation ist in Beijing jedoch nicht auf die kalte Jahreszeit beschränkt, sondern kann ebenfalls als Sommersmog auftreten (Xu et al., 2011; S. dazu Kap. 5.2.3).

5.2.5 Kohlenmonoxid (CO)

Kohlenmonoxid ist ein Produkt unvollständiger Verbrennung unter Sauerstofflimitierung. Die Hauptquelle für CO ist der Kfz-Verkehr. Weitere Emissionsquellgruppen stellen Verbrennungsprozesse in Industrie und Gewerbe (Brenn- und Treibstoffe) sowie der Hausbrand dar. Die Bedeutung des CO als Luftschadstoff ist in Deutschland während der letzten Jahrzehnte deutlich rückläufig (vgl. Tab. 5.1). An den Messstellen der Bundesländer liegen die Konzentrationen regelmäßig im Bereich der messtechnischen Nachweisgrenze. Dieser Rückgang ist durch ähnliche Luftreinhaltungskriterien zu erklären, die bereits für das SO_2 angeführt wurden (z. B. Einführung und Optimierung der Emissionsfiltertechnik). Die in Städten leicht erhöhten CO-Konzentrationen können eine Rolle als Vorläufersubstanz in der Ozonchemie spielen (vgl. Kap. 5.2.3), sind aber von deutlich geringerer Bedeutung im Vergleich zu den Vorläufern NO_x und VOC (Jacobson, 2012).

5.3 Raum-zeitliche Eigenschaften der städtischen Luftqualität

Neben der erhöhten anthropogenen Emission von Luftschadstoffen in die bodennahe Luftschicht, führen verschiedene stadtklimatische Effekte zu einer ausgeprägten raum-zeitlichen Variabilität der urbanen Luftqualität. Als wesentliche Gründe für die im Vergleich zum Umland von Städten erhöhte Luftbelastung und die sich daraus ergebende gesundheitliche Relevanz sind folgende Punkte anzuführen:

- erhöhte Zahl und Dichte stationärer und mobiler Emissionsquellen in der Stadt,
- verminderter Austausch belasteter Luftmassen infolge der aerodynamischen Rauigkeit der urbanen Oberfläche,
- Modifizierung klimatischer Größen durch den Stadtkörper (Wind, Turbulenzintensität, Temperatur) und
- erhöhte Zahl exponierter Personen im Stadtgebiet.

In diesem Abschnitt werden die raum-zeitlichen Eigenschaften und Besonderheiten der urbanen Luftqualität eingehender betrachtet.

5.3.1 Zeitliche Eigenschaften der urbanen Luftqualität (Jahres-, Wochen- und Tagesänge)

Die zeitlichen Verläufe der Emissionen gasförmiger und partikulärer Substanzen in der städtischen Atmosphäre sind eng an den Aktivitätszyklus der Stadtbewohner geknüpft. Das führt dazu, dass sich Tages-, Wochen- und Jahresgänge urbaner Spurenstoffe abbilden lassen, in denen die zeitlichen Verläufe der Immissionskonzentrationen mit der anthropogenen Aktivität, z. B. der Nutzung von Verkehrsmitteln für den Weg zur Arbeitsstelle sowie der Nutzung des privaten Wohnraumkamins, in typischer Weise korrelieren.

Am deutlichsten tritt das anthropogene Signal auf der zeitlichen Skala des Tagesganges hervor. Die gasförmigen- und partikulären Immissionskonzentrationen bilden die morgendliche und nachmittägliche Hauptverkehrszeit in den Zeitfenstern zwischen 07.00 und 09.00 Uhr sowie 15.00 und 18.00 Uhr eindrücklich ab (Abb. 5.14a). Das Phänomen findet sich besonders ausgeprägt an Standorten

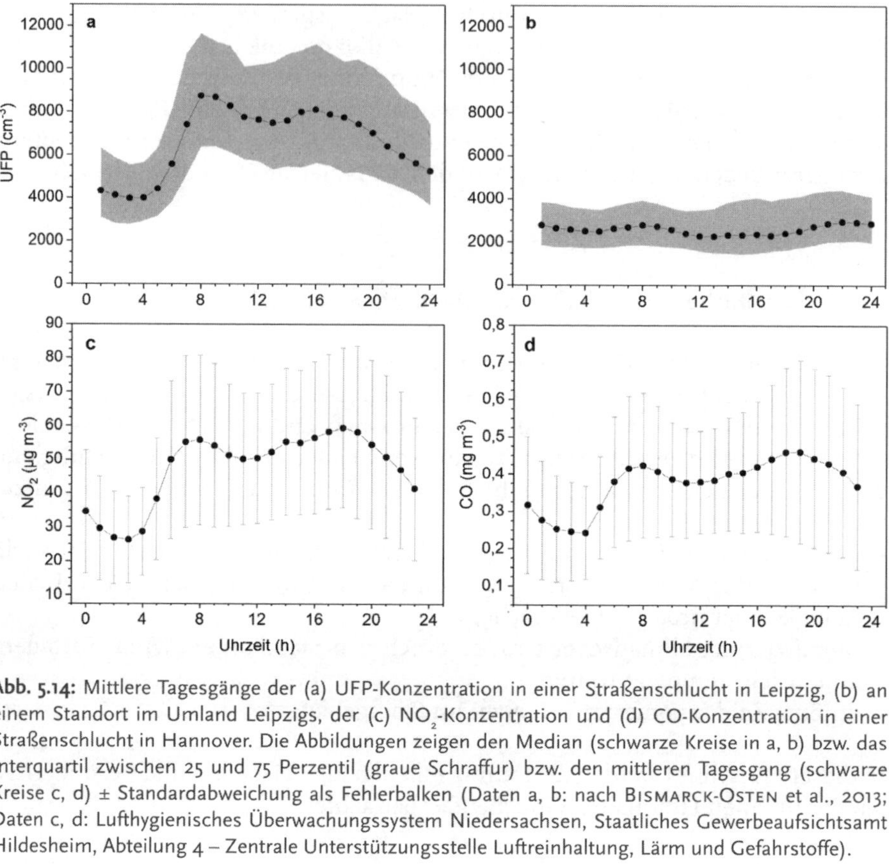

Abb. 5.14: Mittlere Tagesgänge der (a) UFP-Konzentration in einer Straßenschlucht in Leipzig, (b) an einem Standort im Umland Leipzigs, der (c) NO_2-Konzentration und (d) CO-Konzentration in einer Straßenschlucht in Hannover. Die Abbildungen zeigen den Median (schwarze Kreise in a, b) bzw. das Interquartil zwischen 25 und 75 Perzentil (graue Schraffur) bzw. den mittleren Tagesgang (schwarze Kreise c, d) ± Standardabweichung als Fehlerbalken (Daten a, b: nach Bismarck-Osten et al., 2013; Daten c, d: Lufthygienisches Überwachungssystem Niedersachsen, Staatliches Gewerbeaufsichtsamt Hildesheim, Abteilung 4 – Zentrale Unterstützungsstelle Luftreinhaltung, Lärm und Gefahrstoffe).

in stark befahrenen Straßenschluchten, kann aber ebenfalls an verkehrsbeeinflussten Stationen im urbanen Hintergrund nachgewiesen werden. An der Umlandstation (Abb. 5.14b) ist dahingegen kein Verkehrseinfluss zu beobachten.

Zur Veranschaulichung des Zusammenhangs zeigt Abbildung 5.15 Verkehrstagesgänge für Wochentage und Wochenenden aus einer viel befahrenen Straßenschlucht in Essen (Weber et al., 2013). Während der knapp sechsstündigen Rushhour-Phase am Morgen und Nachmittag fallen rund 45 % der Gesamtverkehrsmenge des Tages an. Die zeitliche Ausprägung des Verkehrstagesganges ist international sehr ähnlich ausgeprägt (vgl. Abb. 5.16). Zwar kommt es zu landestypischen Verschiebungen der Verkehrsspitzen, die Abfolge von Verkehrsspitzen und geringer belasteten Zeiträumen (z. B. Mittagstunden während der Wochentage) ist jedoch sehr einheitlich (Allen et al., 2011).

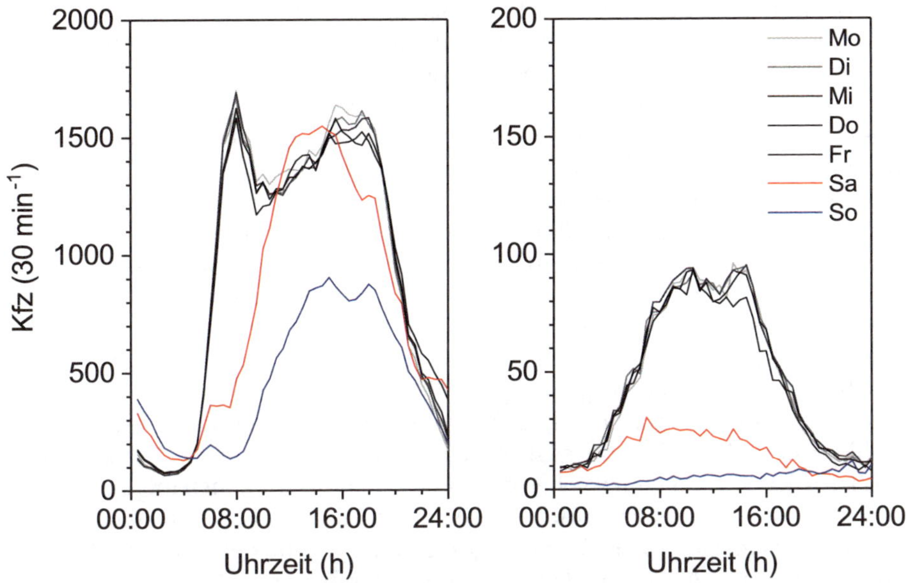

Abb. 5.15: Mittlere Tagesgänge des Verkehrs in einer Straßenschlucht in Essen im Zeitraum von Juni – Oktober 2008. Die Daten sind für Pkw (links) sowie (b) schwere Nutzfahrzeuge (rechts) dargestellt (WEBER et al., 2013).

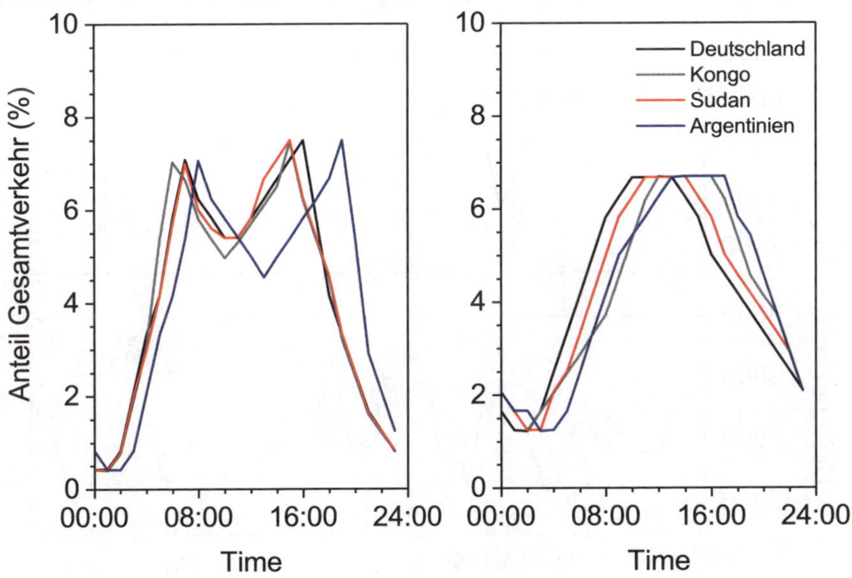

Abb. 5.16: Mittlere Tagesgänge der stündlichen Verkehrsmenge (prozentualer Anteil an der Gesamtverkehrsstärke des Tages) für Wochentage (links) und Wochenenden (rechts, verändert nach ALLEN et al., 2011).

Die Uhrzeiten, zu denen während der Rushhour die höchsten Verkehrsmengen pro Zeiteinheit auftreten, decken sich eindeutig mit den Maxima der Spurenstoffkonzentrationen (vgl. Abb. 5.14). Der Konzentrationspeak am Morgen ist aufgrund der meist noch vorherrschenden stabilen Atmosphärenschichtung aus der nächtlichen Grenzschicht in der Regel höher, als der während der nachmittäglichen Rushhour. In den Stunden nach der morgendlichen Verkehrsspitze sinken die Konzentrationen infolge zurückgehender Verkehrszahlen, vor allem aber aufgrund des Anwachsens der atmosphärischen Mischungsschicht. Die Spurenstoffe können zur Mittagszeit in einem größeren Luftvolumen verteilt werden, da die Mischungsschicht von wenigen 100 m während der Nacht auf eine Mächtigkeit von 1.000 bis 2.000 m während des Tages zunimmt. Erst mit zunehmender Verkehrsstärke und abnehmender Mischungsschichthöhe werden am Nachmittag erneut erhöhte Konzentrationen augenfällig.

Der dargestellte Zusammenhang zwischen Verkehrsemissionen und Spurenstoffkonzentrationen drückt sich ebenfalls im wöchentlichen Gang aus (Abb. 5.17). An den Wochenenden gehen die mittleren Konzentrationen infolge deutlich sinkender Verkehrszahlen zurück. Zur Veranschaulichung seien an dieser Stelle die Verkehrsmengen aus Essen herangezogen: Diese reduzieren sich an Wochenenden um knapp 20 % (Samstag) bzw. 50 % (Sonntag) im Vergleich zu der mittleren Verkehrsstärke während der Wochentage (s. Abb. 5.16).

An Wochenenden können sich weitere interessante Effekte bemerkbar machen, die durch die Änderung der Verkehrsstärke sowie -dynamik gesteuert sind. In Abbildung 5.17 ist ersichtlich, dass die UFP-Konzentrationen samstags und

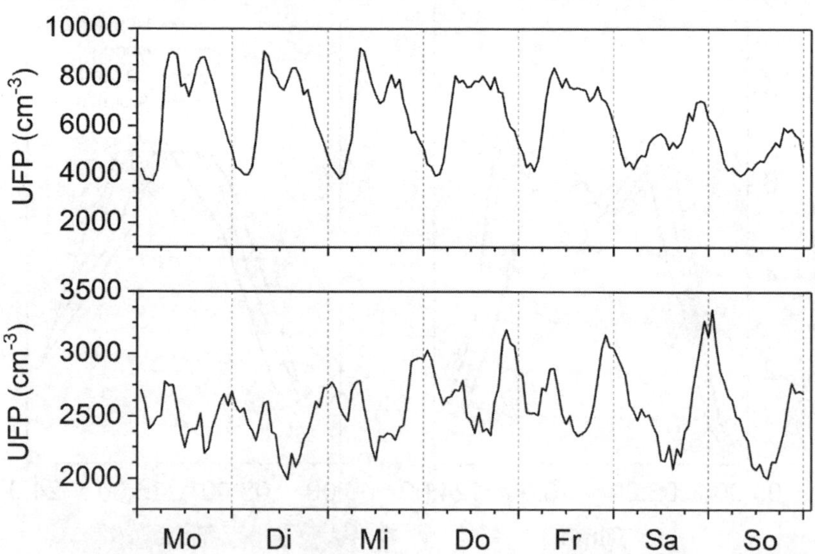

Abb. 5.17: Wochengang der UFP-Konzentration in einer Straßenschlucht in Leipzig (oben) und an einem Standort im Umland Leipzigs (unten, Daten nach Bismarck-Osten et al., 2013).

sonntags die höchsten nächtlichen Konzentrationen aller Wochentage annehmen. Hier lässt sich ein geändertes Verkehrsverhalten ablesen, da Verkehrsmittel nicht für die Fahrt zur Arbeitsstätte genutzt werden, sondern für verschiedene Freizeitaktivitäten (Restaurantbesuch, Kultur, Nachtleben). Im Umland hingegen ist ein leichter Anstieg aufgrund der Stabilität der nächtlichen Grenzschicht zu verzeichnen. Das absolute Niveau der Partikelkonzentrationen liegt aber deutlich unterhalb der Konzentrationswerte, die innerhalb der städtischen Grenzschicht erreicht werden.

Die bisher beschriebenen Eigenschaften des Verkehrseinflusses lassen sich prinzipiell auf alle verkehrsbezogenen Spurenstoffe (z. B. PM, CO, NO_X) übertragen. Sekundäre Spurenstoffe (z. B. O_3) weichen von diesem engen Zusammenhang ab, da die zeitliche Entwicklung der Spurenstoffkonzentrationen von dem Angebot an Vorläufersubstanzen sowie der kurzwelligen Strahlungsflussdichte abhängig ist (vgl. Kap. 5.2.3).

Der Jahresgang urbaner Spurenstoffe wird im Wesentlichen durch einen Sommer-/ Winterunterschied charakterisiert. Abbildung 5.18 zeigt monatliche Mittelwerte der Spurenstoffe CO und PM_{10} an einer verkehrsnahen Station in Hannover. Trotz ganzjährig relativ hoher Konzentrationen beider Spurenstoffe treten die Monatsmaxima eindeutig während des Winterhalbjahres auf. So liegt z. B. die CO-Konzentration während des Winters (DJF) rund 30 % höher als während des Sommers (JJA).

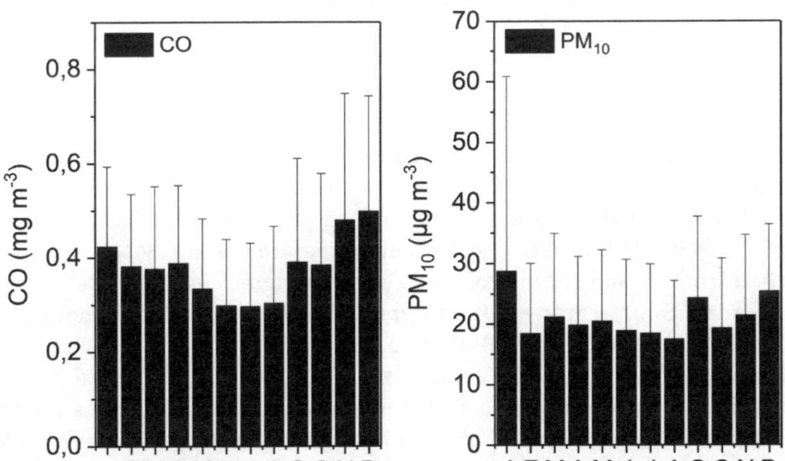

Abb. 5.18: Monatsmittelwerte (und Standardabweichungen) der Spurenstoffe CO und PM_{10} an einer verkehrsnahen Station in Hannover (Göttinger Straße) im Jahr 2016 (Daten: Lufthygienisches Überwachungssystem Niedersachsen, Staatliches Gewerbeaufsichtsamt Hildesheim, Abteilung 4 – Zentrale Unterstützungsstelle Luftreinhaltung, Lärm und Gefahrstoffe).

Während O_3 aufgrund des Bedarfs an kurzwelliger Einstrahlung während der Sommermonate Maximalkonzentrationen erreicht, trifft das für die übrigen urbanen Spurenstoffe vor allem auf die Wintermonate zu. Hierfür sind vor allem zwei Phänomene verantwortlich: zum einen die größere Häufigkeit und Dauer stabiler Atmosphärenschichtungen, die einen effektiven Austausch belasteter Luftmassen vermindern, zum anderen ist der Beitrag zusätzlicher Emissionsquellen von Bedeutung. In den Wintermonaten ist das vor allem die zur Wärmeerzeugung eingesetzte Privatfeuerung. Die Holzverbrennung in privaten Kaminen spielte während der letzten Jahre eine zunehmende Rolle in der urbanen Luftreinhaltung. In Deutschland überstiegen die PM_{10}-Emissionen aus der Holzverbrennung in Kaminen der Privathaushalte im Jahr 2008 erstmalig die Auspuffemissionen aus dem Straßenverkehr (Dauert et al., 2015). Dieser Trend konnte auch in den Folgejahren nachgewiesen werden. Auf der europäischen Ebene wird die Partikelemission aus der Holzverbrennung für rund 43 % der primären PM_{10}-Emission verantwortlich gemacht (EEA, 2015). Damit kann die Holzverfeuerung ebenfalls einen gewichtigen Anteil an der Überschreitung des PM_{10}-Grenzwertes haben (Maenhaut et al., 2012, Küpper et al., 2018).

Aufgrund der heterogenen Struktur der Emissionsquellen in einer Stadt können weitere Besonderheiten in der raum-zeitlichen Ausprägung der Immissionskonzentration auftreten, wie erhöhte Immissionsspitzen durch Baumaßnahmen, Abrissarbeiten oder Feuerwerke. Diese Konzentrationsspitzen treten weder räumlich, noch zeitlich kontinuierlich auf, können kurzfristig aber aufgrund ihrer absoluten Konzentrationshöhe von Bedeutung sein.

5.3.2. Räumliche Besonderheiten der urbanen Luftqualität

Die räumlichen Unterschiede der städtischen Immissionskonzentrationen sind stark an die anthropogene Aktivität in verschiedenen Bereichen der Stadt gekoppelt (z. B. Flächennutzungstypen, Verkehrsflächen, bebaute Flächen). Die Variabilität der Verkehrsdichte ist u. a. ein wichtiger Parameter zur Beschreibung der räumlichen Unterschiede Kfz-bezogener Spurenstoffemissionen. Mittels mobiler Messungen von Spurenstoffen lassen sich die flächennutzungsabhängigen Unterschiede der Immissionskonzentration in Stadtgebieten räumlich hochaufgelöst darstellen (Bukowiecki et al., 2002; Henninger, 2010c; Brantley et al., 2014).

Ein mobiles Messlabor misst dazu mit einer hohen zeitlichen Auflösung (z. B. 1 s) Spurenstoffkonzentrationen auf einer Messroute durch das Stadtgebiet (Abb. 5.19). Die Ergebnisse einer mobilen Messung im Ruhrgebiet zeigen für die Spurenstoffkonzentrationen CO und NO_X differenzierte Unterschiede der Immissionskonzentration in Abhängigkeit des vorherrschenden Flächennutzungstyps. Die CO-, NO- und NO_2-Konzentrationen nehmen vom Nutzungstyp Autobahn über Hauptstraße, Nebenstraße, Wohngebiet zu Grünfläche hin deutlich ab. Die höheren Konzentrationen im Bereich der Nutzungstypen Autobahn und Hauptstraße sind vornehmlich durch die erhöhten Verkehrsemissionen und den geringeren Austausch bedingt.

Zur Abschätzung der möglichen Ozon-Belastung kann das NO_2/NO-Verhältnis berechnet werden, wobei ein größerer Verhältniswert ein höheres O_3-Bildungspotential markiert (Abb. 5.19a). Die Flächennutzungstypen Wohngebiet und Grünfläche sind von hohen NO_2/NO-Verhältnissen charakterisiert. Bei entsprechender kurzwelliger Einstrahlung (Photochemie), z. B. während strahlungsreicher Sommertage, ist in diesen Flächennutzungstypen mit hohen O_3-Konzentrationen zu rechnen. Im Gegensatz dazu ist das O_3-Bildungspotential in den Flächennutzungstypen Autobahn und Hauptstraße infolge der erhöhten NO-Emissionen eher gering.

Die Zusammenhänge zwischen Flächennutzung und räumlichen Unterschieden in der Immissionskonzentration werden in den vergangenen Jahren zunehmend zur statistischen Modellierung mittels landnutzungsbasierter Regressionsmodelle (*land use regression models*, LUR) genutzt. Während numerische Ausbreitungsmodelle zur Berechnung der räumlichen Verteilung von Spurenstoffkonzentrationen die grundlegenden Bewegungs- und Reaktionsgleichungen lösen, werden bei statistischen Ansätzen u. a. multiple lineare oder nicht-lineare Regressionsmodelle eingesetzt, um die räumliche Verteilung verschiedener Spu-

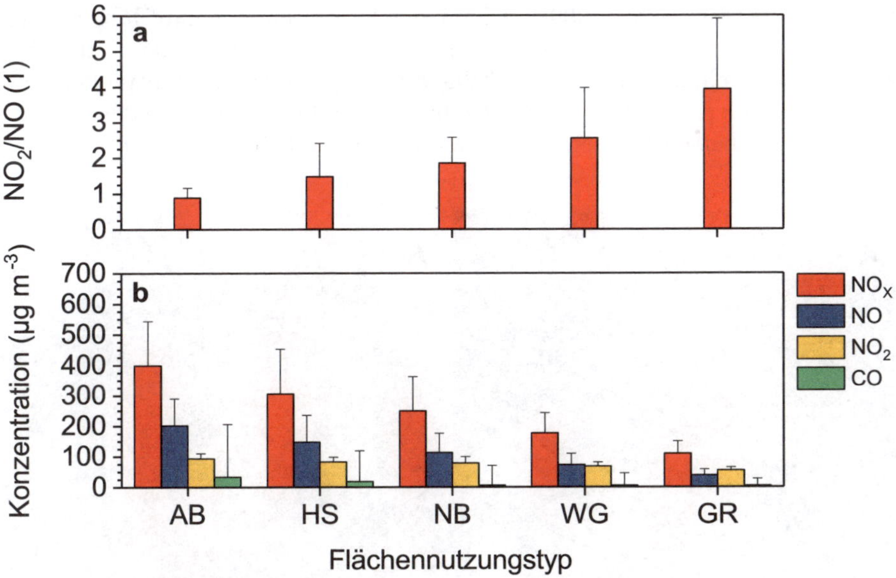

Abb. 5.19: (a) Mittlere NO_2/NO-Verhältnisse und (b) mittlere Spurenstoffkonzentrationen und Standardabweichungen (unten) für verschiedene Flächennutzungstypen (Ruhrgebiet Mitte) auf der Basis mobiler Messfahrten (AB = Autobahn, HS = Hauptstraßen, NB = Nebenstraßen, WG = Wohngebiet, GR = Grünfläche; Datengrundlage: 16 lufthygienische Profilmessfahrten im Zeitraum vom 21.02.2000 – 12.01.2001; Daten nach KUTTLER u. WACKER, 2001).

renstoffe wie Partikelanzahl, PM_{10} oder NO_2 zu berechnen (BAKLANOV et al., 2009). Diese statistischen Modelle lösen die Prozesszusammenhänge (z. B. Reaktionen, Transport) nicht explizit auf, können aber eine gute statistische Varianzerklärung liefern, wenn geeignete Trainingsdatensätze zur Schätzung der Koeffizienten der Modellgleichung vorliegen (HOEK et al., 2008; DE HOOGH et al., 2014; GHASSOUN et al., 2015; FUKS et al., 2017).

Abbildung 5.20 zeigt den Vergleich von Messungen der Konzentration von UFP in einem städtischen Untersuchungsraum nahe einer stark befahrenen Hauptstraße (durchschnittliche tägliche Verkehrsstärke ca. 33.000 Kfz) sowie die Ergebnisse eines *„land use regression"*-Modells für die mobilen Messungen während des Winterhalbjahrs. Die höchsten Konzentrationen sind eng an die Hauptverkehrsstraße gebunden, von dort nehmen die Anzahlkonzentrationen schnell in den urbanen Hintergrund ab. Die Übereinstimmung zwischen Modell und Messung ist für die Wintersituation mit einem erklärten Anteil der Varianz von 85 % (RMSE = 1639 cm^{-3}) zufriedenstellend (GHASSOUN et al., 2015).

Die schnelle Abnahme der Konzentration von NO_2 oder von partikulären Spurenstoffen mit zunehmender Entfernung zur Hauptquelle Verkehr ist auch in einer Reihe anderer Studien, u. a. durch Messungen im Umfeld von Autobahnen bestätigt worden. In der Literatur finden sich Abklingfunktionen, mit denen sich die Abnahme der Konzentration als Funktion der Entfernung zur Straße abbilden lässt (z. B. HAGLER et al., 2009). In Kapitel 2.3.2 ist bereits darauf hingewiesen worden, dass besondere Strömungssituationen in Straßenschluchten (z. B. Rotorzirkulation) in einer großen mikroskaligen Variabilität von Spurenstoffkonzentrationen münden können, die zu Konzentrationsunterschieden um den Faktor 2 zwischen den beiden Straßenseiten einer Straßenschlucht führen kann.

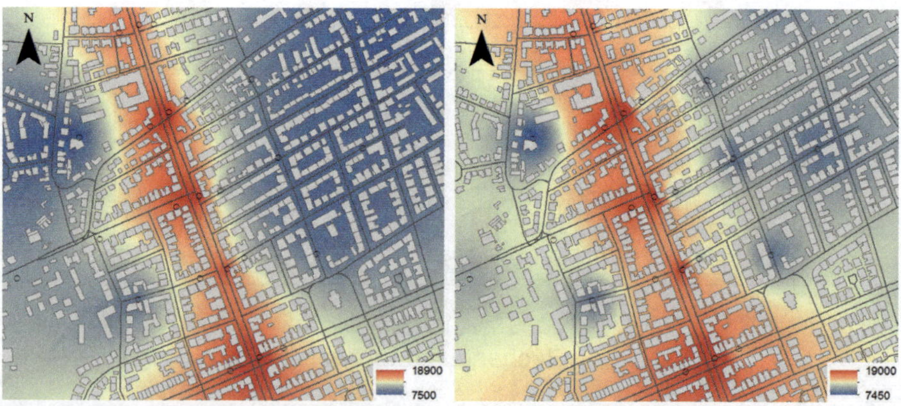

Abb. 5.20: Darstellung der UFP-Konzentration (in cm^{-3}) während des Winterhalbjahres in einem Untersuchungsgebiet nahe einer stark befahrenen Hauptverkehrsstraße in Braunschweig. Links, mit mobilen Messungen erhobene Konzentration von UFP; rechts, mit LUR-Ansatz berechnete Konzentration (Daten aus GHASSOUN et al., 2015).

Zur Einhaltung der europäischen Luftqualitätsgrenzwerte wurden mit dem Jahr 2008 in stark verkehrsbelasteten Stadtgebieten Umweltzonen (engl. *low emission zones*) zur Verminderung der Emissionen aus dem Verkehrssektor eingeführt. Das Hauptaugenmerk gilt den Konzentrationen von NO_x und PM_{10} sowie dem toxischen Anteil im PM_{10} (Ruß). In Umweltzonen sollen daher ausschließlich Fahrzeuge bestimmter Abgasstandards (in der Regel > EURO 4) einfahren. Die bisherigen Auswertungen der Effektivität von Umweltzonen zeigen, dass die Verminderung von PM_{10} und NO_x nur bedingt erreicht wurde. Beispielsweise konnte PM_{10} in der Größenordnung von < 5 % (Amsterdam) bis zu maximal 10 % (Köln, München) vermindert werden (Cyrys et al., 2014; Panteliadis et al., 2014). Das hat vor allem auch damit zu tun, dass sich durch eine Umweltzone in der Regel keine Änderungen in den mechanisch generierten bzw. abriebbedingten Emissionen des Kfz-Verkehrs (Reifen, Bremsen) ergeben. An dieser Stelle verspricht auch die avisierte Erhöhung der E-Mobilitätsquote keinen Erfolg, da sich keine Auswirkungen auf die groben Abriebpartikel (D_p > 2,5 µm) ergeben würden. Im Rahmen einer mehrjährigen Auswertung der Effekte der Umweltzone in Leipzig konnte allerdings gezeigt werden, dass im Zeitraum von 2011 bis 2016 klare Rückgänge der motorbedingten Emissionen von Ruß und Partikelanzahlkonzentrationen im Größenbereich $30 < D_p < 200$ nm erreicht werden konnten und zwar in

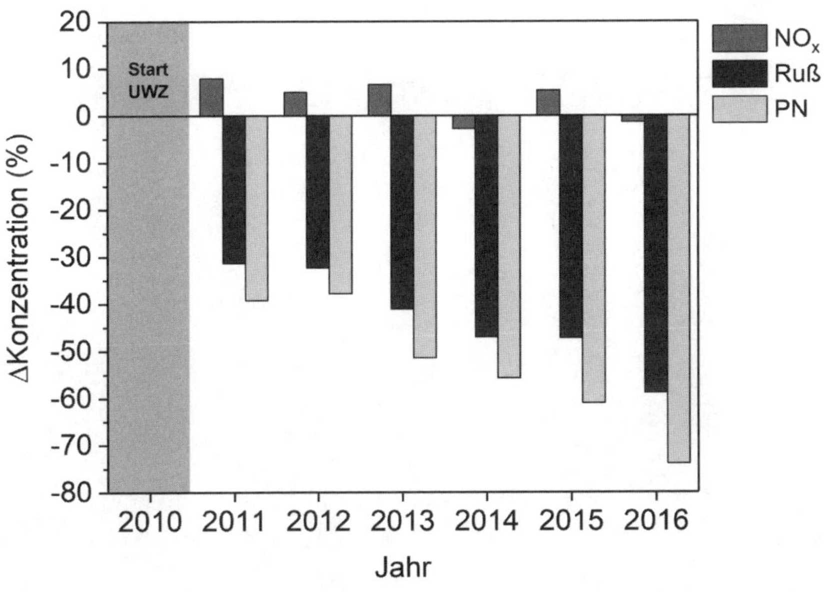

Abb. 5.21: Jährliche Änderung der Motoremissionen von Ruß, NO_2 und PN (Anzahlkonzentration im Größenbereich $30 < D_p < 200$ nm) in der Umweltzone von Leipzig mit Bezug auf das Jahr 2010 (vor Einführung der Umweltzone). Zur Bestimmung der Motoremissionen werden die Immissionskonzentrationen eines Hintergrundstandortes von der Verkehrsstation subtrahiert, um den Verkehrsanteil an der Konzentration zu extrahieren.

einer Größenordnung von 74 % für Ruß bzw. 59 % für die Partikelanzahlkonzentration (Abb. 5.21). Es sei darauf hingewiesen, dass die Abbildung nicht die Änderung der Immissionskonzentration, sondern die Änderung der verkehrsbedingten Zusatzbelastung durch Motoremissionen an verkehrsbelasteten Standorten zeigt. Der Erfolg wird von den Autoren der Studie vornehmlich auf die durch die Einführung der Umweltzone beschleunigte Modernisierung der Fahrzeugflotte (größere Zahl von Fahrzeugen mit Partikelfilter) zurückgeführt (Löschau et al., 2017).

Für die Stickoxide machte sich dieser Effekt nicht bemerkbar, die Konzentrationen stagnierten nach Einführung der Umweltzone in Leipzig. Es lässt sich demnach festhalten, dass Umweltzonen nur einen begrenzten Einfluss auf die Massenkonzentration von PM_{10} ausüben, hingegen aber sehr effektiv zur Verminderung des toxischen Anteils der Rußpartikel in der feinen und ultrafeinen Partikelfraktion des PM_{10} beitragen können.

II. Angewandte Stadtklimatologie

6 Planungsrelevante Stadtklimatologie

Das Kapitel im Überblick:

- Die angewandte Stadtklimaforschung ist das Bindeglied zwischen den physikalischen Grundlagen der Stadtklimatologie und der Stadtplanung.
- Mitigations- und Adaptionsmaßnahmen werden als Reaktion auf den Klimawandel unter planungsrechtlichen Gesichtspunkten entwickelt.
- Planungsrelevante Rahmenbedingungen einer angewandten Stadtklimatologie ergeben sich in Form von regionalen, lokalen und gesellschaftlichen Anpassungsmaßnahmen.
- Umsetzungsmöglichkeiten von Mitigation und Adaption ergeben sich im Rahmen von Partizipation und Governance.

6.1 Angewandte Stadtklimaforschung

Die Kenntnis des lokalen Klimas und der lufthygienischen Situation sowie deren Prozesszusammenhänge stellen wichtige Voraussetzungen für eine klimagerechte Raumplanung und Stadtentwicklung dar. Das Schutzgut Klima und Luft ist ein wichtiger Bestandteil der räumlichen Planung im Abwägungsprozess der Bauleitplanung (s. dazu Kap. 6.2.1) sowie im Rahmen von Umweltverträglichkeitsprüfungen und entsprechenden Standortuntersuchungen. Im Fokus der Stadtklimatologie steht die Betrachtung und Bewertung von Klima und Lufthygiene auf das menschliche Wohlbefinden sowie die Analyse der negativen Auswirkungen der urbanen Modifikationen auf das biotische (urbane Fauna und Flora) und abiotische (u. a. Bodeneigenschaften, Wasserhaushalt) urbane Ökosystem (Henninger, 2011). Ziel einer angewandten Stadtklimatologie ist die Identifizierung von urbanen Problemfeldern und – über die Berücksichtigung flächen- und objektbezogener Handlungsfelder – die Sicherung, Entwicklung und Wiederherstellung immissionsklimatisch relevanter Flächennutzungsstrukturen (Henninger, 2013a).

Die angewandte Stadtklimatologie stellt das Bindeglied zwischen den physikalischen Grundlagen des Stadtklimas und der Stadtplanung dar. Stadtklimaanalysen bzw. die daraus abgeleiteten synthetischen Klimafunktions- und Planungshinweiskarten erlauben der Planung auf kommunaler Ebene klimatische Aspekte innerhalb des kommunalen Handlungsrahmens aufzugreifen (Overbeck et al., 2008; Henninger, 2013a; Dütemeyer et al., 2013; Knieling u. Müller, 2015).

Die angewandte Stadtklimaforschung nimmt ebenfalls in Anbetracht der rezenten globalen Klimaentwicklung eine wichtige Rolle ein. So hat beispielsweise der Gesetzgeber im Jahr 2011 („Klimaschutznovelle") mit der Novellierung des Baugesetzbuches nicht nur die Belange von Klima und Luft, sondern ebenfalls den Klimaschutz sowie die Klimaanpassung thematisiert (Baugesetzbuch §1a,

Abs. 5; S. dazu Kap. 6.2). Die Folgen von Extremwetterereignissen wie Hitzewellen, Stürme oder Starkniederschläge stellen neue Herausforderungen für Städte dar. Obwohl die Extremereignisse nicht primär stadtspezifischen Ursprungs sind, werden die urbanen Siedlungsräume aufgrund der hohen Zahl exponierter Personen in besonderer Weise betroffen sein (IPCC, 2013).

Definition: Baugesetzbuch §1 und §1a

Das gemeindliche Planungsrecht (Städtebaurecht) wird im Baugesetzbuch geregelt. §1 Abs. 1 definiert die Aufgabe der Bauleitplanung als *„die bauliche und sonstige Nutzung der Grundstücke in der Gemeinde nach Maßgabe dieses, Gesetzbuches vorzubereiten und zu leiten"*. Das BauGB unterscheidet zwei Typen von Bauleitplänen: den Flächennutzungsplan und den Bebauungsplan. Während §1 des BauGB allgemeine Aufgaben, Begriffe und Grundsätze der Bauleitplanung regelt, definiert §1a des BauGB ergänzende Vorschriften zum Umweltschutz, u. a. die Belange von Klima und Luft. Dementsprechend wird u. a. in §1a Abs. 5 BauGB *„den Erfordernissen des Klimaschutzes sowohl durch Maßnahmen, die dem Klimawandel entgegenwirken, als auch durch solche, die der Anpassung an den Klimawandel dienen, Rechnung getragen"*.

Ein Hemmnis der planungsorientierten Stadtklimatologie ist der Tatsache geschuldet, dass Stadtstrukturen über einen langen Zeitraum gewachsen sind und innerhalb des Bestandes nur schrittweise hinsichtlich klimatischer und lufthygienischer Erkenntnisse optimiert werden können. Daraus resultierend gewinnen v. a. die Instrumente der Stadtsanierung und des Stadtumbaus zunehmend an Bedeutung. Durch den §1a des BauGB werden Klimabelange zu einem Gegenstand der Umweltprüfung. Als informelles Planungsinstrument kann somit ein städtebaulicher Rahmenplan entworfen werden. Allerdings hat dieser im Vergleich zum vorbereitenden und verbindlichen Bauleitplan keine unmittelbare Rechtsverbindlichkeit, kann jedoch im Kontext der Erstellung eines Bebauungsplanes als ein vorweggenommenes (antizipiertes) Gutachten angesehen werden (vgl. §1, Abs. 6, Nr. 11 BauGB).

Definition: Rahmenplan

Der städtebauliche Rahmenplan ist ein sog. informelles Planungsinstrument. Entwicklungspotentiale eines Stadtquartiers können dargestellt und Perspektiven zukünftiger Nutzung (Wohnen, Gewerbe) aufgezeigt werden. Der Rahmenplan ist nicht rechtsverbindlich. Städtebauliche Rahmenpläne erweisen sich im Rahmen der Investorensuche und Öffentlichkeitsbeteiligung als besonders hilfreich.

Wie aus klimatischer Sicht positiv auf den Städtebau eingewirkt werden kann, wird durch die Betrachtung der Bebauungsstruktur in anderen Klimazonen ersichtlich (z. B. Verschattung in engen Gassen, strahlungsoptimierte Ausrichtung der Gebäude). Daran können sich die Empfehlungen für die Planung und Durchführung orientieren (empfehlenswerte Baustoffe, erprobte Konstruktionen und Dämmmaterialien, etc.), um aus der Sicht eines klimaangepassten Bauens und Sanierens für den entsprechenden Gebäudetyp eine optimale Lösung zu entwerfen (GABRIEL u. LADENER, 2010).

Ein für den Stadtbewohner optimales mikroklimatisches Umfeld wurde bereits von MAYER (1989) mit dem Begriff des „idealen Stadtklimas" umschrieben. Basierend auf gezielten planerischen Eingriffen sollen möglichst keine thermisch belasteten Bereiche im Außenraum entstehen, geringe Schadstoffkonzentrationen auftreten und den Stadtbewohnern eine große Vielfalt an urbanen Mikroklimaten zur Verfügung gestellt werden (vgl. Kap. 1.2). Diese Definition eines „idealen Stadtklima" lässt sich als konzeptionelle Vorgabe verstehen. Es ist die Aufgabe einer klimagerechten Stadtplanung, sich dem „idealen Stadtklima" durch gezielte Maßnahmen anzunähern, um ein „tolerierbares Stadtklima" zu gestalten (MAYER, 1989; vgl. HARTZ, 2011).

6.2 Rechtliche Grundlagen und Bewertungsmaßstäbe der Stadtklimatologie

Die Folgen der lokalklimatischen Veränderungen im urbanen Raum führen zu einer Beeinträchtigung des (Öko)Systems Stadt. Volkswirtschaftliche Schäden, z. B. hervorgerufen durch Extremwetterereignisse, stellen ein Problemfeld für die Stadtplanung dar, auf das es zukünftig verstärkt zu reagieren gilt. Um dieser Entwicklung entgegenzutreten, wurde durch den Gesetzgeber in Deutschland dafür Sorge getragen, dass die Belange des Klimas und der Lufthygiene in der räumlichen Planung eine stärkere Akzentuierung erfahren. Für die städtebauliche Planung ist das Baugesetzbuch maßgebend. Dabei sind *„die Belange des Umweltschutzes, (...) insbesondere (...) der Luft (...) sowie das Klima"* zu berücksichtigen (§1, Abs. 6 BauGB, 2015). Das Baugesetzbuch bietet durch eine Reihe zulässiger Festsetzungen in den Bebauungsplänen unterschiedliche Möglichkeiten einer klimagerechten bzw. klimaangepassten Stadtplanung. Vor allem durch die bereits erwähnte Novellierung des BauGB mittels des neuen Absatzes 5 des §1a im Jahr 2011 werden die Belange des Klimas zu einem Gegenstand der Umweltprüfung. Um dementsprechend den Anforderungen an die Planung gerecht zu werden, kann ein städtebaulicher Rahmenplan entworfen werden. Dieses informelle Planungsinstrument ist zwar nicht rechtsverbindlich, kann der Stadt/ Gemeinde aber bei der Offenlegung diverser städtebaulicher Ziele (z. B. bezogen auf ein Stadtteil/ -quartier) dienen. In Anlehnung an §1a Abs. 5 BauGB sollte der Innenentwicklung Vorrang gegenüber der städtebaulichen Entwicklung im Außenbereich eingeräumt werden. Mit diesen Maßnahmen sollen Klimaschutz und -anpassung Berücksichtigung finden. Für die Innenentwicklung bedeutet dies in Einvernehmen mit §13 BauGB, dass über „vereinfachte Verfahren" die lokalklimatischen Interessen berücksichtigt werden sollten, vor allem auch dann, wenn keine Umweltprüfung durchgeführt werden müssen. Berücksichtigung finden die o. g. Belange unter anderem auch im Gesetz zur Umweltverträglichkeitsprüfung (UVPG, 2015). Im Rahmen der projektbezogenen Umweltverträglichkeitsprüfung sowie der Prüfung von Umweltauswirkungen müssen auch die Belange des Klimaschutzes und der Klimaanpassung ermittelt, beschrieben und bewertet werden.

Die Anforderungen in Bezug auf die Luftreinhaltung gehören zu den Regelungsgegenständen des Bundesimmissionsschutzgesetzes (BImSchG, 2015). In diesem Zusammenhang werden sowohl die Immissionssituation innerhalb urbaner Flächennutzungsstrukturen, als auch der anlagenbezogene Umweltschutz zur Reduktion von Emissionen thematisiert. Das klimagerechte Bauen im privaten Bereich und die energieeffiziente Nutzung sind Gegenstände, die in den Anwendungsbereich des Energieeinsparungsgesetzes fallen (EnEG, 2013). Es können daraus differenzierte Anforderungen für die Baugebietstypen (z. B. reine Wohngebiete, Misch- und Gewerbegebiete) im Sinne des §1 Abs. 2 Baunutzungsverordnung resultieren (BauNVO, 2013). Weitere anlagenspezifische Anforderungen können hinsichtlich des Immissionsschutzes den Verordnungen zum Immissionsschutz (BImSchV, 2018) und der Technischen Anleitung zur Reinhaltung der Luft (TA-Luft, 2002) sowie in Bezug zur Energienutzung der Energieeinsparverordnung entnommen werden (EnEV, 2015). Um eine adäquate Überwachung der speziellen umweltfachlichen Anforderungen zu gewährleisten, wird eine Risikobeurteilung durchgeführt und Risikoschwellen in Gestalt technischer Normen festgelegt. Diese Werte besitzen den Charakter von Grenzwerten, sodass bei deren Eintreten direkt Maßnahmen (kurzfristige Aktionspläne, langfristige Luftreinhaltepläne, etc.) eingeleitet werden können, wie es am Beispiel des Feinstaubs und der Stickoxide ersichtlich ist. Entsprechende Beurteilungsmaßstäbe existieren nicht nur zur Bewertung der lufthygienischen Situation, sondern finden ebenfalls ihre Anwendung zur Bewertung der thermischen Behaglichkeit in der Human-Biometeorologie. Sie ermöglichen eine integrative Bewertung der Variabilität von Luft- und Strahlungstemperatur, Luftfeuchtigkeit und Windgeschwindigkeit auf die menschliche Gesundheit (z. B. PET, PMV, pt, UCTI; s. dazu ausführlich Kap. 7.2). Im Gegensatz zur Bewertung der Luftqualität existieren gegenwärtig aber noch keine gesetzlichen Grenzwerte, die bindende Aussagen über die thermische Belastung zulassen und aus denen konkrete Maßnahmen abgeleitet werden könnten.

Bereits seit den 1970er Jahren wird das Thema „Klima" in der Stadtplanung mit zunehmender Bedeutung im planerischen Abwägungsprozess behandelt. Leider zeigt sich aus Sicht der angewandten Stadtklimatologie regelmäßig, dass die Umsetzung der klimatologischen Erkenntnisse durch Entscheidungsträger noch wenig ausgeprägt ist. Dies ist meist der Tatsache geschuldet, dass der Verwaltung aufgrund nicht vorhandener Grenzwerte bzw. akzeptierter Richtwerte für lokalklimatische Gutachten oftmals ein großer Spielraum im Abwägungsprozess zur Verfügung steht und so meist nur auf allgemeine, unverbindliche Empfehlungen zurückgegriffen wird. Um eine längerfristige, bindende Wirkung des städtischen Rahmenplanes zur Anwendung zu bringen, sind sowohl planungs- und baurechtliche Möglichkeiten als auch weitere begleitende Maßnahmen notwendig (u. a. §1a, Abs. 5 u. 6 BauGB „Abwägungsgrundsatz"; §13a BauGB „Bebauungspläne der Innenentwicklung"; §140 BauGB „Städtebauliche Sanierungsmaßnahmen). Hierbei kann eine verbesserte Informationsstrategie (z. B. Partizipation; s. dazu Kap. 6.4.1) bzgl. Anpassungsmaßnahmen/ -möglichkeiten in Bezug zum Klimawandel ein entscheidender Hebel sein, um sowohl auf interner Ebene (Verwaltung) als auch bei externen Akteuren (Planer, Architekt) eine Akzeptanz des Rahmenplans herzustellen.

Gegenwärtige und zukünftige klimatische Veränderungen stellen ein wichtiges Aufgabenfeld dar. Dabei muss der Stadtplaner vielfältige und oftmals widersprüchliche Anforderungen bewältigen, die mit unterschiedlichen Aspekten der Planung einhergehen. Hierzu zählen v. a. Anforderungen an die Bereitstellung von Flächen (z. B. zur Verbesserung der Verkehrsinfrastruktur, zur Maximierung des ökonomischen Mehrwertes eines urbanen Baulandes). Dem gegenüber steht die Herausforderung mittels einer vorausschauenden Planung gleichzeitig darauf Rücksicht zu nehmen, dass die urbane Bevölkerung infolge der Baumaßnahmen bzw. nach deren Abschluss in ihrer Wohn- und Lebensqualität negativ beeinflusst werden könnte.

Die bereits in den vorangegangenen Kapiteln erläuterten Modifikationen des Stadtklimas nehmen in unterschiedlichem Maße Einfluss und sollten in der Stadtplanung bzw. im Städtebau, wie nachfolgend exemplarisch dargelegt, berücksichtigt werden (vgl. Page, 1972)

- vorausschauende Planung des Bauprozesses unter Berücksichtigung des lokalklimatischen Ist- und vor allem Plan-Zustandes,
- Identifizierung der mikroklimatischen Ausgleichsräume und Belastungsräume,
- Identifizierung aktiver und inaktiver Ventilationsbahnen,
- vorrangige Identifizierung urbaner Freiflächen bzw. frei werdender Flächen und die Planung geeigneter „mikroklimatischer Oasen" für verschiedene Nutzungsformen (Erholungsfunktion: z. B. innerstädtische Park- und Grünflächen, Wasserflächen),
- optimierte und entsprechend ausgerichtete Gebäudeform (Beeinflussung der Windzirkulation/ -geschwindigkeit durch hohe und/ oder engstehende Gebäude) unter Berücksichtigung klimatischer Einflussfaktoren (solare Einstrahlung, Windverhältnisse),
- Auswahl geeigneter Baumaterialien.

Im Hinblick auf den städteplanerischen Entwurfsprozess kann es hilfreich sein, wenn zu Beginn des Planungsprozesses auf die Bedürfnisse des klimaangepassten Bauens eingegangen wird. Daher ist die Stadtplanung darauf angewiesen, dass sie bezüglich der mikroklimatischen Verhältnisse eines Plangebietes nachvollziehbare stadtklimatische Handlungsempfehlungen erhält.

Nicht selten können stadtklimatologische Handlungsempfehlungen mit signifikanten ökonomischen Konsequenzen einhergehen. Die Breite einer Straße orientiert sich an den infrastrukturellen Anforderungen sowie dem Zugang für Fahrzeuge, um einen geregelten Ablauf zu gewährleisten. An der Höhe bzw. Geschosszahl eines Gebäudes kann der ökonomische Wert des Baugrundes gespiegelt werden. Werden nun aber lokalklimatische Gesichtspunkte einbezogen, kann eine Berücksichtigung des aus klimatischer Sicht zu empfehlenden H/W-Verhältnisses erhebliche finanzielle Auswirkungen auf das Bauvorhaben haben. Bei Planungsvorhaben werden die Sachverhalte bei der Analyse häufig vereinfacht dargestellt und die potenziellen Folgen werden meist isoliert von anderen beeinflussenden Faktoren betrachtet. Solange eine solche Analyse auf rein physikalischen Gesetzmäßigkeiten beruht, besitzt der separative Betrachtungsansatz (d. h. ein Faktor steht im Mittelpunkt) sicherlich Vorteile. Um die angewandte Stadtklimatologie effektiv in den Prozess der Stadtplanung einzubringen, sollte aber ein integrativer Ansatz (d. h. gesamter Funktionszusammenhang aller Faktoren) bevorzugt werden. Dieser beinhaltet im Rahmen eines nachhaltigen Städtebaus eine Planung im Einklang ökonomischer und ökologischer Interessen sowie sozialer Bedürfnisse. Entsprechende Handlungsempfehlungen müssen auf der Betrachtung und Berücksichtigung aller das Mikroklima beeinflussenden Faktoren basieren. Mit stetig zunehmender Rechenleistung können computergestützte Modellierungen unterstützend dazu beitragen diese Informations-/ Analyselücke in großen Teilen zu schließen, um belastbare Prognosen des urbanen Mikroklimas bereitzustellen (s. Abb. 6.1). Solche Modellierungen können Anwendung finden, um die Entscheidungsträger über die

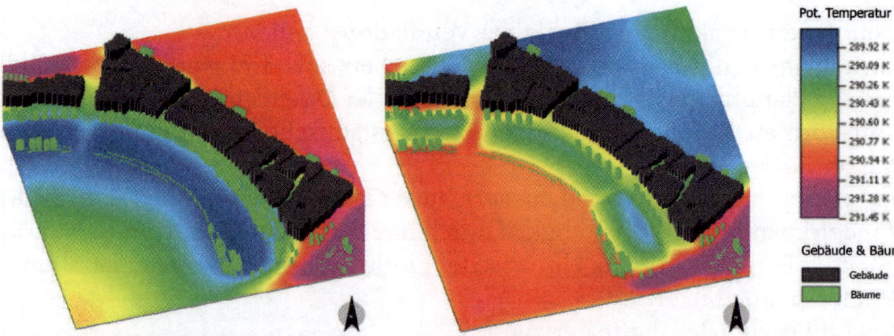

Abb. 6.1: Exemplarische Darstellung eines numerisch simulierten Ist-Zustand (links) unter Berücksichtigung einer gering im Bestand vorhandenen Vegetation sowie des Planzustandes (rechts) unter Einbezug der Aufwertung der Grünstruktur entlang der Berliner Promenade in Saarbrücken für einen Sommertag.

lokalklimatischen Auswirkungen der zur Diskussion stehenden Stadtplanungsstrategien zu informieren.

Um aus den Prognosen solcher Modelle den größtmöglichen Nutzen zu ziehen, müssen diese so aufgebaut sein, dass sie die Eingangsgrößen Parameter (neben mikroklimatischen Parametern, u. a. Bebauungsstruktur/ -dichte, Versiegelungsgrad, Ausrichtung der Gebäude) beinhalten, die direkt mit dem Entscheidungsfindungsprozess auf der Planungsebene zusammenhängen (s. dazu Kap. 6.2.2; Errel, 2008; Errel et al., 2011).

6.3 Werkzeuge zur Darstellung planungsrelevanter stadtklimatischer Prozesse

Im Planungsbereich ergeben sich sowohl formelle als auch informelle Planungsebenen, die unterschiedlich stark miteinander verwoben sind. Stadtklimatische Belange müssen grundsätzlich in den unterschiedlichen Planungsebenen aufgegriffen werden. Ein Bestandteil des formellen Planverfahrens ist der Flächennutzungsplan (F-Plan). Dieser ist als ein mittel- bis langfristiges Instrument der städtebaulichen Entwicklung zu sehen und dient der Bauleitplanung als Vorbereitung. Der Flächennutzungsplan leitet sich aus dem Regionalplan ab und ist

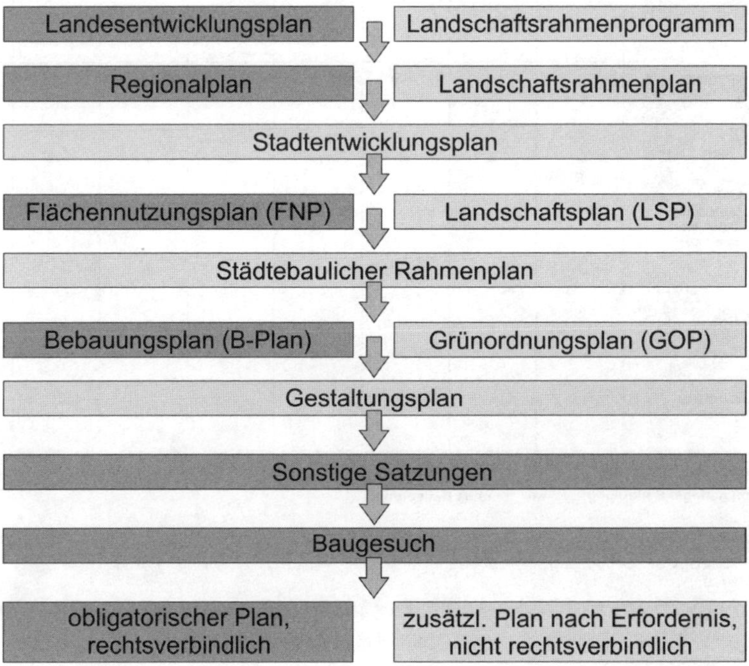

Abb. 6.2: Nach Maßstabsebenen geordnete Verbindungen zwischen der formellen (dunkelgrau) und informellen Planungsebene (hellgrau) (verändert nach VDI 3785, Blatt 1 (2015)).

Klimatologische Bedeutung / Planungsraum	Wärme-insel	Windfeld	Flurwind	Kaltluft-strom	Kaltluft-see	Bioklima	Luft-hygiene	Wind-komfort
 Regional-/ Landschaftsplan	++	++	+	+	+	o	o	--
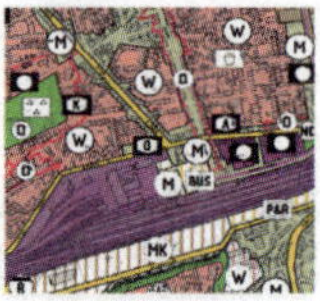 Stadtentwicklungs-/ Flächennutzungs-planung	++	++	+	++	++	+	++	--
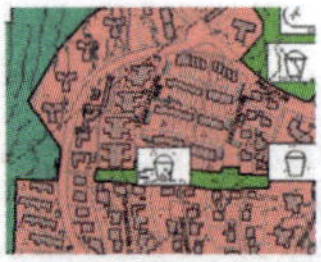 Ortsteil mit Flächen-nutzungs-/ Bauleitplanung	+	+	++	++	++	+	++	-
 Bebauungsstruktur / Block- und Bauleit-/ Freiraumplanung	-	+	o	o	-	++	++	+
 Gebäudearchitektur Bebauungsplan/ Bauantrag	--	+	-	-	--	++	++	++

++ von großer Bedeutung + von Bedeutung o neutral, das heißt, im Einzelfall von Bedeutung
- von geringer Bedeutung -- ohne Bedeutung

Abb. 6.3: Lokalklimatische Bedeutung verschiedener Stadtklimaphänomene im Planungsraum auf unterschiedlichen Maßstabsebenen (verändert nach VDI Richtlinie 3787 Blatt 1, 2013).

meist über einen Gesamtzeitraum von 15 Jahren ausgelegt. Durch ihn werden grundsätzliche Aussagen über die zukünftigen Nutzungen getroffen, er ist jedoch nicht rechtsverbindlich und auch nicht flächenscharf. Dem gegenüber steht der Bebauungsplan (B-Plan). Dieser definiert die verbindliche, flächenscharfe Bauleitplanung. Da B-Pläne von den politischen Gremien als Satzung beschlossen werden, sind diese auch entsprechend rechtswirksam und zumeist für fünf Jahre gültig. Der Bebauungsplan weist die vorgegebene Bodennutzung und gestalterischen Ausformungen aus (Albers u. Wekel, 2008).

In Deutschland ist die Raumordnung derart geregelt, dass Fachplanungen auf allen Planungsebenen als separate Gutachten eingeführt werden können. Welche stadtklimatischen Methoden dabei zum Einsatz kommen, orientiert sich am Untersuchungsgegenstand bzw. der Fragestellung. Grundsätzlich ist die Einsatzmöglichkeit meteorologischer oder lufthygienischer Mess- und Analysemethoden vielfältig. Meist ist eine Abwägung auf der Grundlage der zu tätigenden Aussagen und der zu erwartenden Ergebnisse notwendig. Aber auch potenzielle logistische Zwänge und v. a. die zur Verfügung stehenden finanziellen Mittel tragen eine entscheidende Rolle bei der Frage des Aufwandes und der einzusetzenden Methode. Eine ausführliche Übersicht von Methoden und Möglichkeiten zu stadtklimatischen Untersuchungsmethoden ist in der VDI- Richtlinie 3785 Blatt 1 (2015) aufgearbeitet.

Neben den bereits erwähnten formellen Planungswerkzeugen existieren weitere informelle Planwerke. Diese besitzen keine Rechtsverbindlichkeit. Hierzu zählen z. B. Stadtentwicklungspläne und städtebauliche Rahmenpläne. Diese bilden Entwicklungskonzepte ab, die als informelle Steuerungsinstrumente Leitlinien für die mittel- bis langfristige Planung darstellen (s. dazu Abb. 6.2; Langhagen-Rohrbuch, 2010).

In der Folge sind die einzelnen Planungsebenen kurz zusammengefasst und mit den unterschiedlichen stadt- bzw. mikroklimatischen Phänomenen verknüpft, die bei den unterschiedlichen Planungsmaßstäben von Relevanz sind (s. dazu Abb. 6.3; entnommen u. verändert aus den VDI-Richtlinien 3787, Blatt 1 (2015) und Blatt 9 (2004)).

1) *Regional- und Landschaftsplan* (s. Abb. 6.4)
- Anwendungsbereich: Klimafunktionskarten für einen Überblick zu klimatologischen Gegebenheiten im Maßstabsbereich 1:50.000
- Betrachtung relevanter regionaler bzw. lokaler Einflussfaktoren wie urbane Wärmeinseln (mittlere/ große Städte) sowie Windfeldbeeinflussung durch Bergrücken oder übergeordnete Talsysteme
- zusätzliche Betrachtung von Interaktionen topographischer Elemente in Form thermischer Ausgleichsströmungen (Berg-Tal-Windsysteme, Land-See-Windzirkulation, Bildung ausgedehnter Kaltluftseen/ komplexer Kaltluftsammelgebiete)
- pauschale/ allgemeingültige Behandlung von human-biometeorologischen Bedingungen und Luftqualität

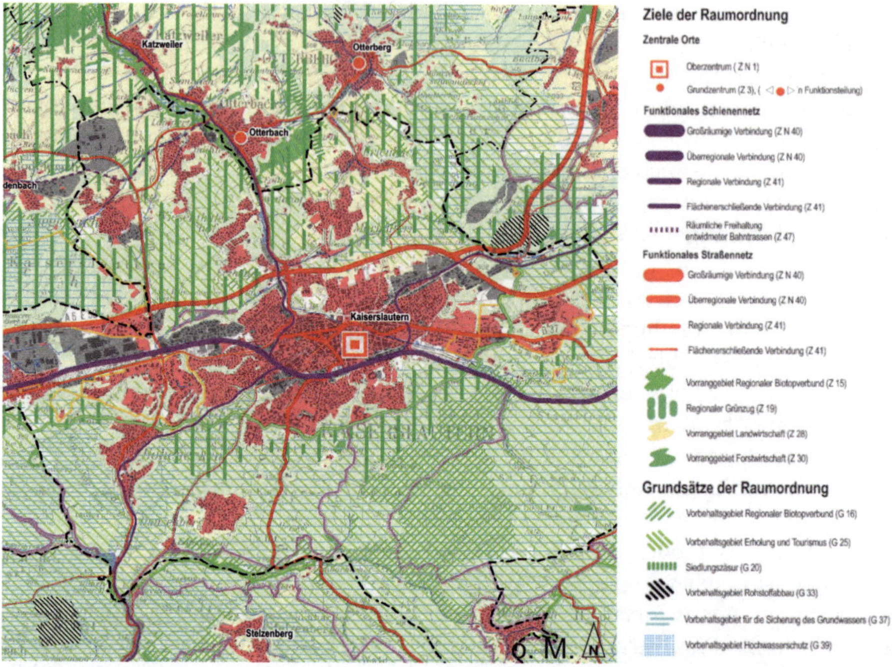

Abb. 6.4: Exemplarischer Ausschnitt des Regionalplans für den Raum Kaiserslautern (verändert nach Regionalplan Land Rheinland-Pfalz, Struktur- und Genehmigungsdirektion Süd, 2017).

2) *Flächennutzungsplan* (s. Abb. 6.5)

- Anwendungsbereich: Stadtklimakarten für einen Einblick in die differenzierte Darstellung der lokalklimatischen Strukturen im Maßstab 1:10.000
- Betrachtung relevanter Einflussfaktoren (urbaner Wärmeinseleffekt, räumliche Lage, Struktur und Bedeutung von Luftleitbahnen sowie Kaltluftströmungen, z. B. Industrieareale, Brach- und Konversionsflächen, Parkanlagen)
- thermische Ausgleichsströmungen (z. B. Flurwind, Berg-Tal-Windsysteme, Land-See-Windzirkulation)
- Bildung klimatischer Ausgleichszonen, angetrieben durch thermische Windsysteme
- zunehmende Bedeutung human-biometeorologischer (s. dazu Kap. 7. 2) und lufthygienischer Fragen
- Ziel: räumliche Klassifizierung stadtklimatologischer Phänomene (urbane Überwärmung, human-biometeorologische Auswirkungen, Austauschverhältnisse, Frisch- und Kaltluftzufuhr)

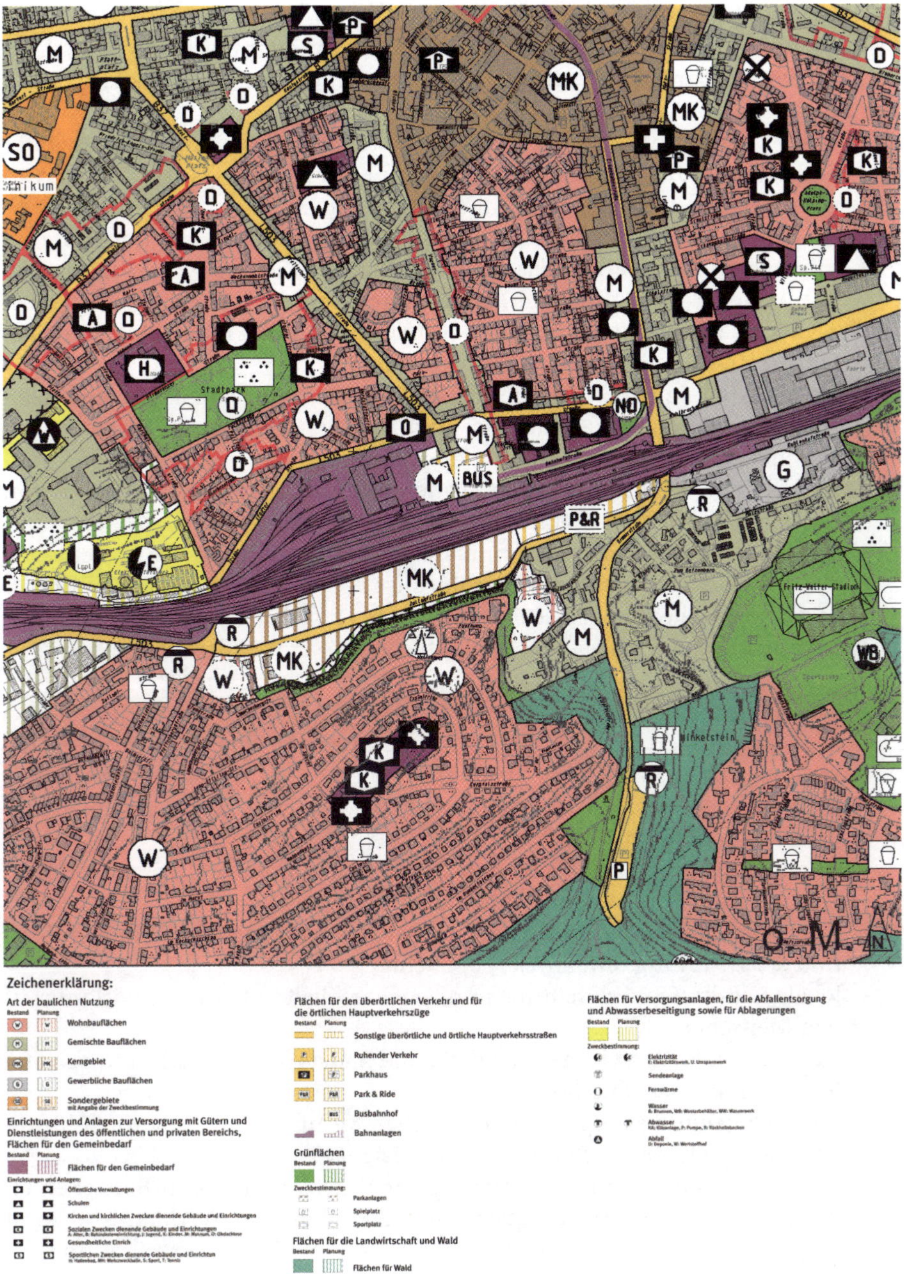

Abb. 6.5: Exemplarischer Ausschnitt des Flächennutzungsplans der Stadt Kaiserslautern (verändert nach Universitätsstadt Kaiserslautern, Referat Stadtentwicklung (Geoportal), 2017).

3) Bauleit- und Freiraumplanung

- Anwendungsbereich: Stadtklima- und Klimakarten mit entsprechend differenzierter Darstellung lokalklimatischer Strukturen im Maßstabsbereich 1:5.000
- Mikroklimakarten und/ oder thermische Komfortkarten mit differenzierter Darstellung (mikro)klimatischer Strukturen im Planungsmaßstab 1:2.000 im allgemein fußläufigen Erschließungsbereich
- im Maßstab 1:5.000: Betrachtung des lokalen Flurwindes, Kaltluftseen und lufthygienischen Verhältnissen; großräumige Faktoren (Wärmeinsel) und das übergeordnete Windfeld können Effekte im kleinräumigen Skalenbereich maskieren (Interaktionen zwischen dem größeren und kleineren Skalenbereich müssen differenziert betrachtet werden)
- im Maßstab 1:2.000: Beeinflussungen durch den urbanen Wärmeinseleffekt, Kaltluftseen sowie Flurwinde und Kaltluftströme; diese spielen jedoch für eine detaillierte Betrachtung keine größere Rolle mehr; deutliche horizontale und vertikale räumliche Differenzierung der lokalen Struktur von Emissionsquellen (Verkehr, Industrie, Hausbrand)
- human-biometeorologische Einflüsse gewinnen aufgrund des Skalenbereiches 1:5.000 an Bedeutung, allerdings ist der Maßstabsbereich 1:2.000 für human-biometeorologische Fragestellungen (lokale Belüftungsverhältnisse, Verschattung, Feuchtegehalt der Luft) von größerer Bedeutung

4) Bebauungsplan (s. Abb. 6.6)

- Anwendungsbereich: u. a. Windkomfortkarten für eine differenzierte Darstellung mikroklimatischer Strukturen im Planungsmaßstab 1:500
- kleinster Skalenbereich für stadtklimatologische Fragestellungen innerhalb des klassischen Bauvorhabens
- Betrachtung von Fragestellungen zu human-biometeorologischen Bedingungen, Lufthygiene und Windkomfort
- das übergeordnete Windfeld wird als Antrieb zu Fragen des Windkomforts und der Belüftung differenziert betrachtet
- lokale Belüftung, Verschattung und Feuchtegehalt mit direkter Wirkung auf den Menschen
- starke Interaktion zwischen Windfeld und Baukörper (Überströmungseffekte im Bereich des Baukörpers)
- negative Beeinflussung des menschlichen Komfortbereichs sowie lufthygienische Probleme durch reduzierten Austausch
- Darstellung einer gezielten Nutzung der Vegetation (z. B. in Bereichen erhöhter Turbulenz zur Verbesserung der klimatischen Verhältnisse – mit sorgfältiger Differenzierung zwischen Winter- und Sommerzeitraum)

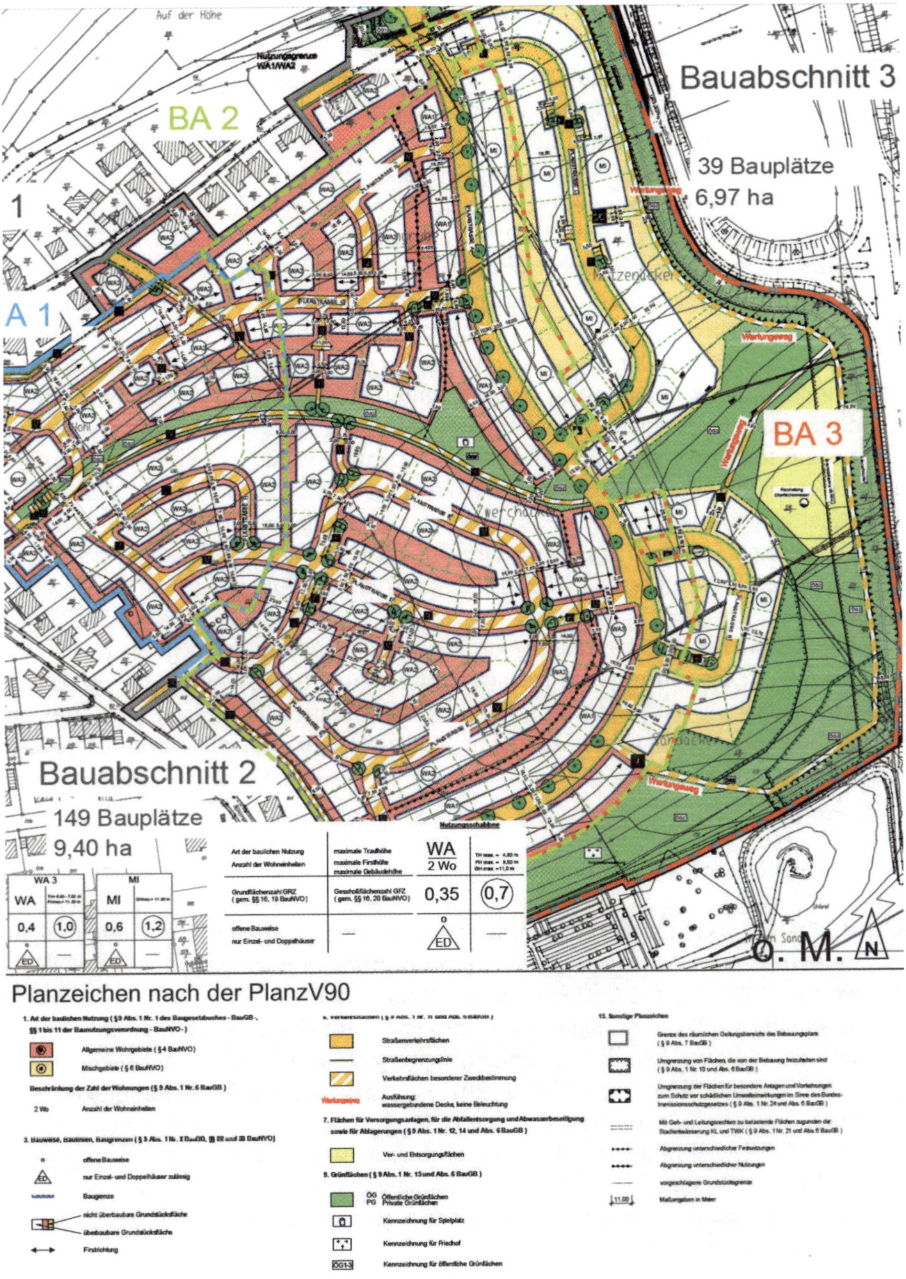

Abb. 6.6: Exemplarischer Ausschnitt eines Bebauungsplans im Stadtgebiet von Kaiserslautern (verändert nach Universitätsstadt Kaiserslautern, Referat Stadtentwicklung (Geoportal), 2017).

6.4 Werkzeuge zur Darstellung planungsrelevanter stadtklimatischer Ereignisse

Eine wichtige Möglichkeit zur Darstellung lokalklimatischer Sachverhalte besteht in Form von Klimakarten in denen zumeist einzelne Klimaelemente (Lufttemperatur, Luftfeuchte, etc.) in ihrer räumlichen Ausprägung kartiert werden. Solche Klimakarten werden auch als analytische Grundlagenkarten bezeichnet. Ein Nachteil dieser Kartenwerke ist eine zielführende Interpretation der Ergebnisse, da durch die minimalistischen Informationen/ Darstellungen immer nur ein Teilaspekt des gesamten Klimageschehens des betroffenen Untersuchungsraumes dargestellt wird. Um jedoch planungsrelevante Aussagen treffen zu können, ist die Betrachtung und Beurteilung mehrerer Klimaelemente notwendig. Dazu werden die Erkenntnisse der analytischen Grundlagenkarte in einer sog. synthetischen Karte fortgeschrieben und miteinander vereint. Somit wird der Interaktion der unterschiedlichen Klimaelemente und den lokalen Begebenheiten des Raumes Rechnung getragen. Auf Grundlage solcher synthetischer Karten können für Nutzungsarten (z. B. Wohnen, Freizeit) spezielle (Klima)Eignungskarten erstellt werden. Synthetische Karten, deren Inhalte nicht nutzungsartspezifisch sind, werden als sog. (Klima)Vorbehaltskarten bezeichnet. In ihnen werden unterschiedliche Planungsaspekte aufgegriffen. Beide, sowohl Eignungs- als auch Vorbehaltskarten, zählen zu den Planungsgrundlagenkarten.

Ähnlich wie für die Darstellung klimatischer Sachverhalte kann auch für lufthygienische Fragestellungen vorgegangen werden. Unter Verwendung eines Immissionskatasters lässt sich die Luftbelastungssituation graphisch wiedergeben und in Verbindung mit lokalklimatischen Grundlagenkarten als synthetische Karte darstellen.

6.4.1 Analytische Grundlagenkarten

Grundsätzlich lassen sich zwei Herangehensweisen zur Erstellung einer analytischen Grundlagenkarte unterscheiden (entnommen und verändert nach den VDI-Richtlinie 3787, Blatt 1 (2015) und Blatt 9 (2004)):

1) In Abhängigkeit des Maßstabsbereiches kann mithilfe eines temporären Messnetzes auf statistische Kennwerte zurückgegriffen werden (s. dazu weiterführend VDI-Richtlinie 3785 Blatt 1, 2015). Hierbei gilt es die Abhängigkeit von einem spezifischen Klimafaktor wie Geländehöhe/ -form, die Bebauung und/ oder der Vegetationsbestand für das Untersuchungsgebiet zu berücksichtigen. Die Ergebnisse einer analytischen Grundlagenkarte sind aufgrund der dem Untersuchungsraum eigenen Charakteristika (Einzelerscheinungen wie z. B. die Wirkung einer Straßenschlucht) nur näherunsgweise auf andere Räume übertragbar.
2) Eine Alternative stellt die Berechnung spezifischer Klimagrößen mithilfe eines mikro- bzw. mesoskaligen Simulationsmodells dar. Allerdings sollte die Durch-

führung meteorologischer in-Situ-Messungen zur Evaluation der Simulationsergebnisse in Betracht gezogen werden. Die Nutzung verschiedener Klimaelemtente als Ergebnisgröße durch die numerischen Modelle reicht alleine nicht aus. Zudem geben die Modelle aufgrund der abstrakten Rand- und Rahmenbedingungen der Berechnung lediglich eine vereinfachte Realität wieder. Daher sollte auf Simulationsverfahren zurückgegriffen werden, für die die Unsicherheiten dokumentiert und quantifiziert wurden.

Analytische Grundlagenkarten können ebenfalls zur Bewertung der lokalen Luftqualität herangezogen werden. Die Ausbreitung von Luftverunreinigungen kann mithilfe verschiedener Modelle berechnet werden (z. B. MISKAM - Eichhorn, 1989; AUSTAL 2000 – VDI 3945). Jedoch gilt wiederum, dass die Grenzen der Anwendungsmöglichkeit bekannt sein müssen. Diesem Grundsatz tragen die Richtlinien der VDI Rechnung (hier speziell die Blätter der VDI 3785).

6.4.2 Synthetische Karten

(Klima) Vorbehaltskarten
- Anwendungsbereich: Ergebnisdarstellung im Maßstab 1:25.000 (im Einzelfall auch im Maßstab 1:10.000)
- praktische Planungsarbeit auf lokaler und regionaler Ebene
- Teil der planungs- und nutzungsrelevanten Informationen über das lokale Klima
- Darstellung von Inversions-, Frost- oder Nebelhäufigkeit, Bildung lokaler Kaltluft, Gebieten mit bestehender human-biometeorologischen Belastung
- human-biometeorologische Bewertung von Siedlungsräumen auf der Grundlage hochauflösender Stadtklimamodelle
- Berechnung der für den Wärmehaushalt des Menschen relevanten meteorologischen Größen (Lufttemperatur, Luftfeuchte, Windgeschwindigkeit sowie kurz- und langwellige Strahlungsflüsse)
- u. a. Anwendung eines Energiebilanzmodells, um z. B. eine thermophysiologisch relevante human-biometeorologische Bewertung einer daraus resultierenden Wärmebelastung des Menschen zu erstellen
- die Abhängigkeit von Siedlungsstruktur und Meteorologie bzw. die Wechselwirkung zwischen den benachbarten Strukturen wird mittels physikalischer, statistischer und empirischer Ansätze berechnet
- lufthygienische Vorbehaltskarten finden kaum Anwendung, eher die Darstellung von Einzelkomponenten der Luftbelastung

(Klima) Eignungskarten (s. Abb. 6.7)
- der Karteninhalt grenzt Gebiete gegeneinander ab, die für bestimmte Nutzungsarten geeignet bzw. weniger geeignet sind

- Ergebnisse beruhen auf den spezifischen Anforderungen einer entsprechenden Nutzungsart an Klima und Lufthygiene
- der Gegenüberstellung mit den jeweiligen klimatisch-lufthygienischen Gegebenheiten innerhalb des untersuchten Raumes
- leicht zu interpretierende Karteninhalte, allerdings als nutzungsartspezifische Karte nur für die entsprechende Nutzungsart gültig (nicht auf andere Planungsziele übertragbar)
- aufgrund der Überlagerung der unterschiedlichen Klimaelemente (Kriterien, Schwellenwerte) ergibt sich eine Raumgliederung, die für spezielle Nutzungsarten unterschiedlich geeignete Flächen ausweist
- Konfliktzonen entstehen dort, wo keine Übereinstimmung festzustellen ist
- großräumige (Klima)Eignungskarten weisen für Nutzungsarten unterschiedliche Potenziale auf (Wärmebelastung, Inversionshäufigkeit, Windgeschwindigkeit)
- für lufthygienische Eignungskarten wird nicht nach nutzungsartspezifischen Grenz- und Richtwerten unterschieden (es obliegt dem Bearbeiter eigene lufthygienische Maßstäbe anzulegen)

Die Eignungskarte dokumentiert den gegenwärtigen klimatischen Wissensstand von Hypothesen und Analogieschlüssen auf der Grundlage wissenschaftlicher Erkenntnisse. Aus den Ergebnissen können Maßnahmen für die Planung als sog. Planungsempfehlungs- bzw. Planungshinweiskarten abgeleitet werden. Aller-

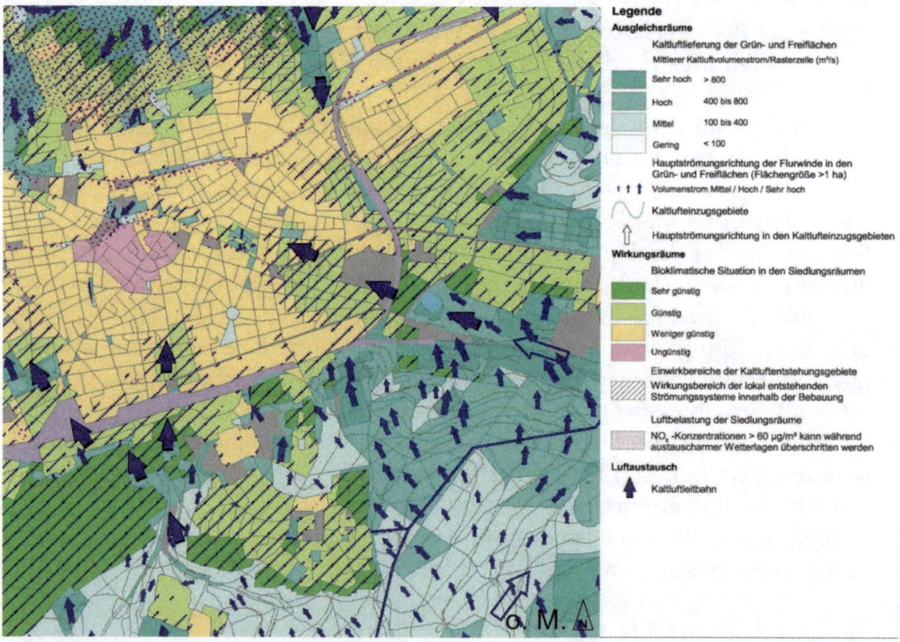

Abb. 6.7: Exemplarischer Ausschnitt der Klimaeignungskarte am Beispiel der Stadt Kaiserslautern; verändert nach Universitätsstadt Kaiserslautern, Referat Stadtentwicklung, Geoportal, 2017.

dings muss der Entwicklungsprozess der synthetischen Klimakarte transparent und nachvollziehbar gestaltet sein. Um die Aussagekraft nicht zu verlieren, sollten vieldeutige Aussagen vermieden und ausführliche Erläuterungs- und detaillierte Legendentexte Inhalt der Kartenumsetzung sein.

6.4.3 Planungsempfehlungs-/-hinweiskarten

Klimatische und lufthygienische Karten mit Hinweisen für die Planung (s. Abb. 6.8)

- Planungsempfehlungskarten zählen zu den Planungsgrundlagenkarten
- leiten sich aus den analytischen Grundlagenkarten sowie den synthetischen Karten ab
- geben – bei klimatologisch/ lufthygienischer Datengrundlagen – Hinweise auf klimatisch-lufthygienische Modifikationen in Folge potenzieller Nutzungsänderungen
- dienen dazu, Hinweise auf mögliche Konfliktzonen zu geben, sollte es in Folge der Planung zu Nutzungsänderungen kommen (im Maßstabsbereich 1:25.000)
- Nachteil: punktgenaue, konkrete Aussagen können nur bedingt getroffen werden

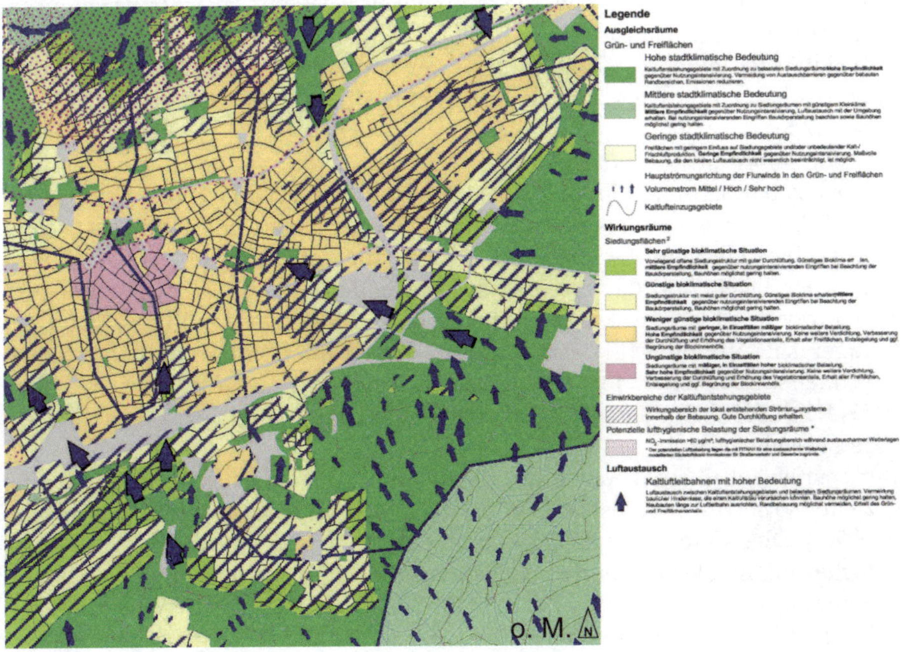

Abb. 6.8: Exemplarischer Ausschnitt der Planungshinweiskarte der Stadt Kaiserslautern (verändert nach Universitätsstadt Kaiserslautern, Referat Stadtentwicklung, Geoportal, 2017).

6.4.4 Planungsorientierte Maßnahmen zur Verbesserung des Stadtklimas

Mittlerweile werden auf regionaler und lokaler Ebene unterschiedliche Planungsmaßnahmen diskutiert, die in Abhängigkeit ihrer räumlichen Wirkung in übergeordnete sowie lokale Maßnahmen unterteilt werden können. Eine Auswahl/ Zusammenstellung dieser wird in der Folge vorgestellt, ohne jedoch den Anspruch auf Vollständigkeit zu erheben.

1) Regionale (übergeordnete) Maßnahmen beschäftigen sich u. a. mit der Identifizierung, Schaffung sowie dem Erhalt von (zusammengestellt aus Kuttler, 1991; Goldbach, 2012; Müller, 2013; Berchtold et al., 2015; Mara u. Lecuir, 2015):

- *Kaltluftentstehungsgebiete und Kaltluftschneise*
  Diese Flächen sind i. d. R. außerhalb sowie im Übergang von Siedlungsbereichen verortet (meist größere grüne Freiflächen wie Wälder, Wiesen, Felder, aber auch Kleingärten). Da die nächtliche Abkühlung der bodennahen Luftschicht stärker als über (teil-)bebauten Flächen wirkt, kommt diesen Flächen eine wichtige Klimafunktion zu. Das gilt insbesondere für den Kaltlufttransport in thermisch belastete Siedlungsräumen. Die Menge der Kaltluftzufuhr ist von unterschiedlichen Einflussfaktoren (Größe des Einzugsgebietes, Hangneigung, Breite der Luftleitbahn sowie Fließhindernisse, Bahn- oder Straßendämme, natürliche Wälle, Häuser, etc.) abhängig. Oftmals in Klimagutachten erwähnte Waldflächen eignen sich aufgrund ihrer geringen Porösität nur bedingt als Luftleitbahn, durchaus aber als Kaltluftentstehungsgebiet (s. dazu auch Kapitel 4.2.5).
- *Großräumige Grün- und Freiflächen*
  Die lokalklimatische Wirkung von Grün- bzw. Freiflächen ist abhängig von der tatsächlichen Nutzungsfunktion. Eine abwechslungsreiche Grünausstattung mit offenen, besonnten Flächen und verschatteten Plätzen bietet in Abhängigkeit der Tages- und Jahreszeit nicht belastende Mikroklimate. Ein zu dichter Baumbestand ist eher kontraproduktiv, da er im Vergleich zu Freiflächen weniger Kaltluft bildet (L↓). Im Vergleich dazu kühlen Wiesenflächen deutlich schneller und stärker ab. Besteht die Intention, dass die Grün- bzw. Freifläche als Kaltluftleitbahn dienen soll, muss der Übergangsbereich zur Bebauung offen gestaltet sein.

Der positive lokalklimatische Effekt der Grün- und Freiflächen kann durch eine gezielte Vernetzung verbessert bzw. verstärkt werden (s. dazu weiterführend Kapitel 7.3). Dies kann u. a. erreicht werden durch

- Sicherung möglicher Ventilationsbahnen/ Frischluftschneisen,
- Synergieeffekte durch eine zusätzliche Biotopvernetzung, zur Wiederherstellung und Entwicklung funktionsfähiger ökologischer Wechselbeziehungen,
- fußläufige Erreichbarkeit der Grünflächen auf „bequemen“ Verbindungswegen (insbesondere für ältere Menschen).

- *Offene und bewegte Wasserflächen*
  Innerurbane Wasserflächen besitzen eine ähnliche lokalklimatisch Wirkung wie Grün- und Freiflächen. Die Erwärmung der Wasserflächen ist am Tage deutlich geringer als die der (teil)versiegelten Umgebung. Allerdings bewirkt das Wärmespeichervermögen des Wasserkörpers eine geringere nächtliche Abkühlung. Zudem beschränkt sich die abkühlende Funktion einer Wasserfläche weitestgehend auf die Fläche selbst (s. dazu weiterführend Kapitel 7.4).

2) Lokale Maßnahmen legen den Fokus auf kleinräumige Klimamodifikationen der Adaption, meist direkt aus dem Bestand heraus generiert (zusammengestellt aus Müller, 2013; Berchtold et al., 2015; Mara u. Lecuir, 2015):

- *Rückbau und Entsiegelung*
  Stadtumbaumaßnahmen bieten die Möglichkeit, Grundstücke und/ oder Quartiere rückzubauen (Verringerung der Bebauungsdichte) bzw. den Anteil versiegelter Flächen zu reduzieren. Solche Rückbaumaßnahmen führen in Einzelfällen zu signifikanten lokalklimatischen Verbesserungen (Reduktion der thermischen Belastung aufgrund der Veränderung der Wärmespeicherkapazität der Materialien). Die Umsetzung solcher Maßnahmen bieten sich u. a. im Rahmen der *„verträglichen Nachverdichtung“* bzw. einer *„doppelten Innenentwicklung“* (Verdichtung im Bestand wird gekoppelt mit dem Erhalt bzw. der Verbesserung von Qualität, Angebot und Nutzbarkeit von Grün- und Freiflächen) an und ist i. d. R. in urbanen Räumen mit schrumpfender Einwohnerzahl leichter umsetzbar. Ebenso bieten sich Autoabstellplätze sich zur Entsiegelung an. In Abhängigkeit der Nutzung und Belegung solcher Stellplätze kann z. B. über den Einsatz von Pflasterrasen, Rasengittersteinen oder Schotterrasen nachgedacht werden. Vergleichbar mit der Stellplatzentsiegelung ist die Begrünung von Gleistrassen. Meist ist die Herstellung sehr aufwändig, auf lange Zeit gesehen erweist sich diese Maßnahme als äußerst günstig (Herstellung ca. 100 EUR m^{-2} – Unterhaltung 3 EUR m^{-2}).
- *Verschattung von Parkplätzen, Straßen, Plätzen, Gebäuden*
  Neben der Entsiegelung bietet sich auch die Verschattung von Stellplätzen durch großkronige Bäume an. Gleichorientierte Straßenzüge mit unterschiedlich dichter Baumbepflanzung (optimierte Durchlüftung) offenbaren aufgrund der höheren Bepflanzungsdichte eine deutliche Kühlwirkung auf die Oberflächentemperatur. Jedoch empfiehlt es sich bei Straßenbegleitgrün darauf zu achten, dass die Bepflanzung nur auf einer Straßenseite durchgeführt wird, um die Belüftungseigenschaften nicht zu beeinflussen (s. dazu weiterführend Kapitel 7.3).
- *Pocket-Parks*
  Die grundlegende Idee der Pocket-Parks ist die Schaffung möglichst vieler kleiner Flächen (Einsatz von einfachen Blumenbeeten bis hin zur landschaftsgärtnerischen Gestaltung) mit einer geringeren Lufttemperatur im Vergleich zur

Umgebung. Solche kühleren Rückzugsgebiete eignen sich insbesondere für Personengruppen mit eingeschränkter Mobilität (Senioren, Mütter mit Kleinkindern, etc.). Die klimatische Wirkung ist allerdings gering und dient primär der Verbesserung der thermischen Situation direkt im Pocket-Park (s. dazu weiterführend Kapitel 7.3).

– *Innen-/ Hinterhofbegrünung*
Diese lokale Klimaanpassungsmaßnahme kann zur Verbesserung der Grünausstattung und der lokalklimatischen Bedingungen innerhalb des Bestandes beitragen. Deren Wirkung ist vergleichbar mit denen der Pocket-Parks. Begrünte Innen-/ Hinterhöfe besitzen keine Fernwirkung. Sie weisen ausschließlich eine mikroklimatische Bedeutung aufgrund der abschirmenden Wirkung der Baustruktur auf und dienen primär zur Verbesserung der Aufenthaltsqualität und der Sozialkontakte.

– *Wasserflächen in öffentlichen Räumen*
Solche Wasserflächen bieten ein lokales Abkühlungsvermögen infolge der Verdunstung des Wassers. Eine zusätzliche abkühlende Wirkung entsteht, wenn Personen mit dem Wasser in Berührung kommen (Benetzung der Hautoberfläche mit einem Wasserfilm führt zu sehr schneller Verdunstung auf der Haut) und verstärkt die positive Wahrnehmung zusätzlich. In Form von z. B. Springbrunnen, Wasserspielen, Wasserspielplätzen, Wasserverneblern ist deren Einsatzmöglichkeit sehr weit gefasst (s. dazu weiterführend Kapitel 7.4).

Die bisher dargestellten Beispiele für lokale Maßnahmen bezogen sich weitestgehend auf den Siedlungsraum. Jedoch besteht in diesem Zusammenhang auch die Möglichkeit, auf lokaler Ebene Anpassungsmaßnahmen direkt am Gebäude vorzunehmen (zusammengestellt aus Müller, 2013; Berchtold et al., 2015; Mara u. Lecuir, 2015):

– *Energetische und thermische Gebäudesanierung*
Die Modernisierung eines Gebäudes dient in erster Linie der Reduktion des tatsächlichen Energieverbrauchs. Daher ist die energetische und thermische Gebäudesanierung originär auch eine Maßnahme der Mitigation (Reduktion des Energieverbrauchs = Reduktion der Treibhausgasemission). Eine häufig umgesetzte Sanierungsmaßnahme ist die Wärmedämmung am Gebäude (geringe Abgabe von Wärme an die Umgebung im Winter – Reduktion der Wärmebelastung in den Räumen im Sommer). Vor allem der sommerliche Wärmeschutz an Gebäuden erlangt eine zunehmende Bedeutung. Ziel ist die Reduktion der Innenraumtemperatur in Wohn-, Arbeits- und v. a. Schlafräumen. Ergänzend zur Wärmedämmung der Fassaden- und/ oder Dachflächen bietet der Schutz von Fensterflächen mögliche Anpassungsmaßnahmen, u. a. durch
  • die Verschattung der Fensterflächen durch bauliche Maßnahmen (z. B. Überstände),

- Sonnenschutzelemente (außenliegende Verschattung ist effizienter als innenliegende),
- Sonnenschutzglas zur Senkung des Wärmeeintrages,
- erhöhte Luftwechselraten in den kühlen Stunden des Tages, um die in das Gebäude eingebrachte Energie abzuführen.

– *Dachbegrünung*
  Die Begrünung von Flachdächern ermöglicht eine Erhöhung des urbanen Grünflächenanteils. Unter Bezug des §9, Abs. 1, Nr. 25 BauGB kann Dachbegrünung bei Neuplanungen vorgeschrieben werden. Neben der Reduktion der lokalen thermischen Belastung ergeben sich auch bauphysikalische Vorteile sowie eine Verringerung des Energieverbrauchs (s. auch *Energetische u. thermische Gebäudesanierung*). Ebenso wird Kohlenstoff aus der Atmosphäre gebunden. Zudem wirkt sich die Dachbegrünung positiv auf den Wirkungsgrad von Photovoltaikanlagen aus. Die Kühlfunktion des grünen Daches erhöht die Leistung der PV-Anlage. Unterstützung erfährt die Durchführung von Maßnahmen zur Dachbegrünung durch diverse Förderprogramme (z. B. KfW-Förderung).
– *Fassadenbegrünung*
  Die Begrünung der Gebäudefassaden besitzt eine in Teilen vergleichbare, jedoch u. a. aufgrund der geometrischen Ausrichtung, geringere Wirkung als Dachbegrünung (vgl. Pfoser et al., 2013). Die Fassadenbegrünung lässt sich ebenfalls rechtsverbindlich im Bebauungsplan nach §9, Abs. 1, Nr. 25 BauGB festsetzen und kann zudem eine wichtige Maßnahme im Rahmen einer Stadtsanierung darstellen, da in (hoch)verdichteten Stadtteilen oftmals keine anderen Flächen für eine Begrünung zur Verfügung stehen (s. dazu auch *Rückbau und Entsiegelung*).

6.5 Stadtklimatologie unter veränderten Rahmenbedingungen

Aufgrund der anhaltenden Urbanisierung leben bereits jetzt mehr Menschen in Städten als auf dem Land. Vor allem in den Schwellen- und Entwicklungsländern ist dieser Trend ungebrochen. In europäischen sowie deutschen Großstädten, wie München, Berlin, Hamburg oder Frankfurt am Main, zeichnen sich sog. Schwarmstadt- bzw. Re-Urbanisierungsphänomene ab, in dessen Folge sich wachsende Stadtquartiere entwickeln. Dieser Urbanisierungstrend ist jedoch im Vergleich zu asiatischen Metropolen deutlich geringer ausgeprägt (s. dazu Kap. 1).

Städte- und Metropolregionen in Europa unterscheiden sich von städtischen Systemen anderer Kontinente, wie etwa in Nordamerika oder Asien, nicht zuletzt aufgrund ihrer gewachsenen Strukturen, der Dichte und Nutzungsmischung sowie der Struktur des Einzelhandels. Um eine zukunftsfähige Stadtentwicklung zielführend voranbringen zu können, müssen unterschiedliche Rahmenbedingungen aufgegriffen werden, die den gewachsenen Charakter eines urbanen Systems wiedergeben (vgl. Hartz, 2011). Neben Historie, Kultur, Ökonomie und

Ökologie gilt es auch, die Internationalisierung urbaner Milieus, die überregionale und globale wirtschaftliche Verflechtung und den steigenden Wettbewerb der Städte und Regionen um Ressourcen und Menschen zu berücksichtigen. Der demographische Wandel in vielen Städten und Gemeinden sowie das damit in Verbindung stehende Phänomen der „schrumpfenden Städte“ stellt die Stadtplanung vor neue Herausforderungen. Mit diesem Phänomen sind vielfältige räumliche Konsequenzen verbunden, wie Leerstände und Brachenentwicklung, überdurchschnittlicher Anstieg der älteren Bevölkerungsgruppen und der Verlust der Versorgungsfunktionen (v. a. in den Stadtteilen, Hollander et al., 2009).

Definition: Schwarmstadt

Als Schwarmstädte werden Kommunen bezeichnet, die als besonders attraktiv für bestimmte Bevölkerungsgruppen gelten und in den vergangenen Jahren einen relativen Bevölkerungszuwachs, v. a. in der Altersklasse 20 bis 34 Jahre erlebt haben. Aufgrund dieses vergleichsweise neuen Wanderungsmusters verteilt sich die Bevölkerung nicht mehr großräumig (z. B. von Ost nach West). Vielmehr ist es ein kleinräumigeres Bewegungsmuster (u. a. aus dem Donnersbergkreis in Rheinland-Pfalz nach Mainz oder aus der Oberpfalz nach Regensburg). Die „Hauptschwärmer“ sind Berufsanfänger mit Hochschulabschluss. Sie wandern aus den ländlichen Räumen und auch aus Hochschulstandorten ab und ziehen in die angesagten Schwarmstädte (z. B. Leipzig, Darmstadt, Erfurt).

Diesen Herausforderungen folgend lässt sich ein Umdenken in der Stadtentwicklung verzeichnen. Bisher bezog sich die Planung in den schrumpfenden oder stagnierenden Regionen Deutschlands primär auf den Umbau und die Qualifizierung des Bestandes. Gegenwärtig erwächst durch den Klimawandel und dessen Auswirkungen auf Städte eine Zukunftsaufgabe, die besondere Herausforderungen an die Stadtplanung und den Städtebau stellt.

Aus der Überlagerung raumplanungsrelevanter Klimavariablen und Empfindlichkeiten einzelner Räume gegenüber lokalklimatischen Veränderungen lassen sich Anhaltspunkte für räumliche Schwerpunkte potentieller Risikogebiete ableiten. Vor allem urbane Agglomerationen mit ihrer charakteristisch dichten Besiedlung und Bebauungsstruktur, einem vergleichsweise hohen Anteil an empfindlichen Bevölkerungsgruppen (u. a. Bevölkerungsgruppe 65+), der Konzentration wirtschaftlicher Werte sowie der kritischen Infrastrukturen sind hochsensible Räume (d. h. Organisationen sowie Einrichtungen, die eine wichtige Bedeutung für das Funktionieren des staatlichen Gemeinwesens besitzen). Deren Beeinträchtigung oder gar der Ausfall würde mitunter zu nachhaltig wirkenden Versorgungsengpässen und erheblichen Störungen der öffentlichen Sicherheit führen.

Definition: Agglomeration

Agglomeration beschreibt eine räumliche Ballung und/ oder Verdichtung der Bevölkerung, von Industrie und Gewerbe bzw. technischer Infrastruktur in unterschiedlichen Maßstabsebenen. Kommt es während solch einer Entwicklung zur Häufung und Verdichtung von Siedlungen und Wirtschaftsbetrieben bildet sich ein sog. Agglomerations- oder Ballungsraum bzw. eine Stadtregion.

6.5.1 Klimaschutz und Klimaanpassung

Mit dem Klimaschutz und der Klimaanpassung stehen zwei Handlungsmöglichkeiten zur Verfügung, die auf unterschiedlichen Ebenen ansetzen, um den potenziellen Folgen des Klimawandels entgegenzutreten und den neuen Herausforderungen in der Stadtentwicklung Rechnung zu tragen (vgl. Hartz, 2011).

Klimaschutz (Mitigation)

Das vorrangige Ziel der Mitigation, d. h. das Gegensteuern gegen die Auswirkungen des Klimawandels, ist die Reduktion der Treibhausgase, um das politisch festgesetzte 2-Grad-Ziel zu erreichen. Dazu gilt es, die Umsetzung auf allen räumlichen Ebenen (global, regional, lokal) voranzutreiben (Jaeger u. Jaeger, 2010). Obwohl der Klimaschutz von einer Vielzahl globaler, europäischer und auch nationaler Vorgaben abhängig ist, besitzt jede Stadt und Gemeinde gewisse Handlungsoptionen, um Maßnahmen zum Schutz des Klimas abzustimmen. Städte besitzen ein signifikantes Potenzial zur Reduktion von Treibhausgasen (Gartland, 2008; Memon et al., 2008; Gurney, 2015). In diesem Zusammenhang entwickelten sich in den letzten Jahren städtische Klimaschutzprogramme mit dem Ziel der Reduktion von Treibhausgasemissionen. Als Beispielstädte können Münster, München oder Hannover aufgeführt werden (Duscha et al., 2009; Hutter u. Illigmann, 2012; Hoffmann-Kallen, 2013). Für die Städte bedeutet dies, dass v. a. eine nachhaltige und klimagerechte Energieversorgung, eine klimafreundlichere Mobilität und kompakte Siedlungsstrukturen Möglichkeiten darstellen, wirkungsvolle Minderungen der Treibhausgasemissionen voranzubringen (vgl. Henninger, 2011; Kennedy et al., 2009; 2014). In diesem Zusammenhang werden gegenwärtig u. a. folgende Mitigationsstrategien diskutiert:

1. *Wärmesektor*
   - Verringerung des Wärmebedarfs von Gebäuden
   - dezentraler Energieeinsatz zur Wärmebereitstellung
   - Ausbau/ Förderung regenerativer Energien zur Wärmeerzeugung
2. *Verkehrssektor*
   - Veränderung des Mobilitätsverhaltens
   - Stärkung des Fuß- und Radverkehrs
   - effizienter Einsatz des Öffentlichen Personennahverkehrs

3. *Stromsektor*
   - Energieeinsparung
   - verbesserte Energieeffizienz
   - Förderung erneuerbarer Energien = reduzierter Verbrauch fossiler Energieträger

Der Wärme- und der Verkehrssektor sind in diesem Zusammenhang als raumspezifische Minderungsmaßnahmen zu verstehen, da für beide eine konkrete gebietsbezogene und angepasste Planung benötigt wird. Dies muss für den Stromsektor nicht zwangsläufig der Fall sein, aufgrund der möglichen ortsunabhängigen Trennung von Produktion und Verbrauch. Grundsätzlich kann die Einsparung von Energie als wichtiger Schlüssel zum Erreichen diverser Klimaschutzkonzepte angesehen werden. Hier gilt es die Bevölkerung zu aktivieren bzw. für einfache Einsparmaßnahmen zu sensibilisieren (z. B. Verringerung der Innenraumtemperatur im Winter). Denn Bewusstseinsbildung und entsprechende Verhaltensänderung können dazu beitragen, dass jeder Einzelne in Bezug auf das Einsparungspotenzial von Strom und Energie, einem veränderten Mobilitäts- und Freizeitverhalten sowie durch einen geänderten Konsum einen Anteil am Klimaschutz leisten kann (Gartland, 2008). Unabhängig davon gilt es, Konzepte zu entwickeln, die eine nachhaltige Energieversorgung ausbauen bzw. verbessern (Erhöhung des Anteils erneuerbarer Energien, Ausbau der Kraft-Wärme-Kopplung, Nutzbarmachung der vorhandenen Effizienzpotenziale).

Während eine solche Herangehensweise bei Neubaugebieten rechtlich einfach umzusetzen wäre, ist dies im Bestand eine besondere Herausforderung, v. a. in der energieeffizienten Sanierung innerhalb des Bestandes. In Neubaugebieten können weitgehende Regelungen festgeschrieben werden, die eine passive Nutzung der Solarenergie (Gebäudeexposition) vorgeben, eine dezentrale Energieversorgung mithilfe von Blockheizkraftwerken oder aber den Einsatz erneuerbarer Energien zur Versorgung der Gebäude festsetzen (*s. dazu § 9, Abs. 1, Nr. 23 ff BauGB in Ergänzung zur EnEV und dem EEWärmeG*).

Vor allem aufgrund der bauphysikalischen Eigenschaften weisen künstliche Baumaterialien im Hinblick auf die Entwicklung der städtischen Wärmeinsel ein enormes Potential auf (z. B. mittels energietechnischer Gebäudesanierung nach EnEV; Gabriel u. Ladener, 2010). Der Einsatz geeigneter Baumaterialien kann zu einer Verringerung des Wärmeinseleffektes beitragen, z. B. durch helle Materialien mit hoher Albedo zur Verminderung der Überwärmung von Fassaden oder der Einsatz reflektierender Materialien und Oberflächen (s. dazu Kap. 4; Henninger, 2010b; Henninger, 2011). Allerdings müssen Zielkonflikte beachtet werden, wie die erhöhte kurzwellige Reflektion, die zur thermischen Belastung der bodennahen Luftschicht führen kann.

Auch die Förderung einer klimafreundlicheren Mobilität dient dem Klimaschutz. Sowohl die Verkehrsverlagerung als auch die Verkehrsvermeidung sind zentrale Aufgabenfelder. Hier gilt es, Anreize zu schaffen, um den Umstieg vom motorisierten Individualverkehr (MIV) auf umweltfreundliche Verkehrsmittel wie den Fuß- und Radverkehr bzw. den ÖPNV zu forcieren (Pull-Maßnahmen). Um das zu erreichen, kann die verbesserte Erschließung für den Fuß-, Rad- und ÖPNV-gebundenen Verkehr oder auch die Restriktion für den motorisierten Individualverkehr (z. B. durch Verknappung/ Verteuerung des Parkraums, Rückbau/ Beschränkung von Fahrspuren, Einführung einer City-Maut) als sog. Push-Maßnahmen ein Mittel zum Zweck sein.

Um eine Verkehrsvermeidung im urbanen Raum zu erreichen, bedarf es einer Abstimmung der Pull- und Push-Maßnahmen. Eine Zusammenarbeit zwischen Verkehrs- und Stadtentwicklung zur Entwicklung koordinierter Konzepte der Nahversorgung sowie Nahmobilität, der Quartiersentwicklung und Verkehrserschließung sind dabei eine Grundvoraussetzung, da ansonsten eine effektive Förderung klimafreundlicher Mobilität nicht möglich ist (vgl. Hartz, 2011).

Im Zuge der aktuellen Entwicklung des Siedlungswachstums (Schwarmstädte wie z. B. München, Frankfurt a. M., Leipzig, Darmstadt), dem gegenläufigen Prozess der Stadtschrumpfung (z. B. Essen, Eisenhüttenstadt, Hoyerswerda) sowie dem ungebrochenen Trend der Suburbanisierung, geht das idealtypische Bild der kompakten deutschen bzw. europäischen Stadt verloren (urban, kompakt, nutzungsgemischt, vgl. Zlonicky, 2007). Dennoch ist es v. a. aus Sicht der Mitigation von Bedeutung, dass eine kompakte Siedlungsstruktur erhalten bleibt. Denn dies ist eine wesentliche Voraussetzung für eine energiesparende und verkehrsreduzierende Stadtentwicklung (Herrmann-Lobreyer u. Kurth, 2010). Einen Beitrag hierzu kann eine gezielte Nachverdichtung im Innenbereich (unter Berücksichtigung wichtiger klimaaktiver Flächen) leisten, eine Funktionsmischung/ Sicherung der Nahversorgung innerhalb der Stadtquartiere sowie eine entsprechende Ausstattung mit Grünflächen und Erholungseinrichtungen.

Klimaanpassung (Adaption)

Die räumliche Planung muss auf wetterbedingte Herausforderungen wie Starkregenereignisse oder Hitzewellen vorbereitet sein (Kuttler et al., 2012b; Müller et al., 2013b). Im Rahmen rezenter Extremereignisse zeigt sich, dass die Folgen für die gesellschaftlichen und räumlichen Strukturen mitunter deutlich ausfallen können. Städte sind aber vielfach noch nicht ausreichend auf solche Szenarien vorbereitet. Auf Siedlungsflächen, die beispielsweise durch viele Fußgänger frequentiert werden, sollte ein entsprechender Planungsentwurf optimale Bedingungen aufweisen (z. B. Hitzeschutz durch Verschattungselemente) u. a. Müller et al, 2013b).

In der Praxis zeigt sich, dass Klimaschutzkonzepte in vielen Städten und Regionen bereits Einzug gehalten haben und erprobt werden (vgl. Reckien et al., 2014). Dennoch ist die Klimaanpassung ein Aufgabenfeld, welches weiterer Forschung bedarf, beispielsweise hinsichtlich der Bewertung der Effektivität geplanter bzw. bereits umgesetzter Maßnahmen. Laut Expertenmeinung ist „[...] *in den letzten Jahren auch viel schiefgelaufen. Zu viele Flächen wurden versiegelt und in vielen*

Neubaugebieten gibt es ebenerdige Eingänge, die es dem Wasser leicht machten in das Gebäude einzudringen. Insbesondere Lichtschächte sind ein gutes Beispiel dafür, wie Wasser von außen barrierefrei in das Haus gelangen kann. In Straßen, in denen das Niederschlagswasser nicht kontrolliert abfließen kann, sollten grundsätzlich Schwellen oder Rampen eingeplant werden, um beispielsweise Tiefgaragen besser vor Überflutung zu schützen [...]“ (Schmitt, persönliche Mitteilung; s. dazu Abb. 6.9).

Dass der Umsetzung diverser Anpassungsstrategien oftmals mit Zurückhaltung begegnet wird, liegt darin begründet, dass die möglichen Folgen, aber auch die Erkenntnisse zum Klimawandel, mit Unsicherheiten behaftet sind. Dennoch gilt die Erhöhung der Resilienz urbaner Räume gegen Extremereignisse als zukunftsweisende Strategie (vgl. dazu Schmitt, 2015) und es ist sicherlich nicht von Nachteil, wenn urbane Räume resilienter gegen Hitze, Stürme und Überflutungen gemacht werden.

Abb. 6.9: Ergebnis eines Starkregenereignisses am 11.06.2018 in der Innenstadt von Kaiserslautern. In einem Zeitraum von 1,5 Stunden führte eine Niederschlagsmenge von 70,5 l m^{-2} zur Überflutung ganzer Straßenzüge (Foto: T. Schmitt).

Zur Resilienzerhöhung wird u. a. die auf Hallegatte (2008) zurückgehende „*No-regret-Strategie*" favorisiert. Die „*No-regret-Strategie*" hat das Ziel, dass die zur Steigerung der Resilienz sowie zur Erhöhung der Anpassungsfähigkeit notwendigen Maßnahmen so ausgewählt und ausgestattet sind, dass sie einen eindeutigen Mehrwert darstellen und in der Bevölkerung als sinnvoll wahrgenommen werden. Dabei spielt es eine untergeordnete Rolle, ob die prognostizierten Folgen des Klimawandels in dem entsprechenden Raum tatsächlich auftreten. Ein Beispiel dafür ist die Erarbeitung eines Frühwarnsystems für Hochwasserereignisse, die in einer Neuerschließung von Retentionsräumen (Reduktion des Hochwasserrisikos) münden kann. Vielfach werden in diesem Zusammenhang die sog. multifunktionalen urbanen Retentionsräume als Maßnahme der Überflutungsvorsorge in die Planung aufgenommen. Hierbei handelt es sich v. a. um öffentliche Freiflächen (z. B. Parkflächen, Grünanlagen oder Straßen), die neben ihrer Hauptfunktion temporär und gezielt bei einem Starkregenereignis als (Not)Speicherraum bzw. als Ableitungselement genutzt werden können (Abb. 6.10).

Definition: Retentionsraum

Retention bezeichnet den Rückhalt von Wasser (z. B. Niederschlag) in einer Pflanzendecke, im Boden bzw. Untergrund oder in einem See. Der Retentionsraum ist ein Gebiet in dem Wasser temporär, aufgrund natürlicher Gegebenheiten oder künstlicher Baumaßnahmen, zurückgehalten wird. Natürliche Überschwemmungsgebiete (z. B. Auen) sind heute meist durch den Gewässerbau und/ oder umfangreiche Flächenversiegelungen stark dezimiert. Retentionsräume können natürlich überfluten oder künstlich, gesteuert geflutet werden.

Abb. 6.10: Beispiel eines neu angelegten Retentionsraumes im Industriegebiet Nord der Stadt Kaiserslautern (Foto: S. Henninger).

Eine weitere Maßnahme stellt die *„Safety-margin-Strategie"* dar. Hierunter fallen Anpassungen, die ohne oder nur mit geringen Kosten realisierbar sind (Sicherheitszuschläge). Diese werden bei der Berechnung von Überflutungsbereichen aufgeschlagen, um beispielsweise ein städtisches Kanalsystem gegenüber einem Extremwetterereignis flexibler zu gestalten. So wird zum Beispiel in Baden-Württemberg bei der Planung wasserbaulicher Anlagen ein „Klimazuschlag" von 15 % auf das eigentliche Bemessungsereignis (HQ_{100} = 100-jährliches Hochwasser; sehr großes, seltenes Ereignis) einberechnet.

In Teilen noch etwas günstiger ist die *„Sanfte Strategie"*. Hier stehen technische Lösungen mit geringem Aufwand im Vordergrund. Zum Schutz vor Unsicherheiten und Risiken werden spezielle Monitoringsysteme, Förderprogramme und Versicherungen zur Verfügung gestellt.

Eine vierte Möglichkeit eröffnet die *„Reversible-Strategie"*. Hier liegt das Hauptaugenmerk darauf, die Folgekosten beim Eintreten eines Ereignisses in betroffenen Räumen so gering wie möglich zu halten. Potenziell betroffene Flächen erlauben einen flexiblen Umgang mit den zu erwartenden Risiken, stehen allerdings in der letzten Konsequenz zukünftig nicht mehr für eine (weitere) Bebauung zur Verfügung. Beispielsweise kann ein ausgewiesenes Baugebiet, das möglicherweise im Bereich einer Retentionsfläche liegt, zurückgenommen werden. Bei wachsender Gefahr von Hochwasser wird diese umgewidmet. Für den Bereich der Raumordnung bedeutet dies, dass Festlegungen in erster Linie als Planungshinweise für Kommunen und/ oder Fachplanungen zu treffen sind.

Da die Auswirkungen des Klimawandels ohnehin nur mit Unsicherheiten zu prognostizieren sind, verspricht die Arbeit mit den o. g. Strategien einen kalkulierbaren Erfolg. Im Umgang mit den Folgen von Extremereignissen müssen der Vorsorgeaspekt, also der Umgang mit den Unsicherheiten und ein entsprechender Lernprozess, eine zentrale Stellung für neue Raumentwicklungsstrategien einnehmen. In diesem Zusammenhang wird der von Stein (2006) geprägte Begriff der *„Lernenden Stadtregion"* verwendet. Demnach ist die Gestaltung einer Stadtregion in unterschiedliche Lernprozesse eingebunden, in die Planer ebenso wie Politiker, aber auch die Bürger und die Wirtschaft einbezogen werden müssen. Über solche „Innovationskoalitionen" lernt die Stadt- und Regionalentwicklung z. B. mit den Unsicherheiten aufgrund von Extremwetterereignissen umzugehen (s. dazu Tab. 6.1). Eine bessere Anpassungsfähigkeit sollte im Rahmen der Adaption das klar vorgegebene Ziel sein, da angepasste Raumstrukturen flexibler auf extreme Ereignisse regieren können. Solche resilienten Räume zeigen sich gegenüber auftretenden Schadensereignissen weniger anfällig und die entstandenen Folgen sind meist in vergleichsweise kurzer Zeit behoben (s. dazu Tab. 6.1; Overbeck et al., 2008).

Tab. 6.1: Exemplarische Aufzählung für mögliche Anpassungsfelder von raumrelevanten Auswirkungen des Klimawandels im urbanen Raum (verändert nach HARTZ, 2011). Die dargelegten Auswirkungen der einzelnen Anpassungsfelder sind jedoch nicht klar voneinander getrennt zu betrachten, da diverse Maßnahmen Überlappungen mit den planungsorientierten Maßnahmen zur Verbesserung des Stadtklimas in Kapitel 6.4.1 aufweisen.

Raum- und Siedlungsentwicklung	• Freihalten hochwassergefährdeter Bereiche bzw. anderer Risikogebiete • ggf. Rückbau von Bebauung in Risikogebieten • flächensparende Siedlungs- und Infrastrukturen (z. B. Wiedernutzung von Konversionsflächen, Bebauung mindergenutzter Baulücken) • Sicherung klimaaktiver Flächen im Umland der Städte und in den Innenstädten (Grün- u. Freiflächen) • Durchbegrünung und Bodenentsiegelung zur Reduktion des Wärmeinseleffektes
Verkehr	• technische Maßnahmen gegen Extremereignisse (z. B. Trassenverlegung in potenziellen Hochwassergebieten) • technische Anpassungen der Verkehrsinfrastruktur mit neuen hitzeresistenten Materialien (z. B. hitzeresistente Asphaltmischungen) • Einsatz neuer, innovativer Straßenbeläge (z. B. Solarstraßen)
Hochwasserschutz	• Schaffung zusätzlicher Retentionsflächen (z. B. durch multifunktionale urbane Retentionsflächen) • Verstärkung der bestehenden Schutzanlagen (z. B. durch Hochwasserschutz-Bauwerke wie Schutzwände, Uferbauwerke, Flutschutzanlagen) • hochwasserangepasste Bauweisen (z. B. Aufständern des Gebäudes, Verzicht auf Unterkellerung, wasserbeständige Baustoffe) • Erhöhung des Bewusstseins in der Bevölkerung für Hochwassergefahren • verbesserte Frühwarnsysteme
Wasserwirtschaft	• effizientere Nutzung und angepasstes Management der Wasserressourcen (z. B. Management von Grund- u. Oberflächenwasserressourcen) • Anpassung an thermische Belastung (durch urbane Überwärmung) des Trinkwassers (s. dazu Kap. 4.1.4) • Berücksichtigung der Änderung der Intensität und Häufigkeit von Extremereignissen in der Planung der wasserwirtschaftlichen Infrastruktur • Implementierung eines nachhaltigen Landnutzungsmanagements zur Verbesserung des Landschaftswasserhaushaltes • Förderung von Wassersparmaßnahmen in Industrie, Land- und Forstwirtschaft sowie in privaten Haushalten • Verbesserung der Wasserqualität und des ökologischen Zustands der Oberflächengewässer zur Reduzierung der Anfälligkeit der aquatischen Ökosysteme

Die Resilienz der Raumstruktur bzw. der Raumnutzung spielt insbesondere im Bereich der kritischen Infrastruktur (Energienutzung, Gesundheitswesen) eine wichtige Rolle. Oftmals befinden sich Krankenhäuser und andere sensible Einrichtungen (Alten- und Pflegeheime) in Quartieren mit einer hohen thermischen Belastung und sind zudem meist nicht hinreichend gegen Hochwasserereignisse geschützt (s. Abb. 6.11).

Abb. 6.11: Beispiel einer betroffenen kritischen Infrastruktur – Technisches Polizeiamt in Magdeburg im Juni 2013. Die Sandsäcke sollen das Hauptgebäude schützen, da sich die Technik im Untergeschoss des Gebäudes befindet und ein Notbetrieb aufrechterhalten bleiben muss (Foto: R. Jüpner).

In solchen Fällen gilt es im Sinne der Resilienz bereits vorhandene, aber auch geplante Strukturen und Nutzungen „fehlertoleranter" auszugestalten. Ähnliches gilt für dichtbesiedelte Bereiche, wenn z. B. Bauflächen in potenziellen Überflutungsräumen liegen (BBSR, 2018). Die Herausforderung, die daraus entsteht, ist nicht nur, solche Anpassungsstrategien in die räumliche Planung einzupflegen, sondern auch einen gesellschaftlichen Konsens herzustellen.

Da der Klimawandel ein äußerst komplexes Phänomen darstellt, betrifft er nahezu alle politischen und gesellschaftlichen Ebenen. Der Aufklärungsbedarf ist entsprechend hoch. Jedoch gibt es bislang keine spezifische Fachplanung, die gezielt Rauminformationen bzw. Raumentwicklungsstrategien zur Verfügung stellt.

6.6 Vulnerabilität von urbanen Räumen

Um Anpassungsmaßnahmen gezielt einsetzen zu können, sollte die Verwundbarkeit (Vulnerabilität) eines bestimmten Raumes bereits im Vorfeld bzw. zu Beginn eines Planverfahrens bekannt sein. Diese kann als Gradmesser für die Resilienz eines Raumes herangezogen werden. Bei der Bezifferung der Vulnerabilität geht es um die Frage, wie groß die Wahrscheinlichkeit eines Schadens für

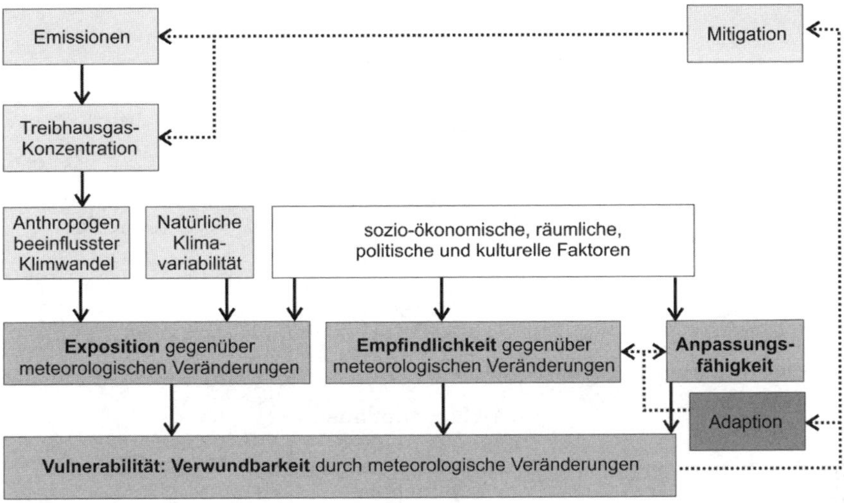

Abb. 6.12: Konzept der Vulnerabilität als Grundlage für die Einschätzung des Anpassungsbedarfs, insbesondere gegenüber meteorologischen Veränderungen wie Hitzewellen, Starkniederschlägen, Stürmen, etc. (verändert nach HARTZ, 2011).

das Mensch-Umwelt-System sein wird und wie resilient die bestehenden Strukturen sind. Daraus resultiert die entsprechende Anpassungskapazität. Letztendlich ergibt sich ein Bild der Verwundbarkeit in Abhängigkeit von Exposition und Empfindlichkeit gegenüber den Folgen eines eintretenden Extremereignisses sowie dessen Anpassungsfähigkeit (s. Abb. 6.12). Räumliche Strukturen mit einer hohen Vulnerabilität sind nicht bzw. nur sehr schlecht an die potenziellen Folgen angepasst. Adaptionsstrategien dienen der Reduktion der Empfindlichkeit eines Raumes und erhöhen gleichzeitig die Anpassungsfähigkeit (vgl. HARTZ, 2011).

6.6.1 Akteursbeteiligung und Instrumente

Unbestritten ist die Notwendigkeit, die unterschiedlichen Handlungsoptionen von Mitigation und Adaption zu planen, aufeinander abzustimmen und umzusetzen. In der Praxis eröffnen sich den Kommunen mehrere Optionen, die exemplarisch in Abbildung 6.13 wiedergeben sind.
Mit dem Baugesetzbuch steht dem Städtebau ein umfangreiches Instrumentarium zur Verfügung, um Maßnahmen zur Verbesserung des Stadtklimas zu forcieren bzw. zu verwirklichen (u. a. Abwägung, B-Pläne zur Innenentwicklung; s. dazu Kap. 6.2.1). Mithilfe des Flächennutzungsplans (vorbereitend) und des Bebauungsplans (verbindlich) können solche Maßnahmen bauleitplanrechtlich verankert werden (LÜLF, 2008). Auch im Rahmen von städtebaulichen Sanierungs- und Stadt-

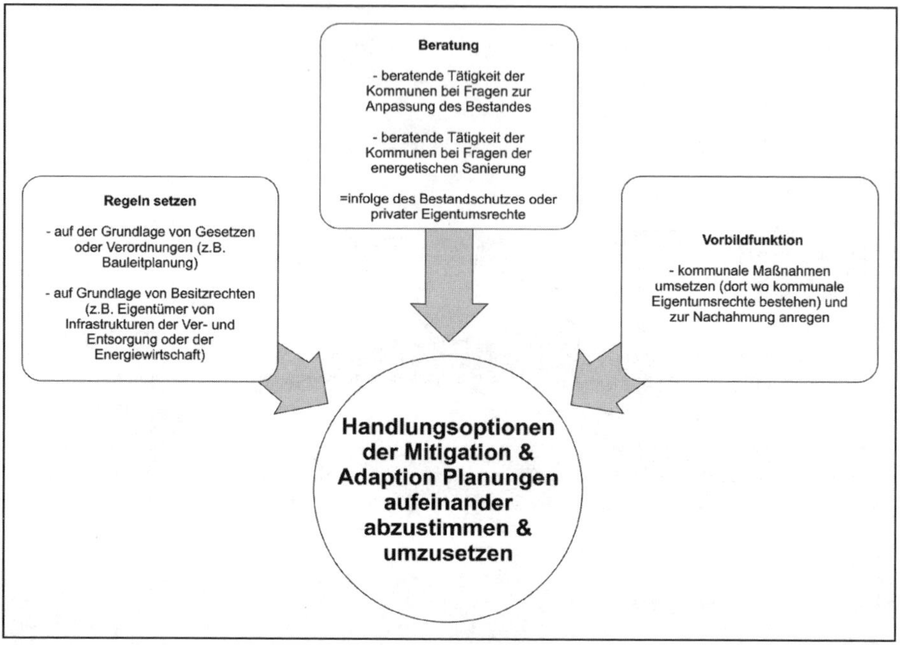

Abb. 6.13: Exemplarische Darstellung der Handlungsoptionen der Kommunen zur Planung, Abstimmung und Implementierung von Klimaschutz- und Klimaanpassungsmaßnahmen.

umbaumaßnahmen (§140 BauGB) bieten sich Möglichkeiten der Klimaanpassung an, wie bereits an einigen Beispielen in Kapitel 6.4.1 dargestellt wurde. Zu beachten bleibt jedoch, dass sich solche Regelungen größtenteils auf zukünftige Planungen beziehen. Bei Nutzungsänderungen im Bestand stoßen insbesondere die formalen Instrumente der räumlichen Planung schnell an ihre Grenzen. Um in einem solchen Fall alle Beteiligten einzubinden und ein allgemeines Verständnis für Planungsmaßnahmen zu erzeugen, bietet es sich an, auf die Möglichkeiten der Partizipation zurückzugreifen.

In der Alltagspraxis zeigt sich, wie intensiv die Kommunen bemüht sind, kooperations- und v. a. dialogorientierte Ansätze in ihre Arbeit einzubeziehen. An dieser Stelle kommt die zunehmende Abkehr vom „klassischen" Regierungshandeln (*Government*) hin zur sog. *Governance* (Offenheit und Transparenz von Prozessen) zum Tragen (Brand, 2004). Einige Kommunen haben erkannt, dass die „klassische" Top-down-Planung (= Planung im Rahmen des *Governments*) heute ohne Kooperation und Partizipation kaum noch möglich ist, mitunter aber die eigenen Handlungsspielräume deutlich erweitert und Handlungsoptionen eröffnet (Gupta et al., 2008). Heute bietet die Partizipation im Rahmen der Stadtentwicklung eine Reihe von Handlungsspielräumen, von der gesetzlich klar geregelten Öffentlichkeitsbeteiligung bis hin zu offeneren, kooperativen Beteiligungsansätzen (s. dazu Abb. 6.14).

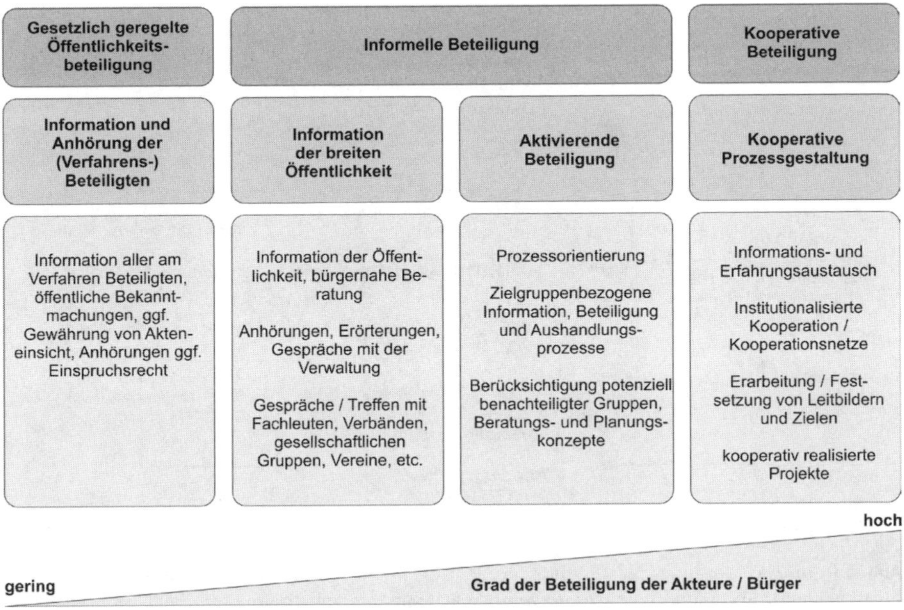

Abb. 6.14: Exemplarische Aufzählung der Partizipationsmöglichkeiten im Rahmen der Stadtentwicklung, von einer klaren gesetzlichen Regelung im Umgang mit Beteiligung der Öffentlichkeit bis hin zu den Ansätzen einer kooperativen Interaktion mit allen Beteiligten (verändert nach SELLE, 2005 u. HARTZ, 2011).

Im Umgang mit den Risiken des Klimawandels bietet es sich im Rahmen des Governance an, von *„Risk-Governance"* zu sprechen. Das *„Risk-Governance zielt darauf ab die gesellschaftliche (oder räumliche) Resilienz gegenüber Katastrophen zu vergrößern und umfasst die Gesamtheit von Akteuren, Regeln, Übereinkommen, Prozessen und Mechanismen, die sich damit befassen, wie relevante risikobezogene Information gesammelt, analysiert sowie kommuniziert wird und wie Managemententscheidungen getroffen werden"* (vgl. HARTZ, 2011, 211). Da der Schwerpunkt des Risk-Governance auf dem Umgang mit Extremereignissen und den damit verbundenen Risiken beruht, hat sich darüber hinausgehend der Begriff der „Klimawandel-Governance" etabliert. Während des Risk-Governance-Prozesses geht es darum, eine Einschätzung darüber zu treffen, welche potenziellen Risiken tolerierbar wären und welche im Extremfall sogar toleriert werden müssten, da Handlungsoptionen gering ausfallen (z. B. überbaute Überschwemmungsgebiete). Die Klimawandel-Governance greift auf bewährte Methoden der partizipativen und kooperativen Planungspraxis zurück (Abb. 6.15).

Die Herausforderung einer Risk- oder Klimawandel-Governance besteht darin, das Spektrum der realistischen Möglichkeiten sowie deren Unsicherheiten aufzuzeigen. Planungen/ Entscheidungen müssen auf ihre Anpassungsfähigkeit in verschiedenen möglichen Zukunftsentwicklungen geprüft werden.

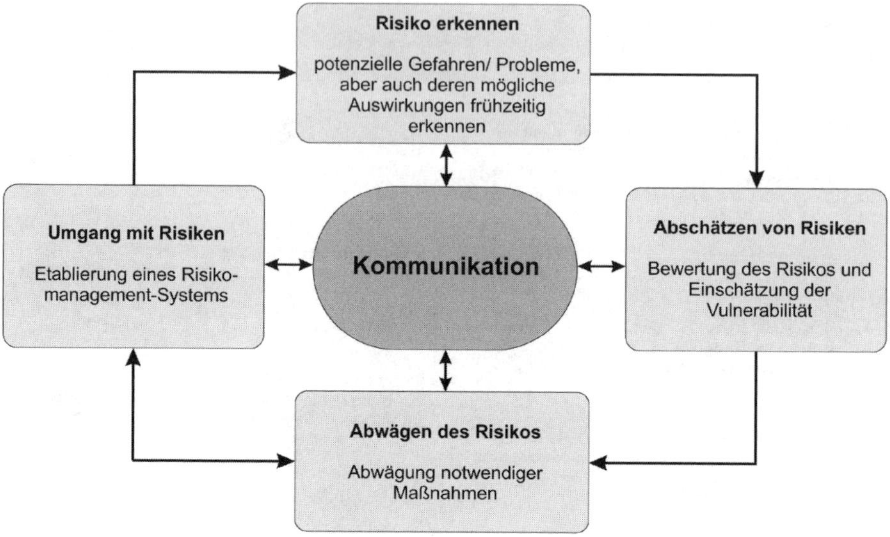

Abb. 6.15: Im Zentrum einer klar strukturierten „Risk- oder Klimawandel-Governance" steht immer eine funktionierende Kommunikation. Dieses zentrale Element interagiert mit unterschiedlichen Prozesselementen, die notwendig sind, um das Risiko eines Raumes adäquat bewerten zu können (zusammengestellt nach INTERNATIONAL RISK GOVERNANCE COUNCIL (IRGC), 2005).

Die partizipative Planung geht heute weit über die grundsätzlich gesetzlich geregelte Öffentlichkeitsbeteiligung (z. B. im Rahmen der Bauleitplanung oder der Umweltverträglichkeitsprüfung) hinaus. Insbesondere Planverfahren erfahren aufgrund der Partizipation eine deutlichere Legitimation und werden zunehmend zu einem Kernelement einer zukunftsfähigen Stadtentwicklung (SCHUBERT u. SPIEKERMANN, 2004).

Im Rahmen der bürgerschaftlichen Partizipation ergeben sich unterschiedliche Beteiligungsformen. Eine Möglichkeit der Bürgerbeteiligung in Planung und Verwaltung ist die in Abbildung 6.16 dargestellte „Pyramide der bürgerschaftlichen Beteiligung" nach LÜTTRINGHAUSEN (2000). Dieses Schema baut auf verschiedenen Beteiligungsstufen auf. Auf jeder verwaltungsseitigen Stufe der Beteiligungspyramide findet sich ein entsprechendes Pendant auf der Seite der Bürger. Die Bürgerseite wiederum ist charakterisiert durch eine Verjüngung der Pyramide von „Informationen erhalten" (Beobachtung/ Begleitung) über „mitreden" (Mitwirkung) bis hin zum Mitentscheiden/ Mitbestimmen und letztendlich zur Entscheidung (Selbstverantwortung). Somit steigt die Qualität der Partizipation von Stufe zu Stufe.

Auf der Seite der Verwaltung reichen die Stufen der Informationsangebote über die Möglichkeit des Austauschs/ der Erörterung hin zur partnerschaftlichen Kooperation und mündet in der Delegation der Entscheidungsmacht. Der Grad

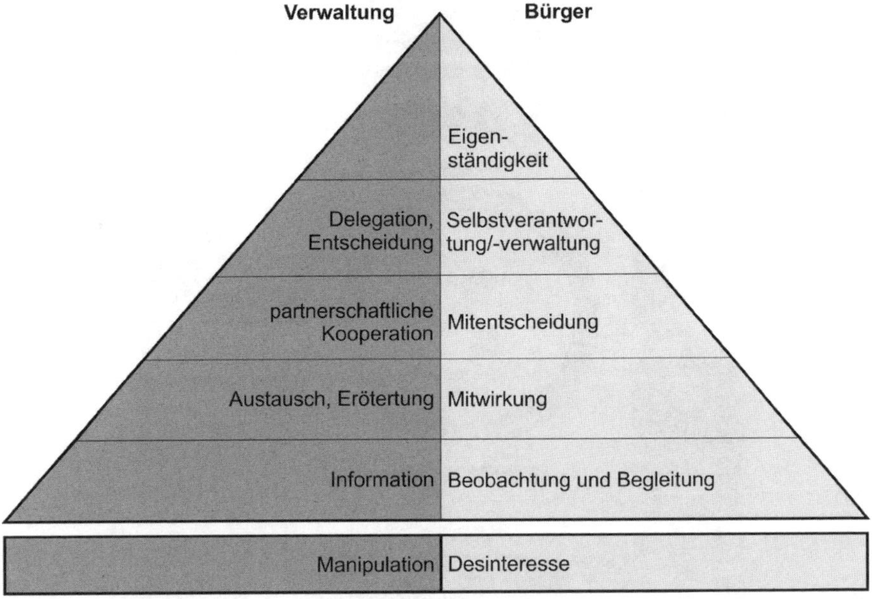

Abb. 6.16: Pyramide der bürgerschaftlichen Beteiligung (verändert nach LÜTTRINGHAUSEN, 2000).

der Teilnahmegewährung bzw. die Bereitschaft zum Kontrollverzicht steigen kontinuierlich an. Die Spitze der Pyramide bleibt den Bürgern überlassen (eigenständiges agieren, unabhängig von der Teilnahmegewährung seitens des politisch administrativen Systems). Daher bleibt diese oberste Stufe verwaltungsseitig frei.

6.6.2 Klimaanpassung durch gesellschaftliche Maßnahmen

Neben den bereits im Teilkapitel 6.4.1 angesprochenen übergeordneten und lokalen Klimaanpassungsmaßnahmen spielt vor allem im Rahmen der bürgerschaftlichen Partizipation die Klimaanpassung durch gesellschaftliche Maßnahmen eine wichtige Rolle. Die Teilhabe und die damit verbundene Sensibilisierung der Bevölkerung, z. B. über Nachbarschaftsmodelle, ist dafür ein bedeutender Ansatzpunkt (FRITSCHE, 2011). Nachbarschaftsmodelle nutzen die Möglichkeiten, zwischenmenschliche Beziehungen aufzubauen, um die Vulnerabilität der Bewohner eines Quartiers (z. B. gegenüber dem Hitzestress) zu verringern. Beispiele hierfür sind u. a. Trinkpatenschaften oder Hitze- bzw. Kältestuben (s. dazu Abb. 6.17).

Ein eher bottom-up initiierter Ansatz eines Nachbarschaftsmodelles ist das „*Urban Gardening*" bzw. „*Urban Farming*", die gärtnerische Nutzbarmachung ur-

Abb. 6.17: Hinweis auf den Zugang zu einer klimatisierten Kältestube (*Cooling Center*) in New York City im August 2018, während einer schwülwarmen Hitzeperiode mit einem Lufttemperaturmaximum von 32 °C und einer relativen Luftfeuchtigkeit von 75 % (Foto: S. Weber).

baner (Brach)Flächen. Diese neuen Gartenflächen bewirken u. a. die Entsiegelung ehemaliger Industrie- und Gewerbeflächen, die so möglicherweise als lokal wirksame Kaltluftproduktionsflächen fungieren können (Abb. 6.18).

Aufgrund der Dringlichkeit und Komplexität von Mitigations- und Adaptionsmaßnahmen erwächst die Notwendigkeit einer integrierten Steuerung und Koordination. In dieser Risikowahrnehmung ist der Schutz der Bevölkerung im Kontext der anzunehmenden gesundheitlichen Nebenwirkungen zu berücksichtigen. Um den Umsetzungsprozess einer klimagerechten Stadtentwicklung so transparent und verständlich wie möglich zu gestalten, kann auf eine strategische Abfolge von Potenzialen zurückgegriffen werden, die beispielhaft in Abbildung 6.19 aufgezeigt sind.

Der gesellschaftliche Diskurs und die damit einhergehende Sensibilisierung der Bevölkerung, hier vor allem die notwendige Akzeptanz von Anpassungsstrategien zur Steigerung der Resilienz potenziell verwundbarer Räume, kann bestenfalls über ein passgenaues Angebot an Informationen erreicht werden (vgl. Hartz, 2011).

Abb. 6.18: Beispiele für urbanes Gärtnern in Ludwigshafen (Foto: K. Pallagst).

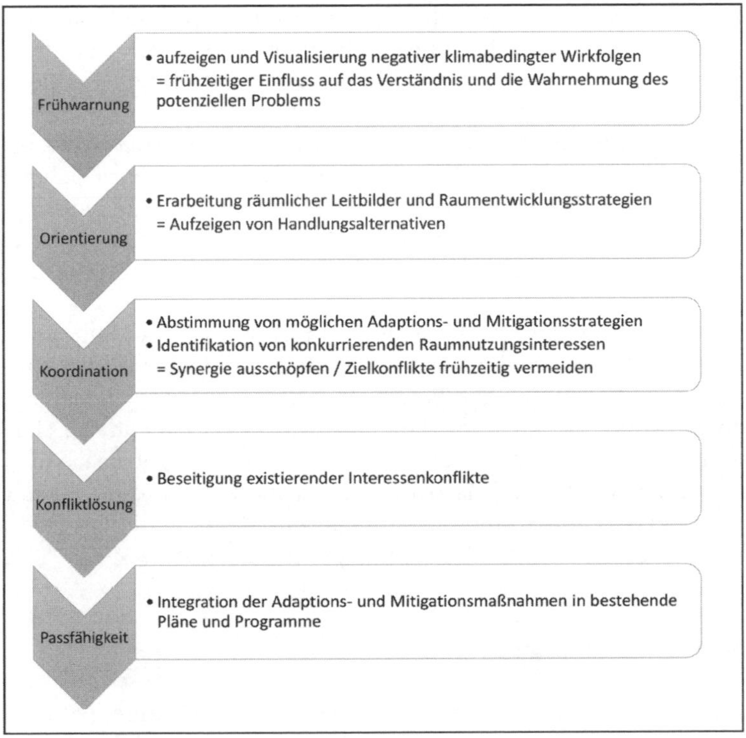

Abb. 6.19: Strategische Abfolge von Möglichkeiten, wie Entscheidungsträger die Bevölkerung für Themen sensibilisieren können (verändert nach HARTZ, 2011).

7 Handlungsfelder der angewandten Stadtklimatologie

Das Kapitel im Überblick:
- Die atmosphärische Umwelt beeinflusst über den thermischen, lufthygienischen und aktinischen Wirkungskomplex den menschlichen Organismus.
- Demographischer Wandel und schrumpfende Städte offerieren frei werdende Flächen, die stadtklimatologisch sinnvoll in neue Nutzungsstrukturen umgewidmet werden können.
- Grün- und offene Wasserflächen entfalten für den urbanen Raum ein lokalklimatisches Wirkpotenzial und bieten verschiedene Ökosystemdienstleistungen.

In der angewandten Stadtklimatologie spielt das Forschungsfeld der Human-Biometeorologie eine wichtige Rolle, da der Großteil der Stadtbewohner gegenüber (lokal)klimatischen Bedingungen exponiert ist, die sich in einer Vielzahl von bereits in den vorangegangenen Kapiteln beschriebenen Faktoren häufig negativ von denen des Umlands unterscheiden. In Anlehnung an die graue Infrastruktur (z. B. Siedlungen, Verkehrsflächen) werden urbane Grün- bzw. Wasserflächen als grüne bzw. blaue Infrastruktur bezeichnet. Diese Flächen können wirtschaftliche, soziale, vor allem aber ökologische Leistungen ausüben (z. B. Reduktion der Lufttemperatur, Filterung von Luftschadstoffen, Erhöhung der Biodiversität), die insbesondere in verdichteten Räumen von großer Bedeutung sind.

In der Folge werden die stadtklimatischen Handlungsfelder Human-Biometeorologie sowie die Wechselwirkungen des Stadtklimas mit der grünen und blauen Infrastruktur behandelt. In allen Bereichen ergeben sich Auswirkungen auf das menschliche Wohlbefinden sowie die menschliche Gesundheit. Die Handlungsfelder sind in der Praxis nicht streng voneinander zu trennen, da sie in Wechselwirkung zueinander stehen. Das grundsätzlich als eigenständig zu betrachtende Forschungsfeld der Human-Biometeorologie wird daher in diesem Lehrbuch als eines der drei oben genannten Handlungsfelder aufgegriffen.

7.1 Human-Biometeorologie

Die Human-Biometeorologie beschäftigt sich mit der Wirkung der atmosphärischen Umwelt bzw. der meteorologischen Einflussgrößen auf den menschlichen Organismus. Die raum-zeitliche Variabilität meteorologischer Größen, z. B. Lufttemperatur, Luftdruck, Wind, Niederschlag oder kurzwellige Einstrahlung, werden durch den menschlichen Organismus wahrgenommen und mit einer zeitnahen Reaktion beantwortet (z. B. Transpiration, Kältezittern). Es handelt sich um natürlichere Vorgänge, die durch das sympathische Nervensystem gesteuert werden. Die Reaktionen auf meteorologische Bedingungen können für den Körper anregend sein. Kurbetriebe, z. B. an der Küste oder in Mittel- bzw. Hochgebirgsregionen, machen sich dieses Reizklima aus medizinischer Sicht zu Nutze (Schuh, 2004). Allerdings gibt rund ein Drittel der Bevölkerung in Deutschland an, dass das Wetter eine negative Wirkung auf die eigene Gesundheit hat und sich dieses in Form von Befindlichkeitsstörungen wie Kopfschmerzen, Erschöpfung, Schlafstörungen oder Gereiztheit äußern kann (Koppe et al., 2013). Aus stadtklimatologischer Sicht ist das von besonderer Bedeutung, da die als negativ empfundenen Wirkungen des Wetters auf die menschliche Gesundheit, z. B. durch die im Stadtgebiet erhöhte Umgebungstemperatur, entsprechend intensiver in Erscheinung treten können.

7.1.1 Human-Biometeorologische Wirkungskomplexe

Die Human-Biometeorologie beschäftigt sich mit den Einflüssen der Atmosphäre auf den Menschen. Aufgrund der unterschiedlichen Konstitution jedes Menschen (einschließlich potentieller Vorerkrankung) bzw. je nach Trainingszustand eines Körpers reagiert der Mensch unterschiedlich auf die atmosphärischen Gegebenheiten (Abb. 7.1). In der Folge werden die drei Wirkungskomplexe der Human-Biometeorologie (aktinisch, thermisch, lufthygienisch) kurz beschrieben und deren Bedeutung für die Stadtklimatologie erläutert.

Thermischer Wirkungskomplex

Der menschliche Organismus ist innerhalb eng begrenzter klimatischer Verhältnisse in der Lage, eine optimale Regulation aller körpereigenen Funktionen zu gewährleisten, wenn die Körperkerntemperatur konstant um 37°C gehalten wird. Allerdings können Veränderungen der Umgebungsbedingungen auf den Organismus belastend wirken. Im Sommer kann sich das beispielsweise in Form von Wärmebelastung bzw. Wärmestress, im Winter durch den Kältestress äußern. Der Mensch kann u. a. durch Verdunstung (Transpiration) Körperwärme abgeben. Hohe Lufttemperaturen und eine erhöhte Luftfeuchtigkeit erschweren, infolge eines geringen Dampfdruckgefälles zwischen Hautoberfläche und Atmosphäre, jedoch die notwendige Wärmeabgabe über die Haut. Als Folge kann Wärmestress auftreten.

Im Winter wird die Wärmeabgabe des Körpers durch die Kombination von niedriger Lufttemperatur und hoher Windgeschwindigkeit (erhöhter turbulenter Wärmetransport) verstärkt („*wind chill*"). Während Kältereize durch Kleidung ab-

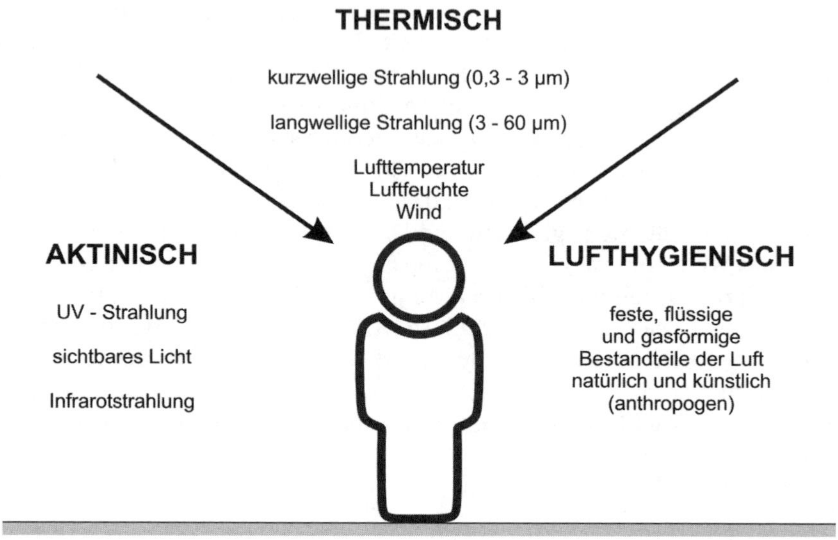

Abb. 7.1: Schematische Darstellung der human-biometeorologisch relevanten atmosphärischen Wirkungskomplexe (verändert nach TRENKLE, 1992).

gemildert werden können, gilt das für erhöhte sommerliche Wärmebelastung nur eingeschränkt.

Das Auftreten einer Reihe von Hitzewellen Ende der 1990er und Anfang der 2000er Jahre intensivierte die Forschung zur thermischen Belastung des menschlichen Organismus mittels epidemiologischer Morbiditäts- und Mortalitätsstudien (ÅSTRÖM et al., 2011). Die Untersuchungen konnten zeigen, dass selbst im gemäßigten Klima Mitteleuropas ein enger Zusammenhang zwischen thermischer Behaglichkeit (thermischer Komfort) bzw. Belastung (thermischer Diskomfort) und der menschlichen Gesundheit besteht (JENDRITZKY u. GRÄTZ, 1998). Durch eine kurzfristige Akklimatisation (physiologische Anpassung) ist der menschliche Körper in der Lage, auf thermische Umwelteinflüsse zu reagieren und den thermischen Stress über das körpereigene Thermoregulationssystems zu verringern. Mit zunehmendem Alter steigt jedoch die Sensitivität gegenüber thermischen Reizen, da das Thermoregulationssystem weniger effektiv arbeitet.

Sommerlicher thermischer Diskomfort kann jedoch nicht ausschließlich auf den Einfluss erhöhter Lufttemperaturen zurückgeführt werden. Aus human-biometeorologischer Sicht spielen der Strahlungshaushalt (direkte Sonnenstrahlung und langwellige Wärmestrahlung aus der dreidimensionalen städtischen Umgebung) sowie Luftfeuchtigkeit und die Windgeschwindigkeit eine wichtige Rolle. Eine trockene Hitze kann vom menschlichen Organismus relativ gut reguliert werden, da der Körper über die Schweißverdunstung thermoregulatorisch „heruntergekühlt" wird. Ist die Luftfeuchtigkeit jedoch hoch (z. B. relative Luftfeuchtigkeit = 60 %, Lufttemperatur = 25°C), wird die Schweißverdunstung beeinträchtigt, mit der Folge unangenehmer Wärmebelastung. In einem solchen Fall kann Ventilation die Schweißverdunstung erleichtern, z. B. durch erhöhte Windgeschwindigkeit oder künstliche Ventilation.

Um den thermischen Wirkungskomplex im urbanen Raum abbilden zu können, müssen die entsprechenden meteorologischen Größen wie Lufttemperatur, Luftfeuchtigkeit, Windgeschwindigkeit sowie die kurz- und langwelligen Strahlungsflüsse in ihrer raum-zeitlichen Variabilität erfasst werden. Das lässt sich beispielhaft an der für die Bewertung der thermischen Belastung wichtigen Größe der mittleren Strahlungstemperatur (T_{mrt}, engl. *mean radiant temperature* in °C) aufzeigen. T_{mrt} betrachtet die kombinatorische Einwirkung aller kurzwelligen (direkt und diffus) und langwelligen Strahlungsflüsse auf den menschlichen Körper und somit auf den Wärmehaushalt des Menschen. Die VDI 3787 Blatt 2 (2008) definiert T_{mrt} als *„die einheitliche Temperatur einer schwarz strahlenden Umschließungsfläche, die zu dem gleichen Strahlungsenergiegewinn eines Menschen führt wie die aktuellen, unter Freilandbedingungen meist sehr uneinheitlichen Strahlungsflüsse"*. Im dreidimensional gegliederten urbanen Raum führt dies dazu, dass nicht nur

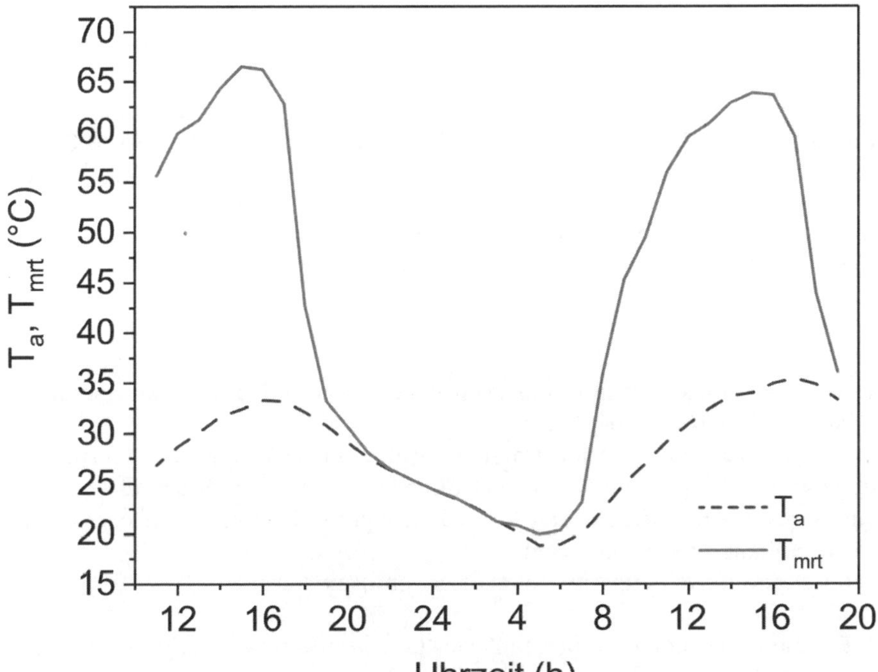

Abb. 7.2: Tagesgang von Lufttemperatur (T_a) und mittlerer Strahlungstemperatur (T_{mrt}) während zweier strahlungsreicher Sommertage (14./15. Juli 2003) in einer Straßenschlucht in Freiburg (H/W = 1, verändert nach ALI-TOUDERT u. MAYER, 2007)

die Strahlungsflüsse aus dem oberen und unteren Halbraum auf den menschlichen Körper einwirken, sondern ebenfalls die Strahlungsflüsse aus den vier horizontalen Raumrichtungen, d. h. von vorne, hinten, links und rechts. T_{mrt} kann sich im Freien daher deutlich von der Lufttemperatur unterscheiden (vgl. Abb. 7.2). Tritt man beispielsweise an einem sonnigen Tagen in den Schatten eines Baumes, ändert sich das thermische Empfinden merklich, während sich die Lufttemperatur kaum ändert. Das liegt v. a. am Rückgang von T_{mrt} aufgrund des geringeren Einfalls bzw. Absorption kurzwelliger Strahlung auf der Körperoberfläche.

Zur Berechnung von T_{mrt} werden die strahlungsphysikalischen Eigenschaften und Abmessungen der umgebenden Oberflächen und des sichtbaren Himmelsausschnitts sowie die Körperhaltung des Menschen (z. B. stehend) benötigt. Die Beiträge der Strahlungsflüsse aus den unterschiedlichen Raumrichtungen können über Winkelfaktoren bzw. Wichtungsfaktoren zugeordnet werden (s. dazu VDI 3787 Bl. 2, 2008). Die Bestimmung im Feld erfolgt üblicherweise über die Messung der kompletten Strahlungsbilanz aus allen sechs Raumrichtungen, beispielsweise mit einer Kombination von Pyranometern (kurzwellige Strahlungsflüsse) und Pyrgeometern (langwellige Strahlungsflüsse). Die Strahlungsflüsse aus der Umgebung ergeben sich nach Gleichung 7.1

$$S_{str} = \Sigma_{i=1}^{6} W_i \cdot (a_k \cdot K_i + a_l \cdot L_i) \qquad \text{(Gl. 7.1)}$$

mit S_{str} der im Mittel vom Körper eines Menschen absorbierte Strahlung, W_i dem raumbezogenen Wichtungsfaktor (i = 1 bis 6; für Nord, Ost, Süd, West = 0,22 für oben und unten = 0,06, s. VDI 3787 Bl. 2, 2008), $\alpha_{k,l}$ = Absorptionskoeffizienten für kurz und langwellige Strahlung (α_k = 0,7, α_l = 0,97), K_i = kurzwellige Strahlungsflüsse und L_i = langwellige Strahlungsflüsse.

Die T_{mrt} kann dann nach Gleichung 7.2 berechnet werden:

$$T_{mrt} = [S_{str}/(\varepsilon \cdot \sigma)]^{0,25} - 273{,}15 \qquad \text{(Gl. 7.2)}$$

mit ε = Emissionskoeffizient des Menschen (0,97) und σ = Stefan-Boltzmann-Konstante (5,67 10^{-8} W m^{-2} K^{-4}).

Für eine planungsgerechte Darstellung der Auswirkungen der thermischen Umgebungsbedingungen sind Bewertungsmethoden erforderlich, die

- die Umwelteinflüsse auf den Menschen nicht auf einzelne meteorologische Komponenten reduzieren und
- eine thermophysiologische Betrachtung einbeziehen.

Im Rahmen der Modellierung und Bewertung des thermischen Komforts wurden in den vergangenen Jahrzehnten mehr als 100 Indizes zur Berechnung des thermischen Empfindens des Menschen vorgeschlagen, z. B. *Predicted Mean Vote* – PMV, Fanger, 1972; *Standard Effective Temperature* – SET, Gagge et al., 1986; *Gefühlte Temperatur* – pt, Staiger et al., 1997; *Physiologically Equivalent Tempera-*

ture – PET, Höppe, 1999; *Outdoor Standard Effective Temperature* – OUT_SET, Pickup u. de Dear, 2000; *Subjective Temperature* – STI, Blazejczyk, 2003; *Universal Thermal Climate Index* – UTCI, Fiala et al., 2009). Einige der eher einfachen thermischen Indizes (z. B. effektive Temperatur, Äquivalenttemperatur) sind für eine Beurteilung der human-biometeorologischen Situation jedoch nur eingeschränkt geeignet, da sie die oben genannten Anforderungen nicht oder nur unzureichend abdecken.

Die menschliche Energiebilanzgleichung nach Höppe (1984) bildet die Grundlage zur human-biometeorologischen Bewertung des thermischen Komforts (s. Gl. 7.3; alle Terme in W):

$$M - W + Q^{*} - Q_{H} - Q_{E} - Q_{SW} - Q_{Re} +/- Q_{S} = 0 \qquad \text{(Gl. 7.3)}$$

mit
M = Gesamtenergieumsatz (metabolische Rate)
W = mechanische Leistung (Arbeitsleistung nach außen)
Q^{*} = Strahlungsbilanz
Q_H = turbulenter Fluss fühlbarer Wärme
Q_E = turbulenter Fluss latenter Wärme infolge der Wasserdampfdiffusion durch die Haut
Q_{SW} = turbulenter Fluss latenter Wärme durch Schweißverdunstung
Q_{Re} = Atemwärmefluss (sensibel und latent)
Q_S = Speicherwärmefluss durch Veränderung der Körpertemperatur

Die Energieflüsse, die in Richtung der Körperoberfläche führen sind positiv, die von der Körperoberfläche weg führen negativ definiert (Höppe, 1984). Die Energiebilanzgleichung (Gl. 7.3) gilt für stationäre Bedingungen, instationäre Bedingungen müssen durch entsprechende Ansätze, z. B. das *Instationäre Münchner Energiebilanzmodell* (IMEM) abgebildet werden (Höppe, 1993).

Nach Fanger (1972) bzw. dessen Komfortgleichung für Innenraumklimate und den sich daraus ergebenden thermischen Indizes PMV bzw. PPD (*Predicted Percentage Dissatisfied*) hat sich v. a. der thermische Index PMV als Bewertungsverfahren etabliert. Dieser ist ein skalierter Wert für das thermische Empfinden des Menschen bei gegebener Lufttemperatur. Diese Skalierung dient zur Abschätzung der thermischen Umgebungsbedingungen mittels einer psycho-physischen Skala in der Null für Behaglichkeit steht, d. h. es werden lediglich minimale Anforderungen an die Thermoregulation gestellt. Positive Werte hingegen weisen zunehmend warme, negative beständig kalte Bedingungen aus (s. Abb. 7.3).

Die Verbindung der Komfortgleichung nach Fanger (1972) mit den kurz- und langwelligen Strahlungsflüssen im Freien (die Berechnung des PMV unter Freilandbedingungen) findet unter dem Namen „Klima-Michel-Modell“ Anwendung, der beispielsweise vom Deutschen Wetterdienst eingesetzt wird (s. Abb. 7.4).

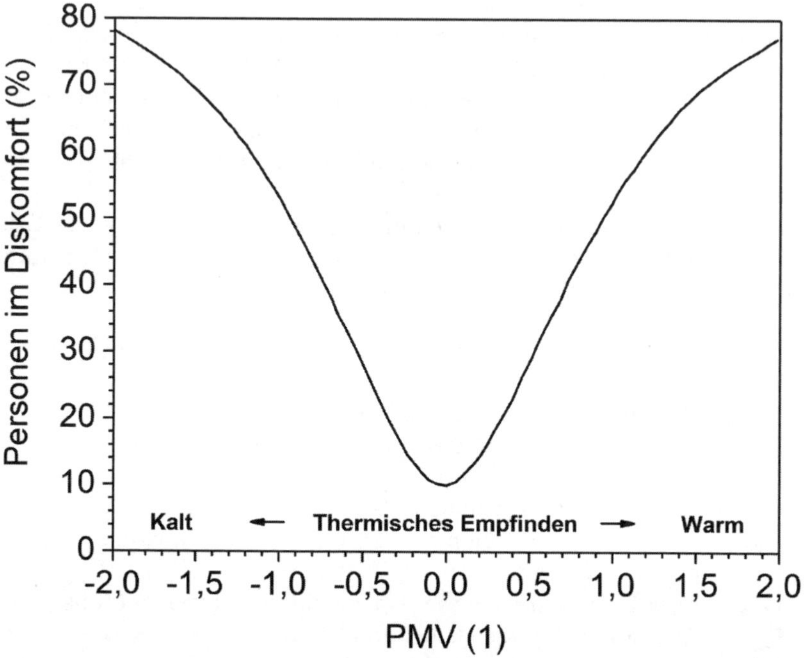

Abb. 7.3: Darstellung des Verhältnisses zwischen der thermischen Behaglichkeit (PMV) und dem Anteil von Personen im Diskomfort (in Anlehnung an FANGER (1972), verändert nach VAN HOOF (2008)).

Der PMV ist jedoch nicht ausschließlich von den meteorologischen Einflussgrößen abhängig, sondern wird zudem von personenbezogenen Faktoren beeinflusst, d. h. es können sowohl der Wärmedurchgangswiderstand der Bekleidung als auch der Aktivitätszustand der Personen abgebildet werden.

Aufbauend auf das „Klima-Michel-Modell" wurde von HÖPPE (1984) das Modell MEMI (*Münchner Energiebilanzmodell für Individuen*) entwickelt. MEMI nutzt die gleichen Eingangsgrößen wie das „Klima-Michel-Modell", berücksichtigt jedoch erweiterte thermo-physiologische Prozesse. Mittels MEMI kann die Energiebilanz des menschlichen Körpers in Abhängigkeit des Wetters, der Bekleidung und der körperlichen Aktivität quantifiziert werden (HÖPPE, 1993). Das Modell berechnet daraus die Physiologisch Äquivalente Temperatur PET (*Physiologically Equivalent Temperature*) als Bewertungsgröße. Diese bezieht sich auf eine definierte humanbiometeorologische Referenzperson. Die Person ist männlich, 35 Jahre, 1,75 m, 75 kg, Aktivität = 80 W mit einem Bekleidungswiderstand = 0,9 clo. Der Bekleidungswiderstand entspricht einem Geschäftsanzug (wobei 1 clo = 0,155 K W m^{-2}) und definiert die Bekleidung, die eine ruhende Person benötigt, um sich bei einer Raumtemperatur von 21°C behaglich zu fühlen.

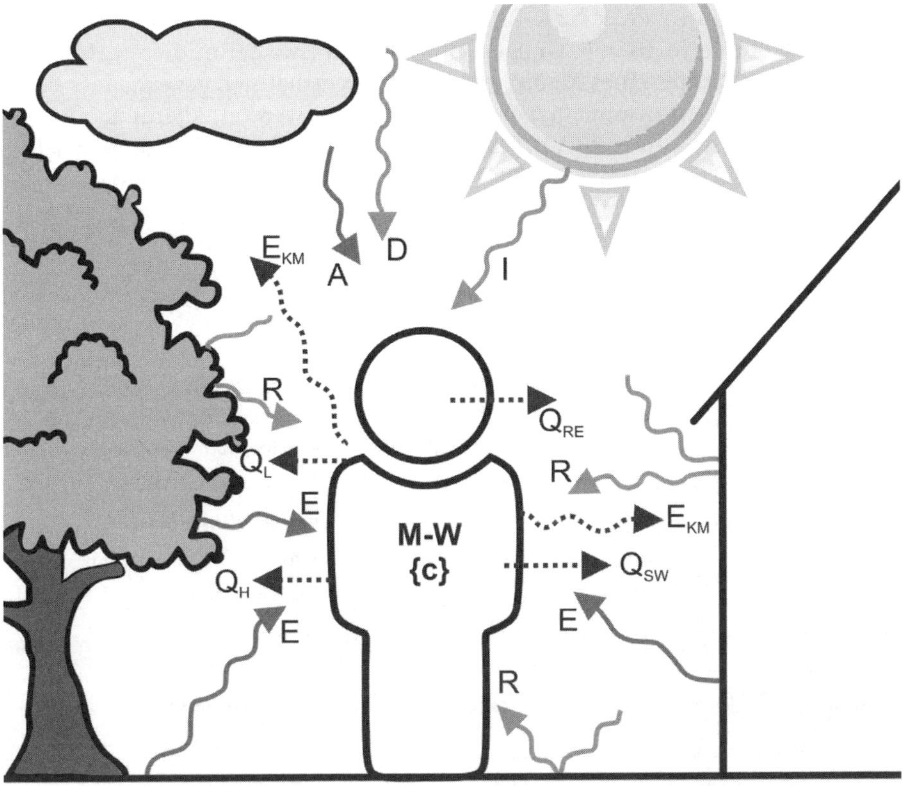

I	**Direkte Sonnenstrahlung**	M-W	**Wärmeproduktion durch Energiestoffwechsel**
D	**Diffuse Sonnenstrahlung**	{c}	**Wärmeisolation der Bekleidung**
R	**Reflexstrahlung (kurzwellig)**	Q_H	**turbulenter Fluss fühlbarer Wärme (Konvektion)**
A	**Wärmestrahlung der Atmosphäre**	Q_{SW}	**turbulenter Fluss latenter Wärme**
E	**Wärmestrahlung der Oberfläche**	Q_L	**sensibler Fluss latenter Wärme durch Wasserdampfdiffussion**
E_{KM}	**Wärmestrahlung des Menschen**	Q_{RE}	**Wärmefluss über Atmung (fühlbar und latent)**

Abb. 7.4: Vereinfachte Darstellung der Komponenten des thermischen Wirkungskomplexes im System Mensch-Atmosphäre (verändert nach JENDRITZKY et al., 2012).

Die Berechnung von PMV bzw. PET erfolgt für die human-biometeorologisch relevante Höhe von 1,10 m ü. Gr. Dies entspricht in etwa der mittleren Höhe des Körperschwerpunktes eines Menschen. In der Praxis hat sich gezeigt, dass beide Indizes im Vergleich zu anderen bevorzugt eingesetzt werden. Allerdings ist auch ersichtlich, dass Anwendern (z. B. Stadtplanern) PET-Ergebnisse wesentlich leichter zu vermitteln sind als die von PMV, da PET im Gegensatz zum PMV mit der vertrauten °C-Skala operiert (s. Tab. 7.1).

Tab. 7.1: Thermisches Empfinden und Belastungsstufen für PMV und PET (verändert nach Staiger et al., 1997).

PMV	PET/ °C [1]	Thermisches Empfinden	Physiologische Belastungsstufe
> 3,5	> 41	sehr heiß	extreme Wärmebelastung
> 2,5 ... 3,5	> 35 ... 41	heiß	starke Wärmebelastung
> 1,5 ... 2,5	> 29 ... 35	warm	mäßige Wärmebelastung
> 0,5 ... 1,5	> 23 ... 29	leicht warm	schwache Wärmebelastung
− 0,5 ... 0,5	18 ... 23	behaglich	keine Belastung
< -0,5 ... -1,5	< 18 ... 13	leicht kühl	schwacher Kältestress
< -1,5 ... -2,5	< 13 ... 8	kühl	mäßiger Kältestress
< -2,5 ... -3,5	< 8 ... 4	kalt	starker Kältestress
< -3,5	< 4	sehr kalt	extremer Kältestress

[1] bei einem Arbeitsumsatz von 80 W und einem Wärmedurchgangswiderstand von 0,9 clo

Im Jahr 2009 wurde auf Initiative der *International Society of Biometeorology* mit dem Universellen Thermischen Klimaindex (UTCI; *Universal Thermal Climate Index*) eine weitere, human-biometeorologische Bewertungsgröße eingeführt (Bröde et al., 2012). Dieser thermo-physiologische Index ist universell auf alle Klimazonen der Erde, alle Jahreszeiten und räumlichen Skalenbereiche anwendbar. Die Grundlage für UTCI bildet die vereinfachte Version des thermophysiologischen Modells nach Fiala (Fiala et al., 1999; 2001). UTCI gibt eine Verhaltenskomponente an, in dem entsprechend der aktuellen Umweltbedingungen die Bekleidung des Menschen angepasst werden kann. Im Vergleich zu früheren Modellen wird jedoch die Thermophysiologie komplexer abgebildet. Daher ist es zukünftig durchaus möglich, dass der UTCI dazu beiträgt, dass human-biometeorologische Anwendungen standardisiert und Forschungsergebnisse vergleichbar werden. Eine Auswahl der unterschiedlichen thermo-physiologischen Indizes zur human-biometeorologischen Bewertung der thermischen Komponenten des Stadtklimas ist u. a. in Blazejczyk et al. (2012) zusammengestellt.

Räumlich differenzierte Aussagen zur human-biometeorologischen Situation in Stadtgebieten können durch Messungen an verschiedenen Standorten sowie durch numerische Modelle getroffen werden. Zurzeit werden im Planungsprozess unterschiedliche Modelle zur human-biometeorologischen Bewertung eingesetzt. Programme wie Solweig (LINDBERG et. al., 2008) und RayMan (MATZARAKIS et. al., 2007) berechnen in erster Linie urbane Strahlungsflüsse. RayMan beispielsweise erlaubt die Berechnung der mittleren Strahlungstemperatur sowie die Quantifizierung der kurz- und langwelligen Strahlungsflüsse im Tagesgang. Zusätzlich kann der Bedeckungsgrad berücksichtigt sowie Raumwinkelanteile der urbanen Strukturen berechnet werden (MATZARAKIS et al., 2000).

Die Simulationsmodelle ENVI-met 4 und MUKLIMO_3 (Thermodynamikversion) (SIEVERS, 1995; 2016) berechnen die Strömung bzw. das Windfeld, den urbanen Strahlungshaushalt und die Wechselwirkungen der Vegetation mit dem Mikroklima. Für ENVI-met wird eine räumliche Auflösung zwischen 0,5 und 10 Metern empfohlen (ENVI-MET, 2017). Damit kann das Modell urbane Strukturen (z. B. Gebäude, Einzelbäume) Elementauflösend abbilden. MUKLIMO_3 hingegen wurde entwickelt, um gesamtstädtische Klimaanalysen durchzuführen. Dieses Modell klassifiziert die Stadt in 13 Nutzungsklassen. Diese beinhalten generalisierte Werte für relevante Indikatoren wie z. B. Versiegelungsgrad, Bebauungsdichte und Vegetationsform. Die empfohlene Auflösung liegt bei rund fünf Metern, womit der Detaillierungsgrad unter dem von ENVI-met rangiert.

Lufthygienischer Wirkungskomplex

Ist der menschliche Organismus gegenüber Schadstoffkonzentrationen exponiert, die kurz- oder langfristig über den gesetzlich vorgeschriebenen Grenzwerten liegen, kann das zu gesundheitlichen Effekten führen (vgl. dazu Kap. 5). Prinzipiell ist der Stadtbewohner jedoch nicht nur einem Luftschadstoff, sondern einer Mixtur verschiedener Luftinhaltsstoffe ausgesetzt. Wissenschaftliche Studien, die nicht nur auf die Analyse eines Luftschadstoffs fokussiert sind, belegen, dass die verkehrsbedingte Luftverschmutzung (CO, HC, NO_x, PM) einen negativen Einfluss auf die menschliche Gesundheit (z. B. Entwicklung von Asthma und chronischer Bronchitis sowie erhöhte Sterblichkeit) hat (KÜNZLI et al., 2000; COHEN et al., 2017). Mit erhöhten Spurenstoffbelastungen muss v. a. während austauscharmer, autochthoner Wetterlagen in urbanen Räumen gerechnet werden. Die hohe Dichte der unterschiedlichen Emittenten und die verringerte Durchlüftung innerhalb der bodennahen Luftschicht sind für die auftretenden lufthygienischen Belastungen verantwortlich. Daher richtet die Stadtklimatologie ihr Augenmerk auf den Einfluss fester, flüssiger und gasförmiger Luftinhaltsstoffe auf die menschliche Gesundheit (s. dazu Abb. 7.5). Um eine Bewertung des lufthygienischen Wirkungskomplexes vornehmen zu können, werden schließlich die Grenz-, Richt- und Leitwerte der Luftqualitätsgesetzgebung herangezogen.

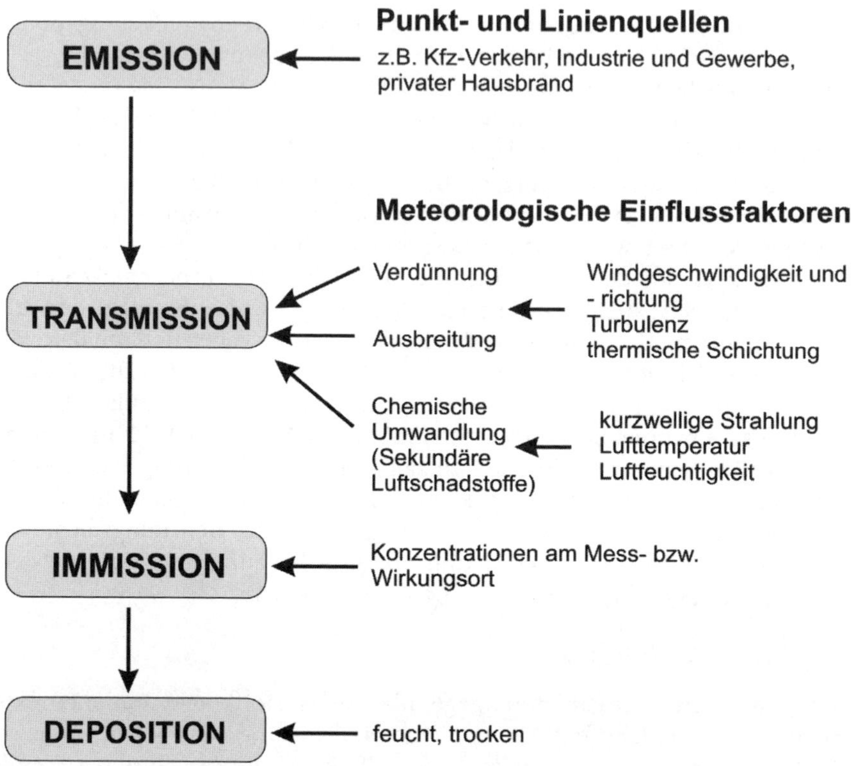

Abb. 7.5: Schematische Darstellung der Prozesskette Emission – Transmission – Immission – Deposition (verändert nach MAYER, 2000).

Aktinischer Wirkungskomplex

Der aktinische Wirkungskomplex betrachtet die positiven und negativen Einflüsse der (ultravioletten) Sonnen-, Himmels- und Reflexstrahlung auf den menschlichen Organismus. Insbesondere die ultraviolette Strahlung (UV-Strahlung im Bereich $100 < \lambda < 400$ nm) kann zu akuten und chronischen Hautschäden (u. a. Sonnenbrand, Hautkrebs) führen. Der erythemwirksame Spektralbereich der UV-C-Strahlung (100 bis 280 nm) wird größtenteils durch das stratosphärische Ozon absorbiert. Gleiches gilt für UV-B-Strahlung (280 bis 315 nm). Überschreitet die Bestrahlung die sog. Erythemschwelle (in Abhängigkeit des Hauttyps individuell unterschiedlich hoch), treten akute Schädigungen der Haut auf (vgl. Tab. 7.2). Die UV-Belastung ist durch den UV-Index bewertbar (vgl. Tab. 7.3). Dieser ist eine international festgelegte Größe, die sich nach Gleichung 7.4 berechnet.

$$E_{CIE} = \int s_{er}(\lambda)\ E(\lambda)\ d\lambda \qquad \text{(Gl. 7.4)}$$

mit E(λ) als spektrale Bestrahlungsstärke einer horizontalen Fläche (in $W m^{-2}$) und einem vom CIE (frz. *Commission Internationale de l'Eclairage*/ Internationale Beleuchtungskommission) definierten Wirkungsspektrum s_{er} (λ). Das Wirkungsspektrum integriert Strahlung ≤ 298 nm mit dem Faktor 1, Strahlung um 328 nm mit dem Faktor 0,0015 bzw. bei rund 400 nm mit dem Faktor 0,00012.

Der UV-Index dient der Information der Bevölkerung zur Vermeidung einer erhöhten Exposition gegenüber der UV-Strahlung. Durch gezielte stadtplanerische Maßnahmen zur Schaffung bzw. Erhöhung beschatteter Aufenthaltsbereiche in Stadtgebieten (z. B. Bäume, Arkaden, Sonnensegel), kann eine erhöhte UV-Exposition vermindert werden.

Tab. 7.2: Spezifische Auswirkungen der UV-Strahlungsbereiche.

Typ	Wellenlängenbereich (λ in nm)	Spezifische Wirkung
UV-A-Strahlung	$315 < \lambda \leq 400$	Bräunung der Haut (Sofortpigmentierung); Wirksam als Therapie bei Erkrankung durch Schuppenflechte (Psoriasis); Risiko der Melanombildung (schwarzer Hautkrebs)
UV-B-Strahlung	$280 < \lambda \leq 315$	Sonnenbrand (Erythemwirkung) u. vorzeitige Alterung der Haut; kanzerogene Wirkung für hellen Hautkrebs; Entzündung der Augen-Hornhaut (Keratitis) oder Bildung des grauen Stars (Katarakt)
UV-C-Strahlung	$100 < \lambda \leq 280$	Zellzerstörung u. bakterizide Wirkung

Tab. 7.3: Schutzempfehlungen für verschiedene UV-Indizes sowie Sonnenbrandzeiten für den Hauttyp II (helle Hautfarbe, blaue oder grüne Augen, blondes Haar, häufig Sommersprossen) bei ungebräunter Haut.

UV-Index	Belastung	Sonnenbrand möglich	Schutzmaßnahmen
≥ 11	extrem	in weniger als 10 min	besonderer Schutz erforderlich (u. a. in der Mittagszeit möglichst nicht draußen aufhalten, unbedingt Schatten suchen)
8 – 10	sehr hoch	in weniger als 20 min	unbedingt erforderlich (u. a. Sonnenhut u. -creme sind Pflicht)
6 – 7	hoch	ab 20 min	erforderlich (u. a. T-Shirt u. Kopfbedeckung anziehen)
3 – 5	mittel	ab 30 min	Empfehlenswert (u. a. Sonnencreme, Schatten in der Mittagszeit)
1 – 2	gering	unwahrscheinlich	kein Schutz erforderlich

7.2 Grüne Infrastruktur

Durch den demographischen Wandel, die Urbanisierungstendenzen sowie die Herausforderungen des Klimawandels müssten stadtklimatische Kenntnisse deutlich stärker in die zukünftige Stadtplanung einfließen. In diesem Zusammenhang sind unterschiedliche Arbeitsfelder hervorzuheben. Neben der Sicherung und dem Erhalt von Grünflächen im urbanen Raum empfiehlt sich die zusätzliche Schaffung von Frei-, Grün- und Wasserflächen mit positiven mikroklimatischen Eigenschaften. Das Phänomen der „Schrumpfenden Städte“ offeriert ein Flächenpotential, das stadtklimatologisch sinnvoll in eine neu entstehende Nutzungsstruktur integriert werden könnte (Oswalt u. Rieniets, 2006; Hollander et al., 2009). In Abhängigkeit der Planungskultur des jeweiligen Landes ergeben sich unterschiedliche Optionen im Umgang mit den frei werdenden Flächen, z. B. die Nutzung als Grünflächen in Michigan/ USA, Urbanes Gärtnern in Nagasaki/ Japan oder eine Zwischennutzungen (temporäre Nutzung z. B. für Kunst/ Kultur, Sport, öffentliche/ soziale Nutzung) wie in Leipzig (Pallagst et al., 2017; 2018; Martinez-Fernandez et al., 2012). Innerstädtisches Grün umfasst alle Formen sowohl „grüner“ Freiräume als auch begrünter Gebäude (s. Abb. 7.6). Hierzu zählen:

- Parkanlagen,
- Kleingärten und Friedhöfe,
- Brachflächen,

Abb. 7.6: Grüne Infrastruktur innerhalb eines Stadtquartiers – Bespielhafte Bestandsanalyse der zu differenzierenden Grünflächen (Bäume im Bestand, Straßenbegleitgrün, Grünstreifen, öffentliche Flächen mit Grünanteil, private Grünflächen, Fassaden- u. Dachbegrünung) am Beispiel des Stadtteils Schwetzingerstadt in Mannheim (Datengrundlage: Stadt Mannheim, 2017).

- Siedlungsgrün bzw. Grünflächen an öffentlichen Gebäuden und private Gärten,
- Bauwerksgrün mit Fassaden- und Dachbegrünung,
- „grüne" Straßenbahngleise,
- Straßenbegleitgrün,
- Spielplätze und Sportflächen sowie
- Waldflächen, landwirtschaftliche Nutzflächen und weitere Freiräume, die zur Gliederung und Gestaltung des urbanen Raumes entwickelt, erhalten und gepflegt werden müssen.

7.2.1 Klassifizierung der grünen Infrastruktur

Aufgrund der unterschiedlichen Ausprägung der Grünstruktur in Städten ist es schwierig, eine allgemeingültige Aussage hinsichtlich deren Quantität und Qualität (Nutzungsfunktion) zu treffen. Jedoch ist gerade die räumliche Verteilung der einzelnen Grünflächen entscheidend, um die potenzielle mikroklimatische und gesundheitliche Wirkung bewerten zu können. Zur Sicherstellung der Umweltgerechtigkeit (d. h. gleiche Zugangsmöglichkeiten zu öffentlichen Grünflächen, unabhängig von der ethischen/ sozialen Gruppe) sind Grünflächen in allen Stadtteilen und für alle Nutzergruppen von großer Bedeutung. Daher müssen Anforderungen formuliert werden, die eine entsprechende Klassifizierung innerstädtischer Grünflächen ermöglichen. Grundsätzlich sollte der Fokus liegen auf:

- der Erreichbarkeit der Grünflächen mit deren unterschiedlichen Funktionen,
- Richtwerten, um den unmittelbaren Nahbereich der Wohnräume mit entsprechenden Grünflächen zu versorgen und
- der räumlich-funktionalen Vernetzung solcher Flächen.

In Abhängigkeit von der Größe, den spezifischen (Nutzungs)Funktionen sowie der Entfernung zum Wohnbereich bzw. der Erreichbarkeit lässt sich die grüne Infrastruktur nach dem potenziellen Einzugsbereich und der zu erwartenden Zahl der Nutzer unterscheiden. Eine solche Einteilung wird exemplarisch in Tabelle 7.4 vorgenommen; nicht berücksichtigt sind begrünte Dach- und Fassadenflächen (s. dazu ausführlich Kap. 7.2.2). Aus lokalklimatischer Sicht weisen die urbanen Grünflächen eine modifizierende Wirkung auf die Umgebungstemperatur auf.

Tab. 7.4: Klassifizierung und Unterscheidungsmöglichkeiten für urbane Grünflächen (Zusammenstellung nach VAN HERZELE u. WIEDEMANN, 2003; STEIDLE u. SCHWAHN, 2005; PELIZARO, 2005; DRL, 2006; SCHRÖTER, 2010; BMUB, 2015).

Grünflächen (unterschiedliche Einzugsbereiche)	Merkmale der Grünflächen
Wohnungsbezogene Grünräume *(Residential Green)*	• Grünplätze, Straßenbegleitgrün, Spielstraßen, potenziell nutzbare öffentliche Verkehrsflächen bei entsprechender Gestaltung • 0,2 bis 1,5 ha Fläche (0,1 ha in der Innenstadt) • 4 bis 5 min Fußweg; ca. 150 m Entfernung zwischen Grünfläche und Wohnbereich
Wohnungsnahe Grünflächen bzw. Nachbarschafts- bzw. wohngebiets-bezogene Grünflächen *(Neighbourhood Green)*	• Vegetationsflächen mit naturnahem Charakter • Pausenfunktion für Erwerbstätige, Ruhezonen/ stundenweise Kurzzeit- und Feierabenderholung • Treffpunkt für verschiedene soziale Gruppen mit • besonderer Bedeutung für weniger mobile Bevölkerungsgruppen (Kinder, ältere Menschen, Behinderte) • intensiv nutzbare Spielmöglichkeiten für Kinder • 0,5 bis 10 ha Fläche • 5 bis 10 min Fußweg; rund 500 m Entfernung zwischen Grünfläche und Wohnraum
Stadtteilbezogene Grünflächen *(Quarter Green)*	• gärtnerisch angelegte Vegetationsflächen und extensiv gepflegte Flächen mit naturnahem Charakter • stundenweiser bis halbtägiger Aufenthalt • intensiv nutzbare Spielbereiche für Kinder sowie Freizeitsportbereich für Jugendliche und Erwachsene • 5 bis 40 ha Fläche • 15 bis 20 min Fußweg; ca. 1.000 m Entfernung zwischen Grünfläche und Wohnraum
Siedlungsnahe Grünflächen *(District Green)*	• durch zusammenhängende landschaftlich geprägte Grünflächen vielfältiges Landschaftsbild mit größeren, naturnahen, naturschutzfachlich wertvollen Flächen sowie gärtnerisch angelegten Bereichen, Feldflur- und Waldanteile • meist halbtägiger bis ganztägiger Aufenthalt • Spielbereiche und Freizeitmöglichkeiten sowie • Wasserelemente (auch als Bademöglichkeit nutzbar) • 10 bis 40 ha Fläche • 20 bis 40 min Fußweg; ca. 2.000 m Entfernung zwischen Grünfläche und Wohnraum
Grünflächen für das gesamte Stadtgebiet *(City Green)*	• beliebte Grünfläche mit hoher Anziehungskraft für die Stadtbewohner sowie weiter entfernt Wohnende und Touristen • vielfältige Freizeiteinrichtungen (z. B. Wander-, Reit- und Fahrwege, Spiel- und Liegewiesen, Tiergehege, Bademöglichkeiten, Picknickplätze, Gastronomie), Sondernutzungen und kulturelle Veranstaltungen • Nutzung meist am Wochenende, i. d. R. zwischen einem halben und einem ganzen Tag • mehr als 20 ha Fläche • 15 bis 30 min mit dem ÖPNV; mind. 5.000 m Entfernung zwischen Grünfläche und Wohnraum

7.2.2 Grüne Infrastruktur und Lokalklima

Grün- und Parkflächen

Von urbanen Grünflächen kann ein Kühlungseffekt ausgehen, zudem dienen die Flächen als Kohlenstoffsenke sowie zur Deposition von Luftinhaltsstoffen. Während der Tagstunden führt der energieintensive Prozess der Evapotranspiration zu einer Reduktion der Lufttemperatur. In durchgrünten Stadtquartieren kann dieser Prozess aufgrund der erhöhten Partitionierung der Energie in Q_E von großer Bedeutung sein (vgl. dazu Kap. 3). Der temperaturmindernde Effekt kann durch den Schattenwurf von Bäumen, d. h. Verminderung der Strahlungstemperatur, verstärkt werden (Georgi u. Zafiriadis, 2006). Während der Nacht können Grünflächen Kaltluftbildungsgebiete darstellen, wenn der SVF entsprechend groß ist, d. h. die Grünfläche nicht von belaubten Baumkronen überdeckt ist. Durch die so genannte *„urban park breeze"*, eine thermische Ausgleichsströmung, die aus dem Park heraus gerichtet ist, wird die Luft ausgetauscht und wirkt sich kühlend auf die angrenzenden Siedlungsflächen aus. Die kühlere Parkluft bewegt sich, der thermischen Druckdifferenz folgend, als bodennahe Luftströmung in Richtung der überwärmten Bebauung (s. Abb. 7.7). Die Lufttemperaturdifferenz zur Bebauung kann bei mittleren bis großen innerstädtischen Parkanlagen Größenordnungen von 1,5 K bis 4,5 K erreichen (u. a. Jauregui, 1990; Thorsson u. Eliasson, 2002; Narita et al., 2002; Potchter et al., 2003; Bongardt, 2006). Deren Reichweite ist jedoch stark abhängig von der Größe der Grünfläche sowie der umgebenden Baustruktur. Entsprechende Untersuchungsergebnisse liegen z. B. aus Mexiko Stadt (Jauregui, 1990), Göteborg (Thorsson u. Eliasson, 2003), Tokio (Narita et al., 2002), Tel Aviv (Potchter et al., 2003) oder Dortmund (Bongardt, 2006) vor.

Die kühleren Grünräume werden als „Park-Kälteinsel" (engl. *park cool island*, PCI) bezeichnet. Die Reichweite der lokalklimatischen Bedeutung von urbanen Parkanlagen in die Umgebung kann mehrere 100 Meter betragen. Als Faustformel für die Berechnung der horizontalen Fernwirkung der PCI kann die Breite des Parks angenommen werden, sofern keine dichte Randbebauung vorliegt. Zudem bilden Park- und Grünflächen lokale Kälteinseln innerhalb der urbanen Überwärmung aus, sodass die lokalklimatische Wirkung insbesondere den Nutzern der Grünanlage zugutekommt (Robitu et al., 2006). Die Kühlwirkung von Parkanlagen ist jedoch kaum zu verallgemeinern, da zwischen verschiedenen innerstädtischen Parks zum Teil deutliche Unterschiede in ihrer lokalklimatischen Wirkung auf das Umfeld bestehen. Während der Tagstunden wird die Lufttemperatur vom Schattenwurf der Vegetation, der Albedo, der Wasserverfügbarkeit und den thermischen Eigenschaften der Bodenoberfläche beeinflusst. Diese bestimmen den Beitrag der solaren Einstrahlung, die Absorption und die Evapotranspirationsleistung. Nachts hingegen steuern hauptsächlich die thermischen Eigenschaften der

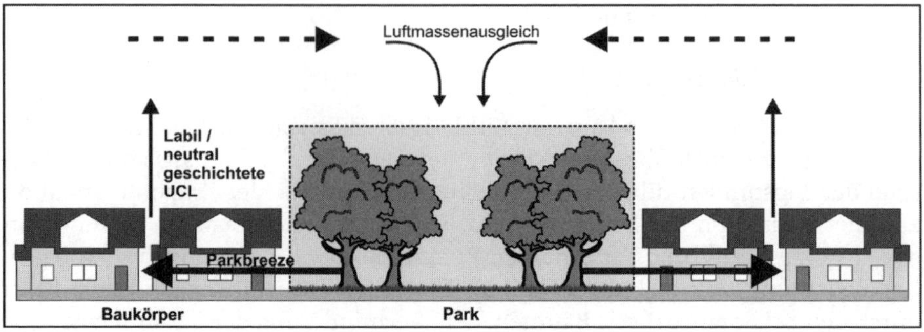

Abb. 7.7: Schematische Darstellung der „*urban park breeze*" (verändert nach NARITA et al., 2002 u. BONGARDT, 2006).

Oberflächen und die Strahlungsgeometrie (Anteil direkter Solarstrahlung/ diffuse Himmelstrahlung, Abschattung durch Horizontüberhöhung/ Bebauung/ Vegetation) die Kühlung. Städtische Parks unterscheiden sich hinsichtlich der genannten Faktoren erheblich voneinander und können grob in Grünflächen

- mit Gras,
- mit Gras und Baumbestand,
- als Savannen-/ Strauchlandschaft (Gras mit isolierten Bäumen),
- als Gartenlandschaft und
- als Waldflächen differenziert werden.

Die Ausbildung der PCI ist das Ergebnis einer Vielzahl von Faktoren (s. dazu Tab. 7.5). Während der Tagstunden auftretende Park-Kälteinseln bilden sich infolge des kombinierten Effekts von Verschattung und Verdunstung aus. Bewässerte Parkflächen weisen ihr Kältemaximum am Nachmittag (Wald-Typ; PCI_{max} = 5,4 K) oder am frühen Abend (Garten- oder Savannen-Typ; PCI_{max} = 4,5 K) auf (u. a. SPRONKEN-SMITH u. OKE, 1998). Die Reaktion des Vegetationsbestandes ist jedoch komplex und variiert in Abhängigkeit der Pflanze, mit den meteorologischen Bedingungen sowie der Tageszeit. Unter Umständen kann eine urbane Grünfläche sogar geringfügig wärmer als eine versiegelte Oberfläche sein, wenn diese nicht ausreichend mit Wasser versorgt ist (BOWLER et al., 2010). Die nächtliche Abkühlung wird durch Bäume aufgrund der Abschirmung von Teilen des Himmels gehemmt, während überschüssige Feuchtigkeit die Wärmekapazität des Bodens erhöht und die Oberflächenabkühlung verlangsamt. Nächtliche Park-Kälteinseln hingegen bilden sich üblicherweise innerhalb relativ trockener urbaner Parkflächen mit spärlichem Baumbestand.

Tab. 7.5: Unterschiedliches Auftreten der *„park cool island"* in Abhängigkeit von der Tageszeit und Bewirtschaftung (verändert nach Errel et al., 2011; Cohen et al., 2012; Henninger, 2015).

	Tagstunden „park cool island"	Nachtstunden „park cool island"
Parktyp	• bewässerte Parkflächen • dichter Baumbestand	• trockene unregelmäßig bis nicht gewässerte Parkflächen • spärlicher Baumbestand
Entstehung	• geringere Oberflächentemperatur durch Verschattung der Bäume • höhere Verdunstungsleistung über Grasflächen (bei ausreichendem Wasserdargebot)	• hohe kurzwellige Einstrahlung am Tage • hohe langwellige Ausstrahlung nach Sonnenuntergang
Zeitpunkt der maximalen PCI-Intensität	• Nachmittag bzw. früher Abend	• mehrere Stunden nach Sonnenuntergang
Besonderheiten		• während der Tagstunden oftmals wärmer als die benachbarten Flächen

Dachbegrünung

Eine weitere gebäudebezogene Begrünungsstrategie, die zur positiven Modifikation des städtischen Mikroklimas beiträgt, ist die Dachbegrünung. Begrünte Dächer können in Abhängigkeit der Statik des Daches als intensive oder extensive Variante ausgeführt werden. Extensive Begrünungen zeichnen sich durch einen geringmächtigen Bodenaufbau von wenigen Zentimetern aus. Der Pflanzenbestand ist meist auf Sukkulenten und niedere Gräser begrenzt. Nach der Initialpflanzung sind in den üblichen Fällen keine weiteren Pflegemaßnahmen vorgesehen. Die intensive Dachbegrünung hingegen ist artenreicher und benötigt eine größere Substratmächtigkeit. Aufgrund des bedeutenden Anteils der in Städten potentiell verfügbaren Dachfläche zur Begrünung, kann eine relativ hohe Flächenausdehnung der positiven mikroklimatischen Effekte erreicht werden (Grunwald et al., 2017). Eine detaillierte Übersicht zu den Typen von Dach- und Fassadenbegrünung und deren klimatischer Wirkpotentiale findet sich u. a. in Pfoser et al. (2013).

Ein positiver thermischer Effekt der Dachbegrünung ist die Minderung von Extremen der Oberflächentemperatur. Während sich Kiesdächer und schwarze Bitumenpappe auf bis zu 80°C aufheizen, weisen begrünte Dächer eine Oberflächentemperatur von lediglich 20 bis 25°C auf (Höschele u. Schmidt, 1974; Alexandri u. Jones, 2008; Heusinger u. Weber, 2015). Dieser positive thermische Effekt zeigt sich nicht nur in den Sommermonaten, sondern ist – wenn auch in deutlich abgeschwächter Intensität – auch im Winter nachweisbar. Nicht zuletzt kommt es in den Wintermonaten aufgrund der Vegetation und des Dachsubstrates zu einer Verminderung des Wärmedurchganges und somit zu einer erhöhten Wärmedämmung.

Ein weiterer positiver Effekt der Dachbegrünung wird durch die erhöhte Evapotranspirationsrate im Vergleich zu nicht begrünten Dächern hervorgerufen. Zum Erhalt der positiven mikroklimatischen Eigenschaften ist die Bewässerung der geringmächtigen Substrate jedoch angeraten, da während niederschlagsfreien Perioden sonst ein erhöhter Anteil der Energie in Q_H umgesetzt wird und das Bowen-Verhältnis Werte von deutlich > 1 annehmen kann. Das gilt nicht nur für Dachbegrünung in ariden und semiariden Klimaten, sondern tritt ebenfalls in der gemäßigten Klimazone auf (Issa et al., 2015; Heuisnger u. Weber, 2017).

Dachbegrünung wirkt sich ebenfalls günstig auf die Zwischenspeicherung von Niederschlägen aus, z. B. nach Starkniederschlägen. Die Retentionsleistung der Dachbegrünung (= ausgleichende Wirkung von Stauräumen) ist im Vergleich zu konventionellen Dachbedeckungen deutlich erhöht (Chifflard, 2011; BBSR, 2018). Das Niederschlagswasser kann zwischengespeichert werden und fließt, abzüglich der Evapotranspiration, zeitverzögert ab. Bereits ab einer Substratmächtigkeit von 6 bis 10 cm wird der jährliche Regenwasserabfluss bei einer extensiven Begrünung um rund 50 % reduziert. Der sog. Abflussbeiwert (vgl. Gl. 3.13) wird somit durch die Dachbegrünung erheblich verbessert. Werden von einem ≥ 15° geneigten Dach 80 bis 100 % des Niederschlagswassers direkt in die Kanalisation geleitet, beträgt der direkte Abfluss eines begrünten Daches lediglich zwischen 30 % und 50 % (Gabriel u. Ladener, 2010).

Für die Dachbegrünung ergeben sich eine Reihe von ökologischen und gesellschaftlichen Vorteilen, die im Folgenden aufgezeigt werden. Unterschiedliche positive Aspekte dieser Grünfläche für das Wohnumfeld und vor allem für die Wohnqualität in urbanen Räumen können damit abgebildet werden (BMUB, 2015; Henninger et al., 2015).

Ökologische Vorteile: Neben einer Verbesserung der lokalklimatischen Verhältnisse aufgrund der Reduktion der Lufttemperatur der näheren Umgebung zeigt sich durch die Begrünung der Dachflächen, dass

- eine positive Aufwertung der urbanen Luftqualität, v. a. für den Bereich der Feinstaubproblematik, aber auch für weitere urbane Luftinhaltsstoffe möglich ist, da durch die Dachbegrünung zusätzlich geschaffene Depositions- und Filterflächen entstehen (Rowe, 2011). Allerdings muss festgehalten werden, dass für diese positive Leistung von Dachbegrünung bisher noch wenig belastbare Daten vorliegen.
- im Rahmen eines gezielten Siedlungswassermanagements durch eine aufgrund der Begrünung hervorgerufenen Erhöhung der Abflusszeiten (v. a. Starkniederschlagsereignisse) eine zusätzliche Möglichkeit der temporären Zwischenspeicherung des abfließenden Oberflächenwassers bewirkt wird. Dies wiederum kann die Kanalisation deutlich entlasten (Deletic u. Fletcher, 2006; VanWoert et al., 2005).
- sich der Nutzen v. a. extensiv genutzter Grünflächen auf Dächern als Habitat sowohl für Flora als auch Fauna ergibt (s. dazu Abb. 7.8; u. a. Brenneisen, 2003).
- die extensive Dachbegrünung eine Kohlenstoffsenke darstellt, die einen Beitrag zum Klimaschutz leisten kann (Heusinger u. Weber, 2017).

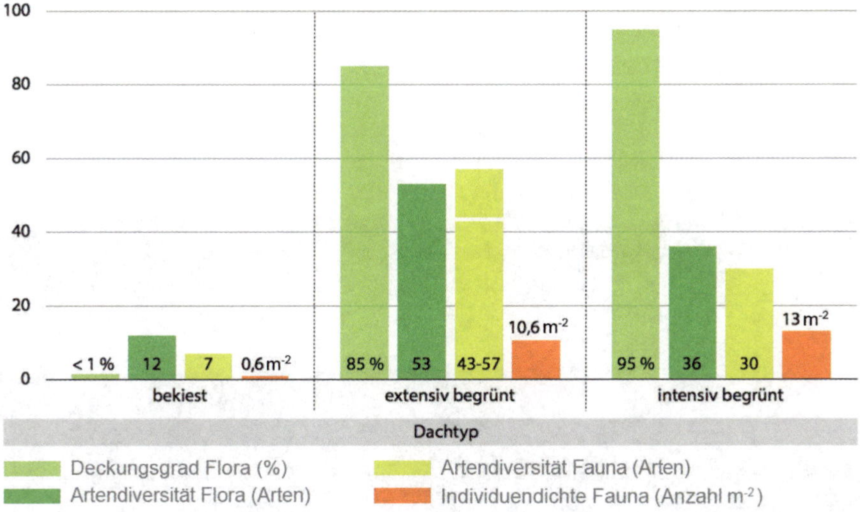

Abb. 7.8: Quantitative Messwerte zur Flora und Fauna von Dachbegrünung (verändert nach ZIMMERMANN, 1987 u. PFOSER et al., 2013).

- auf sonnenexponierten Dachversuchsflächen durch urbane Landwirtschaftsflächen (*urban gardening*) eine Erhöhung der Biodiversität zu beobachten ist (WHITTINGHILL u. ROWE, 2012; 2013).

Ökonomische Vorteile: Trotz anfänglicher Investition in die Installation der Dachbegrünung können die Kosten über die Dauer der Laufzeit amortisiert bzw. teilamortisiert werden. Erkennbare ökonomische Vorteile ergeben sich aus der Tatsache, dass
- eine Dachbegrünung zu einer Reduktion der Oberflächentemperaturen führt, was wiederum einen positiven Effekt auf die Effizienz von installierten Photovoltaikanlagen haben kann.
- eine Dachbegrünung zu einer Reduktion der Oberflächentemperatur und einem geringen Wärmetransport führt, was den möglichen Energieaufwand zur Kühlung der Innenraumtemperatur verringert.
- eine Dachbegrünung eine zusätzliche Wärmeisolierung für den Winter darstellt und somit Heizkosten gesenkt werden können.

Soziale/ Gesellschaftliche Vorteile: Die Wirkung von Dachbegrünung kann eine gesellschaftlich relevante Wirkung entfalten,da
- der ästhetische Eindruck durch eine gezielt betriebene Landschaftsgärtnerei bei der urbanen Bevölkerung eine Steigerung der Akzeptanz und der Wohnqualität hervorruft.

Abb. 7.9: Beispiel für „urban gardening" auf einer Dachfläche (Bildquelle: ZinCo Canada).

- die *„urban-gardening"*-Flächen zunehmend als Freizeit- und Erholungsraum dienen (Abb. 7.9) und einen Beitrag zur Umweltbildung leisten können (Müller, 2011; BMUB, 2015; s. dazu auch Kap. 6.6).

Stadtbäume – Beeinflussung der thermischen Verhältnisse

Als Stadt- und Straßenbäume werden Baumarten bezeichnet, die sich in Städten etabliert haben oder aufgrund planerischer Erwägungen gezielt angepflanzt wurden (Endlicher, 2012). Zu den häufigsten in Deutschland und Mitteleuropa verwendeten Arten im urbanen Raum gehören die Hainbuche (*Carpinus betulus*), Berg-, Spitz- und Feldahorn (*Acer pseudoplatanus, A. platanoides, A. campestre*), Winterlinde (*Tilia cordata*), Stieleiche (*Quercus robur*) sowie die Esche (*Fraxinus excelsior*). Stadtbäume haben vielfältige Auswirkungen auf das urbane Mikroklima, indem sie zur Verschattung sowie zur erhöhten Verdunstungsleistung beitragen. Weitere mikroklimatische Effekte von Stadtbäumen können durch Wechselwirkungen mit der solaren Strahlung hervorgerufen werden. Hierzu werden Untersuchungen an Stadtbäumen (u. a. die Silberlinde – *Tilia tomentosa*) durchgeführt, bei denen die Wirkung einer veränderten Albedo am Blattwerk der Bäume analysiert wird. *Tilia tomentosa* ist für solche Untersuchungen geeignet, da die Blätter des Kronenbereiches junger Silberlinden in der Lage sind, sich selbstständig gegen eine intensive solare Einstrahlung zu schützen. Treten im Tagesverlauf erhöhte Oberflächentemperaturen im Kronenraum auf, wendet sich die dunkelgrüne Blattoberseite ab und die silberne, stärker reflektierende Blattunterseite wird zur Sonne hin ausgerichtet. Aufgrund der hierdurch hervorgerufenen Erhöhung des Reflexionsvermögens kann eine Reduktion der Oberflächentemperaturen am Kronendach bzw. eine Verringerung der Lufttemperatur innerhalb des Kronen- und des Stammraumes von 1,5 bis 2 K beobachtet werden (Henninger u. Leitte, 2017; Henninger, 2017).

Die Reduktion der Lufttemperatur ist abhängig von der Wasserbilanz und der Durchlüftung des Kronenraumes. Ein uneingeschränktes Wasserangebot kann aufgrund der Transpiration einen deutlichen Kühlungseffekt der lokalen Lufttemperatur bewirken. Jedoch kann die Wasseraufnahme des Baumes eingeschränkt werden, wenn die Spaltöffnungen durch Partikel blockiert sind oder die Hitzebelastung des Baumes so hoch ist, dass dieser seine Spaltöffnungen komplett verschließt. Zusätzlich findet nachts keine Photosynthese statt, sodass die Spaltöffnungen weiterhin geschlossen bleiben und der Baum nicht durch Transpiration gekühlt wird. Unter solchen Problemen leiden viele urbane Bäume, die in ausgedehnten, gepflasterten Flächen (z. B. Parkplätzen) gepflanzt sind (vgl. Errel et al., 2011). Das Potenzial der Reduktion der Lufttemperatur unter Wirkung der Bäume wird meist direkt auf die Evapotranspiration des Kronendaches zurückgeführt und reduziert. Jedoch sollte hierbei grundsätzlich beachtet werden, dass die Photosynthese hauptsächlich in den Blättern stattfindet, die der direkten Sonnenstrahlung ausgesetzt sind – also die sich an der Oberseite der Baumkrone befinden. Ein großer Teil des Dampftransfers findet demnach oberhalb des Baumes statt und nimmt nur wenig Einfluss auf die Luft in Bodennähe.

Künstliche Beschattungsvorrichtungen, wie sie beispielsweise in ariden/ semiariden Gebieten zur Verminderung der Strahlungsexposition eingesetzt werden, weisen konstante physikalische Eigenschaften auf, z. B. Geometrie und Transmission. Bäume hingegen ändern ihre Dimensionen und den Grad der Lichtdurchlässigkeit im Verlauf ihres Wachstums. Die wachstumsbedingten Veränderungen einzelner Baumarten haben Auswirkungen auf die Beschattungsmuster, welche im Planungskontext eine Rolle spielen können. Bäume mit einem breiten, tief hängenden Kronendach (horizontal ellipsoide Form) bieten ein weniger variables Schattenmuster im Vergleich zu hohen Bäumen mit einem begrenzten horizontalen Bereich (vertikal ellipsoide Form; s. Abb. 7.10). Der vertikal ellipsoide Schattenwurf ist bei hohem Sonnenstand relativ klein, wohingegen bei einem niedrigen Sonnenstand ein großer, jedoch diffuser Schatten entsteht. Der horizontal ellipsoide hingegen wirft einen tiefen Schatten, wenn die Sonne im spitzen Winkel zum Kronendach steht. Das Baumkronendach solcher Bäume fängt neben der direkten Sonnenstrahlung ebenfalls einen beträchtlichen Teil des diffusen Lichtes ein (Canton et al., 1994).

Zusätzlich zu den Blättern ist das Kronendach der Bäume aus Ästen und Zweigen aufgebaut. Dies hat wichtige Konsequenzen für laubwerfende Baumarten. Äste und Zweige sind opak gegenüber Sonnenlicht – sie absorbieren oder reflektieren praktisch die gesamte einfallende Strahlung. Blätter hingegen sind gewöhnlich bis zu einem gewissen Grad lichtdurchlässig (größtenteils im nahen Infrarot-

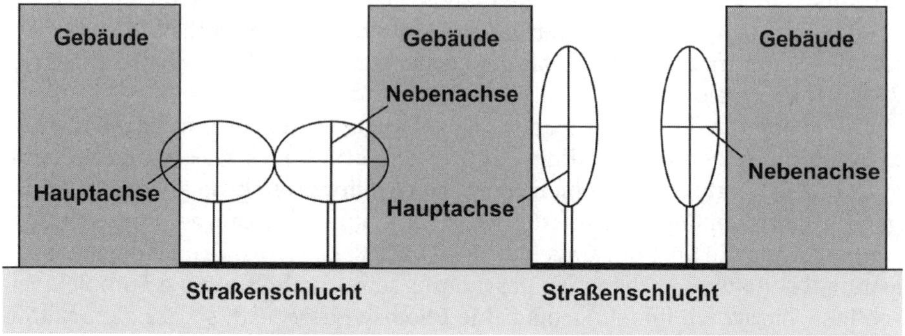

Abb. 7.10: Vereinfachte, schematische Darstellung einer vertikal ellipsoiden Form (rechts) bzw. einer horizontal ellipsoiden Form (links) und deren raumwirksame Beeinflussung des Straßenraumes.

bereich). Die Durchlässigkeit von verschiedenen Baumarten kann von rund fünf Prozent im Sommer (Spitzahorn – *Acer plataniodes*) bis fast 80 % im Winter (Amerikanische Ulme – *Ulmus americana*;) variieren (s. dazu Tab. 7.6).

Tab. 7.6: Beschattungseffekt ausgewählter Bäume (verändert nach Brown u. Gillespie, 1995; Errel et al., 2011).

Wissenschaftlicher Name	Deutscher Name	Lichtdurchlässigkeit		Max. Höhe (m)
		Sommer (%)	Winter (%)	
Acer platanoides	Spitzahorn	5 – 14	60 – 75	15 – 25
Acer rubrum	Rot-Ahorn	8 – 22	63 – 82	20 – 35
Acer saccharinum	Silber Ahorn	10 – 28	60 – 87	20 – 35
Acer saccharum	Zucker-Ahorn	16 – 27	60 – 80	20 – 35
Betula pendula	Hänge-Birke	14 – 24	48 – 88	15 – 30
Fagus sylvatica	Rotbuche	7 – 15	83	18 – 30
Fraxinus pennsylvanica	Rot-Esche	10 – 29	70 – 71	18 – 25
Platanus acerifolia	Ahornblättrige Platane	11 – 17	46 – 64	30 – 35
Quercus rubra	Roteiche	12 – 23	70 – 81	23 – 30
Tilia cordata	Winterlinde	7 – 22	46 – 70	18 – 21
Ulmus americana	Amerikanische Ulme	13	63 – 89	18 – 24

Stadtbäume – Beeinflussung der Spurenstoffkonzentrationen

Mit grüner Infrastruktur, hier v. a. Straßenbäume, sind unterschiedliche aerodynamische, thermische und vor allem auch lufthygienische Aspekte verknüpft. Allerdings wird die Größenordnung dieser Prozesse von einer Vielzahl unterschiedlicher Faktoren beeinflusst, da die Interaktion zwischen den Bäumen (u. a. als Strömungshindernis) und anderer Größen innerhalb der UCL äußerst komplex ist. Eine Reihe von Untersuchungen haben gezeigt, dass die grüne Infrastruktur eine wichtige Ökosystemdienstleistung in Form der Filterung von gasförmigen und partikulären Spurenstoffen ausüben kann (Bolund u. Hunhammer, 1999; Classen u. Hornberg, 2008; Gómez-Baggethun u. Barton, 2013). Vor allem die Fassadenbegrünung besitzt ein hohes Potential zur Verringerung von Spurenstoffkonzentrationen, z. B. bis zu 40 % für NO_2 und bis zu 60 % für PM_{10} (Pugh et al., 2012). Vergleichbares gilt im geringen Maße für die Filterwirkung von Bäumen in Bezug auf Stickstoffmonoxid (Matzarakis u. Streiling, 2004). Feinstaub deponiert effektiv an Nadelbäumen, aber auch an Laubbäumen mit behaarten und klebrigen Blättern, bevor sie weitergehend vom Niederschlagswasser abgespült werden (Flohr, 2010).

Allerdings sind die Auswirkungen von Bäumen als straßenbegleitendes Grün auf die Luftqualität nicht ausschließlich als vorteilhaft zu bewerten. Grundsätzlich gilt, dass Straßenbegleitgrün zur Verbesserung der kleinräumigen meteorologischen Verhältnisse beiträgt (u. a. durch Verschattung und damit einhergehender Reduktion der Oberflächentemperatur; vgl. dazu Abb. 7.11) und eine luftfilternde Funktion einnimmt. Dies konnten u. a. Litschke u. Kuttler (2008) auf Grundlage der Depositionsgeschwindigkeit von PM_{10} bereits für lokal begrenzte, kleinräumige Begrünungsmaßnahmen aufzeigen. Aus lufthygienischer Sicht sind die Geometrie und Morphologie des Kronendachs von Bedeutung. Ist dieses dicht und geschlossen, können Spurenstoffe aufgrund des verminderten Luftaustau-

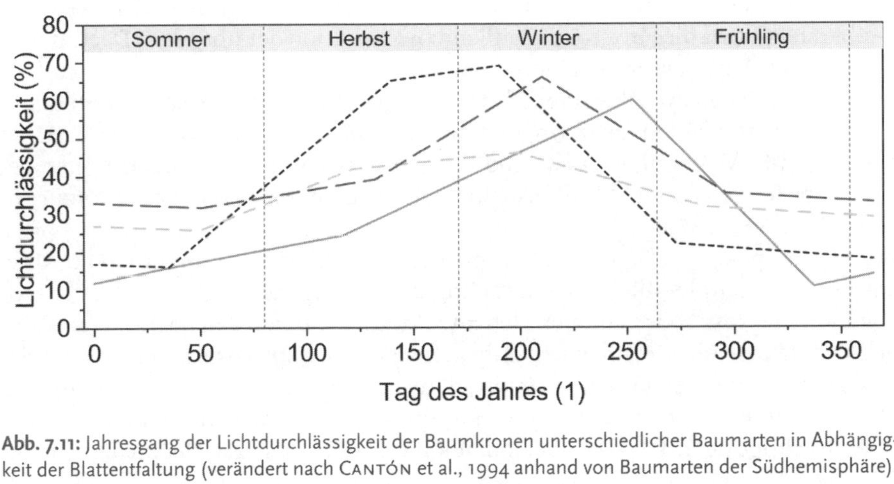

Abb. 7.11: Jahresgang der Lichtdurchlässigkeit der Baumkronen unterschiedlicher Baumarten in Abhängigkeit der Blattentfaltung (verändert nach Cantón et al., 1994 anhand von Baumarten der Südhemisphäre).

sches innerhalb einer Straßenschlucht akkumulieren und zu hohen Immissionskonzentrationen führen (s. dazu Abb. 7.12; GROMKE u. RUCK, 2007; 2012; HENNINGER, 2013c; VRANCKX et. al., 2015; JANHÄLL, 2015).

Stadtbäume – Beeinflussung der bodennahen Austauschverhältnisse

Sowohl Windkanaluntersuchungen als auch die Resultate numerischer Simulationen belegen, dass Bäume innerhalb von Straßenschluchten zu einer Verschlechterung der lufthygienischen Situation beitragen können. Das typische Strömungsfeld innerhalb symmetrischer Straßenschluchten ist durch einen Lee-Wirbel in der Mitte der Schlucht sowie Eck-Wirbel an den beiden Enden der Straße gekennzeichnet (s. Abb. 7.12, links). Bäume jedoch stören beide Typen der Strömung. Dies hat zur Folge, dass eine verringerte Verdünnung der Luftinhaltsstoffe zu verzeichnen ist. Der Lee-Wirbel wird unterbrochen, sodass die frische Luft, die in Dachhöhe mitgezogen wird, die Schadstoffe von der Basis der Luv-Wand wegträgt und dort für eine geringfügig verbesserte Luftqualität sorgt. Der durch die Bäume abgefangene Impuls hat aber zur Folge, dass der Antrieb nun nicht mehr ausreichend ist, um die Luft von der Basis der Lee-Wand wieder nach oben zu treiben (s. dazu Abb. 7.12, rechts). Bei einem Großteil der Baumarten ist es unerheblich, ob dieser belaubt ist oder nicht. Bereits die Ast-/ Zweigstruktur erzeugt eine aerodynamische Störung.

Diese negativen Effekte der straßenbegleitenden Bäume können durch die Berücksichtigung einiger Empfehlungen in ihrer Wirkung abgemildert werden:

- Die Baumkronen sollten nicht das gesamte Volumen der Straßenschluchten einnehmen, um das Zirkulationssystem entlang der Straßenführung nicht zu unterdrücken. Es sollte genügend Freiraum zwischen den Baumkronen und den angrenzenden Wänden sichergestellt sein, da ansonsten der Luftaustausch behindert wird und die Schadstoffkonzentrationen auf Straßenniveau ansteigen können.
- Die Höhe der Bäume sollte nicht die Dachhöhe der angrenzenden Gebäude übersteigen, da dies in einer signifikanten Reduktion der über dem Dachniveau geführten Luftmassen resultieren würde.
- Breitere Lücken zwischen den Bäumen sorgen für eine verbesserte Ventilation.
- Bäume weisen einen nur geringen Einfluss in flachen Straßenschluchten ($H/W < 0{,}5$) auf. Wo es möglich ist, sind breitere Straßen mit zwei Baumreihen gegenüber engen (tiefen) Straßenschluchten mit einer Baumreihe zu bevorzugen.

Neben den positiven Eigenschaften grüner Infrastruktur ist anzumerken, dass von dieser gesundheitliche Beeinträchtigungen ausgehen können. Die als sog. „biologische Noxe" bezeichneten Nebenwirkungen können den positiven Leistungen der städtischen Grünflächen entgegenwirken. Beispielsweise tragen allergieauslösende oder -verstärkende Baumarten (u. a. Birke, Erle, Hasel, Linde) und Gräser (z. B. Honiggras, Knäuelgras, Kammgras, Ruchgras) zu gesundheitlichen Beeinträchtigungen bei. Darüber hinaus gewinnen verstärkt Neophyten (nicht-

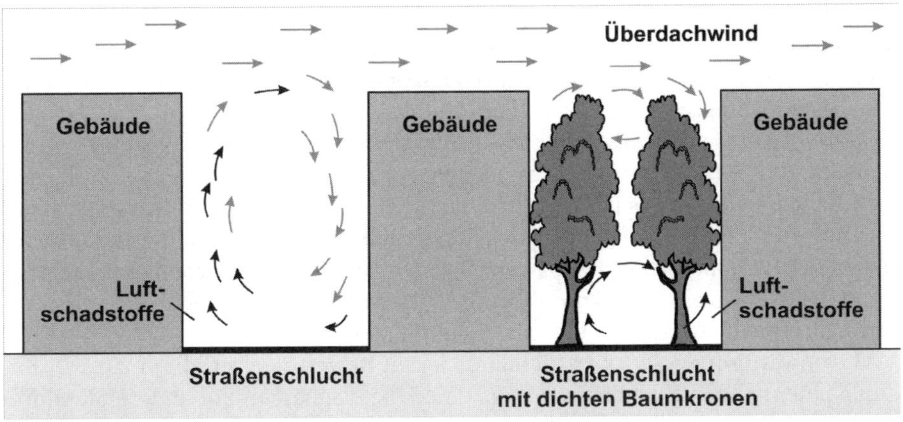

Abb. 7.12: Vereinfachte Darstellung eines Lee-Wirbels innerhalb einer urbanen Straßenschlucht (links); vereinfachte Darstellung der Störung des Strömungsfeldes innerhalb der urbanen Straßenschlucht durch straßenbegleitende Bäume (rechts).

heimische Pflanzen), wie z. B. das hochallergene Beifußblättrige Traubenkraut (*Ambrosia artemisiifolia*) an Bedeutung, die aufgrund der Globalisierung aus anderen Regionen eingeschleppt wurden bzw. eingewandert sind, und in Folge der urbanen Überwärmung und des Klimawandels in Städten ihre ökologische Nische finden und behaupten konnten (BMUB, 2015).

Verschiedene Baumarten emittieren unterschiedliche Mengen an BVOC, u. a. die Stoffgruppe der Isoprenoide (Simpson et al., 1999; Owen et al., 2003; Stewart et al., 2003; Steinbrecher et al., 2009; Henninger, 2014a/b). Diese organischen Substanzen dienen u. a. der Abwehr von Herbivoren und Pathogenen, sie locken Bestäuber an, schützen die Pflanze vor Hitze- bzw. oxidativem Stress (u. a. Monson u. Fall, 1989). Die Höhe der Emissionsrate ist abhängig von den meteorologischen Bedingungen wie der Blatttemperatur, der Strahlungsintensität bzw. der Intensität der photosynthetisch aktiven Strahlung (PAR; s. dazu Gl. 5.4 in Kap. 5.2.3). Das Maximum der Isoprenemission tritt v. a. während autochthoner Wetterlagen auf (Grinspoon et al., 1991; Fuentes et al., 2000; Niinemets et al., 2010; Henninger, 2015). Daher gelten Stadtbäume je nach Baumart als mögliche Emissionsquelle von BVOCs, die in der Lage sind, als biogene Vorläufersubstanzen die Bildung von bodennahem Ozon zu unterstützen (vgl. Kap. 5.2.3).

Wie bereits in Kapitel 5.2.3 thematisiert wurde, weist biogenes Isopren gegenüber den anthropogenen Kohlenwasserstoffen ein verhältnismäßig hohes Ozonbildungspotenzial auf. Als Grund ist die Reaktionsgeschwindigkeitskonstante der Reaktion mit OH-Radikalen anzuführen, d. h. dass Isopren selbst bei geringen Konzentrationen als Vorläufersubstanz für Ozon fungiert (Atkinson u. Arey, 2003). Seit Mitte der 1990er Jahre werden die Begriffe der *„low-emitter-“* und *„high-emitter“*-Pflanzen zur Klassifizierung des Emissionspotenzials für Isopren verwendet. Für die innerstädtische Grünplanung kann die Berücksichtigung dieser Bäume einen nachhaltigen Einfluss auf die biogene Kohlenwasserstoffemissionsrate und damit auch auf die Ozonbildungspotenziale haben (Taha 1996; Nowak et al., 2000; Donovan et al., 2005). Zu den Arten mit hoher Isoprenemission zählen vor allem Laubbäume (z. B. Eiche – *Quercus*, Pappel – *Populus*, Platane – *Platanus*, Robinie – *Robinia*, Weide – *Salix*). Nadelbäume wie die Gemeine Fichte (*Picea abies*) spielen lediglich eine untergeordnete Rolle. Problematisch ist, dass viele der genannten Baumarten als charakteristische Stadtvegetation, etwa aufgrund ihrer Widerstandsfähigkeit gegenüber Luftverschmutzung sowie einer gewissen Unempfindlichkeit gegenüber Bodenverdichtung, anzusehen sind. Ein weitverbreitetes Beispiel ist die ahornblättrige Platane (*Platanus acerifolia*). Sie zählt ursprünglich nicht zu den in Deutschland heimischen Baumarten.

Gegenwärtig mangelt es an standardisierten Bewertungsverfahren zum O_3-Bildungspotential von Stadtbäumen, was eine Übertragbarkeit auf andere Standorte erschwert. Trotz der mittlerweile großen Zahl fachwissenschaftlicher Publikationen, die sich mit der Analyse des Ozonbildungspotenzials von Stadtvegetation beschäftigen, weisen die publizierten Emissionspotenziale der Baumarten beträchtliche Schwankungen auf (u. a. Benjamin u. Winer, 1998; Kesselmeier u. Staudt, 1999; Solmon et al., 2004; Young et al., 2009; Henninger 2014a; Wagner u. Kuttler, 2014). Die notwendige Vergleichbarkeit wird somit erschwert, was auf zahlreiche standortbedingte Einflussfaktoren zurückzuführen ist, wie

- genetische Unterschiede,
- Variationen im Alter der Bäume,
- Variation der Pflanzenarten,
- Variationen der Blattgröße,
- unterschiedliche Bodeneigenschaften und
- Schwankungen der Wasserverfügbarkeit und Variation der atmosphärischen CO_2-Konzentration (Grinspoon et al., 1991; Fuentes et al., 2000; Niinemets et al., 2010).

7.3 Blaue Infrastruktur

Neben der grünen Infrastruktur bieten Gewässer und offene Wasserflächen (blaue Infrastruktur) ein Potential zur positiven Modifikation des lokalen Klimas in Städten (Völker et al., 2013; Löhmus u. Balbus, 2015; Haase, 2015; Völker u. Kistemann, 2015). Aufgrund der physikalischen Eigenschaften von Wasser (v. a. der hohen Wärmekapazitätsdichte C_v) ist die Erwärmungsrate während der Tagstunden, in Abhängigkeit von der Wassertiefe, verglichen mit der von natürlichen und v. a. künstlichen Bodenoberflächen sehr gering. Dementsprechend sind Wasserflächen im Sommer tagsüber deutlich kühler als ihre direkte Umgebung. Zudem kann eine erhöhte Verdunstungsrate im Vergleich zu versiegelten Oberflächen auftreten. Während der Nachtstunden stellen Wasserflächen in der Regel keine Oberflächen zur Bildung lokaler Kaltluft dar, da die Abkühlung infolge des größeren C_v verzögert ausfällt.

Abb. 7.13: Beispiel für die Umsetzung blauer Infrastruktur am Beispiel eines künstlich hergestellten bewegten Gewässers (links) und der großflächigen Nutzung durch einen Wasserspielplatz (rechts) (Fotos: S. Henninger).

Das Forschungsfeld der blauen Infrastruktur ist im Rahmen seines stadtökologischen bzw. stadtklimatologischen Wirkungsvermögens innerhalb urbaner Räume ein eher jüngeres Arbeitsgebiet. Das spiegelt sich in der Tatsache der nicht eindeutigen Definition des Begriffs „blaue Infrastruktur" wider. Grundsätzlich kann festgehalten werden, dass die blaue Infrastruktur urbane Gewässerflächen beschreibt, die zu einer lokalklimatischen Entlastung beitragen können (u. a. als sog. urbane Ausgleichsräume; s. hierzu Kap. 6). Hierunter sind sowohl Fließ- (Flüsse, Bäche) als auch Stillgewässer (Teiche, Seen, etc.) sowie innerstädtische Überflutungsbereiche zu verstehen (Abb. 7.13).

Vor allem in der englischsprachigen Literatur wird die blaue Infrastruktur oftmals mit der grünen gleichgesetzt. Beide werden als fester Bestandteil von Naturschutzgebieten, landwirtschaftlich genutzten Flächen, Waldlandschaften, urbanen Parkflächen, Landschafts- und Schrebergärten, Friedhöfen, Brach- und Freiflächen sowie Feuchtgebieten gesehen und unter dem Begriff der grünen Infrastruktur zusammengefasst (Davies et al., 2006). Korrekterweise sollte an dieser Stelle allerdings von einer „grün-blauen Infrastruktur" gesprochen werden. Das Ziel dieses Kapitels ist es jedoch, den Fokus auf die Betrachtung urbaner Gewässertypen zu legen, um der Frage nachzugehen, welche Merkmale und Modifikationen die blaue

Infrastruktur auf das lokale Klima ausübt. Die Schlüsselfunktionen einer blauen Infrastruktur sind die Nutzung/ der Verbrauch von Wasser als Trink- bzw. Brauchwasser, die Wasseraufbereitung, die Speicherung von Wasser sowie die Infiltration in den Boden und somit die natürliche Grundlage zur Grundwasserneubildung.

Allein aus der Sicht des stadtklimatologischen Nutzens weisen solche quasinatürlichen Wasserflächen gegenüber ihrer versiegelten Umgebung eine Vielzahl an Unterschieden auf. Hierzu zählen

- die geringe Rauigkeitslänge von Wasserflächen und somit eine geringe Beeinflussung des Windfeldes,
- ein verändertes Reflexionsverhalten (geringere Albedo),
- die Bildung von lokalen Luftfeuchtigkeitsfeldern sowie
- die Funktion als Senke gas- und partikelförmiger Luftinhaltsstoffe.

Wie deutlich sich diese Faktoren auswirken, ist nicht allein ausschließlich von der Art (Fließ- oder Stillgewässer) und Größe des Gewässers abhängig, sondern ebenfalls von der Wassertiefe sowie der Lage innerhalb des Stadtgebietes. Inwieweit sich die Wasserflächen lokalklimatisch (z. B. lufttemperaturreduzierend) auf die umliegenden Bereiche auswirken, hängt ganz entscheidend von der Eindringtiefe der kühleren Luftmassen in die Bebauungsstruktur ab. Sind Gewässer an ihren Rändern z. B. durch Dämme oder Wände zum Stadtkörper hin abgetrennt, ist der positive Effekt stark vermindert. Hindernisse von 5 m bis 10 m Höhe sorgen bereits für eine beträchtliche Verringerung des Lufttemperatureffekts in benachbarten Straßen. Auch der Straßenverlauf bzw. die -breite, die Kfz-Dichte sowie die Art der ufersäumenden Bebauung behindern die temperaturregulierende Wirkung des Gewässers.

7.3.1 Klassifizierung der blauen Infrastruktur

Die Klassifizierung der blauen Infrastruktur kann anhand einer Unterteilung in natürliche/ naturnahe und künstliche/ naturferne Gewässer vorgenommen werden. Aus lokalklimatischer Sicht weisen alle in der Tabelle 7.7 aufgeführten urbanen Wasserflächen eine modifizierende Wirkung v. a. auf die Umgebungslufttemperaturen auf.

Tab. 7.7: Klassifizierung natürlicher/ naturnaher und künstlicher/ naturferner Gewässer in urbanen Räumen (zusammengestellt nach HASSE, 2015).

	Typ	Beschreibung
Natürliche/ naturnahe Gewässer	Küste	• Küstenlinie als Übergangsbereich von Meer/ See in den urbanen Raum
	Fließgewässer unterschiedlicher Ordnung	• Fließgewässer eines urbanen Raumes (inklusive naturnaher Flussufer und/ oder Flussanliegern) • „*Waterfront*“, Marina
	Seen	• innerstädtische Wasserflächen unterschiedlicher Größe
	Feuchtgebiete	• Grün- und Freiflächen mit einem hohen Durchfeuchtungsgrad bzw. einem hoch liegenden Grundwasserstand
	Staunässeböden	• Flächen mit einem oberflächennahen Grundwasserspiegel und einem hohen Anteil an organischem Material in der obersten Bodenschicht
Künstliche/ naturferne Gewässer	Ufereindämmung, Ufereindeichung, Uferkanalisierung	• Übergang vom Fließgewässer zum urbanen Raum ist naturfern gestaltet
	Kanal	• künstlich angelegtes urbanes Fließgewässer • meist mit einem übergeordneten naturnahen Fließgewässersystem verbunden • stark versiegelter Uferbereich
	Binnenseen (u. a. auf Konversionsflächen)	• künstlich angelegte urbane Hohlform auf umgewidmeten (Konversions-)Flächen im Zuge von Renaturierungsmaßnahmen
	Teich	• innerstädtisches, meist künstlich angelegtes, im Vergleich zum See kleineres Stillgewässer • stehen in Verbindung mit einem Fließgewässersystem bzw. sind Teil eines solchen oder liegen isoliert vor
	Retentionsbecken	• künstlich angelegte urbane Hohlform mit Verbindung zum Grundwasser • dienen der Zwischenspeicherung von Regenwasser (v. a. nach Starkregenereignissen)
	Bioswale	• künstlich angelegter Kanal, der durch landschaftsgärtnerische Aufwertung die Aufgabe besitzt, den Oberflächenabfluss zu regulieren, Verunreinigungen aus dem Wasser herauszufiltern und Bodenerosion zu verringern
	Wasserspiele (Fontänen, Brunnen, Springbrunnen, etc.)	• künstlich angelegte Wasserflächen innerhalb unterschiedlicher urbaner Flächennutzungen

7.3.2 Blaue Infrastruktur und Lokalklima

Im Rahmen der Betrachtung der blauen Infrastruktur ist vermutlich der Einfluss eines urbanen Gewässers auf die Umgebungslufttemperatur (in Abhängigkeit der Tageszeit) der am intensivsten untersuchte Effekt. Daraus resultierende Erkenntnisse nehmen für die angewandte Stadtklimatologie einen wichtigen Stellenwert ein, da die blaue Infrastruktur eine vergleichbare Wirkung aufweisen kann wie urbane Grünflächen (Robitu et al., 2006). Gerade im Hinblick auf die urbane Anpassung an den Klimawandel, sind die lokalklimatischen Wirkungen urbaner Flächennutzungen von Bedeutung. Allerdings existieren trotz einer großen Zahl von Studien zu urbanen Frei- und Grünflächen nur wenige, die explizit auf die innerhalb solcher Nutzungen platzierten Wasserflächen eingehen (Völker u. Kistemann, 2013).

Trotz der über die letzten Jahrzehnte publizierten Studien aus dem deutschsprachigen und europäischen Raum (z. B. Schwarz et al., 2012), liegt das Gros der Untersuchungen im subtropischen und tropischen Klimabereich (u. a. Lopes et al., 2011; Han et al., 2011; Sun u. Chen, 2012; Hou et al., 2013). Die Ergebnisse beruhen im Wesentlichen auf der Auswertung von Satellitendaten, die die Oberflächentemperaturdifferenzen zwischen Wasserfläche und umliegendem Gelände wiederspiegeln. Hieraus lassen sich keine direkten Rückschlüsse auf die Lufttemperatur ziehen. Jedoch konnten Völker et al. (2013) in einem direkten Vergleich der beiden Untersuchungsmethoden aufzeigen, dass die Abweichungen zwischen der Auswertung von Satellitendaten und stationären Lufttemperaturmessungen (Zeitraum Mai bis Oktober, mehrheitlich Tagmessungen) für die analysierten Wasserflächen vergleichsweise gering ausfallen.

Für sommerliche Untersuchungsperioden zeigt sich eine durchschnittliche Lufttemperaturdifferenz von $\Delta T_{u\text{-}g} = 2{,}5$ K (wobei T_u die urbane Lufttemperatur und T_g die Lufttemperatur des Gewässers bezeichnet). Während der Nacht stellt sich eine negative Differenz ein, d. h. der Effekt kehrt sich um.

Je nach Größe und Volumen sowie in Abhängigkeit von der Klimazone und der Art des Gewässers, schwanken die Lufttemperaturdifferenzen zwischen Wasserfläche und angrenzendem Umland zwischen $\Delta T_{u\text{-}g} = 0{,}4$ K (Nachtstunden) und > 5 K (Tagstunden), wobei die größten Abkühlungsraten zwischen den Tag- und Nachtstunden in den subtropisch/ tropischen Untersuchungsräumen nachgewiesen werden. Wie erheblich sich die Art bzw. die Nutzung der Wasserfläche auf die Abkühlungsrate auswirkt, ist in Abbildung 7.14 wiedergegeben. Während Auen- bzw. Feuchtgebiete oder auch stark durchnässte Freiflächen einen äußerst starken Abkühlungseffekt der Umgebungsluft (zum Teil > 5 K) bewirken können, zeichnet sich u. a. bei Teichen mit $\Delta T_{u\text{-}g} = 1{,}5$ K ein geringerer Effekt ab (vgl. Völker et al., 2013).

In welchem Maße sich ein Wasserkörper aufgrund seiner hohen Wärmekapazitätsdichte v. a. in den Nachtstunden auf das lokale thermische Verhalten eines darüber strömenden Luftpaketes theoretisch auswirken kann, zeigt Abbildung 7.15.

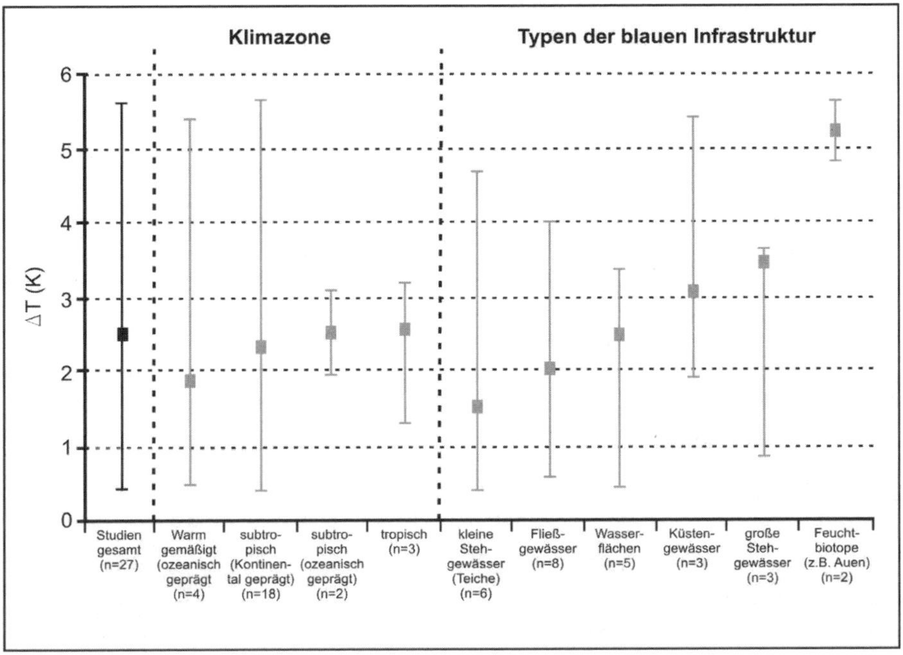

Abb. 7.14: Lufttemperaturdifferenz (Tu - Tg) zwischen dem Gewässer und dem angrenzenden Uferbereich dargestellt für Untersuchungen unterschiedlicher Wasserflächen in Abhängigkeit von der Klimazone (links) und in Abhängigkeit von den sich unterscheidenden Arten von Gewässerflächen (veränderte Zusammenstellung nach Völker et al., 2013).

Die sich entwickelnde Temperaturerhöhung des Luftpaketes wird von der Überströmungslänge der Wasserfläche, der Temperaturdifferenz zwischen Luft und Wasserkörper sowie der Strömungsgeschwindigkeit beeinflusst. Wird zum Beispiel eine Strecke von 1.000 m und eine vertikale Temperaturdifferenz ($\Delta T = T_g - T_{Luftpaket}$) von zu Beginn 10 K zugrunde gelegt, so resultiert für eine zwei Meter mächtige Kaltluftschicht, die sich mit einer Strömungsgeschwindigkeit von 0,5 m s^{-1} über die Wasserfläche bewegt, eine Lufttemperaturerhöhung von rund 9 K. Mit zunehmender Strömungsgeschwindigkeit und/ oder erhöhtem turbulenten Austausch würde der Erwärmungseffekt, aufgrund der kürzeren Verweilzeit, jedoch abnehmen (vgl. dazu Hupfer u. Kuttler, 2006).

Vergleichbar mit innerstädtischen Grünflächen kann auch für innerurbane Wasserflächen eine kühlende Wirkung auf die angrenzenden, leeseitigen Flächen nachgewiesen werden (vgl. Spronken-Smith u. Oke, 1999). Der Kühleffekt ist von der Größe und dem Volumen des jeweiligen Fließ- oder Stillgewässers sowie von der umgebenden Bebauungsstruktur abhängig. Untersuchungen im ostasiatischen Raum konnten zeigen, dass in Abhängigkeit von Größe und Volumen der Wasserflächen die um 2,5 K kühlere Luft Schwankungen der Eindringtiefe in die

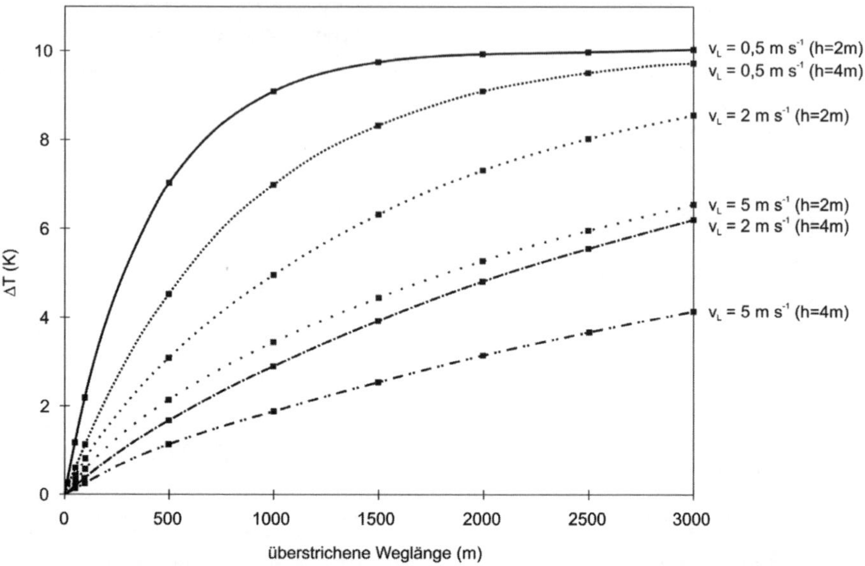

Abb. 7.15: Nächtliche Lufttemperaturdifferenz eines über ein wärmeres Gewässer ($\Delta T = T_g - T_{Luftpaket} = 10$ K) bewegten Luftpaketes für verschiedene Windgeschwindigkeiten (V_L) (HUPFER u. KUTTLER, 2006).

umliegenden Uferbereiche von 50 m bis zu 400 m hervorgerufen (vgl. MURAKAWA et al., 1991; HOU et al., 2013).

Städtische Wasserflächen können aktiv genutzt werden, z. B. als Wasserspiel, etwa in Form einer Fontäne oder eines Springbrunnens. Die psychologische Wirkung von fließendem Wasser kann einen deutlichen Erholungseffekt besitzen, und den horizontalen Abkühlungseffekt erhöhen, sobald diese Wasserflächen aktiv genutzt werden. Der Sprühnebel sorgt leeseitig für eine zusätzliche Umgebungsabkühlung von bis zu 4,5 K (bleibt das Wasserspiel ausgeschaltet, liegt der Effekt bei 1,5 bis 2 K; NISHIMURA et al., 1998).

Grundsätzlich lässt sich für die blaue Infrastruktur festhalten, dass im Vergleich zum Straßenbegleitgrün, der Dach- und Fassadenbegrünung sowie den Garten- und Grünflächen offene urbane Wasserflächen tagsüber das mitunter größere Abkühlungsvermögen aufweisen (YU u. HIEN, 2006). Auf ihre leewärtige Seite üben größere Wasserflächen, aber auch Wasserspiele einen signifikanten Abkühlungseffekt aus (u. a. $\Delta T_{max} = 2{,}3$ K; SPRONKEN-SMITH u. OKE, 1998). Die erhöhte Verdunstungskühlung im Umfeld der Wasserflächen kann zu planerischen Zwecken eingesetz werden. Diesen Effekt der passiven Kühlung macht sich bereits seit vielen Jahrhunderten die arabische und auch indische Architektur zu Nutze, indem gezielt Wasserspiele (u. a. Springbrunnen innerhalb des Gebäudes) in die Planung einbezogen werden (SMITH u. LEVERMORE, 2008).

7.4 Ökosystemdienstleistungen der grünen und blauen Infrastruktur

Als ein integrativer Bestandteil des Ökosystemkomplexes Stadt sind die grüne bzw. blaue Infrastruktur wichtige Komponenten, die sowohl aus abiotischer als auch biotischer Sicht auf andere Teilsysteme Einfluss nehmen. Aus den bereits dargestellten Wirkungen auf das Mikroklima sowie das menschliche Wohlbefinden ergeben sich regulierende (engl. *regulating services*) sowie soziokulturelle Ökosystemdienstleistungen (engl. *supporting services*).

Ökosystemdienstleistungen definieren den Nutzen und die Vorteile, die Menschen aus dem Ökosystem beziehen können. Ökosystemdienstleistungen grüner und blauer Infrastruktur weisen eine Reihe von Vorteilen auf (s. Tab. 7.8), die durch gezielten, planungsorientierten Einsatz genutzt werden können, beispielsweise die Filterung der Luft, Lärmminderung oder lokale Klimaregulation. Die Dienstleistungen generieren positive Modifikationen für ihre Umgebung, die sich auf die Qualität des urbanen Lebens auswirken und daher für zukünftige Planvorhaben stärker in die Stadtplanung bzw. Landschaftsplanung Einzug erhalten sollten (Grunewald u. Bastian, 2013).

Tab. 7.8: Lokale Ökosystemdienstleistungen der blauen und grünen Infrastruktur, x = Infrastrukturtyp erfüllt die entsprechende ökologischen Dienstleistung (verändert nach Bolund u. Hunhammer, 1999).

	Straßenbegleitgrün	**Grün- und Parkflächen**	**Urbane Waldflächen**	**Landwirtschaftliche Nutzflächen**	**Feuchtgebiete**	**Fließgewässer**	**Stehende Gewässer**
Filterung der Luft	x	x	x	x	x		
Lokale Klimaregulation	x	x	x	x	x	x	x
Lärmminderung	x	x	x	x	x		
Entwässerung		x	x	x	x		
Abwasserreinigung					x		
Erholungswert	x	x	x	x	x	x	x

Beispielhaft sei auf den in unterschiedlichen Stadtteilen von New York City seit einigen Jahren sich in der Umsetzung befindlichen „*New York Green Infrastructure Plan*“ verwiesen, der den Fokus auf den Umgang mit Hochwasserereignissen legt. Der Hochwasserschutz soll durch eine gezielte Zwischenspeicherung der Niederschläge unterstützt werden, z. B. durch eine Begrünung der Dächer sowie durch Rückversiegelung entlang von Straßenzügen und Uferbereichen des Hudson und

East Rivers (Haase, 2015). Ein gezieltes Wassermanagement wird eingesetzt, das auch durch die Regenrückhaltung mittels kleinerer urbaner Stillgewässer unterstützt wird, wobei der Schwerpunkt hierbei auf den Stadtteilen Brooklyn und South Richmond Hill liegt. Ein in diesen stark versiegelten Stadtteilen bzw. Quartieren gut umgesetztes Konzept sind die sog. *Rain Gardens* (Abb. 7.16). Hierbei handelt es sich um wenige Quadratmeter große Grünstreifen, die zur Gewährleistung des Regenrückhaltes über einen Zufluss über den Bordstein verfügen. Von dort kann das abfließende Wasser in die offene Grünfläche gelangen. Alle *Rain Gardens* weisen in Abhängigkeit ihrer Größe eine unterschiedliche Dichte an Pflanzen und Gräsern auf. Der Boden innerhalb der Fläche ist leicht abgestuft, sodass das einfließende Wasser dort zwischengespeichert und zeitversetzt an die Kanalisation abgegeben werden kann. Im gesamten Stadtgebiet von New York existieren bereits mehr als 3.000 solcher *Rain Gardens.*

Abb. 7.16: Beispiel eines *Rain Gardens* im Stadtgebiet von New York City (Quelle: URL: https://farm9.staticflickr.com/8149/29468572651_58a0837a73.jpg; Bildrechte: NYC Department of Environmental Protection).

Literaturverzeichnis

ACKERMAN, B. (1987): Climatology of Chicago Area Urban-Rural Differences in Humidity. In: Journal of Climate and Applied Meteorology, 26(3): 427-430

AKBARI, H., MENON, S. u. A. ROSENFELD (2009): Global cooling: increasing world-wide urban albedos to offset CO_2. In: Climatic Change, 94, pp. 275-286.

ALBERS, G. u. J. WEKEL (2008): Stadtplanung. Primus Verlag, Darmstadt. 191 S.

ALEXANDER, P.J., BECHTEL, B., CHOW, W.T.L., FEALY, R. u. G. MILLS (2016): Linking urban climate classification with an urban energy and water budget model: Multi-site and multi-seasonal evaluation. In: Urban Climate, 17, pp. 196-215.

ALEXANDRI, E. u. P. JONES (2008): Temperature decreases in an urban canyon due to green walls and green roofs in diverse climates. In: Building and Environment 43, pp. 480-493.

ALI-TOUDERT, F. u. H. MAYER (2007): Thermal comfort in an east–west oriented street canyon in Freiburg (Germany) under hot summer conditions. Theoretical and Applied Climatology, 87(1): 223-237.

ALLEN, L., LINDBERG, F. u. C.S.B. GRIMMOND (2011): Global to city scale urban anthropogenic heat flux: model and variability. In: International Journal of Climatology, 31, pp. 1990-2005.

ALPERT, P. u. KISHCHA, P. (2008): Quantification of the effect of urbanization on solar dimming. Geophysical Research Letters, 35(8): L08801.

ANGEL, S., PARENT, J., CIVCO, D.L., BLEI, A. u. D. POTERE (2011): The dimensions of global urban expansion: Estimates and projections for all countries, 2000–2050. In: Progress in Planning 75, pp. 53-107.

ARNFIELD, J. (2003): Two decades of urban climate research: A review of turbulence, exchanges of energy and water, and the urban heat island. International Journal of Climatology, 23, pp. 1-26.

ATKINSON, R. u. J. AREY (2003): Gas-phase tropospheric chemistry of biogenic volatile organic compounds: a review. In: Atmospheric Environment, 37(2), pp. 197-219.

AUBINET, M., VESALA, T. u. D. PAPALE (2012): Eddy Covariance - A practical guide to measurement and data analysis. In: Springer, Dordrecht, Heidelberg, London, New York, 438 pp.

BAKLANOV, A., GRIMMOND, C.S.B., MAHURA, A. u. M. ATHANASSIADOU (2009): Meteorological and Air Quality Models for Urban Areas. 184 S.

BANK, M. (2007): Basiswissen Umwelttechnik. Wasser, Luft, Abfall, Lärm und Umweltrecht. Würzburg.

BAO, H., SHRESTHA, K.L., KONDO, A., KAGA, A. u. Y. INOUE (2010): Modeling the influence of biogenic volatile organic compound emissions on ozone concentration during summer season in the Kinki region of Japan. In: Atmospheric Environment, 44(3), pp. 421-431.

BAUGB (2015): Baugesetzbuch: mit Verordnung über Grundsätze für die Ermittlung der Verkehrswerte von Grundstücken, Baunutzungsverordnung, Planzeichenverordnung, Raumordnungsgesetz, Raumordnungsverordnung. In der Fassung der Bekanntmachung vom 23. September 2004, letzte Änderung vom 21. Dezember 2015.

BAUNVO (2013): Baunutzungsverordnung – Verordnung über die bauliche Nutzung der Grundstücke. Baunutzungsverordnung in der Fassung vom 23. Januar 1990, letzte Änderung 11. Juni 2013.

BAYER, P., RIVERA, J.A., SCHWEIZER, D., SCHÄRLI, U., BLUM, P. A. RYBACH, L. (2016): Extracting past atmospheric warming and urban heating effects from borehole temperature profiles. In: Geothermics, 64: 289-299.

BBSR (BUNDESINSTITUT FÜR BAU-, STADT- UND RAUMFORSCHUNG) [Hrsg.] (2018): Starkregeneinflüsse auf die bauliche Infrastruktur. Bonn, 86 S.

BECHTEL, B., ALEXANDER, J.P., BÖHNER, J., CHING, J., CONRAD, O., FEDDEMA, J., MILLS, G., SEE, L. u. I. STEWART (2015): Mapping Local Climate Zones for a Worldwide Database of the Form and Function of Cities. In: ISPRS International Journal of Geo-Information, 4, pp. 199-219.

BENDIX, J. (2004): Geländeklimatologie. Studienbücher der Geographie. Gebrüder Borntraeger, Stuttgart, 282 pp.

BENJAMIN, M.T. u. A.M. WINER (1998): Estimating the ozone-formating potential of urban trees and shrubs. In: Atmospheric Environment, 32, pp. 53-68.

BERCHTOLD, M., KRASS, P., DRAGAJ, P.Q., VON DER MEER, M., RAHN, T. u. L. BRANDSTETTER (2015): Städtebaulicher Rahmenplan – Klimaanpassung – Anpassnungskomplex „Hitze". In: Geo-Net Umweltconsulting, Hannover, 116 pp.

BIMSCHG (2015): Gesetz zum Schutz vor schädlichen Umwelteinwirkungen durch Luftverunreinigungen, Geräusche, Erschütterungen und ähnliche Vorgänge. Bundes-Immissionsschutzgesetz vom 15.3.1974; neugefasst durch Bekanntgabe vom 17.5.2013; letzte Änderung vom 31. August 2015.

BIMSCHV (2018): 39. Verordnung zur Durchführung des Bundes-Immissionsschutzgesetzes Verordnung über Luftqualitätsstandards und Emissionshöchstmengen vom 26. Januar 2010; letzte Änderung vom 18. Juli 2018.

BIRMILI, W., SUN, J., WEINHOLD, K., MERKEL, M., RASCH, F., WIEDENSOHLER, A., BASTIAN, S., LÖSCHAU, G., SCHLADITZ, A., QUASS, U., KUHLBUSCH, T.A.J., KAMINSKI, H., CYRYS, J., PITZ, M., GU, J., KUSCH, T., FLENTJE, H., MEINHARDT, F., SCHWERIN, A., BATH, O., RIES, L., GERWIG, H., WIRTZ, K. u. S. WEBER, S. (2015): Atmospheric aerosol measurements in the German Ultrafine Aerosol Network (GUAN) - Part III: Black Carbon mass and particle number concentrations 2009-2014. In: Gefahrstoffe - Reinhaltung der Luft, 75 (11/12)(11/12), pp. 479-488.

BIRMILI, W., WEINHOLD, K., RASCH, F., SONNTAG, A., SUN, J., MERKEL, M., WIEDENSOHLER, A., BASTIAN, S., SCHLADITZ, A., LÖSCHAU, G., CYRYS, J., PITZ, M., GU, J., KUSCH, T., FLENTJE, H., QUASS, U., KAMINSKI, H., KUHLBUSCH, T.A.J., MEINHARDT, F., SCHWERIN, A., BATH, O., RIES, L., GERWIG, H., WIRTZ, K. u. M. FIEBIG (2016): Long-term observations of tropospheric particle number size distributions and equivalent black carbon mass concentrations in the German Ultrafine Aerosol Network (GUAN). In: Earth Syst. Sci. Data, 8(2), pp. 355-382.

BJÖRKEGREN, A. u. C.S.B. GRIMMOND (2018): Net carbon dioxide emissions from central London. Urban Climate, 23, pp. 131-158.

BLANCO, H., ALBERTI, M., OLSHANSKY, R., CHANG, S., WHEELER, S.M., RANDOLPH, J., LONDON, J.B., HOLLANDER, J.B., PALLAGST, K.M., SCHWARZ, T., POPPER, F.J., PARNELL, S., PIETERSE, E. u. V. WATSON (2009): Shaken, shrinking, hot, impoverished and informal: Emerging research agendas in planning. In: Progress in Planning 72, pp. 195-250.

BLAZEJCZYK, K. (2003): Evaluation du climat ressentei de la Pologne en utilisant des nouveaux indices biothermiques. In: Dokumentacja Geograficzna, 29, pp. 57–60.

BLAZEJCZYK, K., EPSTEIN, Y., JENDRITZKY, G., STAIGER, H. u. TINZ, B. (2012): Comparison of UTCI to selected thermal indices. International Journal of Biometeorology, 56(3), pp. 515-535.

BMU - BUNDESMINISTERIUM FÜR UMWELT, NATURSCHUTZ UND REAKTORSICHERHEIT (2004): Feinstaub. Magazin des Bundesumweltministeriums, Weimar.

BMUB (2015): Grün in der Stadt – Für eine lebenswerte Zukunft – Grünbuch Stadt. Bundesministerium für Umwelt, Naturschutz, Bau und Reaktorsicherheit (BMUB) [Hrsg.], Berlin, 96 pp.

BMWI (2014): Sanierungsbedarf im Gebäudebestand - Ein Beitrag zur Energieeffizienzstrategie Gebäude, Bundesministerium für Wirtschaft und Energie (BMWi), Berlin, 24 pp.

BODDY, J.W.D., SMALLEY, R.J., DIXON, N.S., TATE, J.E. u. A.S. TOMLIN (2005): The spatial variability in concentrations of a traffic-related pollutant in two street canyons in York, UK--Part I: The influence of background winds. In: Atmospheric Environment, 39, pp. 3147-3161

Bohnenstengel, S.I., Belcher, S.E., Aiken, A., Allan, J.D., Allen, G., Bacak, A., Bannan, T.J., Barlow, J.F., Beddows, D.C.S., Bloss, W.J., Booth, A.M., Chemel, C., Coceal, O., Di Marco, C.F., Dubey, M.K., Faloon, K.H., Fleming, Z.L., Furger, M., Gietl, J.K., Graves, R.R., Green, D.C., Grimmond, C.S.B., Halios, C.H., Hamilton, J.F., Harrison, R.M., Heal, M.R., Heard, D.E., Helfter, C., Herndon, S.C., Holmes, R.E., Hopkins, J.R., Jones, A.M., Kelly, F.J., Kotthaus, S., Langford, B., Lee, J.D., Leigh, R.J., Lewis, A.C., Lidster, R.T., Lopez-Hilfiker, F.D., McQuaid, J.B., Mohr, C., Monks, P.S., Nemitz, E., Ng, N.L., Percival, C.J., Prévôt, A.S.H., Ricketts, H.M.A., Sokhi, R., Stone, D., Thornton, J.A., Tremper, A.H., Valach, A.C., Visser, S., Whalley, L.K., Williams, L.R., Xu, L., Young, D.E. u. P. Zotter (2014): Meteorology, Air Quality, and Health in London: The ClearfLo Project. In: Bulletin of the American Meteorological Society 96, pp. 779-804.

Bolund, P. u. S. Hunhammar (1999): Ecosystem services in urban areas. In: Ecological Economics, 29 (2), pp. 293-301.

Bonacquisti, V., Casale, G.R., Palmieri, S. u. A.M. Siani (2006): A canopy layer model and its application to Rome. In: Science of the Total Environment, 364, pp. 1-13.

Bonan, G.B. (2016): Ecological Climatology - Concepts and Applications. Cambridge University Press, Cambridge, 692 pp.

Bond, T.C., Doherty, S.J., Fahey, D.W., Forster, P.M., Berntsen, T., DeAngelo, B.J., Flanner, M.G., Ghan, S., Kärcher, B., Koch, D., Kinne, S., Kondo, Y., Quinn, P.K., Sarofim, M.C., Schultz, M.G., Schulz, M., Venkataraman, C., Zhang, H., Zhang, S., Bellouin, N., Guttikunda, S.K., Hopke, P.K., Jacobson, M.Z., Kaiser, J.W., Klimont, Z., Lohmann, U., Schwarz, J.P., Shindell, D., Storelvmo, T., Warren, S.G. u. C.S. Zender (2013): Bounding the role of black carbon in the climate system: A scientific assessment. In: Journal of Geophysical Research: Atmospheres, 118(11), pp. 5380-5552.

Bongardt, B. (2006): Stadtklimatische Bedeutung kleiner Parkanlagen – dargestellt am Beispiel des Dortmunder Westparks. In: Essener Ökologische Schriften, Westarp-Verlag, Bd. 24, Hohenwarsleben, 230 pp.

Bowler, D.E., Buyung-Ali, L., Knight, T.M. u. A.S. Pullin (2010): Urban greening to cool towns and cities: A systematic review of the empirical evidence. In: Landscape and Urban Planning, 97, pp. 147-155.

Brand, U. (2004): Governance. In: Bröckling, U., Krasmann, S. u. T. Lemke [Hrsg.]: Glossar der Gegenwart. Frankfurt a. M., pp. 111-117.

Brantley, H.L., Hagler, G.S.W., Kimbrough, E.S., Williams, R.W., Mukerjee, S. u. L.M. Neas (2014): Mobile air monitoring data-processing strategies and effects on spatial air pollution trends. In: Atmos. Meas. Tech., 7(7), pp. 2169-2183.

Brauer, M., Freedman, G., Frostad, J., van Donkelaar, A., Martin, R.V., Dentener, F., Dingenen, R.V., Estep, K., Amini, H., Apte, J.S., Balakrishnan, K., Barregard, L., Broday, D., Feigin, V., Ghosh, S., Hopke, P.K., Knibbs, L.D., Kokubo, Y., Liu, Y., Ma, S., Morawska, L., Sangrador, J.L.T., Shaddick, G., Anderson, H.R., Vos, T., Forouzanfar, M.H., Burnett, R.T. u. A. Cohen (2015): Ambient Air Pollution Exposure Estimation for the Global Burden of Disease 2013. In: Environmental Science u. Technology, 50 (1), pp. 79-88.

Brenneisen, S. (2003): Vom künstlichen Lebensraum zur Naturoase – Naturschutz auf dem Dach? In: g´plus – Magazin für die grüne Branche, 16, pp. 20-22.

Britter, R.E. u. S.R. Hanna (2003). Flow and dispersion in urban areas. Annual Review of Fluid Mechanics, 35, pp. 469-496.

Brook, R.D., Rajagopalan, S., Pope, C.A., Brook, J.R., Bhatnagar, A., Diez-Roux, A.V., Holguin, F., Hong, Y., Luepker, R.V., Mittleman, M.A., Peters, A., Siscovick, D., Smith, S.C., Whitsel, L. u. J.D. Kaufman (2010): Particulate Matter Air Pollution and Cardiovascular Disease. In: Circulation, 121(21), 2331 pp.

Bröde, P., Fiala, D., Błażejczyk, K., Holmér, I., Jendritzky, G., Kampmann, B., Tinz, B. u. Havenith, G. (2012): Deriving the operational procedure for the Universal Thermal Climate Index (UTCI). In: International Journal of Biometeorology, 56(3): 481-494.

Brousse, O., Martilli, A., Foley, M., Mills, G. u. B. Bechtel (2016): WUDAPT, an efficient land use producing data tool for mesoscale models? Integration of urban LCZ in WRF over Madrid. In: Urban Climate, 17, pp. 116-134.

Brown, R. u. T. Gillespie (1995): Microclimate Landscape Design: Creating Thermal Comfort and Energy Efficiency. John Wiley u. Sons, 208 pp.

Brunekreef, B. u. Holgate, S.T. (2002): Air pollution and health. The Lancet, 360(9341), pp. 1233-1242.

Buccolieri, R., Sandberg, M. u. Di Sabatino, S. (2010): City breathability and its link to pollutant concentration distribution within urban-like geometries. Atmospheric Environment, 44(15), pp. 1894-1903.

Bukowiecki, N., Dommen, J., Prevot, A.S.H., Richter, R., Weingartner, E. u. U. Baltensperger (2002): A mobile pollutant measurement laboratory--measuring gas phase and aerosol ambient concentrations with high spatial and temporal resolution. In: Atmospheric Environment, 36(36-37), pp. 5569-5579.

Bundesministerium für Verkehr und digitale Infrastruktur (2017): Verkehr in Zahlen 2017/2018, Hamburg, 372 pp.

Calfapietra, C., Fares, S., Manes, F., Morani, A., Sgrigna, G. u. F. Loreto (2013): Role of Biogenic Volatile Organic Compounds (BVOC) emitted by urban trees on ozone concentration in cities: A review. In: Environmental Pollution, 183, pp. 71-80.

Canton, M.A., Cortegoso, J.L. u. C. de Rosa (1994): Solar permeability of urban trees in citis of western Argentina. In: Energy and Buildings, 20 (3), pp. 219-230.

Carslaw, D.C. (2005): Evidence of an increasing NO_2/NO_x emissions ratio from road traffic emissions. In: Atmospheric Environment, 39(26), pp. 4793-4802.

Carslaw, D.C., Murrells, T.P., Andersson, J. u. M. Keenan (2016): Have vehicle emissions of primary NO_2 peaked? In: Faraday Discussions, 189(0), pp. 439-454.

Carter, W.P.L. (1994): Development of Ozone Reactivity Scales for Volatile Organic Compounds. In: Journal of the Air and Waste Management Association, 44, pp. 881-899.

Cermak, J.E., Davenport, A.G., Plate, E.J. u. D.X. Viegas (1995): Wind Climate in Cities. In: Nato Science Series E, 772 pp.

Chan, C.K. u. X. Yao (2008): Air pollution in mega cities in China. In: Atmospheric Environment, 42(1), pp. 1-42.

Chandler, T. (1965): Londons Urban Climate, pp. 289.

Changnon, S.A. (1992): Inadvertent Weather Modification in Urban Areas: Lessons for Global Climate Change. In: Bulletin of the American Meteorological Society 73, pp. 619-627.

Chapman, S., Watson, J.E.M., Salazar, A., Thatcher, M. u. McAlpine, C.A. (2017): The impact of urbanization and climate change on urban temperatures: a systematic review. Landscape Ecology, 32(10), pp. 1921-1935.

Chen, R., Zhao, Z. u. H. Kan (2013): Heavy Smog and Hospital Visits in Beijing, China. In: American Journal of Respiratory and Critical Care Medicine, 188(9), pp. 1170-1171.

Chifflard, P. (2011): Urbaner Wasserhaushalt. In: Henninger, S. [Hrsg.]: Stadtökologie. Paderborn: Ferdinand Schöningh Verlag, pp. 119-148.

Chow, T.T., Long, H., Mok, H.Y. u. K.W. Li (2011): Estimation of soil temperature profile in Hong Kong from climatic variables. In: Energy and Buildings, 43, pp. 3568-3575.

Christen, A. (2005): Atmospheric turbulence and surface energy exchange in urban environments. In: Results from the Basel Urban Boundary Layer Experiment (BUBBLE), Stratus, 11, 140 pp.

CHRISTEN, A. (2014): Atmospheric measurement techniques to quantify greenhouse gas emissions from cities. In: Urban Climate 10, Part 2, pp. 241-260.

CHRISTEN, A. u. R. VOGT (2004): Energy and radiation balance of a central European city. In: International Journal of Climatology 24, pp. 1395-1421.

CHRISTEN, A., BLACK, A., CRAWFORD, B., FLANAGAN, L.B., KETLER, R., NESIC, Z. u. C.I. SEMMENS (2017): Diurnal and seasonal changes of d13C and d18O in carbon dioxide measured by eddy covariance over an urban surface. 97th American Meteorological Society Annual Meeting, 21.-26.01.2017, Atlanta.

CLASSEN, T. u. C. HORNBERG (2008): Menschliche Gesundheit als Gegenstand von Planungsverfahren – Problemlage und Lösungsansätze. Vortrag am 01.10.2008 auf dem 9. UVP Kongress 2008 in Bad Kissingen.

CLEUGH, H. u. S. GRIMMOND (2012): Chapter 3 - Urban Climates and Global Climate Change. In: Henderson-Sellers, A. u. K. MCGUFFIE [Hrsg.]: The Future of the World's Climate (Second Edition). Elsevier, Boston, pp. 47-76.

COHEN, G., LEVY, I., YUVAL, KARK, J.D., LEVIN, N., BRODAY, D.M., STEINBERG, D.M. u. Y. GERBER (2017): Long-term exposure to traffic-related air pollution and cancer among survivors of myocardial infarction: A 20-year follow-up study. In: European Journal of Preventive Cardiology, 24 (1), pp. 92-102.

COHEN, P., POTCHTER, O. u. A. MATZARAKIS (2012): Daily and seasonal climatic conditions of green open spaces in the Mediterranean climate and their impact on human comfort. In: Building and Environment, 51, pp. 285-295.

COUTTS, A.M., BERINGER, J. u. N.J. TAPPER (2007): Impact of Increasing Urban Density on Local Climate: Spatial and Temporal Variations in the Surface Energy Balance in Melbourne, Australia. In: Journal of Applied Meteorology and Climatology, pp. 477-493.

CRAWFORD, B. u. A. CHRISTEN (2015): Spatial source attribution of measured urban eddy covariance CO_2 fluxes. In: Theoretical and Applied Climatology 119, pp. 733-755.

CROUSE, D.L., PETERS, P.A., VAN DONKELAAR, A., GOLDBERG, M.S., VILLENEUVE, P.J., BRION, O., KHAN, S., ATARI, D.O., JERRETT, M., POPE, C.A., BRAUER, M., BROOK, J.R., MARTIN, R.V., STIEB, D. u. R.T. BURNETT (2012): Risk of Nonaccidental and Cardiovascular Mortality in Relation to Long-term Exposure to Low Concentrations of Fine Particulate Matter: A Canadian National-Level Cohort Study. In: Environmental Health Perspectives, 120(5), pp. 708-714.

CURTIS, A.J., HELMIG, D., BAROCH, C., DALY, R. u. S. DAVIS (2014): Biogenic volatile organic compound emissions from nine tree species used in an urban tree-planting program. Atmospheric Environment, 95, pp. 634-643.

CYRYS, J., EEFTENS, M., HEINRICH, J., AMPE, C., ARMENGAUD, A., BEELEN, R., BELLANDER, T., BEREGSZASZI, T., BIRK, M., CESARONI, G., CIRACH, M., DE HOOGH, K., DE NAZELLE, A., DE VOCHT, F., DECLERCQ, C., DĖDELĖ, A., DIMAKOPOULOU, K., ERIKSEN, K., GALASSI, C., GRĄULEVIČIENĖ, R., GRIVAS, G., GRUZIEVA, O., GUSTAFSSON, A.H., HOFFMANN, B., IAKOVIDES, M., INEICHEN, A., KRÄMER, U., LANKI, T., LOZANO, P., MADSEN, C., MELIEFSTE, K., MODIG, L., MÖLTER, A., MOSLER, G., NIEUWENHUIJSEN, M., NONNEMACHER, M., OLDENWENING, M., PETERS, A., PONTET, S., PROBST-HENSCH, N., QUASS, U., RAASCHOU-NIELSEN, O., RANZI, A., SUGIRI, D., STEPHANOU, E.G., TAIMISTO, P., TSAI, M.-Y., VASKÖVI, É., VILLANI, S., WANG, M., BRUNEKREEF, B. u. G. HOEK (2012): Variation of NO_2 and NO_x concentrations between and within 36 European study areas: Results from the ESCAPE study. In: Atmospheric Environment, 62(Supplement C), pp. 374-390.

CYRYS, J., PETERS, A., SOENTGEN, J. u. H.E. WICHMANN (2014): Low emission zones reduce PM_{10} mass concentrations and diesel soot in German cities. In: Journal of the Air u. Waste Management Association, 64(4), pp. 481-487.

Daniels, E. E., Lenderink, G., Hutjes, R. W. A. u. A.A. M. Holtslag (2015): Observed urban effects on precipitation along the Dutch West coast. In: International Journal of Climatology, 36 (4), pp. 2111-2119.

Dauert, U., Feigenspan, S., Minkos, A. u. M. Langner (2015): Luftqualität 2014, Umweltbundesamt, Dessau, 18 pp.

Davies, C., MacFarlane, R., McGloin, C. u. M. Roe (2006): Green Infrastructure Planning Guide. www.greeninfrastructure.eu, 5 pp.

Davis, D.L., Bell, M.L. u. T. Fletcher (2002): A Look Back at the London Smog of 1952 and the Half Century Since. In: Environ Health Perspect, 110(12), pp. 734-735.

De Hoogh, K., Korek, M., Vienneau, D., Keuken, M., Kukkonen, J., Nieuwenhuijsen, M.J., Badaloni, C., Beelen, R., Bolignano, A., Cesaroni, G., Pradas, M.C., Cyrys, J., Douros, J., Eeftens, M., Forastiere, F., Forsberg, B., Fuks, K., Gehring, U., Gryparis, A., Gulliver, J., Hansell, A.L., Hoffmann, B., Johansson, C., Jonkers, S., Kangas, L., Katsouyanni, K., Künzli, N., Lanki, T., Memmesheimer, M., Moussiopoulos, N., Modig, L., Pershagen, G., Probst-Hensch, N., Schindler, C., Schikowski, T., Sugiri, D., Teixidó, O., Tsai, M.-Y., Yli-Tuomi, T., Brunekreef, B., Hoek, G. u. T. Bellander (2014): Comparing land use regression and dispersion modelling to assess residential exposure to ambient air pollution for epidemiological studies. In: Environment International, 73(0), pp. 382-392.

De Laat, A.T.J. u. A.N. Maurellis (2006): Evidence for influence of anthropogenic surface process on lower tropospheric and surface temperature trends. In: International Journal of Climatology, 26, pp. 897-913.

Deletic, A. u. T. Fletcher (2006): Performance of grass filters used for stormwater treatment – a field and modelling study. In: Journal of Hydrology, 317, pp. 261-275.

Di Sabatino, S., Solazzo, E., Paradisi, P. u. R. Britter (2008): A Simple Model for Spatially-averaged Wind Profiles Within and Above an Urban Canopy. In: Boundary-Layer Meteorology 127, pp. 131-151.

Donovan, R.G., Stewart, H.E., Owen, S.M., Mackenzie, A.R. u. C.N. Hewitt (2005): Development and application of an urban tree air quality score for photochemical pollution episodes using the Birmingham, United Kingdom, area as a case study. In: Environmental Science Technology, 39, pp. 6730-6738.

DRL (Deutscher Rat für Landespflege) (2006): Freiraumqualitäten in der zukünftigen Stadtentwicklung. Gutachtliche Stellungnahme und Ergebnisse der Fachtagung „Erhaltung und Verbesserung von Freiraumqualitäten bei gleichzeitiger innerstädtischer Verdichtung“ vom 20. bis 21. September 2004 in Leipzig. In: Schriftenreihe des Deutschen Rates für Landespflege, 78, unter: http://www.landespflege.de/schriften/ DRL_SR78_Screen.pdf, Zugriff: September 2017.

Duscha, M., Dünnebeil, F., Gugel, B. u. F. Kutzner (2009): Klimaschutzkonzept 2020 für die Stadt Münster. Ifeu - Institut für Energie- und Umweltforschung Heidelberg, 148 pp.

Dütemeyer, D., Barlag, A.B., Kuttler, W. u. U. Axt-Kittner (2013): Stadtklimatisches Flächenmanagement in der kommunalen Umweltplanung. In: UVP-Report, 27 (3), pp. 173-179.

Ebel, A. (1994): Wer verschmutzt wessen Luft in Europa? Schadstofftransport in der Atmosphäre. In: Naturwissenschaften 81, Heft 2, pp. 49–64.

EEA (2015): Air quality in Europe — 2015 report, European Environment Agency. In: EEA Report No 5/2015, 57 pp.

Eichhorn, J. (1989): Entwicklung und Anwendung eines dreidimensionalen mik-roskaligen Stadtklima-Modells, unter: http://www.staff.uni-mainz.de/eichhorn/docs/diss_eichhorn_1989.PDF, Zugriff: 12.06.2017.

Eigenbrod, F., Bell, V.A., Davies, H.N., Heinemeyer, A., Armsworth, P.R. u. K.J. Gaston (2011): The impact of projected increases in urbanization on ecosystem services. In: Proceedings of the Royal Society B: Biological Sciences, Vol. 278, No. 1722, pp. 3201-3208.

Eliasson, I., Offerle, B., Grimmond, C.S.B. u. S. Lindqvist (2006): Wind fields and turbulence statistics in an urban street canyon. In: Atmospheric Environment, 40, pp. 1-16.

Ellefsen, R.A. (1987): Urban Terrain Zone Characteristics, Technical Memorandum 18-87. In: U. S. Army Human Engineering Laboratory, Maryland, 358 pp.

Endlicher, W. (2012): Einführung in die Stadtökologie. Verlag Eugen Ulmer, Stuttgart, 272 pp.

EnEG (2013): Energieeinsparungsgesetz. Fassung vom 1. September 2005; letzte Änderung vom 4. Juli 2013.

EnEV (2015): Energieeinsparverordnung – Verordnung über energiesparenden Wärmeschutz und energiesparende Anlagentechnik bei Gebäuden. Fassung vom 24.07.2007; letzte Änderung vom 24.10.2015.

ENVI-MET (2017): ENVI-met Model Architecture, aufgerufen unter: http://www.envi-met.info/hg2e/doku.php?id=intro:modelconept, Zugriff: 20.06.2017.

Errel, E. (2008): The application of urban climate research in the design of cities´. In: Advances in Building Energy Research, 2, pp. 95-121.

Erell, E., Pearlmutter, D. u. T. Williamson (2011): Urban Microclimate – Designing the spaces between buildings. Earthscan, London, Washington, 266 pp.

Escudero, M., Lozano, A., Hierro, J., Valle, J.D. u. E. Mantilla (2014): Urban influence on increasing ozone concentrations in a characteristic Mediterranean agglomeration. In: Atmospheric Environment, 99, pp. 322-332.

EU-Richtlinie 2008/50/EG (2008): Luftqualitätsrichtlinie über Luftqualität und saubere Luft in Europa. Amtsblatt der Europäischen Union.

Famulari, D., Nemitz, E., Di Marco, C., Phillips, G.J., Thomas, R., House, E. u. D. Fowler (2010): Eddy-covariance measurements of nitrous oxide fluxes above a city. In: Agricultural and Forest Meteorology 150 (6), pp. 786-793.

Fanger, P.O. (1972): Thermal Comfort, Analysis and Application in Environment Engineering. McGraw-Hill, New York, pp. 244.

Feigenwinter, C., Vogt, R. u. A. Christen (2012): Eddy Covariance measurements over urban areas. In: Aubinet, M., Vesala, T., Papale, D. [Hrsg.] (2012): Eddy Covariance - A practical guide to measurement and data analysis. Springer, Dordrecht, pp. 377-397.

Fenger, J. (2009): Urban air pollution. In: Hewitt, C.N. u. A.V. Jackson [Hrsg.]: Atmospheric Science for Environmental Scientists, pp. 243-267.

Ferguson, G. u. A.D. Woodbury (2007): Urban heat island in the subsurface. In: Geophysical Research Letters, 34, L23713

Fezer, F. (1995): Das Klima der Städte. Justus Perthes Verlag, Gotha, 199 pp.

Fiala, D., Lomas, K.J. u. M. Stohrer (1999): A computer model of human thermoregulation for a wide range of environmental conditions: The passive system. In: Journal of Applied Physiology, 87, pp. 1957–1972.

Fiala, D., Lomas, K.J. u. M. Stohrer (2001): Computer prediction of human thermoregulatory and temperature responses to a wide range of environmental conditions". In: International Journal of Biometeorology, 45, pp. 143–159.

Fiala, D., Psikuta, A., Richards, M., Lascheswki, G., Jendritzky, G., Havenith, B., Kampmann, Rintamäki, H., Mekjavic, I., Holmer, I., Blazejcyk, K. u. R. de Dear (2009): WG1: Thermo-physiological modelling. Unveröffentlichte Unterlagen der UTCI training school, Warschau, April 2009.

Finlayson-Pitts, B.J. u. J.N. Pitts (2000): Chemistry of the upper and lower atmosphere. In: Academic Press, 969 pp.

FLOHR, S. (2010): Untersuchungen zum Fangvermögen von Mittel- und Feinstaub (PM_{10} und $PM_{2.5}$) an ausgesuchten Pflanzenarten unter Berücksichtigung der morphologischen Beschaffenheit der Blatt und Achsenoberflächen und der Einwirkung von Staubauflagen auf die Lichtreaktion der Photosynthese. Dissertation, unter: http://d-nb.info/1014293340/34, Zugriff: Juni 2017.

FOKEN, T. (2016): Angewandte Meteorologie - Mikrometeorologische Methoden. Springer, Berlin, Heidelberg, 394 pp.

FRITSCHE, T. (2011): Mikropolitik im Stadtquartier. Bewohnerbeteiligung im Stadtumbauprozess. VS Verlag für Sozialwissenschaften, Wiesbaden, pp. 300.

FROLKING, S., MILLIMAN, T., SETO, K.C. u. M.A. FRIEDL (2013): A global fingerprint of macroscale changes in urban structure from 1999 to 2009. In: Environmental Research Letters 8, pp. 024004.

FUENTES, J.D., LERDAU, M., ATKINSON, R., BALDOCCHI, D., BOTTENHEIM, J.W., CICCIOLI, P., LAMB, B., GERON, C., GU, C., GUENTHER, A., SHARKEY, T.D. u. W. STOCKWELL (2000): Biogenic hydrocarbons in the atmospheric boundary layer: A review. In: Bulletin of the American Meteorological Society, 81, pp. 1537-1575.

FULLER, G.W., SCIARE, J., LUTZ, M., MOUKHTAR, S. u. S. WAGENER (2013): New Directions: Time to tackle urban wood burning? In: Atmospheric Environment, 68, pp. 295-296.

FULLER, R.A. u. GASTON, K.J. (2009): The scaling of green space coverage in European cities. In: Biology Letters, 5, pp. 352-355.

FUKS, K.B., WEINMAYR, G., BASAGAÑA, X., GRUZIEVA, O., HAMPEL, R., OFTEDAL, B., SØRENSEN, M., WOLF, K., AAMODT, G., AASVANG, G.M., AGUILERA, I., BECKER, T., BEELEN, R., BRUNEKREEF, B., CARACCIOLO, B., CYRYS, J., ELOSUA, R., ERIKSEN, K.T., FORASTER, M., FRATIGLIONI, L., HILDING, A., HOUTHUIJS, D., KOREK, M., KÜNZLI, N., MARRUGAT, J., NIEUWENHUIJSEN, M., Östenson, C.-G., PENELL, J., PERSHAGEN, G., RAASCHOU-NIELSEN, O., SWART, W.J.R., PETERS, A. u. B. HOFFMANN (2017): Long-term exposure to ambient air pollution and traffic noise and incident hypertension in seven cohorts of the European study of cohorts for air pollution effects (ESCAPE). In: European Heart Journal, 38(13), pp. 983-990.

GABRIEL, I. u. H. LADENER (2010): Vom Altbau zum Niedrigenergie- und Passivhaus. Ökobuch, Freiburg, 261 pp.

GAGGE, A.P., FOBELETS, A.F. u. L.G. BERGLUND (1986): A standard predictive index of human response to the thermal environment. In: ASHRAE Transactions, 92, pp. 702–731.

GAO, W., TIE, X., XU, J., HUANG, R., MAO, X., ZHOU, G. u. L. CHANG (2017): Long-term trend of O_3 in a mega City (Shanghai), China: Characteristics, causes, and interactions with precursors. In: Science of The Total Environment, 603-604, pp. 425-433.

GARTLAND, L. (2008): Heat islands – Understanding and Mitigating Heat in Urban Areas. Earthscan, London, 192 pp.

GEORGI, J. N. u. K. ZAFIRIADIS (2006): The impact of park trees on microclimate in urban areas. In: Urban Ecosystems, 9, pp. 195-209.

GHASSOUN, Y., RUTHS, M., LÖWNER, M.O. u. S. WEBER (2015): Intra-urban variation of ultrafine particles as evaluated by process related land use and pollutant driven regression modelling. In: Science of the Total Environment, 536, pp. 150-160.

GILMANOV, T.G., SOUSSANA, J.F., AIRES, L., ALLARD, V., AMMANN, C., BALZAROLO, M., BARCZA, Z., BERNHOFER, C., CAMPBELL, C.L., CERNUSCA, A., CESCATTI, A., CLIFTON-BROWN, J., DIRKS, B.O.M., DORE, S., EUGSTER, W., FUHRER, J., GIMENO, C., GRUENWALD, T., HASZPRA, L., HENSEN, A., IBROM, A., JACOBS, A.F.G., JONES, M.B., LANIGAN, G., LAURILA, T., LOHILA, A., MANCA, G., MARCOLLA, B., NAGY, Z., PILEGAARD, K., PINTER, K., PIO, C., RASCHI, A., ROGIERS, N., SANZ, M.J., STEFANI, P., SUTTON, M., TUBA, Z., VALENTINI, R., WILLIAMS, M.L. u. G. WOHLFAHRT (2007): Partitioning European grassland net ecosystem CO_2 exchange into gross primary productivity and ecosystem respiration using light response function analysis. In: Agriculture, Ecosystems u. Environment 121 (1-2), pp. 93-120.

GIOLI, B., TOSCANO, P., LUGATO, E., MATESE, A., MIGLIETTA, F., ZALDEI, A. u. F.P. VACCARI (2012): Methane and carbon dioxide fluxes and source partitioning in urban areas: The case study of Florence, Italy. In: Environmental Pollution 164, pp. 125-131.

GIRIDHARAN, R. u. M. KOLOKOTRONI (2009): Urban heat island characteristics in London during winter. In: Solar Energy, 83, pp. 1668-1682.

GOLDBACH, A. (2012): Turbulenter Energieaustausch über unterschiedlichen Flächennutzungstsrukturen in der Stadt Oberhausen. In: Essener Ökologische Schriften, Band 32, Westarp Wissenschaften, Hohenwarsleben, 273 pp.

GOLDBACH, A. u. W. KUTTLER (2013): Quantification of turbulent heat fluxes for adaptation strategies within urban planning. In: International Journal of Climatology, 33, pp. 143-159.

GÓMEZ-BAGGETHUN, E. u. D.N. BARTON (2013): Classifying and valuing ecosystem services for urban planning. In: Ecological Economics, 86, pp. 235-245.

GORSKI, G., STRONG, C., GOOD, S.P., BARES, R., EHLERINGER, J.R. u. G.J. BOWEN (2015): Vapor hydrogen and oxygen isotopes reflect water of combustion in the urban atmosphere. In: Proceedings of the National Academy of Sciences of the United States of America, 112, pp. 3247-3252.

GRIMMOND, C.S.B. u. T.R. OKE (1995): Comparison of heat fluxes from summertime observations in the suburbs of four north American cities. In: Journal of Applied Meteorology 34, pp. 873-889.

GRIMMOND, C.S.B., KING, T.S., ROTH, M. u. T.R. OKE (1998): Aerodynamic roughness of urban areas derived from wind observations. In: Boundary Layer Meteorology, 89, pp. 1-24.

GRIMMOND, C.S.B. u. T.R. OKE (1999a): Evapotranspiration rates in urban areas. Impacts of Urban Growth on Surface Water and Groundwater Quality (Proceedings of IUGG 99 Symposium HS5, Birmingham, July 1999). In: IAHS Publ. no. 259, pp. 235-243.

GRIMMOND, C.S.B. u. T.R. OKE (1999b): Heat storage in urban areas: Local scale observations and evaluation of a simple model. In: Journal of Applied Meteorology, 38, pp. 922-940.

GRIMMOND, C.S.B. u. T.R. OKE (1999c): Aerodynamic properties of urban areas derived from analysis of surface form. In: Journal of Applied Meteorology 38, pp. 1262-1292.

GRIMMOND, C.S.B. u. T.R. OKE (2002): Turbulent heat fluxes in urban areas: Observations and a local-scale urban meteorological parameterization scheme (LUMPS). In: Journal of Applied Meteorology, 41, pp. 792-810.

GRIMMOND, C.S.B., BLACKETT, M., BEST, M.J., BAIK, J.J., BELCHER, S.E., BERINGER, J., BOHNENSTENGEL, S.I., CALMET, I., CHEN, F., COUTTS, A., DANDOU, A., FORTUNIAK, K., GOUVEA, M.L., HAMDI, R., HENDRY, M., KANDA, M., KAWAI, T., KAWAMOTO, Y., KONDO, H., KRAYENHOFF, E.S., LEE, S.H., LORIDAN, T., MARTILLI, A., MASSON, V., MIAO, S., OLESON, K., OOKA, R., PIGEON, G., PORSON, A., RYU, Y.H., SALAMANCA, F., STEENEVELD, G.J., TOMBROU, M., VOOGT, J.A., YOUNG, D.T. u. N. ZHANG (2011): Initial results from Phase 2 of the international urban energy balance model comparison. In: International Journal of Climatology, 31, pp. 244-272.

GRINSPOON, J., BOWMAN, W.D. u. R. FALL (1991): Delayed Onset of Isoprene Emission in Developing Velvet Bean (Mucuna sp.) Leaves. In: Plant Physiology, 97, pp. 170-174.

GROMKE, C. u. B. RUCK (2007): Influence of trees on the dispersion of pollutants in an urban street canyon – experimental investigation of the flow and concentration field. In: Atmospheric Environment, 41, pp. 3287-3302.

GROMKE, C. u. B. RUCK (2012): Pollutant Concentrations in Street Canyons of Different Aspect Ratio with Avenues of Trees for Various Wind Directions. In: Boundary-Layer Meteorology, 144, pp. 41-64.

GRUNEWALD, K. u. O. BASTIAN (2013): Ökosystemdienstleistungen – Konzept, Methoden, Fallbeispiele. Springer-Verlag, Berlin, Heidelberg, 332 pp.

Grunwald, L., Heusinger, J. u. S. Weber (2017): A GIS-based mapping methodology of urban green roof ecosystem services applied to a Central European city. In: Urban Forestry u. Urban Greening, 22, pp. 54-63.

Guenther, A. B., Monson, R. L. u. R. Fall (1991): Isoprene and monoterpene emission rate variability: Observation with Eucalyptus and emission rage algorithm development. In: Journal of Geophysical Research, 96, pp. 10799-10808.

Gupta, J., Termeer, K., Klostermann, J., Meijerink, S., van den Brink, M. u. P. Jong (2008): Institutions for Climate Change. A Method to assess the Inherent Characteristics of Institutions to enable the Adaptive Capacity of Society. Institute for Environmental Studies. Vrije Universiteit Amsterdam, pp. 19.

Gurney, K .R. (2015): Track emissions on human scale. In: Science, 525 (7568), pp. 179-181.

Haase, D. (2015): Reflections about blue ecosystem services in cities. In: Sustainability of Water Quality and Ecology, 5, pp. 77-83.

Hagler, G.S.W., Baldauf, R.W., Thoma, E.D., Long, T.R., Snow, R.F., Kinsey, J.S., Oudejans, L. u. B.K. Gullett (2009): Ultrafine particles near a major roadway in Raleigh, North Carolina: downwind attenuation and correlation with traffic-related pollutants. In: Atmospheric Environment, 43, pp. 1229-1234.

Hallegatte, S. (2008): Strategies to adapt to an uncertain climate change 2008. In: Global Environmental Change. 19 (2), pp. 240-247.

Han, G., Chen, H., Yuan, L., Cai, Y. u. M. Han (2011): Field measurements on micro-climate and cooling effect of river wind on urban blocks in Wuhan city. 2011 International Conference on Multimedia Technology (ICMT), pp. 4446-4449.

Han, J.-Y., Baik, J.-J. u. H. Lee (2014): Urban impacts on precipitation. In: Asia-Pacific Journal of Atmospheric Sciences, 50, pp. 17-30.

Harris, S.J. u. M.M. Maricq (2001): Signature size distributions for diesel and gasoline engine exhaust particulate matter. In: Journal of Aerosol Science, 32(6), pp. 749-764.

Hartz, A. (2011): Neue Herausforderungen für die Stadtentwicklung – dargestellt am Beispiel des Klimawandels. In: Henninger, S. [Hrsg.]: Stadtökologie. Paderborn: Ferdinand Schöningh Verlag, pp. 175-212.

Hathway, E. A. u. S. Sharples (2012): The interaction of rivers and urban form in mitigating the Urban Heat Island effect: a UK case study. In: Building and Environment, 58, pp. 14–22.

He, T., Yang, Z., Liu, T., Shen, Y., Fu, X., Qian, X., Zhang, Y., Wang, Y., Xu, Z., Zhu, S., Mao, C., Xu, G. u. J. Tang (2016): Ambient air pollution and years of life lost in Ningbo, China. In: Scientific Reports, 6, 22485 pp.

Headon, J., Banks, D., Waters, A. u. V.K. Robinson (2009): Regional distribution of ground temperature in the Chalk aquifer of London, UK. In: Quarterly Journal of Engineering Geology and Hydrogeology, 42, pp. 131–323

HEI (2010): Traffic-Related Air Pollution: A Critical Review of the Literature on Emissions, Exposure, and Health Effects. HEI Special Report 17. Panel on the Health Effects of Traffic-Related Air Pollution, Health Effects Institute, Boston, MA, 386 pp.

HEI (2013): Review Panel on Ultrafine Particles - Understanding the Health Effects of Ambient Ultrafine Particles. HEI Perspectives 3. Health Effects Institute, Boston, MA., 108 pp.

Heineberg, H. (2004): Städte in Deutschland – zwischen Wachstum und Umbau. In: Geographische Rundschau 56, pp. 40-47.

Heineberg, H., Kraas, F. u. C. Krajewski (2017): Stadtgeographie. Grundriss Allgemeine Geographie, Schöningh, 504 pp.

Helbig, A., Baumüller, J. u. M.J.H. Kerschgens (1999): Stadtklima und Luftreinhaltung, 2 ed. Springer-Verlag, Berlin, Heidelberg, New York, 467 pp.

HELFTER, C., TREMPER, A.H., HALIOS, C.H., KOTTHAUS, S., BJORKEGREN, A., GRIMMOND, C.S.B., BARLOW, J.F. u. E. NEMITZ (2016): Spatial and temporal variability of urban fluxes of methane, carbon monoxide and carbon dioxide above London, UK. In: Atmos. Chem. Phys. 16, pp. 10543-10557.

HENNINGER, S. (2005): Analyse der atmosphärischen CO_2-Konzentrationen am Beispiel der Stadt Essen. In: Essener Ökologische Schriften, 23, Westarp-Verlag, Hohenwarsleben, 192 pp.

HENNINGER, S. (2010b): Energieeffizienz durch klimagerechtes Bauen. In: Koblenzer Geographisches Kolloquium, 32, pp. 53-65.

HENNINGER, S. (2010c): A mobile measuring methodology to determine near surface carbon dioxide within urban areas. In: Mazzeo, N. [Hrsg.]: Air quality - Models and Applications. InTech Press, pp. 173-194.

HENNINGER, S. (2011): Das Klima der Stadt. In: Henninger, S. [Hrsg.]: Stadtökologie. Bausteine des Ökosystems Stadt. Schöningh Verlag, Paderborn, pp. 63-96.

HENNINGER, S. (2013a): Notwendiger Wandel im Umgang mit innerstädtischen Grünflächen? In: JUNKERNHEINRICH, M. u. K. ZIEGLER [Hrsg.]: Räume im Wandel - Empirie und Politik, pp. 73-92.

HENNINGER, S. (2013c): Endangerments on Schools. In: SCHRENK, M., POPOVICH, V., ZEILE, P. u. P. ELISEI [Hrsg.]: REAL CORP 2013: Planning Times, pp. 285-292.

HENNINGER, S. (2014a): Urban green and health. In: PFAFFENBACH, C. u. C. SCHNEIDER [Hrsg.]: Global Demographic and Climate Challenges in the City - An interdisciplinary assessment of impacts, needs and strategies. Aachener Geographische Arbeiten, 50, pp. 115-130.

HENNINGER, S. (2014b): The Impact of Biogenic Isoprene in Dependence on Meteorological Conditions within Urban Green. In: RAUCH, S., MORRISON, G., NORRA, S. u. N. SCHLEICHER [Hrsg.]: Urban Environment - Proceedings of the 11th Urban Environment Symposium, Springer Verlag, pp. 153-162.

HENNINGER, S. (2015): Kann innerstädtisches Grün die Luftqualität beeinträchtigen? In: Neue Landschaft - Fachzeitschrift für Garten- und Landschaftsbau, 2, pp. 31-35.

HENNINGER, S. (2017): Differenzierte Betrachtung innerurbanen Grüns. In: LESER, H. u. J. LÖFFLER [Hrsg.]: Landschaftsökologie, 5. Auflage, UTB - Verlag Eugen Ulmer, Stuttgart, pp. 311-318.

HENNINGER, S. u. A. LEITTE (2017): Applied and Planning-Oriented Urban Climatology at the University of Kaiserslautern. In: Leal, W. [Hrsg.]: Climate Change Research at Universities - Adressing the Mitigation and Adaption Challenges, pp. 389-400.

HENNINGER, S., ELMARSAFAWY H. u. K. TOBIAS (2015): Bahrain Regains Greenery. In: Journal of Environmental Protection, 6, pp. 929-934.

HERRMANN-LOBREYER, M. u. D. KURTH (2010): Energiegerechter Stadtumbau. In: Jahrbuch Stadterneuerung. Berlin. S. 133 - 157

HEUSINGER, J. a. S. WEBER (2015): Comparative microclimate and dewfall measurements at an urban green roof versus bitumen roof. Building and Environment, 92: 713-723.

HEUSINGER, J. u. S. WEBER (2017a): Extensive green roof CO_2 exchange and its seasonal variation quantified by eddy covariance measurements. In: Science of the Total Environment, 607-608, pp. 623-632.

HEUSINGER, J. u. S. WEBER (2017b): Surface energy balance of an extensive green roof as quantified by full year eddy-covariance measurements. In: Science of the Total Environment, 577, pp. 220-230.

HOEK, G., BEELEN, R., DE HOOGH, K., VIENNEAU, D., GULLIVER, J., FISCHER, P. u. D. BRIGGS (2008): A review of land-use regression models to assess spatial variation of outdoor air pollution. In: Atmospheric Environment, 42(33), pp. 7561-7578.

HOEK, G., KRISHNAN, R.M., BEELEN, R., PETERS, A., OSTRO, B., BRUNEKREEF, B. u. J. D. KAUFMAN (2013): Long-term air pollution exposure and cardio- respiratory mortality: a review. In: Environmental Health, 12(1), 43 pp.

HOFFMANN, P., KRUEGER, O. u. K. H. SCHLÜNZEN (2011): A statistical model for the urban heat island and its application to a climate change scenario. International Journal of Climatology, 32(8): 1238-1248.

HOFFMANN-KALLEN, A. (2013): Masterplan Stadt und Region Hannover | 100 % für den Klimaschutz – ein gemeinsames Projekt von Landeshauptstadt und Region Hannover. Landeshauptstadt Hannover, Klimaschutzleitstelle, 137 pp.

HOLLANDER, J.B., PALLAGST, K., SCHWARZ, T. u. F.J. POPPER (2009): Planing Shrinking Cities. In: Progress in Planning, 72 (4), pp. 223-232.

HOLMER, B. u. I. ELIASSON (1999): Urban-rural vapour pressure differences and their role in the development of urban heat islands. In: International Journal of Climatology, 19, pp. 989-1009.

HOLMER, B., THORSSON, S. u. I. ELIASSON (2007): Cooling rates, sky view factors and the development of intra-urban temperature differences. In: Geografiska Annaler: Series A, Physical Geography, 89, pp. 237-248.

HÖPPE, P. (1984): Die Energiebilanz des Menschen. Münchener Universitätsschriften, Meteorlogisches Institut, Wissenschaftliche Mitteilungen, 49.

HÖPPE, P. (1993): Heat Balance Modelling. In: Experientia, 49 (9), pp. 741-747.

HÖPPE, P. (1999): The physiological equivalent temperature – a universal index for the biometeorological assessment of the thermal environment. In: International Journal of Biometeorology, 43, pp. 71-75.

HÖSCHELE, K. u. H. SCHMIDT (1974): Klimatische Wirkungen einer Dachbegrünung. In: Garten und Landschaft, 6, pp. 334-337.

HOU, P., CHEN, Y., QIAO, W., CAO, G., JIANG, W. u. J. LI (2013): Near-surface air temperature retrieval from satellite images and influence by wetlands in urban region. In: Theoretical and Applied Climatology, 11, pp. 109-118.

HOWARD, L. (1833): The climate of London. (Nachdruck: IAUC (International Association for Urban Climate) [Hrsg.] (2007), unter http://urban-climate.com/wp3/wp-content/uploads/2011/04/Luke Howard_Climte-of-London-V1.pdf, Zugriff: Juni 2017

HUPFER, P. u. F.-M. CHMIELEWSKI [Hrsg.] (1990): Das Klima von Berlin. Berlin: Akademie Verlag.

HUPFER, P. u. W. KUTTLER [Hrsg.] (2006): Witterung und Klima. Eine Einführung in die Meteorologie und Klimatologie. 12. Aufl., Teubner Verlag, Wiesbaden, pp. 371-432.

HUSSEIN, T., MARTIKAINEN, J., JUNNINEN, H., SOGACHEVA, L., WAGNER, R., MASO, M.D., RIIPINEN, I., AALTO, P.P. u. M. KULMALA (2008): Observation of regional new particle formation in the urban atmosphere. In: Tellus B, 60(4), pp. 509-521.

HUSSEIN, T., MØLGAARD, B., HANNUNIEMI, H., MARTIKAINEN, J., JÄRVI, L., WEGNER, T., RIPAMONTI, G., WEBER, S., VESALA, T. u. K. HÄMERI (2014): Finger-Prints of Urban Particle Number Size Distribution in Helsinki – Finland: Local versus Regional Characteristics. In: Boreal Environment Research, 19, pp. 1-20.

HUTTER VON KNORRING, S. u. K. ILLIGMANN (2012): Klimaschutz in der Landeshauptstadt München. In: Informationen zur Raumentwicklung Heft 5/6.2012, pp. 235-241.

IAMARINO, M., BEEVERS, S. u. C.S.B. GRIMMOND (2012): High-resolution (space, time) anthropogenic heat emissions: London 1970–2025. In: International Journal of Climatology, 32, pp. 1754-1767.

ICHINOSE, T., SHIMODOZONO, K. u. K. HANAKI (1999): Impact of anthropogenic heat on urban climate in Tokyo. In: Atmospheric Environment, 33, pp. 3897-3909.

IM, U., POUPKOU, A., INCECIK, S., MARKAKIS, K., KINDAP, T., UNAL, A., MELAS, D.,YENIGUN, O., TOPCU, S., TALAT, ODMAN, M., TAYANC, M. u. M. GULER (2011): The impact of anthropogenic and biogenic emissions on surface ozone concentrations in Istanbul. In: The Science of the Total Environment 409, 1255e1265.

INTERNATIONAL RISK GOVERNANCE COUNCIL (IRGC) [Hrsg.] (2005): White Paper on Risk Governance – Towards an Integrated Approach. White Paper no. 1. Geneva. Unter: http://www.irgc.org/IMG/pdf/IRGC_WP_No_1_Risk_Governance_reprinted_version_.pdf, 09.05.2018.

IPCC (2013): Climate Change 2013: The Physical Science Basis. Contribution of Working Group I to the Fifth Assessment Report of the Intergovernmental.

ISSA, R. J., LEITCH, K. u. B. CHANG (2015): Experimental heat transfer study on green roofs in a semi-arid climate during summer. In: Journal of Construction Engineering. Article ID 960538.

JACOBSON, M. Z. (2012): Air Pollution and Global Warming: History, Science, and Solutions. In: Cambridge University Press, Cambridge, 375 pp.

JAEGER, C. u. J. JAEGER (2010): Warum zwei Grad? In: Aus Politik und Zeitgeschichte, 32-33, pp. 7-14. Unter: http://www.european-climate-forum.net/fileadmin/ecf-documents/publications/articles-and-papers/jaeger_jaeger__warum-zwei-grad.pdf, Zugriff: Juni 2017.

JANSSEN, N.A.H., GERLOFS-NIJLAND, M.E., LANKI, T., SALONEN, R.O., CASSEE, F., HOEK, G., FISCHER, P., BRUNEKREEF, B. u. M. KRZYZANOWSKI (2012): Health effects of black carbon, World Health Organisation (WHO), Regional Office for Europe, Copenhagen, Denmark., 86 pp.

JAUREGUI, E. (1990): Influence of a Large Urban Park on Temperature and Convective Precipitation in a Tropical City. In: Energy and Buildings 15 – 16, pp. 457-463.

JANHÄLL, S. (2015): Review on urban vegetation and particle air pollution – Deposition and dispersion. In: Atmospheric Environment, 105, pp. 130-137.

JANKOVIĆ, V. (2013): A historical review of urban climatology and the atmospheres of the industrialized world. In: Wiley Interdisciplinary Reviews: Climate Change 4, pp. 539-553.

JÄRVI, L., GRIMMOND, C.S.B. u. A. CHRISTEN (2011): The Surface Urban Energy and Water Balance Scheme (SUEWS): Evaluation in Los Angeles and Vancouver. In: Journal of Hydrology, 411, pp. 219-237.

JÄRVI, L., NORDBO, A., RANNIK, Ü., HAAPANALA, S., MAMMARELLA, I., PIHLATIE, M., VESALA, T. u. A. RIIKONEN (2014): Urban nitrous-oxide fluxes measured using the eddy-covariance technique in Helsinki, Finland. In: Boreal Environment Research 19, pp. 108-121.

JENDRITZKY, G. u. A. GRÄTZ (1998): Human bioclimatological questions and solutions in applied urban climatology. In: Proceedings of the 2nd Japanese-German Meeting, „Klimaanalyse für die Stadtplanung“, Research Center for Urban Safety and Security, Kobe University, Special Report, 1, pp. 135-148.

JENDRITZKY, G., DE DEAR, R. u. G. HAVENITH (2012): UTCI – Why another thermal index? In: International Journal of Biometeorology, 56 (3), pp. 421-428.

JIN, Y., ANDERSSON, H. u. S. ZHANG (2016): Air Pollution Control Policies in China: A Retrospective and Prospects. In: International Journal of Environmental Research and Public Health, 13(12), 1219 pp.

JIN, M., DICKINSON, R.E. u. ZHANG, D. (2005): The Footprint of Urban Areas on Global Climate as Characterized by MODIS. Journal of Climate, 18(10), pp. 1551-1565.

KABISCH, N. u. HAASE, D. (2011): Diversifying European agglomerations: evidence of urban population trends for the 21st century. Population, Space and Place, 17(3), pp. 236-253.

KABISCH, N., HAASE, D. u. A. HAASE (2012): Urban Population Development in Europe, 1991–2008: The Examples of Poland and the UK. In: International Journal of Urban and Regional Research 36, pp. 1326-1348.

KENNEDY, C., STEINBERGER, J., GASSON, B., HANSEN, Y., HILLMAN, T., HAVRÁNEK, M., PATAKI, D., PHDUNGSILP, A., RAMASWAMI, A. u. G.V. MENDEZ (2009): Greemhouse Gas Emissions from Global Cities. In: Environmental Science u. Technology 43, pp. 7297-7302.

KENNEDY, C.A., IBRAHIM, N. u. D. HOORNWEG (2014): Lawcarbon infrastructure strategies for cities. In: Nature Clim. Change 4, pp. 343-346.

KESSELMEIER, J. u. M. STAUDT (1999): Biogenic volatile organic compounds (VOC): An overview on emission, physiology and ecology. In: Journal of Atmospheric Chemistry 33, 2388 pp.

KLEIN, P.M. u. J.M. GALVEZ (2015): Flow and turbulence characteristics in a suburban street canyon. In: Environmental Fluid Mechanics 15, pp. 419-438.

KLEINGELD, E., VAN HOVE, B., ELBERS, J. u. C. JACOBS (2018): Carbon dioxide fluxes in the city centre of Arnhem, A middle-sized Dutch city. In: Urban Climate.

KLYSIK, K. u. K. FORTUNIAK (1999): Temporal and spatial characteristics of the urban heat island of Lodz, Poland. In: Atmospheric Environment, 33, pp. 3885-3895.

KNIELING, J. u. B. MÜLLER [Hrsg.] (2015): Klimaanpassung in der Stadt- und Regionalentwicklung. Klimawandel in Regionen zukunftsfähig gestalten, 7, oekom Verlag, München, 461 pp.

KOLOKOTRONIM, M. u. R. GIRIDHARAN (2008): Urban heat island intensity in London: An investigation of the impact of physical characteristics on changes in outdoor air temperature during summer. In: Solar Energy, 82, pp. 986-998.

KOPPE, C., ZACHARIAS, S. u. D. BERNHARD (2013): Repräsentativbefragung zur Wetterfühligkeit in Deutschland. Umweltforschungsplan des Bundesministeriums für Umwelt, Naturschutz, Bau und Reaktorsicherheit.

KORDOWSKI, K. u. S. WEBER (2011): Grüne Wiesen und heißer Asphalt - Wie die (Erd-)Oberfläche das lokale Wetter beeinflusst. In: Praxis Geographie 04/2011, pp. 32-38.

KOTTHAUS, S. u. C.S.B. GRIMMOND (2014): Energy exchange in a dense urban environment – Part I: Temporal variability of long-term observations in central London. In: Urban Climate, 10, Part 2, pp. 261-280.

KULMALA, M., VEHKAMAKI, H., PETAJA, T., DAL MASO, M., LAURI, A., KERMINEN, V.-M., BIRMILI, W. u. P.H. MCMURRY (2004): Formation and growth rates of ultrafine atmospheric particles: a review of observations. In: Journal of Aerosol Science, 35(2), pp. 143-176.

KUMAR, P., KHARE, M., HARRISON, R.M., BLOSS, W.J., LEWIS, A.C., COE, H. u. L. MORAWSKA (2015): New directions: Air pollution challenges for developing megacities like Delhi. In: Atmospheric Environment, 122(Supplement C), pp. 657-661.

KUMAR, S., VERMA, M.K. u. A.K. SRIVASTAVA (2013): Ultrafine particles in urban ambient air and their health perspectives. In: Reviews on Environmental Health, 28(2-3), pp. 117-128.

KÜNZLI, N., KAISER, R., MEDINA, S., STUDNICKA, M., CHANEL, O., FILLIGER, P., u. J. SCHNEIDER (2000): Public-health impact of outdoor and traffic-related air pollution: a European assessment. The Lancet, 356 (9232), pp. 795-801.

KÜPPER, M., QUASS, U., JOHN, A.C., KAMINSKI, H., LEINERT, S., BREUER, L., GLADTKE, D., WEBER, S. u. T.A.J. KUHLBUSCH (2018): Contributions of carbonaceous particles from fossil emissions and biomass burning to PM_{10} in the Ruhr area, Germany. Atmospheric Environment, 189: 174-186.

KUTTLER, W. (1979): Einflussgrößen gesundheitsgefährdender Wetterlagen und deren bioklimatische Auswirkungen auf potentielle Erholungsgebiete – dargestellt am Beispiel des Ruhrgebietes und des Sauerlandes. Bochumer Geographische Arbeiten, Ferdinand Schöningh, Paderborn, pp. 100-101.

KUTTLER, W. (1987): Stadtklimatologie. In: Grundlagen und Probleme der Ökologie, 4, Münster.

KUTTLER, W. (1991): Zum klimatischen Potential urbaner Gewässer. In: SCHUHMACHER, H. u. B. THIESMEYER [Hrsg.] (1991): Urbane Gewässer - mit Beiträgen zu Limnologie, Stadtökologie, Wasserwirtschaft und Planung. Westarp Verlag, Essen, pp. 378-394.

KUTTLER, W. (1998): Stadtklima. In: SUKOPP, H. u. R. WITTIG [Hrsg.]: Stadtökologie – Ein Fachbuch für Studium und Lehre, pp. 122-165.

KUTTLER, W. u. T.D. WACKER (2001): Analyse der urbanen Luftqualität mittels mobiler Messungen - DACH 2001, Wien 18.-21.09.2001. In: Österreichische Beiträge zu Meteorologie und Geophysik, 27(399), pp. 1-16 .

KUTTLER, W. (2013): Klimatologie. Ferdinand Schöningh (UTB 3099), Stuttgart, 306 pp.

KUTTLER, W., WEBER, S., SCHONNEFELD, J. u. A. HESSELSCHWERDT (2007): Urban/rural atmospheric water vapour pressure differences and urban moisture excess in Krefeld, Germany. In: International Journal of Climatology, 14, pp. 2005-2015.

KUTTLER, W., PÜLLEN, H., DÜTEMEYER, D. u. A.B. BARLAG (2012a): Unterirdische Wärmeinsel in Oberhausen – Untersuchung subterraner Wärme- und Energieflüsse in verschiedenen Klimatopen. In: dynaklim-Publikation, 23, 38 pp.

KUTTLER, W., MÜLLER, N., DÜTEMEYER, D. u. A.B. BARLAG (2012b): Prognose- und Diagnoseanalysen zur Verbesserung des Stadtklimas. In: dynaklim-Publikation, 25, 41 pp.

KUTTLER, W., DÜTEMEYER, D. u. A.B. BARLAG (2013): Handlungsleitfaden – Steuerungswerkzeug zur städtebaulichen Anpassung an thermische Belastungen im Klimawandel. In: dynaklim-Publikation, 34, 48 pp.

KUTTLER, W., MIETHKE, A., DÜTEMEYER, D. u. A.B. BARLAG (2015): Das Klima von Essen – The climate of Essen, Westarp Wissenschaften, Hohenwarsleben, 249 pp.

LAHOUARI, B., PING, Z., GEORGY, M., KURTIS, T., JEFFREY, M., MARC, I., MARSHALL, S., DALE, Q., JOSEPH, S., JULIE, S., ROBERT, W. u. T. ALLY MOUNIROU, T. (2015): Impact of urbanization on US surface climate. Environmental Research Letters, 10(8): 084010.

LANDSBERG, H.E. (1981): The urban climate. International Geophysics Series, 28. Academic Press, New York, 275 pp.

LEE, T. (1987): Urban clear islands in California central Valley fog. In: Monthly Weather Review, 115, pp. 1794-1796.

LEE, B.S. u. J.L. WANG (2006): Concentration variation of isoprene and its implications for peak ozone concentration. In: Atmospheric Environment, 40, pp. 5486-5495.

LEE, X., MASSMAN, W.J. u. B.E. LAW (2004): Handbook of Micrometeorology - A guide for surface flux measurement and analysis. Kluwer Academic Publishers, Dordrecht, Boston, London, 250 pp.

LEI, Z., MICHAEL, O., QING, Z., JANE, W.B., KRISTIE, L.E., ELIE, B.-Z., KAIYU, G. u. L. XU, (2018): Interactions between urban heat islands and heat waves. In: Environmental Research Letters, 13(3): 034003.

LEITTE, A. M., SCHLINK, U., HERBARTH, O., WIEDENSOHLER, A., PAN, X. C., HU, M. u. U. FRANCK (2010): Size-segregated particle number concentrations and respiratory emergency room visits in Beijing, China. Environmental health perspectives, 119(4), pp. 508-513.

LELIEVELD, J., (2017): Clean air in the Anthropocene. In: Faraday Discussions, 200(0), pp. 693-703.

LELIEVELD, J., EVANS, J.S., FNAIS, M., GIANNADAKI, D. u. A. POZZER (2015): The contribution of outdoor air pollution sources to premature mortality on a global scale. In: Nature, 525, pp. 367-371.

LEMONSU, A. u. V. MASSON (2002): Simulation of a summer urban breeze over Paris. In: Boundary-Layer Meteorology, 104, pp. 463-490.

LEMONSU, A., BÉLAIR, S., MAILHOT, J. u. S. LEROYER (2009): Evaluation of the Town Energy Balance Model in Cold and Snowy Conditions during the Montreal Urban Snow Experiment 2005. In: Journal of Applied Meteorology and Climatology, 49, pp. 346-362.

LENSCHOW, P., ABRAHAM, H.-J., KUTZNER, K., LUTZ, M., PREU[SS], J.-D. u. W. REICHENBACHER (2001): Some ideas about the sources of PM_{10}. In: Atmospheric Environment, 35(Supplement 1), pp. 23-33.

LI, D. u. E. BOU-ZEID (2013): Synergistic Interactions between Urban Heat Islands and Heat Waves: The Impact in Cities Is Larger than the Sum of Its Parts. In: Journal of Applied Meteorology and Climatology, 52(9), pp. 2051-2064.

LIETZKE, B., VOGT, R., FEIGENWINTER, C. u. E. PARLOW (2015): On the controlling factors for the variability of carbon dioxide flux in a heterogeneous urban environment. In: International Journal of Climatology, n/a-n/a.

LINDBERG, F., HOLMER, B. u. S. THORSSON (2008): Solweig 1.0 - modelling spatial variations of 3d radiant uxes and mean radiant temperature in complex urban settings. In: International Journal of Biometeorology, 52, pp. 697-713.

LINDBERG, F. u. C.S.B. GRIMMOND (2010): Continuous sky view factor maps from high resolution urban digital elevation models. In: Climate Research, 42, pp. 177-183.

LITSCHKE, T. u. W. KUTTLER (2008): On the reduction of urban particle concentration by vegetation - a review. In: Meteorologische Zeitschrift, 17 (3), pp. 229-240.

LIVADA, I., SANTAMOURIS, M., NIACHOU, K., PAPANIKOLAOU, N. u. G. MIHALAKOU (2002): Determination of places in the great Athens area where the heat island effect is observed. In: Theoretical and Applied Climatology, 71, pp. 219-230.

LOPES, A., LOPES, S., MATZARAKIS, A. u. M.J. ALCOFORADO (2011): The influence of the summer sea breeze on thermal comfort in Funchal (Madeira). A contribution to tourism and urban planning. In: Meteorologische Zeitung 20, pp. 553–564.

LOWRY, W.P. (1977): Empirical Estimation of Urban Effects on Climate: A Problem Analysis. In: Journal of Applied Meteorology 16, pp. 129-135.

LÖHMUS, M. u. J. BALBUS (2015): Making green infrastructure healthier infrastructure. In: Infection Ecology u. Epidemiology, 5, 30082.

LÖSCHAU, G., WIEDENSOHLER, A., BIRMILI, W., RASCH, F., SPINDLER, G., MÜLLER, K., HAUSMANN, A., WOLF, U., SOMMER, W., ANHALT, M., DIETZ, V., HERRMANN, H., BÖHME, U., KATH, H.G. u. H. KÜHNE (2017): Umweltzone Leipzig - Immissionssituation von 2010 bis 2016 und Wirkung der Umweltzone auf die straßennahe Luftqualität, Sächsisches Landesamt für Umwelt, Landwirtschaft und Geologie (LfULG), Dresden, 75 pp.

LÜTTRINGHAUSEN, M. (2000): Stadtentwicklung und Partizipation. Fallstudie aus Essen-Katernberg und der Dresdner Äußeren Neustadt. Stiftung Mitarbeit, Bonn, pp. 394.

LÜLF, M. (2008): Bewältigung von Klimaschutz und Klimaanpassung in Städten und städtischen Agglomerationen durch die Raumplanung? In: KLEE, A., KNIELING, J., SCHOLICH, D. u. U. WEILAND [Hrsg.]: Städte und Regionen im Klimawandel. E-Paper der ARL Nr. 5. Hannover, Verlag der ARL, pp. 68-85. Unter: http://shop.arl-net.de/media/direct/pdf/e-paper_der_arl_nr5.pdf, Zugriff: Juni 2017

MACDONALD, R.W. (2000): Modelling The Mean Velocity Profile In The Urban Canopy Layer. In: Boundary-Layer Meteorology 97, pp. 25-45.

MAENHAUT, W., VERMEYLEN, R., CLAEYS, M., VERCAUTEREN, J., MATHEEUSSEN, C. u. E. ROEKENS (2012): Assessment of the contribution from wood burning to the PM_{10} aerosol in Flanders, Belgium. In: Science of The Total Environment, 437, pp. 226-236.

MARA, M. u. G. LECUIR (2015): Climate: Nature-based solutions for climate change mitigation and adaptation in Paris Region. COP Climate Conference, Paris, 37 pp.

MARTINEZ-FERNANDEZ, C., AUDIRAC, I., FOL, S. u. E. CUNNINGHAM-SABOT (2012): INTERNATIONAL JOURNAL OF URBAN AND REGIONAL RESEARCH Shrinking Cities: Urban Challenges of Globalization. Volume 36.2, pp. 213–25

MATZARAKIS, A. u. S. STREILING (2004): Stadtklimatische Eigenschaften von Bäumen. In: Gefahrstoffe – Reinhaltung der Luft, 64, pp. 307-310.

MATZARAKIS, A., RUTZ, F. u. H. MAYER (2000): Modellierung der mittleren Strahlungstemperatur in urbanen Strukturen. In: DEUTSCHE METEOROLOGISCHE GESELLSCHAFT E.V. [Hrsg.]: Fachausschuss Umweltmeteorologie. In Verbindung mit der Abteilung Reinhaltung der Luft des Instituts für Verfahrungstechnik und Dampfkesselwesen der Universität Stuttgart, pp. 22-24.

MATZARAKIS, A., RUTZ, F. u. H. MAYER (2007): Modelling radiation fluxes in simple and complex environments – application of the rayman model. In: International Journal of Biometeorology, 51, pp. 323-334.

MAYER, H. (1989): Workshop „Ideales Stadtklima“. In: Mitteilungen der Deutschen Meteorologischen Gesellschaft, 3, pp. 52-54.

MAYER, H. (2000): Umweltmeteorologie am Beginn eines neuen Jahrhunderts – Bilanz und Ausblick. In: Gefahrstoffe – Reinhaltung der Luft, 60, 9, 327-334.

MAYER, H. u. P. HÖPPE (1987): Thermal comfort of man in different urban environments. In: Theoretical and Applied Climatology, 38, pp. 43-49.

MAYER, H., BECKRÖGE, W. u. A. MATZARAKIS (1994): Bestimmung von stadtklimarelevanten Luftleitbahnen. In: UVP-Report, 5, pp. 265-268.

MCCORMACK, V. (1971): Introduction of the Scientific Study of Atmospheric Pollution. Dordrecht, Netherland, pp. 163.

MCLEOD, J., SHEPHERD, M. u. C.E. KONRAD (2017): Spatio-temporal rainfall patterns around Atlanta, Georgia and possible relationships to urban land cover. In: Urban Climate, 21(Supplement C), pp. 27-42.

MEEHL, G.A. u. C. TEBALDI (2004): More Intense, More Frequent, and Longer Lasting Heat Waves in the 21st Century. In: Science, 305(5686), 994 pp.

MELKONYAN, A. u. W. KUTTLER (2012): Long-term analysis of NO, NO_2 and O_3 concentrations in North Rhine-Westphalia, Germany. In: Atmospheric Environment, 46, pp. 316-326.

MEMON, R.A., LEUNG, D.Y.C. u. C.H. LIU (2008): A review on the generation, determination and mitigation of Urban Heat Island. In: Journal of Environmental Sciences, 20, pp. 120-128.

MENBERG, K., BAYER, P., ZOSSEDER, K., RUMOHR, S. u. P. BLUM (2013): Subsurface urban heat islands in German cities. In: Science of the Total Environment, 442, pp. 123-133.

MIDDEL, A., BRAZEL, A.J., KAPLAN, S. u. S.W. MYINT (2012): Daytime cooling efficiency and diurnal energy balance in Phoenix, Arizona, USA. In: Climate Research, 54, pp. 21-34.

MIDDEL, A., HÄB, K., BRAZEL, A.J., MARTIN, C.A. u. S. GUHATHAKURTA (2014): Impact of urban form and design on mid-afternoon microclimate in Phoenix Local Climate Zone. In: Landscape and Urban Planning, 122, pp. 16-28.

MILBERT, A. (2015): Wachsen oder schrumpfen? Bundesinstitut für Bau-, Stadt- und Raumforschung (BBSR), BBSR-Analysen KOMPAKT 12/2015, Bonn, pp. 24.

MILLS, G. (2014): Urban climatology: History, status and prospects. In: Urban Climate 10, Part 3, pp. 479-489.

MINKOS, A., DAUERT, U., FEIGENSPAN, S. u. S. KESSINGER [HRSG.] (2017): Luftqualität 2016, Umweltbundesamt Dessau, 22 pp.

MÖLLER, D. (2000): Troposphärisches Ozon. Entstehung, Konzentrationsvariabilität und Wirkung unter dem Gesichtspunkt der Ozonminderung. In: Umweltwissenschaften und Schadstoff-Forschung 12, Heft 4, pp. 201–208.

MONKS, P. u. R. LEIGH (2009): Troposheric chemistry and air pollution. In: HEWITT, C.N. u. A.V. JACKSON [Hrsg.]: Atmospheric Science for Environmetal Scientists. Wiley-Blackwell, Chichester, pp. 114-145.

MONSON, R.K. u. R. FALL (1989): Isoprene Emission from Aspen Leaves. Influence of Environment and Relation to Photosynthesis and Photorespiration. In: Plant Physiology, 90, pp. 267-274.

MORAWSKA, L., RISTOVSKI, Z., JAYARATNE, E.R., KEOGH, D.U. u. X. LING (2008): Ambient nano and ultrafine particles from motor vehicle emissions: Characteristics, ambient processing and implications on human exposure. In: Atmospheric Environment, 42(35), pp. 8113-8138.

MORENO-GARCIA, M.C. (1994): Intensity and form of the urban heat island in Barcelona. In: International Journal of Climatology 14, pp. 705-710.

MORRIS, C.J.G., SIMMONDS, I. u. N. PLUMMER, (2001): Quantification of the Influences of Wind and Cloud on the Nocturnal Urban Heat Island of a Large City. Journal of Applied Meteorology, 40(2): 169-182.

MÜLLER, C. (2011) [Hrsg.]: Urban Gardening – Über die Rückkehr der Gärten in die Stadt. Oekom-Verlag, München, 349 pp.

MÜLLER, N. (2013): Stadtklimatische Adaptionsmaßnahmen in Oberhausen vor dem Hintergrund des gloablen Klimawandels. In: Essener Ökologische Schriften, 33, Westarp Wissenschaften, Hohenwarsleben, 268 pp.

MÜLLER, N., KUTTLER, W. u. A.B. BARLAG (2013b): Counteracting urban climate change: adaption measures and their effects on thermal comfort. In: Theoretical and Applied Climatology, 115 (1-2), pp. 243-257.

MÜLLER, N., KUTTLER, W. u. A.B. BARLAG (2014): Analysis of the subsurface urban heat island (SUHI) in Oberhausen, Germany. In: Climate Research, 58, pp. 247-256.

MUNLV-NRW (2011): Handbuch Stadtklima - Maßnahmen und Handlungskonzepte für Städte und Ballungsräume zur Anpassung an den Klimawandel, Ministerium für Klimaschutz, Umwelt, Landwirtschaft, Natur- und Verbraucherschutz des Landes Nordrhein-Westfalen, Düsseldorf, 66 pp.

MURAKAWA, S., SEKINE, T., NARITA, K. u. D. NISHINA (1991): Study of the effects of a river on the thermal environment in an urban area. In: Energy and Buildings, 16, pp. 993–1001.

MYERS, T.M. (1974): Dew as a Visual Indicator of the Urban Heat Island of Washington, DC. M Sc. Theses, University of Maryland, Maryland, 54 pp.

NARITA, K., MIKAMI, T., HONJO, T., SUGAWARA, H., KIMURA, K. u. N. KUWATA (2002): Oberservations about cool-island phenomena in urban park. In: 4th Symposium on the Urban Environment, Norfolk, pp. 86-87.

NARUMI, D., KONDO, A. u. Y. SHIMODA (2009): The effect of increase in urban temperature on the concentration of photochemical oxidants. In: Atmospheric Environment, 43 (14), pp. 2348-2359.

NIEMINEN, T., KERMINEN, V.M., PETÄJÄ, T., AALTO, P.P., ARSHINOV, M., ASMI, E., BALTENSPERGER, U., BEDDOWS, D.C.S., BEUKES, J.P., COLLINS, D., DING, A., HARRISON, R.M., HENZING, B., HOODA, R., HU, M., HÕRRAK, U., KIVEKÄS, N., KOMSAARE, K., KREJCI, R., KRISTENSSON, A., LAAKSO, L., LAAKSONEN, A., LEAITCH, W.R., LIHAVAINEN, H., MIHALOPOULOS, N., NÉMETH, Z., NIE, W., O'DOWD, C., SALMA, I., SELLEGRI, K., SVENNINGSSON, B., SWIETLICKI, E., TUNVED, P., ULEVICIUS, V., VAKKARI, V., VANA, M., WIEDENSOHLER, A., WU, Z., VIRTANEN, A. u. M. KULMALA, (2018): Global analysis of continental boundary layer new particle formation based on long-term measurements. Atmos. Chem. Phys. Discuss., 2018: 1-34.

NIINEMETS, Ü., ARNETH, A., KUHN, U., MONSON, R.K., PENUELAS, J. u. M. STAUDT (2010): The emission factor of volatile isoprenoids: stress, acclimation and development responses. In: Biogeosciences, 7, pp. 2203-2223.

NISHIMURA, N., NOMURA, T., IYOTA, H. u. S. KIMOTO (1998): Novel water facilities for creation of comfortable urban micrometeorology. In: Solar Energy, 64, pp. 197-207.

NORDBO, A., JÄRVI, L., HAAPANALA, S., WOOD, C.R. u. T. VESALA (2012): Fraction of natural area as main predictor of net CO_2 emissions from cities. In: Geophysical Research Letters, 39, L20802.

NORDBO, A., JÄRVI, L., HAAPANALA, S., MOILANEN, J. u. T. VESALA (2013): Intra-City Variation in Urban Morphology and Turbulence Structure in Helsinki, Finland. In: Boundary-Layer Meteorology, 146, pp. 469-496.

NOWAK, D.J., CIVEROLO, K.L., RAO, S.T., SISTLA, G., LULEY, C.J. u. D.E. CRANE (2000): A modeling study of the impact of urban trees on ozone. In: Atmospheric Environment, 34, pp. 1601-1613.

OBERDÖRSTER, G. u. UTELL, M.J. (2002): Ultrafine Particles in the Urban Air: To the Respiratory Tract - And Beyond? Environmental Health Perspective, 110: A440-A441.

OBERNDORFER, E., LUNDHOLM, J., BASS, B., COFFMAN, R.R., DOSHI, H., DUNNETT, N., GAFFIN, S., KÖHLER, M., LIU, K.K.Y. u. B. ROWE (2007): Green Roofs as Urban Ecosystems: Ecological Structures, Functions, and Services. In: BioScience, 57(10), pp. 823-833.

OFFERLE, B., GRIMMOND, C.S.B. u. K. FORTUNIAK (2005): Heat storage and anthropogenic heat flux in relation to the energy balance of a central european city centre. In: International Journal of Climatology, pp. 1405-1419.

OKE, T.R. (1973): City size and the urban heat island. In: Atmospheric Environment, 7, pp. 769-779.

OKE, T.R. (1987): Boundary layer climates, 2nd Edition ed. Methuen, London, 435 pp.

OKE, T.R. (1988): The urban energy balance. In: Progress in Physical Geography, 12, pp. 471-508.

OKE, T.R. (1997): Urban Environment. In: BAILEY, W.G., OKE, T.R. u. W.R. ROUSE [Hrsg.]: The surfaces climates of Canada. McGill-Queen´s University Press. Montreal u. Kongston, London, Buffalo, pp. 303-327.

OKE, T.R. (2004): Initial guidance to obtain representative meteorological observations at urban sites. In: World Meteorological Organization WMO, Instruments and observing methods, Report No. 81, 51 pp.

OKE, R.T. (2006): Towards better scientific communication in urban climate. In: Theoretical and Applied Climatology 84, pp. 179-190.

OKE, T.R., MILLS, G., CHRISTEN, A. u. J.A. VOOGT (2017): Urban Climates. In: Cambridge University Press, Cambridge, 525 pp.

OLESON, K.W., BONAN, G.B. u. J. FEDDEMA (2010): Effects of white roofs on urban temperature in a global climate model. Geophysical Research Letters, 37(3).

ONOMURA, S., HOLMER, B., LINDBERG, F. u. S. THORSSON (2016): Intra-urban nocturnal cooling rates: development and evaluation of the NOCRA model. In: Meteorological Applications, 23, pp. 339-352.

ORLANSKI, I. (1975): A rational subdivision of scales for atmospheric processes. In: Bulletin of the American Meteorological Society, 56, pp. 527-530.

OSWALT, P. u. T. RIENIETS (2006): Atlas of shrinking cities. Ostfildern: Hatje Cantz.

OVERBECK, G., HARTZ, A. u. M. FLEISCHHAUER (2008): Ein 10-Punkte-Plan „Klimaanpassung. Raumentwicklungsstrategien zum Klimawandel im Überblick. In: Informationen zur Raumentwicklung, 6, pp. 1-18.

OWEN, S.M., MACKENZIE, A.R., STEWART, H., DONOVAN, R. u. C.N. HEWITT (2003): Biogenic Volatile Organic Compound (VOC) Emission Estimates from an Urban Tree Canopy. In: Ecological Applications, 13, pp. 927-938.

PAGE, J.K. (1972): The problem of forecasting the properties of the built environment from the climatological properties of the green-field site. In: TAYLER, J.A. [Hrsg.]: Weather Forecasting for Agriculture and Industry. David and Charles, London.

PALLAGST, K., FLESCHURZ, R. u. F. TRAPP (2017): Greening the shrinking city—policies and planning approaches in the USA with the example of Flint, Michigan, Landscape Research, DOI: 10.1080/01426397.2017.1372398

PALLAGST, K., FLESCHURZ, R., NOTHOF, S. u. T. UEMURA (2018): IPS Working Paper 2018 Vol.1

PANTELIADIS, P., STRAK, M., HOEK, G., WEIJERS, E., VAN DER ZEE, S. u. M. DIJKEMA (2014): Implementation of a low emission zone and evaluation of effects on air quality by long-term monitoring. In: Atmospheric Environment, 86, pp. 113-119.

PAPANASTASIOU, D.K., MELAS, D., BARTZANAS, T. u. C. KITTAS (2010): Temperature, comfort and pollution levels during heat waves and the role of sea breeze. In: Int J Biometeorol 54, pp. 307-317.

PARK, H.-S. (1987): Variations of the urban heat island intensity affected by geographical environments. In: Environmental Research Center Papers, 11, University of Tsukuba. Japan, pp. 79.

PAUL, M.J. u. J.L. MEYER (2001): Streams in the Urban Landscape. In: Annual Review of Ecology and Systematics, 32, pp. 333-365.

PAUL, M.J. u. J.L. MEYER (2008): Streams in the Urban Landscape. In: MARZLUFF, J.M., SHULENBERGER, E., ENDLICHER, W., ALBERTI, M., BRADLEY, G., RYAN, C., SIMON, U. u. C. ZUMBRUNNEN [Hrsg.]: Urban Ecology: An International Perspective on the Interaction Between Humans and Nature. Springer US, Boston, MA, pp. 207-231.

PELIZARO, C. (2005): A Spatial Decision Support System for the Provision and Monitoring of Urban Greenspace. Dissertation. Faculteit Bouwkunde, Capaciteitsgroep Stedebouw, Technische Universiteit Eindhoven, Eindhoven, pp. 33-48.

PENG, S., PIAO, S., CIAIS, P., FRIEDLINGSTEIN, P., OTTLE, C., BRÉON, F.-M., NAN, H., ZHOU, L. u. R.B. MYNENI (2011): Surface Urban Heat Island Across 419 Global Big Cities. In: Environmental Science u. Technology, 46, pp. 696-703.

PETERS, A., WICHMANN, H., TUCH, T., HEINRICH, J. u. HEYDER, J. (1997): Respiratory effects are associated with the number of ultrafine particles. American Journal of Respiratory and Critical Care Medicin, 155(4), pp. 1376-1383.

PFOSER, N., HENRICH, J., JENNER, N., SCHREINER, J., KANASHIRO, C., HEUSINGER, J., WEBER, S., HEGGER, M. u. J. DETTMAR (2013): Gebäude Begrünung Energie - Potenziale und Wechselwirkungen, Forschungsgesellschaft Landschaftsentwicklung Landschaftsbau e.V. (FLL); Bundesinstitut für Bau-, Stadt- und Raumforschung (BBSR), FLL-Schriftenreihe FV2014/01, Bonn, 305 pp.

PICKUP, J. u. R. DE DEAR (2000): An outdoor thermal comfort index (OUT_SET*) - Part I the model and its assumptions. In: DE DEAR, R., KALMA, J., OKE, T. u. A. AULICIEMS [Hrsg.]: Biometeorology and Urban Climatology at the Turn of the Millenium. Selected Papers from the Conference ICB-ICUC' 99, Sydney. WMO, Geneva WCASP-50, pp. 279–283.

PIGEON, G., LEGAIN, D., DURAND, P. u. V. MASSON (2007): Anthropogenic heat release in an old European agglomeration (Toulouse, France). In: International Journal of Climatology, 27, pp. 1969-1981.

PIRINGER, M., GRIMMOND, C.S.B., JOFFRE, S.M., MESTAYER, P., MIDDLETON, D.R., ROTACH, M., BAKLANOV, A., DE RIDDER, K., FERREIRA, J., GUILLOTEAU, E., KARPPINEN, A., MARTILLI, A., MASSON, V. u. M. TOMBROU (2002): Investigating the surface energy balance in urban areas - recent advantages and future needs. In: Water, Air, and Soil Pollution Focus, 2, pp. 1-16.

POPE, C.A. u. D.W. DOCKERY (2006): Health effects of fine particulate air pollution: Lines that connect. In: Journal of the Air u. Waste Management Association, 56, pp. 709-742.

POTCHTER, O., COHEN, P., YAAKOV, Y. u. A. BITAN (2003): The climatic behavior of various types of urban Parks in coastal mediterraniean city during the summer – The case of Tel Aviv, Israel. In: International Conference on Urban Climate 5 Vol. 2 Lodz, pp. 281-284.

PUGH, T.A.M., MACKENZIE, A.R., WHYATT, J.D. u. C.N. HEWITT (2012): Effectiveness of Green Infrastructure for Improvement of Air Quality in Urban Street Canyons. In: Environmental Science u. Technology 46 (14), pp. 7692-7699.

QUASS, U., JOHN, A.C. u. T.A.J. KUHLBUSCH (2013): Source Apportionment of Airborne Dust in Germany: Methods and Results. In: VIANA, M. [Hrsg.]: Urban Air Quality in Europe, pp. 195-218.

RECKIEN, D., FLACKE, J., DAWSON, R.J., HEIDRICH, O., OLAZABAL, M., FOLEY, A., HAMANN, J.J.P., ORRU, H., SALVIA, M., DE GREGORIO HURTADO, S., GENELETTI, D. u. F. PIETRAPERTOSA (2014): Climate change response in Europe: what's the reality? Analysis of adaptation and mitigation plans from 200 urban areas in 11 countries. In: Climatic Change, 122, pp. 331-340.

REUTER, U. u. R. KAPP (2012): Städtebauliche Klimafibel - Hinweise für die Bauleitplanung. MINISTERIUM FÜR VERKEHR UND INFRASTRUKTUR BADEN-WÜRTTEMBERG [Hrsg.], Stuttgart, 274 pp.

RICHARDSON, H.W. u. C.W. NAM (2014): Shrinking cities: a global perspective. Routledge, London, 336 pp.

RICHTER, K., KNOCHE, R., SCHOENEMEYER, T., SMIATEK, G. u. R. STEINBRECHER (1998): Abschätzung biogener Kohlenwasserstoff-Emissionen. In: Umweltwissenschaften und Schadstoff-Forschung 10, Heft 6, pp. 319–325.

RIVERA, J.A., BLUM, P. u. P. BAYER (2017): Increased ground temperatures in urban areas: Estimation of the technical geothermal potential. In: Renewable Energy, 103, 388-400.

ROBITU, M., MUSY, M., INARD, C. u. D. GROLEAU (2006): Modelling the influence of vegetation and water pond on urban microclimate. In: Solar Energy, 80 (4), pp. 435-447.

ROSENZWEIG, C., SOLECKI, W., HAMMER, S.A. u. S. MEHROTRA (2010): Cities lead the way in climate-change action. In: Nature 467, pp. 909-911.

ROSENZWEIG, C., SOLECKI, W.D., HAMMER, S.A. u. S. MEHROTRA (2011): Climate Change and Cities: First Assessment Report of the Urban Climate Change Research Network. In: Cambridge University Press., Cambridge, 286 pp.

ROTACH, M.W. (1999): On the influence of the urban roughness sublayer on turbulence and dispersion. In: Atmospheric Environment, 33, pp. 4001-4006.

ROTACH, M.W., VOGT, R., BERNHOFER, C., BATCHVAROVA, E., CHRISTEN, A., CLAPPIER, A., FEDDERSEN, B., GRYNING, S.-E., MARTUCCI, G., MAYER, H., MITEV, V., OKE, T.R., PARLOW, E., RICHNER, H., ROTH, M., ROULET, Y.-A., RUFFIEUX, D., SALMOND, J.A., SCHATZMANN, M. u. J.A. VOOGT (2005): BUBBLE - an Urban Boundary Layer Meteorology Project. In: Theoretical and Applied Climatology 81, pp. 231-261.

ROTH, M. (2000): Review of atmospheric turbulence over cities. In: Quarterly Journal of the Royal Meteorological Society, 126, pp. 941-990.

ROWE, D.B. (2011): Green roofs as a means of pollution abatement. In: Environmental Pollution, 159(8-9), pp. 2100-2110.

SAARONI, H., PEARLMUTTER, D. u. T. HATUKA (2015): Human-biometeorological conditions and thermal perception in a Mediterranean coastal park. In: Int J Biometeorol 59, pp. 1347-1362.

SACHWEH, M. (1997): Änderungen des Nebelklimas in Bayern – Trend, Ursachen und Modellierung. In: Annalen der Meteorologie, 34, pp. 45-46.

SACHWEH, M. u. P. KÖPKE (1995): Radiation fog and urban climate. In: Geophysical Research Letters, 22, pp. 1073-1075.

SAILOR, D.J. (2011): A review of methods for estimating anthropogenic heat and moisture emissions in the urban environment. In: International Journal of Climatology, 31, pp. 189-199.

SAILOR, D.J. u. L. LU (2004): A top–down methodology for developing diurnal and seasonal anthropogenic heating profiles for urban areas. In: Atmospheric Environment, 38, pp. 2737-2748.

SCHMITT, T.G. (2015): Weiterentwicklung des Starkregenindex zur Verwendung in der kommunalen Überflutungsvorsorge. gwf Wasser Abwasser (156) Nr. 7-8 , 774-781

SCHNEIDER, A., FRIEDL, M.A. u. D. POTERE (2009): A new map of global urban extent from MODIS satellite data. In: Environmental Research Letters 4, pp. 11.

SCHNEIDER, A. u. C.M. MERTES (2014): Expansion and growth in Chinese cities, 1978–2010. In: Environmental Research Letters 9, 024008 pp.

SCHUBERT, H. u. H. SPIEKERMANN (2004): Standards des Quartiermanagements, Handlungsgrundlagen für die Steuerung einer integrierten Stadtteilentwicklung. Fachhochschule Köln.

SCHUH, A. (2004): Klima- und Thalassotherapie. Hippokrates Verlag, Stuttgart, 173 pp.

SCHRÖTER, F. (2010): Orientierungswerte (Richtwerte) für die Planung (online). Stand: 05.06.2010, unter: http://www.dr-frank-schroeter.de/planungsrichtwerte.htm, Zugriff: Juni 2017.

SCHWANDNER, F.M., GUNSON, M.R., MILLER, C.E., CARN, S.A., ELDERING, A., KRINGS, T., VERHULST, K.R., SCHIMEL, D.S., NGUYEN, H.M., CRISP, D., O'DELL, C.W., OSTERMAN, G.B., IRACI, L.T. u. J.R. PODOLSKE (2017): Spaceborne detection of localized carbon dioxide sources. In: Science, 358(6360).

SCHWARZ, N., SCHLINK, U., FRANCK, U. u. K. GROSSMANN (2012): Relationship of land surface and air temperatures and its implications for quantifying urban heat island indicators – An application for the city of Leipzig (Germany). In: Ecological Indicators 18, pp. 693-704.

SEINFELD, J.H. u. S.N. PANDIS (2016): Atmospheric Chemistry and Physics: From air pollution to Climate Change. Wiley, New York, pp. 1001-1027.

SELLE, K. (2005): Planen. Steuern. Entwickeln. Über den Beitrag öffentlicher Akteure zur Entwicklung von Stadt und Land. Serie: Edition Stadt-Entwicklung. Dortmunder Vertrieb für Bau- und Planungsliteratur.

SETO, K.C., SÁNCHEZ-RODRÍGUEZ, R. u. M. FRAGKIAS (2010): The New Geography of Contemporary Urbanization and the Environment. In: Annual Review of Environment and Resources 35, pp. 167-194.

SETO, K.C., FRAGKIAS, M., GÜNERALP, B. u. REILLY, M.K. (2011): A Meta-Analysis of Global Urban Land Expansion. PLoS ONE, 6(8): e23777.

SHAHGEDANOVA, M., BURT, T.P. u. T.D. DAVIES (1997): Some aspects of the three-dimensional heat island in Moscow. In: Theoretical and Applied Climatology, 17, pp. 1451-1465.

SHEPHERD, M.J. (2005): A Review of Current Investigations of Urban-Induced Rainfall and Recommendations for the Future. In: Earth Interactions, 9, pp. 1-27.

SHEPHERD, M.J. u. S.J. BURIAN (2003): Detection of Urban-Induced Rainfall Anomalies in a Major Coastal City. In: Earth Interactions, 7, pp. 1-17.

SHIRAIWA, M., UEDA, K., POZZER, A., LAMMEL, G., KAMPF, C.J., FUSHIMI, A., ENAMI, S., ARANGIO, A.M., FRÖHLICH-NOWOISKY, J., FUJITANI, Y., FURUYAMA, A., LAKEY, P.S.J., LELIEVELD, J., LUCAS, K., MORINO, Y., PÖSCHL, U., TAKAHAMA, S., TAKAMI, A., TONG, H., WEBER, B., YOSHINO, A. u. K. SATO (2017): Aerosol Health Effects from Molecular to Global Scales. In: Environmental Science u. Technology, 51(23), pp. 13545-13567.

SIEVERS, U. (1995): Verallgemeinerung der Stromfunktionsmethode auf drei Dimensionen. In: Meteorologische Zeitschrift, 4, 1995, pp. 3-15.

SIEVERS, U. (2016): Das kleinskalige Strömungsmodell MUKLIMO_3, Teil 2: Ther-modynamische Erweiterungen, unter: http://d-nb.info/1103838733/34, Zugriff: Juni 2017.

SIMPSON, D., WINIWARTER, W., BÖRJESSON, G., CINDERBY, S., FERREIRO, A., GUENTER, A., HEWITT, C.N., JANSON, R., ASLAM, M., KHALIL, K., OWEN, S., PIERCE, T.E., PUXBAUM, H., SHEARER, M., SKIBA, U., STEINBRECHER, R., TARRASÓN, L. u. M.G. ÖQUIST (1999): Inventorying emissions from nature in Europe. In: Journal of Geophysical Research, 104, pp. 8113-8152.

SIMPSON, J.R. u. E.G. MCPHERSON (2011): The tree BVOC index. Environmental Pollution, 159(8), pp. 2088-2093.

SINGH, V., RAVINDRA, K., SAHU, L. u. R. SOKHI (2018): Trends of atmospheric black carbon concentration over United Kingdom. In: Atmospheric Environment, 178, pp. 148-157.

SMITH, C. u. G. LEVERMORE (2008): Designing urban spaces and buildings to improve sustainability and quality of life in a warmer world. In: Energy Policy, 36, pp. 4558-4562.

SMITH, C., LINDLEY, S. u. G. LEVERMORE (2009): Estimating spatial and temporal patterns of urban anthropogenic heat fluxes for UK cities: the case of Manchester. In: Theoretical and Applied Climatology, 98, pp. 19-35.

SOLMON, F., SARRAT, C., SERCA, D., TULET, P. u. R. ROSSET (2004): Isoprene and monoterpenes biogenic emissions in France: modeling and impact during a regional pollution episode. In: Atmospheric Environment 38, pp. 3853-3865.

SORIANO, C., BATCHVAROVA, E., BERKOWICZ, S.M., BRECHLER, J., JANOUR, Z., KASTNER-KLEIN, P., MIDDLETON, D.R., PRIOR, V., ROTACH, M., SACRE, C. u. J. BALDASANO (2001): Comparison of urban and rural wind speeds, In: Rotach, M., Fisher, B., Pieringer, M. (Eds.), Meteorology Applied to Urban Air Pollution Problems (COST Action 715). Extended abstracts of the "Workshop on Urban Boundary Layer Parameterisations", Zürich, 24/25.05.2001, pp. 41-50.

Soux, A., Voogt, J.A. u. T.R. Oke (2004): A model to calculate what a remote sensor "sees" of an urban surface. In: Boundary Layer Meteorology, 111, pp. 109-132.

Spronken-Smith, R.A. u. T.R. Oke (1998): The thermal regime of urban parks in two cities with different summer climates. In: International Journal of Remote Sensing, 19, pp. 2085-2104.

Spronken-Smith, R. A. u. T.R. Oke (1999): Scale modelling of nocturnal cooling in urban parks. In: Boundary-Layer Meteorology 93, 287–312.

Sproul, J., Wan, M.P., Mandel, B.H. u. A.H. Rosenfeld (2014): Economic comparison of white, green and black flat roofs in the United States. In: Energy and Buildings, 71, pp. 20-27.

Staiger, H., Schubert, U. u. G. Vogel (1997): Solarer UV-Index. Definition, Einflussgrößen, Vorhersagen im Deutschen Wetterdienst und strahlenhygienische Ziele. In: Annalen der Meteorologie, 33, pp. 126-132.

Steidle-Schwahn, A. u. M. Hoffmann (2005): Erholung in öffentlichen Freiräumen. Kriterien für die Entwicklung und Erhaltung von Qualität. In: Stadt+Grün, 1, pp. 45-50.

Stein, U. (2006): Lernende Stadtregion. Verständigungsprozesse über Zwischenstadt, 9. Müller + Busmann, Wuppertal, pp. 119.

Steinbrecher, R., Smiatek, G., Köble, R., Seufert, G., Theloke, J., Hauff, K., Ciccioli, P., Vautard, R. u. G. Curci (2009): Intra- and inter-annual variability of VOC emissions from natural and semi-natural vegetation in Europe and neighbouring countries. In: Atmospheric Environment, 42, pp. 1380-1391.

Stewart, H.E., Hewitt, C.N., Bunce, R.G.H., Steinbrecher, R., Smiatek, G. u. T. Schienemeyer (2003): A highly spatially and temporally resolved inventory for biogenic isoprene and monoterpene emissions: Model description and application to Great Britain. In: Journal of Geophysical Research 108 (D20), 4644.

Stewart, I.D. u. T.R. Oke (2012): Local Climate Zones for Urban Temperature Studies. In: Bulletin of the American Meteorological Society, 93, pp. 1879-1900.

Stewart, I.D., Oke, T.R. u. E.S. Krayenhoff (2014): Evaluation of the 'local climate zone' scheme using temperature observations and model simulations. In: International Journal of Climatology, 34, pp. 1062-1080.

Stocker, T.F., Qin, D., Plattner, G.-K., Tignor, M., Allen, S.K., Boschung, J., Nauels, A., Xia, Y., Bex, V. u. P.M. Midgley [Hrsg.]: Panel on Climate Change. Cambridge University Press, Cambridge, United Kingdom, New York, NY, USA, pp. 1535.

Strassburger, A. (2004): Analyse atmosphärischer Spurengase zur Bestimmung des lufthygienischen Erholungswertes eines urbanen Parks. Dissertation im Fachbereich Bio- und Geowissenschaften, Landschaftsarchitektur, Universität Duisburg-Essen, pp. 173.

Strohbach, M.W., Arnold, E. u. D. u. Haase (2012): The carbon footprint of urban green space - A life cycle approach. In: Landscape and Urban Planning, 104(2), pp. 220-229.

Stull, R.B. (1988). An introduction to boundary layer meteorology. Kluwer Academic, Dordrecht, 666 pp.

Sun, R. u. L. Chen (2012): How can urban water bodies be designed for climate adaptation? In: Landscape and Urban Planning, 105, pp. 27-33.

Sun, J., Wang, X., Chen, A., Ma, Y., Cui, M. u. S. Piao (2011): NDVI indicated characteristics of vegetation cover change in China's metropolises over the last three decades. In: Environmental Monitoring and Assessment 179, pp. 1-14.

Taha, H. (1996): Modeling impacts of increased urban vegetation on ozone air quality in the south coast air basin. In: Atmospheric Environment, 30, pp. 3423-3430.

TA-LUFT (2002): Technische Anleitung zur Reinhaltung der Luft. Bundesministerium für Umwelt, Naturschutz und Reaktorsicherheit; Fassung vom 24. Juli 2002.

TANAKA, K., OHMURA, A., FOLINI, D., WILD, M. u. N. OHKAWARA (2016): Is global dimming and brightening in Japan limited to urban areas? In: Atmospheric Chemistry and Phys, 16, pp. 13969-14001.

THORSSON, S. u. I. ELLIASSON (2003): An intra-urban thermal breeze in Göteborg, Sweden. In: Theoretical and Applied Climatology, 75 (1-2), pp. 93-104.

TIAN, Y.-Z., SHI, G.-L., HUANG-FU, Y.-Q., SONG, D.-L., LIU, J.-Y., ZHOU, L.-D. u. Y.-C. FENG, (2016): Seasonal and regional variations of source contributions for PM_{10} and $PM_{2.5}$ in urban environment. In: Science of The Total Environment, 557-558, pp. 697-704.

TINGEY, D.T., MANNING, M., GROTHAUS, L. C. u. W.F. BURNS (1979): The influence of light and temperature on isoprene emission rates from live oak. In: Physiological Plant, 47, pp. 112-118.

TRENKLE, H. (1992): Klima und Krankheit. Wissenschaftliche Buchgesellschaft, Darmstadt.

TUROK, I. u. V. MYKHNENKO (2007): The trajectories of European cities, 1960–2005. In: Cities 24, pp. 165-182.

UBA-UMWELTBUNDESAMT (2016): Ozon, aufgerufen unter: www.umweltbundesamt.de/themen/luft/luftschadstoffe/ozon, Zugriff: 16.08.2016.

UBA-UMWELTBUNDESAMT (2016): Wirkungen auf die Gesundheit. Woher stammen die Schadstoffe und wie wirken sie sich auf die Gesundheit aus? Aufgerufen unter: http://www.umweltbundesamt.de/themen/luft/wirkungen-von-luftschadstoffen/wirkungen-auf-die-gesundheit, 23.08.2016.

UN (2005): Coastal Area Pollution - The Role of Cities, United Nations Environment Programme, Information Brochure, Nairobi, 4 pp.

UNITED NATIONS (2014): World Urbanization Prospects: The 2014 Revision, United Nations Department of Economic and Social Affairs, Population Division (ST/ESA/SER.A/366), New York, 517 pp.

UNITED NATIONS (2014): World Population Prospects - The 2015 Revision, Key Findings and Advance Tables. In: United Nations, Department of Economic and Social Affairs, Population Division, 59 pp.

UNGER, J. (2004): 'Intra-urban relationship between surface geometry and urban heat island: review and new approach. In: Climate Research, 27, pp. 253-264.

UN-HABITAT (2014): World Urbanization Prospects - The 2014 Revision Highlights. In: United Nations, New York, 32 pp.

UVPG (2015): Gesetz über die Umweltverträglichkeitsprüfung. Bundesministerium der Justiz. In der Fassung vom 24. Februar 2010; letzte Änderung vom 21. Dezember 2015.

VAN DINGENEN, R., RAES, F., PUTAUD, J.-P., BALTENSPERGER, U., CHARRON, A., FACCHINI, M.-C., DECESARI, S., FUZZI, S., GEHRIG, R. u. H.-C. HANSSON (2004): A European aerosol phenomenology--1: physical characteristics of particulate matter at kerbside, urban, rural and background sites in Europe. In: Atmospheric Environment, 38(16), pp. 2561-2577.

VAN HERZELE, A. u. T. WIEDEMANN (2003): A monitoring tool for the provision of accessible and attractive urban green spaces. In: Landscape and Urban Planning, 63, pp. 109-126.

VAN HOOF, J. (2008): Forty years of Fanger's model of thermal comfort: comfort for all? In: Indoor Air, 18 (3), pp. 182-201.

VAN HOVE, L.W.A., STEENEVELD, G.J., JACOBS, C.M.J., HEUSINKVELD, B.G., ELBERS, J.A., MOORS, E.J. u. A.A.M. HOLTSLAG (2011): Exploring the Urban Heat Island Intensity of Dutch cities: Assessment based on a literature review, recent meteorological observations and datasets provided by hobby meteorologists. In: Alterra report 2170, aufgerufen unter: http://edepot.wur.nl/171621, Zugriff: 13.06.2017.

VanWoert, N.D., Rowe, D.B., Andresen, J.A., Rugh, C.I., Fernández, R.T. u. L. Xiao (2005): Green roof stormwater retention: Effects of roof surface, slope, and media depth. In: Journal of Environmental Quality, 34(3), pp. 1036-1044.

Vautard, R., Yiou, P. u. G.J. van Oldenborgh (2009): Decline of fog, mist and haze in Europe over the past 30 years. In: Nature Geoscience 2, pp. 115-119.

VDI-Richtlinie 3785 (2015): Umweltmeteorologie – Methodik und Ergebnisdarstellung von Untersuchungen zum planungsrelevanten Stadtklima, Blatt 1. Verein Deutscher Ingenieure [Hrsg.], Düsseldorf.

VDI-Richtlinie 3787 (2015): Umweltmeteorologie – Klima- und Lufthygienekarten für Städte und Regionen, Blatt 1. Verein Deutscher Ingenieure [Hrsg.], Düsseldorf, 53 pp.

VDI-Richtlinie 3787 (2008): Umweltmeteorologie - Methoden zur human-biometeorologischen Bewertung von Klima und Lufthygiene für die Stadt- und Regionalplanung - Teil I: Klima, Blatt 2, Verein Deutscher Ingenieure [Hrsg.], Düsseldorf, 32 pp.

VDI-Richtlinie 3787 (2003): Umweltmeteorologie – Lokale Kaltluft, Blatt 5. Verein Deutscher Ingenieure [Hrsg.], Düsseldorf, 52 pp.

VDI-Richtline 3787 (2004): Umweltmeteorologie - Berücksichtigung von Klima und Lufthygiene in räumlichen Planungen, Blatt 9, Verein Deutscher Ingenieure [Hrsg.], Düsseldorf, 67 pp.

VDI-Richtlinie 3787 (2015): Klima- und Lufthygienekarten für Städte und Regionen, Blatt 1. Verein Deutscher Ingenieure [Hrsg.], Düsseldorf, 54 pp.

VDI-Richtlinie 3945 (2000): Umweltmeteorologie Atmosphärische Ausbreitungsmodelle - Partikelmodell, Blatt 3. Verein Deutscher Ingenieure [Hrsg.], Düsseldorf, 60 pp.

Vesala, T., Jarvi, L., Launiainen, S., Sogachev, A., Rannik, U., Mammarella, I., Siivola, E., Keronen, P., Rinne, J., Riikonen, A. u. E. Nikinmaa (2008): Surface-atmosphere interactions over complex urban terrain in Helsinki, Finland. In: Tellus B 60, pp. 188–199.

Vogt, R., Christen, A., Rotach, M.W., Roth, M. u. A.N.V. Satyanarayana (2006): Temporal dynamics of CO_2 fluxes and profiles over a Central European city. In: Theoretical and Applied Climatology, 84, pp. 117-126.

Völker, S., Baumeister, H., Classen, T., Hornberg, C. u. T. Kistemann (2013): Evidence for the temperature-mitigation capacity of urban blue space – A health geographic persepective. In: Erdkunde, 67 (4), pp. 355-371.

Völker, S. u. T. Kistemann (2015): Developing the urban blue: Comparative health responses to blue and green urban spaces in Germany. In: Health u. Place, 35, pp. 196-205.

von Bismarck-Osten, C., Birmili, W., Ketzel, M., Massling, A., Petäjä, T. u. S. Weber, (2013): Characterization of parameters influencing the spatio-temporal variability of urban aerosol particle number size distributions in four European cities. In: Atmospheric Environment, 77, pp. 415-429.

Vranckx, S., Vos, P., Maiheu, B. u. S. Janssen (2015): Impact of trees on pollutant dispersion in street canyons: A numerical study of the annual average effects in Antwerp, Belgium. In: Science of the Total Environment, 532, pp. 474-483.

Wagner, H. (1990): Anthropogenes Ozon. In: Umweltwissenschaften und Schadstoff-Forschung 2, Heft 4, pp. 215–219.

Wagner, P. (2014): Analyse von biogenem und anthropogenem Isopren und seiner Bedeutung als Ozonvorläufersubstanz in der Stadtatmosphäre. In: Essener Ökologische Schriften, 34, Westarp-Verlag, Hohenwarsleben, 142 pp.

Wagner, P. u. W. Kuttler (2014): Biogenic and anthropogenic isoprene in the near-surface urbane atmosphere – A case study in Essen, Germany. In: Science of the Total Environment, 475, pp. 104-115.

WALKENHORST, O. u. M. STOCK (2009): Regionale Klimaszenarien für Deutschland – Eine Leseanleitung. E–Paper der ARL, Nr. 6. Hannover. Unter: http://www.clisp.eu/content/sites/default/files/ARL_Leseanleitung_Klimaszenarien_Deutschland.pdf, Zugriff: Juni 2017.

WANG, K., MA, Q., WANG, X. u. M. WILD (2014): Urban impacts on mean and trend of surface incident solar radiation. In: Geophysical Research Letters 41, pp. 4664-4668.

WANG, Y., YUGUO, L. u. P.W. CHAN (2015): The Impact of Urbanization on Moisture Excess in Hong Kong. In: Energy Procedia, 78, pp. 3061-3065.

WANG, Y., WILD, M., SANCHEZ-LORENZO, A., YANG, Y., MANARA, V. u. D. REN (2016): Urbanization effect on sunshine duration during global dimming and brightening periods in China. In: Atmos. Chem. Phys. Discuss. 2016, pp. 1-20.

WARD, H.C., KOTTHAUS, S., GRIMMOND, C.S.B., BJORKEGREN, A., WILKINSON, M., MORRISON, W.T.J., EVANS, J.G., MORISON, J.I.L. u. M. IAMARINO (2015): Effects of urban density on carbon dioxide exchanges: Observations of dense urban, suburban and woodland areas of southern England. In: Environmental Pollution, 198, pp. 186-200.

WEBER, S. (2004): Energiebilanz und Kaltluftdynamik einer urbanen Luftleitbahn. In: Essener Ökologische Schriften, 21, Westarp-Verlag, Hohenwarsleben, 203 pp.

WEBER, S., KORDOWSKI, K. u. W. KUTTLER (2013): Variability of particle number concentration and particle size dynamics in an urban street canyon under different meteorological conditions. In: Science of the Total Environment, 449, pp. 102-114.

WEBER, S., KUTTLER, W. u. K. WEBER (2006): Flow characteristics and particle mass and number concentration variability within a busy urban street canyon. In: Atmospheric Environment, 40, pp. 7565-7578.

WEGNER, T., HUSSEIN, T., HÄMERI, K., VESALA, T., KULMALA, M. u. S. WEBER (2012): Properties of aerosol signature size distributions in the urban environment as derived by cluster analysis. In: Atmospheric Environment, 61, pp. 350-360.

WEISS, D.J., NELSON, A., GIBSON, H.S., TEMPERLEY, W., PEEDELL, S., LIEBER, A., HANCHER, M., POYART, E., BELCHIOR, S., FULLMAN, N., MAPPIN, B., DALRYMPLE, U., ROZIER, J., LUCAS, T.C.D., HOWES, R.E., TUSTING, L.S., KANG, S.Y., CAMERON, E., BISANZIO, D., BATTLE, K.E., BHATT, S. u. P.W. GETHING (2018): A global map of travel time to cities to assess inequalities in accessibility in 2015. In: Nature, 553, 333 pp.

WHITTINGHILL, L.J. u. D.B. ROWE (2012): The role of green roof technology in urban agriculture. In: Renewable Agriculture and Food Systems, 27(4), pp. 314-322.

WHITTINGHILL, L.J., ROWE, D.B. u. B.M. CREGG (2013): Evaluation of vegetable production of extensive green roofs. In: Agroecology and Sustainable Food Systems, 37(4), pp. 465-484.

WHO (WORLD HEALTH ORGANIZATION) (2006): Air quality guidelines: global update 2005: particulate matter, ozone, nitrogen dioxide, and sulfur dioxide.

WHO (WORLD HEALTH ORGANIZATION) (2016): Ambient air pollution: A global assessment of exposure and burden of disease.

WIERINGA, J. (1993): Representative roughness parameters for homogeneous terrain. In: Boundary Layer Meteorology, 63, pp. 323-363.

WIGGINTON, N.S., FAHRENKAMP-UPPENBRINK, J., WIBLE, B. u. D. MALAKOFF (2016): Cities are the future. Science, 352: 904-907.

WILD, M. (2009): Global dimming and brightening: A review. In: Journal of Geophysical Research: Atmospheres 114, D00D16.

WMO (1983): Commission for Climatology and applications of Meteorology. In: Abridged final report 8th session. WMO-No. 600.

WOUTERS, H., DE RIDDER, K., POELMANS, L., WILLEMS, P., BROUWERS, J., HOSSEINZADEHTALAEI, P., TABARI, H., VANDEN BROUCKE, S., VAN LIPZIG, N.P.M. u. M. DEMUZERE (2017): Heat stress increase under climate change twice as large in cities as in rural areas: A study for a densely populated midlatitude maritime region. In: Geophysical Research Letters, 44(17), pp. 8997-9007.

Xiao, K., Wang, Y., Wu, G., Fu, B. u. Y. Zhu (2018): Spatiotemporal Characteristics of Air Pollutants (PM_{10}, $PM_{2.5}$, SO_2, NO_2, O_3, and CO) in the Inland Basin City of Chengdu, Southwest China. In: Atmosphere, 9(2), 74 pp.

Xu, J., Ma, J.Z., Zhang, X.L., Xu, X.B., Xu, X.F., Lin, W.L., Wang, Y., Meng, W. u. Z.Q. Ma (2011): Measurements of ozone and its precursors in Beijing during summertime: impact of urban plumes on ozone pollution in downwind rural areas. In: Atmospheric Chemistry and Physics, 11(23), pp. 12241-12252.

Yang, Q., Huang, X. u. J. Li (2017): Assessing the relationship between surface urban heat islands and landscape patterns across climatic zones in China. In: Scientific Reports, 9337 (7).

Young, P. J., Arneth, A., Schurgers, G., Zeng, G. u. J.A. Pyle (2009): The CO_2 inhibition of terrestrial isoprene emission significantly affects future ozone projections. In: Atmospheric Chemistry and Physics, 9, pp. 2793-2803.

Yu, C. u. W.N. Hien (2006): Thermal benefits of city parks. In: Energy and Buildings, 38, pp. 105-120.

Yuyu, Z., Steven, J.S., Kaiguang, Z., Marc, I., Allison, T., Ben, B.-L., Ghassem, R.A., Xuesong, Z., Chunyang, H. u. D.E. Christopher (2015): A global map of urban extent from nightlights. In: Environmental Research Letters 10, 054011.

Zhou, D., Zhao, S., Liu, S. u. L. Zhang (2014): Spatiotemporal trends of terrestrial vegetation activity along the urban development intensity gradient in China's 32 major cities. In: Science of the Total Environment 488–489, pp. 136-145.

Zhu, K., Blum, P., Ferguson, G., Balke, K.D. u. P. Bayer (2010): The geothermal potential of urban heat islands. In: Environmental Research Letters, 5, pp. 1-6.

Zimmermann, P. (1987): Dachbegrünung. Eine ökologische Untersuchung auf Kiesdach, extensiv und intensiv begrünten Dächern, In: Veröffentlichungen für Naturschutz und Landschaftspflege in Baden-Württemberg (62). Karlsruhe, S. 545-547

Zlonicky, P. (2007): Die europäische Stadt – Ein taugliches Leitbild für die Stadtentwicklung. http://zlonicky.de/vortraege.html. 09.05.2018.

Sachregister